普通高等教育“十五”国家级规划教材

普通高等教育能源动力类专业“十三五”规划教材

核反应堆物理分析

（第5版）

主编 谢仲生

编著 谢仲生 曹良志 张少泓

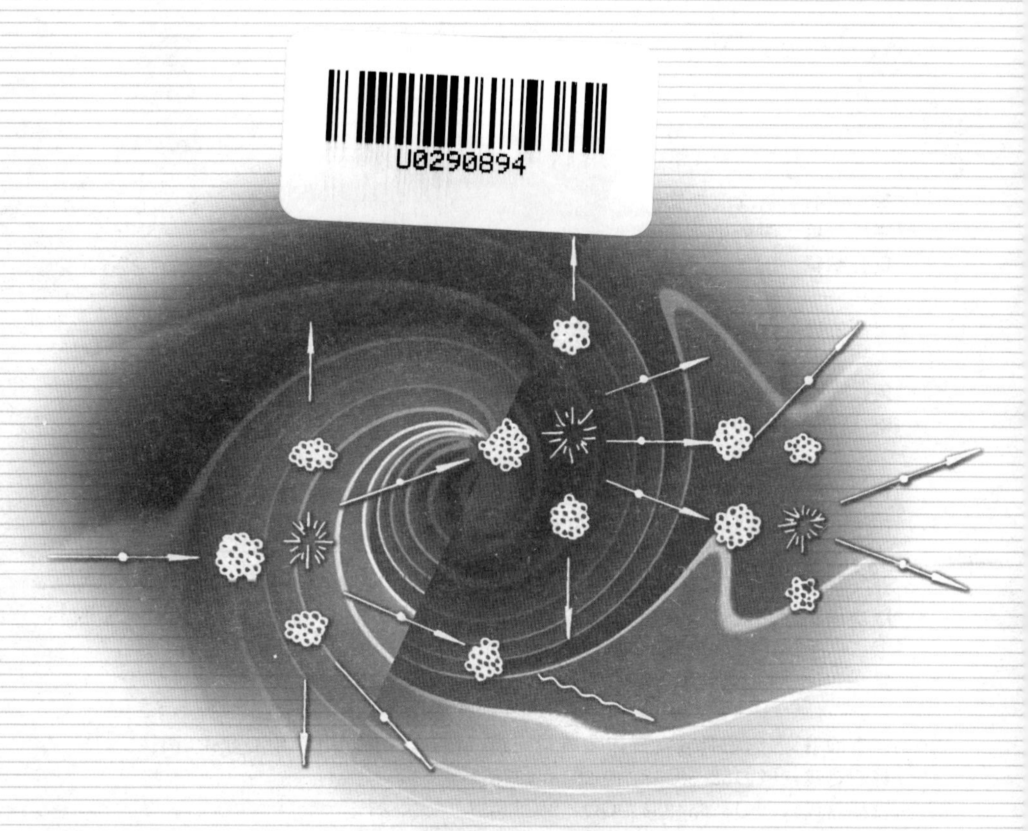

西安交通大学出版社
XI'AN JIAOTONG UNIVERSITY PRESS

内容提要

本书介绍核反应堆物理的基础理论、物理过程和分析计算方法。内容包括：与堆物理有关的核物理知识，中子在介质中的慢化和扩散，临界理论，非均匀堆的计算、燃耗、反应性控制、核反应堆动力学和堆芯燃料管理。

本书是高等学校核能科学与工程专业的教材，也可作为核科学与技术有关专业的工程技术人员的培训教材及供研究人员参考。

图书在版编目(CIP)数据

核反应堆物理分析/谢仲生主编.—5版.—西安：西安交通大学出版社，2020.7(2022.12重印)

ISBN 978-7-5693-1704-6

Ⅰ.①核… Ⅱ.①谢… Ⅲ.①反应堆物理学 Ⅳ.①TL32

中国版本图书馆CIP数据核字(2020)第033241号

书　　名　核反应堆物理分析(第5版)
主　　编　谢仲生
责任编辑　田华

出版发行　西安交通大学出版社
(西安市兴庆南路1号　邮政编码710048)
网　　址　http://www.xjtupress.com
电　　话　(029)82668357　82667874(市场营销中心)
(029)82668315(总编办)
传　　真　(029)82668280
印　　刷　陕西思维印务有限公司

开　　本　787 mm×1092 mm　1/16　**印张** 16.75　**字数** 398千字
版次印次　2004年7月第1版　2020年7月第5版　2022年12月第5版第3次印刷
书　　号　ISBN 978-7-5693-1704-6
定　　价　45.00元

读者购书、书店添货或发现印装质量问题，请与本社市场营销中心联系、调换。
订购热线：(029)82665248　(029)82667874
投稿热线：(029)82664954　QQ：190293088
读者信箱：190293088@qq.com

第5版前言

谢仲生主编的《核反应堆物理分析(修订本)》,于2004年由西安交通大学出版社出版,至今已经出版17年了,共印刷了12次,累计印刷数量为33000册。目前随着核电的发展,国内仍有很大的需求。2014年为庆祝建校120周年和西迁60周年,反映西安交通大学的教学研究和教材建设的成果,学校在各方的支持和共同努力下,经过多轮严格评审,最后确定了51种西安交通大学经典教材。本书被选入该经典教材系列。西安交通大学出版社建议原主编谢仲生组织修订再版本书,定名为《核反应堆物理分析(第5版)》。

该书总体上保留原书的内容框架和思路,着重阐述反应堆物理的基础理论、物理过程,并结合工程实际简要介绍常用的分析和计算方法。所有叙述和方法基本上都建立在中子扩散理论基础上。在内容选择和安排上力求做到由浅入深、深入浅出,避免艰深的理论和繁杂的数学推导。

本次修订主要删除了部分已过时并被工业界摒弃不用的理论方法,并增补了近年发展起来的新方法,特别增加了一章"堆芯核设计概述",以增加读者对于工程实际的直观认识。

本书可作为核能科学与工程专业本科生的教材,也可作为新参加核电工作和运行人员的培训教材。讲授学时数建议为60～70学时。

对于专门从事核反应堆物理研究或设计的人员则建议在此基础上另加选修《近代核反应堆物理分析》(曹良志、谢仲生、李云召,原子能出版社,2017)。该书建立在中子输运理论基础上,并应用了近代数值计算方法,可作为选修课或研究生教材。

本书由西安交通大学谢仲生教授主编并承担第1、3章的修订工作,曹良志教授参加第2、6、7、8、10和11章的编写和修订工作,核星核电科技有限公司总裁张少泓参加第4、5和9章的编写和修订工作。本书的出版还得到西安交通大学出版社田华编辑的帮助,在此一并表示衷心的感谢。

由于编者的水平有限,工程实践经验不足,书中难免有疏漏和不当之处,恳切希望读者批评指正。

编者
2020年4月于西安交通大学

修订版前言

《核反应堆物理分析》(原子能出版社,1980年)自出版以来,已经历了两次修订再版,并被确定为全国高等教育教材,为许多高等院校所采用,对我国核反应堆工程及核电人才的培养起到了积极的作用。该教材于1987年获得了原核工业部优秀教材特等奖,1997年获核工业总公司科学技术进步三等奖。

近年来,核科学技术,特别是计算机和计算科学的迅速发展,显著地促进了核反应堆物理理论与计算方法的发展。特别是近20年来,随着核能事业的发展,许多有效的、高精度的计算方法和计算软件已经在工程设计中获得了广泛的应用。原教材中的部分内容,如传统的四因子理论和计算方法已难以适应现代核设计的要求。因而,许多工程技术人员和高等学校的教师们从他们工程实践和近年来的教学实际经验出发,都深感原来的《核反应堆物理分析》教材已适应不了当前核能发展和教学的需要,希望能对该书在原来的基础上作较大的修改,并补充反映近年来反应堆物理理论、核燃料管理计算以及设计方法方面最新发展的内容。这就是本书编写的由来。2002年教育部经专家评审,批准将本书列入了国家"十五"重点教材建设规划的选题。

本书是在原教材《核反应堆物理分析》(谢仲生主编,原子能出版社,1994年第3版)及其改编本《核反应堆物理理论与计算方法》(谢仲生、张少泓编著,西安交通大学出版社,2000年)两本书的基础上修订编写而成。着重介绍核反应堆物理的基础理论和计算方法。在编写中努力贯彻理论联系实际和少而精的原则,并尽可能地反映近20年来新发展的反应堆物理计算方法。在内容选择和安排上,力求做到由浅入深、深入浅出,尽量避免艰深的理论和繁杂的数学推导,对于各种计算方法和程序,着重阐述它们的基本原理、算法思想及其共性的分析方法;力求做到物理概念清晰、结合工程实际,便于读者理解和掌握方法的实质与应用。

全书共分10章。前3章讨论中子在介质中运动的基本规律(慢化和扩散);第4、5、6章讨论反应堆临界理论和分群扩散理论;第7、8、9章则属于反应堆物理动态问题,包括燃耗与中毒、反应性控制和反应堆动力学;第10章介绍压水堆的堆芯核燃料管理。书中带*号的章节属于参考性内容,可根据具体情况选用,也可作为学生课外阅读的参考资料。由于各高校培养目标和教学时数不同,使用本书时,可根据具体情况对部分章节内容作适当的删减或补充。本书讲授学时(不含带*号章节)建议为60~70学时。

阅读本书的读者应具有高等数学、原子核物理、数学物理方法和数学分析等方面知识。

本书由西安交通大学谢仲生教授主编并承担第3、6、7、8、9和第10章的编写,吴宏春教授参加第1、2章的编写,上海交通大学张少泓副教授参加第4、5章的编写。上海核工程研究设计院司胜义高级工程师参加第10章4.2节中PEARLS程序系统一节的编写。本书由中国核动力研究设计院章宗耀研究员和中国原子能科学研究院罗璋琳教授审校。本书的出版还得到西安交通大学出版社李志丹编辑和原子能出版社张辉编辑的帮助。作者在此一并表示衷心感谢。

由于编者水平有限,工程实践经验不足,书中难免会有疏漏和不当之处,恳切地希望读者批评指正。

编者

2003年10月于西安交通大学

目 录

第1章 核反应堆的核物理基础

第2章 中子慢化和慢化能谱

第3章 中子扩散理论

第4章 均匀反应堆的临界理论

第5章 多群中子扩散理论

第6章　栅格的非均匀效应与均匀化群常数的计算

第7章　核燃料燃耗与增殖

第8章 温度效应与反应性控制

第9章 核反应堆动力学

附录

第1章

核反应堆的核物理基础

核反应堆是一种能以可控方式实现自续链式核反应的装置。根据原子核产生能量的方式,可以分为裂变反应堆和聚变反应堆两种。当今世界上已建成和广泛使用的反应堆都是裂变反应堆,聚变反应堆目前尚处于研究设计阶段。裂变反应堆通过把一个重核裂变为两个中等质量核而释放能量。它是由核燃料、冷却剂、慢化剂、结构材料和吸收剂等材料组成的一个复杂系统。按用途不同,裂变反应堆可分为生产堆、实验堆和动力堆。按冷却剂或慢化剂的种类不同可分为轻水堆、重水堆、气冷堆和液态金属冷却快中子增殖堆。按引起裂变反应的中子能量不同,又可分为热中子反应堆和快中子反应堆。

本书主要讨论裂变反应堆的物理理论基础和它的计算方法。尽管裂变反应堆包含许多类型,但其物理过程都是相类似的。所有裂变反应堆内的主要核过程都是中子与核反应堆内各种核素的相互作用过程。如在热中子反应堆内,裂变中子具有 2 MeV 左右的平均能量,首先经过与慢化剂原子核的碰撞而被慢化到热能中子,最后被各种材料的原子核所吸收或逸出堆外,其中核燃料吸收中子将可能引起新的裂变。因此,在讨论核反应堆的物理过程之前,必须对具有不同能量的中子与各种材料的原子核的相互作用有一定的了解。

本章首先概略地介绍核反应堆物理分析中经常用到的有关中子与原子核相互作用的一些核物理知识,然后定性地讨论实现自续链式裂变反应的条件和热中子反应堆内的中子循环过程。这些核物理知识,读者在先修课程“原子核物理基础”或“核辐射物理”中均已熟悉,本章只是把在反应堆物理分析中需要用到的一些重要概念和结论加以概述。

1.1 中子与原子核的相互作用

1.1.1 中子

中子是组成原子核的核子之一,它的静止质量 m 稍大于质子的静止质量。在工程计算中,通常近似地取中子的静止质量为 1 u。

中子不带电荷,因此它在靠近原子核时不受核内正电的斥力,它亦不能产生初级电离。中子在原子核外自由存在时是不稳定的,中子通过 β 衰变转变成质子,其半衰期为 10.3 min。在热中子反应堆中,瞬发中子的寿命约为 $10^{-4}\sim10^{-3}$ s,它比自由中子的半衰期短得多,因此在反应堆物理分析中可以不考虑自由中子的不稳定性问题。

中子与其它粒子一样具有波粒二重性。它与原子核相互作用过程有时表现为两个粒子的碰撞,有时表现为中子波与核的相互作用。根据物质的波动理论,所有物质都伴随着波。能量为 E eV 的中子,其约化波长为

$$\bar{\lambda}=\frac{4.55\times10^{-12}}{\sqrt{E}}\quad(\mathrm{m})\tag{1-1}$$

由式(1-1)可知，中子的波长随中子能量的降低而变长。不过即使中子能量降到 0.01 eV，其波长也只有 $\bar{\lambda}=4.55\times10^{-11}$ m，比最小的氢原子的直径还要小，比起中子的平均自由程和宏观尺寸更是要小许多个数量级。因此，除非对于能量非常低的中子，一般在反应堆中讨论中子的运动及中子和原子核的相互作用时，都把中子看作一个粒子来描述。

以后我们将会看到，中子的能量不同，它与原子核相互作用的概率、方式也就不同。在反应堆物理分析中，通常按中子能量的大小把它们分为以下三类：

(1) 快中子($E>0.1$ MeV)；

(2) 中能中子(1 eV$<E\leqslant0.1$ MeV)；

(3) 热中子($E\leqslant1$ eV)。

1.1.2 中子与原子核相互作用的机理

中子在介质中与介质原子的中子发生的作用可以忽略不计，因此，我们只考虑中子与原子核的相互作用。

中子与原子核的相互作用过程与入射中子的能量有关。概括地讲，在反应堆内中子与原子核的相互作用方式主要有：**势散射**、**直接相互作用**和**复合核的形成**。

1. 势散射

势散射是最简单的核反应，如图 1-1 所示。它是中子波和核表面势相互作用的结果，中子并未进入靶核。任何能量的中子都有可能引起这种反应。这种作用的特点是：散射前后靶核的内能没有变化。入射中子把它的一部分或全部动能传给靶核，成为靶核的动能。势散射后，中子改变了运动方向和能量。势散射前后中子与靶核系统的动能和动量守恒，势散射是一种弹性散射。

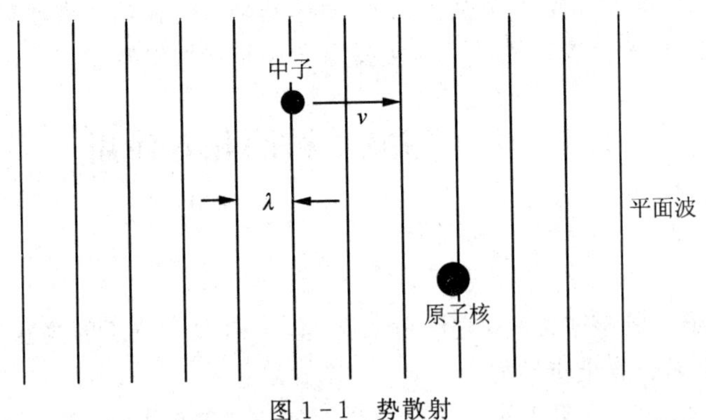

图 1-1 势散射

2. 直接相互作用

直接相互作用是入射中子直接与靶核内的某个核子碰撞，使其从核里发射出来，而中子却留在了靶核内的核反应。如果从靶核里发射出来的核子是质子，这就是直接相互作用的(n,p)反应。如果从靶核里发射出来的核子是中子，同时靶核由激发态返回基态放出 γ 射线，这就是直接非弹性散射过程。由于入射中子必须要有较高的能量才能与原子核发生直接相互作用，而在核反应堆内具有那样高能量的中子数量是很少的，所以在反应堆物理分析中，这种直接相互作用方式是不重要的。

3. 复合核的形成

复合核的形成是中子与原子核相互作用的最重要方式。在这个过程中，入射中子被靶核$^{A}_{Z}X$吸收，形成一个新的核——复合核$[^{A+1}_{Z}X]^{*}$。中子和靶核两者在它们质心坐标系中的总动能E_c就转化为复合核的内能，同时中子与靶核的结合能E_b也给了复合核，于是使复合核处于基态以上的激发态(或激发能级)E_c+E_b(见图1-2)。由于在复合核内激发能的能量是统计地分配在许多核子上的，因此复合核可以在激发态停留一段时间，然后当由于核内的无规则碰撞，激发能在核子间经过多次交换，使某一个核子得到足以逸出系统的能量时，处于激发态的复合核便通过放出一个粒子(或一个光子)而衰变，并留下一个余核(或反冲核)。

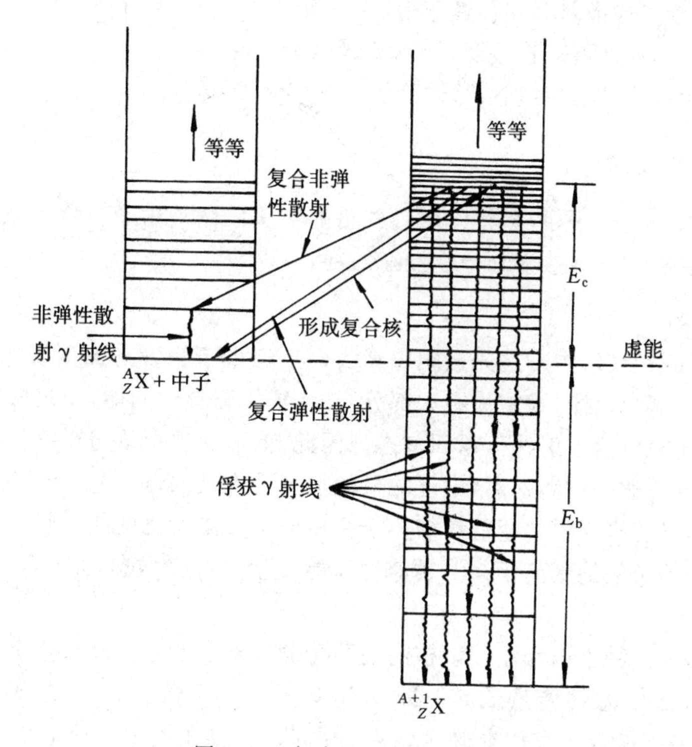

图1-2　复合核的形成和衰变

以上两个阶段可写成以下形式：

(1) **复合核的形成**

$$n+靶核[^{A}_{Z}X]\longrightarrow 复合核[^{A+1}_{Z}X]^{*}$$

(2) **复合核的衰变分解**

$$复合核[^{A+1}_{Z}X]^{*}\longrightarrow 反冲核+散射粒子$$

这里*号表示复合核处于激发态。复合核的激发态衰变或分解有多种方式。若复合核放出一个质子而衰变，就称为(n,p)反应；放出α粒子的衰变称之为(n,α)反应。若放出的核子是一个中子，而余核$^{A}_{Z}X$又重新直接回到基态，就称这个过程为**共振弹性散射**，简称(n,n)反应。如果放出中子后，而余核$^{A}_{Z}X$仍处于激发态，然后通过发射γ射线返回基态，就称这个过程为**共振非弹性散射**，简称(n,n′)反应。复合核也可以通过发射γ射线而衰变，称这个过程为**辐射俘获**，简称(n,γ)反应。复合核一旦发射γ射线而衰变到束缚态时，它就不能再通过放出核子而衰变了。复合核还可以通过分裂成两个较轻的核的方式而衰变，称这一过程为**核裂变**，简称(n,f)反应。

当入射中子的能量具有某些特定值，恰好使形成的复合核激发态接近于某个量子能级时，中子被靶核吸收而形成复合核的概率就显著地增加，这种现象就叫作**共振现象**。这时，入射中子的能量就称为**共振能**。根据中子和靶核作用方式的不同，共振又可分为**共振吸收**和**共振散射**。共振吸收对反应堆的物理过程有着很大的影响。

综上所述，我们可以根据中子与靶核相互作用结果的不同，将中子与原子核的相互作用分为以下两大类。

(1)**散射**。包括弹性散射和非弹性散射。

(2)**吸收**。包括辐射俘获、核裂变、(n,α)和(n,p)反应等。

下面分别介绍这些核反应过程。

1.1.3　中子的散射

散射时入射粒子是中子，与靶核作用后放出的粒子依然是中子。散射是使中子慢化的主要核反应过程。它有非弹性散射和弹性散射两种。

1. 非弹性散射

当发生非弹性散射时，中子首先被靶核吸收而形成处于激发态的复合核，在这个过程中，入射中子把它的一部分动能(通常为绝大部分)转变成了靶核的内能，使靶核处于激发态，然后靶核通过放出中子并发射 γ 射线而返回基态。因此，散射前后中子与靶核系统的动量守恒，但动能不守恒。在发生非弹性散射时，中子能量的损失是可观的，但并不是所有能量的中子都能发生非弹性散射，只有当入射中子的动能高于靶核的第一激发态的能量时才能使靶核激发，也就是说，只有入射中子的能量高于某一数值时才能发生非弹性散射，由此可知，非弹性散射具有阈能的特点。

表 1-1 列出了几种堆内常用元素核的前两个激发态的能量。从表中可以看出，轻核激发态的能量高，重核激发态的能量低。但即使对于像^{238}U 这样的重核，中子也至少必须具有 45 keV以上的能量才能与之发生非弹性散射。因此，只有在快中子反应堆中，非弹性散射过程才是重要的。

表 1-1　几种核的前两个激发态的能量

核	第一个激发态/MeV	第二个激发态/MeV
^{12}C	4.43	7.65
^{16}O	6.06	6.14
^{23}Na	0.45	2.0
^{27}Al	0.84	1.01
^{56}Fe	0.84	2.1
^{238}U	0.045	0.145

在热中子反应堆内由于裂变中子的能量在兆中子伏范围内，因此在高能中子区仍会发生一些非弹性散射现象。但是，中子能量很快降低到非弹性散射阈能以下后，便主要靠弹性散射来慢化中子了。

2. 弹性散射

弹性散射在中子的所有能量范围内都可能发生。它可分为共振弹性散射和势散射两种。前者经过复合核的形成过程,后者不经过复合核的形成过程。由于共振现象只对具有特定能量的入射中子才会产生,因此共振弹性散射也只对特定能量的中子才能发生。

弹性散射的一般反应式为

$$^{A}_{Z}X + ^{1}_{0}n \longrightarrow [^{A+1}_{Z}X]^{*} \longrightarrow ^{A}_{Z}X + ^{1}_{0}n \tag{1-2}$$

$$^{A}_{Z}X + ^{1}_{0}n \longrightarrow ^{A}_{Z}X + ^{1}_{0}n \tag{1-3}$$

其中:式(1-2)为共振弹性散射;式(1-3)为势散射。

在弹性散射过程中,由于散射后靶核的内能没有变化,它仍保持在基态,散射前后中子-靶核系统的动能和动量是守恒的,所以可以把这一过程看作"弹性球"式的碰撞,根据动能和动量守恒,用经典力学的方法来处理(详见第2章)。

在热中子反应堆内,对中子从高能慢化到低能的过程起主要作用的是弹性散射。

1.1.4 中子的吸收

由于吸收反应的结果是中子消失,因此它对反应堆内的中子平衡起着重要作用。中子吸收反应包括有(n,γ),(n,f),(n,α)和(n,p)反应等。

1. 辐射俘获(n,γ)

辐射俘获是最常见的吸收反应。它的一般反应式为

$$^{A}_{Z}X + ^{1}_{0}n \longrightarrow [^{A+1}_{Z}X]^{*} \longrightarrow ^{A+1}_{Z}X + \gamma \tag{1-4}$$

生成的核$^{A+1}_{Z}X$是靶核的同位素,往往具有放射性。辐射俘获反应可以在所有的中子能区内发生,但低能中子与中等质量核、重核作用时易发生这种反应。例如,在堆内重要的俘获反应有

$$^{238}_{92}U + ^{1}_{0}n \longrightarrow ^{239}_{92}U + \gamma \tag{1-5}$$

^{238}U核吸收中子后生成^{239}U,^{239}U经过两次β^-衰变可转变成^{239}Pu。^{239}Pu在自然界里是不存在的,它是一种人工易裂变材料。这一过程对核燃料的转换、增殖有重要的意义。

应该指出,在辐射俘获反应中,原先稳定的原子核通过俘获一个中子后,往往转变成了放射性的原子核,因此辐射俘获会产生放射性。这就给反应堆设备维护、三废处理、人员防护等带来了不少困难。

2. (n,p)、(n,α)等反应

(n,p)反应的一般反应式为

$$^{A}_{Z}X + ^{1}_{0}n \longrightarrow [^{A+1}_{Z}X]^{*} \longrightarrow ^{A}_{Z-1}Y + ^{1}_{1}H \tag{1-6}$$

在反应堆运行过程中,堆内的冷却剂和慢化剂经高能中子照射后,将发生以下的核反应:

$$^{16}_{8}O + ^{1}_{0}n \longrightarrow ^{16}_{7}N + ^{1}_{1}H \tag{1-7}$$

生成的^{16}N每次衰变时放出三种高能的γ射线:7.12 MeV(5%)、6.13 MeV(69%)、2.75 MeV(1%),总产额为75%,是堆内水和重水系统放射性的重要来源。然而,由于^{16}N的半衰期只有7.13 s,因此该反应并不会造成环境污染,也不会对检修造成危害。

(n,α)反应的一般反应式为

$$^{A}_{Z}X + ^{1}_{0}n \longrightarrow [^{A+1}_{Z}X]^{*} \longrightarrow ^{A-3}_{Z-2}Y + ^{4}_{2}He \tag{1-8}$$

例如,热中子与^{10}B所发生的(n,α)反应为

$$ {}^{10}_{5}\mathrm{B} + {}^{1}_{0}\mathrm{n} \longrightarrow {}^{7}_{3}\mathrm{Li} + {}^{4}_{2}\mathrm{He} \tag{1-9} $$

在低能区,这个反应的截面很大,所以^{10}B被广泛地用作热中子反应堆的反应性控制材料。同时这个反应的截面在很宽的能区内很好地满足 $1/v$ 变化规律,因此,^{10}B也经常用来制作热中子探测器。

3. 核裂变

核裂变是反应堆内最重要的核反应。一些核素,如^{233}U、^{235}U、^{239}Pu和^{241}Pu等核素在各种能量的中子作用下均能发生裂变,并且在低能中子作用下发生裂变的可能性较大,通常把它们称为**易裂变同位素**。而同位素^{232}Th、^{238}U和^{240}Pu等只有在能量高于某一阈值的中子作用下才发生裂变,通常把它们称为**可裂变同位素**。目前,热中子堆内最常用的核燃料是易裂变同位素^{235}U。

^{235}U的裂变反应的一般式为

$$ {}^{235}_{92}\mathrm{U} + {}^{1}_{0}\mathrm{n} \longrightarrow [{}^{236}_{92}\mathrm{U}]^{*} \longrightarrow {}^{A1}_{Z1}\mathrm{X} + {}^{A2}_{Z2}\mathrm{Y} + \nu\, {}^{1}_{0}\mathrm{n} \tag{1-10} $$

式中:${}^{A1}_{Z1}\mathrm{X}$、${}^{A2}_{Z2}\mathrm{Y}$为中等质量数的核,叫作裂变碎片;ν为每次裂变平均放出的中子数。在这一过程中,还释放出约 200 MeV 的能量。

然而^{235}U核吸收中子后并不都发生核裂变,除产生上述裂变反应外还可能产生辐射俘获反应,如

$$ {}^{235}_{92}\mathrm{U} + {}^{1}_{0}\mathrm{n} \longrightarrow [{}^{236}_{92}\mathrm{U}]^{*} \longrightarrow {}^{236}_{92}\mathrm{U} + \gamma \tag{1-11} $$

关于核裂变反应的细节将在本章第 4 节中予以介绍。

1.2　中子截面和核反应率

在反应堆的物理计算中,为了定量地计算中子和原子核的相互作用情况,必须引入一些特定的物理量。本节将引入中子截面、中子通量密度和核反应率等一些重要物理概念,并从定量角度讨论中子和原子核的相互作用情况。

1.2.1　微观截面

核反应方程可以描述一个粒子与某个原子核相互作用的反应类型。从反应方程,无法了解与一定体积内原子核发生该种核反应的粒子的数量。为定量地描述中子与核的相互作用,假设有一束单向均匀平行的单能中子束,其强度为 I(即在单位时间内,有 I 个中子通过垂直于中子飞行方向的单位面积),垂直入射到一个具有单位面积的薄靶上,靶的厚度为 Δx,靶片内单位体积中的原子核数是 N。在靶后某一距离处放一中子探测器(见图 1-3)。如果未放靶时测得的中子束强度是 I,放靶后测得的中子束强度是 I',那么,$I'-I=\Delta I$,其绝对值就等于与靶核发生作用的中子数。因为中子一旦与靶核发生作用(不论是散射还是吸收)都会使中子从原来的飞行方向中消失,中子探测器就不能探测到这些中子了。实验表明:在靶面积不变的情况

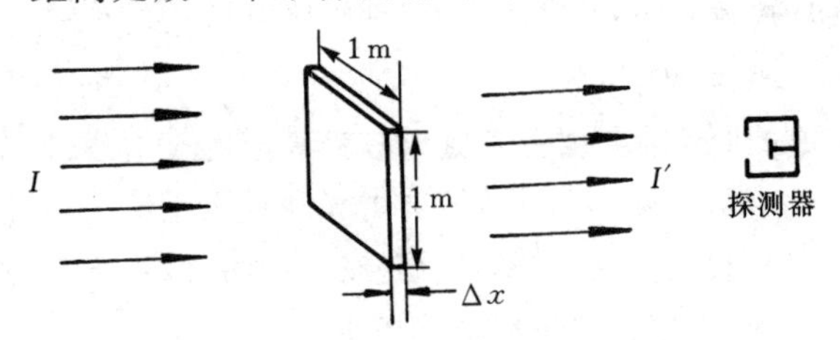

图 1-3　平行中子束穿过薄靶后的衰减

下，ΔI 正比于中子束强度 I、靶厚度 Δx 和靶的核密度 N，即

$$\Delta I = -\sigma I N \Delta x \tag{1-12}$$

式中：σ 为比例常数，称为**微观截面**，它与靶核的性质和中子的能量有关，

$$\sigma = \frac{-\Delta I}{IN\Delta x} = \frac{-\Delta I/I}{N\Delta x} \tag{1-13}$$

式中：$-\Delta I/I$ 为平行中子束中与靶核发生作用的中子所占的份额；$N\Delta x$ 是对应单位入射面积上的靶核数。

从式(1-13)可以看出，σ 是表示平均一个给定能量的入射中子与一个靶核发生作用的概率大小的一种度量。它的单位为 m^2，由于微观截面的数值一般很小，所以在实际应用中，通常用“巴恩”(或巴，缩写为 b)作为单位，$1\ b = 10^{-28}\ m^2$。从上面讨论可以看到，与靶核发生作用的中子数，除了跟入射中子束强度 I、靶核密度 N 等量有关外，还与入射中子的能量有关，因而微观截面是中子能量的函数。

今后我们以各种不同的角标来表示各种不同核反应的截面，如下标 s、e、in、γ、f、a 和 t 分别表示中子与原子核相互作用的散射、弹性散射、非弹性散射、辐射俘获、裂变、吸收和总的反应截面。

根据截面的定义可得

$$\sigma_s = \sigma_e + \sigma_{in} \tag{1-14}$$

$$\sigma_a = \sigma_\gamma + \sigma_f + \sigma_{n,\alpha} + \cdots \tag{1-15}$$

$$\sigma_t = \sigma_s + \sigma_a \tag{1-16}$$

式中：$\sigma_{n,\alpha}$ 表示(n，α)反应的微观截面。

微观截面可由实验测得或理论算出。在实际应用中，一般都是将各种元素与不同能量的中子发生反应的各种截面值制成数据库的形式，以便使用。

1.2.2　宏观截面、平均自由程

1. 宏观截面

为了求得中子束强度在如图1-4所示靶厚度内的分布，先将式(1-12)改写成微分形式 $dI = -\sigma NI dx$，然后对 x 坐标积分，可得靶核厚度为 x 处未经碰撞的平行中子束强度为

$$I(x) = I_0 e^{-\sigma N x} \tag{1-17}$$

式中：I_0 为入射平行中子束的强度，即靶表面上的中子束强度。

由此可见，未与靶核发生作用的平行中子束强度随中子进入靶内深度的增加而按指数规律衰减(见图1-4)，衰减速度与靶核密度和微观截面的乘积 $N\sigma$ 有关。$N\sigma$ 这个量经常出现在

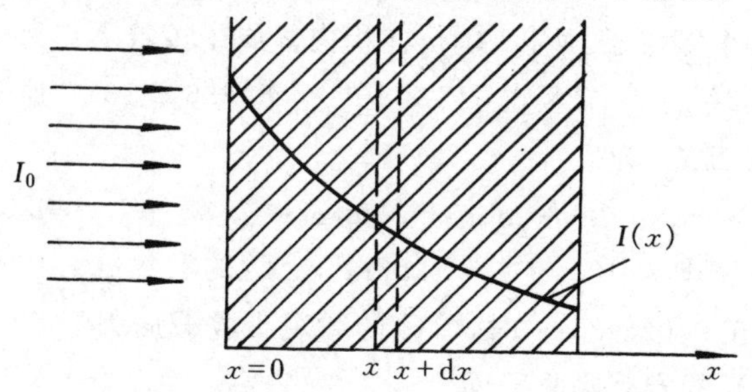

图1-4　在厚靶内平行中子束的衰减

反应堆物理的计算中,通常用符号 Σ 来表示

$$\Sigma = N\sigma \tag{1-18}$$

把 Σ 称为**宏观截面**。显然宏观截面是一个中子与单位体积内所有原子核发生核反应的平均概率大小的一种度量。

根据式(1-13)得

$$\Sigma = N\sigma = \frac{-\mathrm{d}I/I}{\mathrm{d}x} \tag{1-19}$$

可以看出,宏观截面也表征了一个中子在介质中穿行单位距离与核发生相互作用的概率大小,它的单位是 m^{-1}。但是迄今为止,国际文献及工程计算中仍习惯于使用 cm^{-1} 为单位。因此,在本教材中仍保留使用该单位。对应于不同的核反应过程有不同的宏观截面,所用的下标符号与微观截面的相同。

为计算宏观截面必须知道单位体积内的原子核数 N,对于单元素材料

$$N = \frac{N_0\rho}{A} \tag{1-20}$$

式中:N_0 为阿伏伽德罗常数,$N_0=6.022\ 136\ 7\times10^{23}\ \mathrm{mol}^{-1}$;$\rho$ 为材料的密度;A 为该元素的原子量。

对于由几种元素组成的均匀混合物质或化合物质,某种反应宏观截面 Σ_x($x=\mathrm{s,a,f},\cdots$)可以写成

$$\Sigma_x = \sum_i N_i\sigma_{xi} \tag{1-21}$$

式中:σ_{xi} 为第 i 种元素的 x 核反应的微观截面;N_i 表示单位均匀混合物体积介质中第 i 种元素核的数目。在计算核子密度 N_i 时,对不同的物质有不同的计算方法。对于化合物,设化合物的分子量为 M,密度为 ρ,每个化合物分子中含第 i 种元素的原子数目为 ν_i,则化合物中第 i 种元素的核子密度为

$$N_i = \nu_i\frac{\rho N_0}{M} \tag{1-22}$$

例题 1.1 水的密度为 $10^3\ \mathrm{kg/m^3}$,对能量为 0.025 3 eV 的中子,氢核和氧核的微观吸收截面分别为 0.332 b 和 2.7×10^{-4} b,计算水的宏观吸收截面。

解 水的分子量 $M_{\mathrm{H_2O}}=2\times1.007\ 97+15.999\ 4=18.015\ 3$。根据式(1-20),单位体积内水的分子数 $N_{\mathrm{H_2O}}$ 和氧的原子核数 N_{O} 为

$$N_{\mathrm{H_2O}} = N_{\mathrm{O}} = \frac{0.602\ 2\times10^{24}}{18.015\ 3}\times10^6 = 3.343\times10^{28}\quad \text{分子}/\mathrm{m^3}$$

由于一个水分子包含两个氢原子,所以,单位体积内氢原子核数 N_{H} 为

$$N_{\mathrm{H}} = 2N_{\mathrm{H_2O}} = 2\times3.343\times10^{28} = 6.686\times10^{28}\quad \text{原子}/\mathrm{m^3}$$

所以水的宏观吸收截面 $\Sigma_{\mathrm{a,H_2O}}$ 为

$$\Sigma_{\mathrm{a,H_2O}} = \Sigma_{\mathrm{a,H}} + \Sigma_{\mathrm{a,O}} = N_{\mathrm{H}}\sigma_{\mathrm{a,H}} + N_{\mathrm{O}}\sigma_{\mathrm{a,O}} = 2.22\ \mathrm{m^{-1}} = 0.022\ 2\ \ \mathrm{cm^{-1}}$$

例题 1.2 $\mathrm{UO_2}$ 的密度为 $10.42\times10^3\ \mathrm{kg/m^3}$,$^{235}\mathrm{U}$ 的富集度 $\varepsilon=3\%$(指 $^{235}\mathrm{U}$ 在同位素 U 中的质量分数)。已知在 0.025 3 eV 时,$^{235}\mathrm{U}$ 的微观吸收截面为680.9 b,$^{238}\mathrm{U}$ 为 2.7 b,O 为 2.7×10^{-4} b。试求 $\mathrm{UO_2}$ 的宏观吸收截面。

解 设以 c_5 表示富集铀内 $^{235}\mathrm{U}$ 的核子数与铀($^{235}\mathrm{U}+^{238}\mathrm{U}$)的核子数之比,则

$$235\times c_5/(235\times c_5+238\times(1-c_5))=\varepsilon$$

求得

$$c_5=\left(1+0.9874\left(\frac{1}{\varepsilon}-1\right)\right)^{-1}$$

代入 $\varepsilon=3\%$ 可求得 $c_5=0.030\ 371$，因而 UO_2 的分子量为

$$M_{UO_2}=235c_5+238(1-c_5)+2\times15.999=269.907$$

因而单位体积内 UO_2 的分子数为

$$N_{UO_2}=\frac{\rho_{UO_2}N_O}{M_{UO_2}}=2.325\times10^{28}\quad m^{-3}$$

单位体积内 ^{235}U、^{238}U 和氧的原子核密度为

$$N_5=c_5N_{UO_2}=0.0706\times10^{28}\quad m^{-3}$$

$$N_8=(1-c_5)N_{UO_2}=2.254\times10^{28}\quad m^{-3}$$

$$N_O=2N_{UO_2}=4.65\times10^{28}\quad m^{-3}$$

这样，便可求得在 0.025 3 eV 时 UO_2 的宏观吸收截面为

$$\begin{aligned}\Sigma_{a,UO_2}&=(0.0706\times10^{28})\times(680.9\times10^{-28})+(2.254\times10^{28})\times(2.7\times10^{-28})+\\&\quad(4.65\times10^{-28})\times(2.7\times10^{-4}\times10^{-28})\\&=54.16\ m^{-1}=0.5416\ cm^{-1}\end{aligned}$$

2. 平均自由程

根据式(1-17)有

$$\frac{I(x)}{I_0}=e^{-\Sigma x}\tag{1-23}$$

因为 $I(x)/I_0$ 是入射平行中子束穿过厚度为 x 的物质后未发生核反应的中子份额，所以 $e^{-\Sigma x}$ 就是一个中子穿过 x 长的路程仍未发生核反应的概率。由式(1-19)知道，中子在 x 及$x+dx$ 之间发生核反应的概率为 Σdx。如果令 $P(x)dx$ 表示一个中子在穿行 x 距离后未发生核反应，而在 x 和 $x+dx$ 之间发生首次核反应的概率，则

$$P(x)dx=e^{-\Sigma x}\Sigma dx\tag{1-24}$$

$P(x)$叫作首次反应概率分布函数，根据 $P(x)$的定义显然应有

$$\int_0^\infty P(x)dx=\int_0^\infty e^{-\Sigma x}\Sigma dx=1$$

如把中子在介质中运动时，与原子核连续两次相互作用之间穿行的平均距离叫作**平均自由程**，并用 λ 表示，那么有

$$\lambda=\bar{x}=\int_0^\infty xP(x)dx=\Sigma\int_0^\infty xe^{-\Sigma x}dx=\frac{1}{\Sigma}\tag{1-25}$$

对于中子与靶核不同类型的相互作用，可定义不同类型的平均自由程，如定义散射平均自由程 $\lambda_s=1/\Sigma_s$、吸收平均自由程 $\lambda_a=1/\Sigma_a$ 等等。可以证明 $\lambda_t=1/\Sigma_t$，且有

$$\frac{1}{\lambda_t}=\frac{1}{\lambda_s}+\frac{1}{\lambda_a}\tag{1-26}$$

如例题 1.1 中，中子在水中的平均吸收自由程 λ_{a,H_2O} 为

$$\lambda_{a,H_2O}=1/\Sigma_{a,H_2O}=1/0.022=0.4504\ m$$

1.2.3 核反应率、中子通量密度和平均截面

1. 核反应率

单位体积内的中子数叫做**中子密度**，用 n 表示。在核反应堆内，中子密度一般在 $10^{14}\sim10^{17}$ 中子/m^3 范围内，而原子核密度在 $10^{23}\sim10^{28}$ 原子/m^3 范围内。因此，在核反应堆内发生的中子与原子核的相互作用过程，是中子群体与大量的原子核的相互作用过程。在核反应堆物理分析中，常用核反应率来定量地描述这种相互作用过程的统计行为。

在核反应堆内，中子的运动方向是杂乱无章的。设中子以同一速率 v(或者说具有相同的动能)在介质内杂乱无章地运动，介质的宏观截面为 Σ，平均自由程为 λ，$\lambda=1/\Sigma$，则一个中子与介质原子核在单位时间内发生作用的统计平均次数为 $v/\lambda=v\Sigma$。因而每秒每单位体积内的中子与介质原子核发生作用的总次数(统计平均值)，用 R 表示为

$$R = nv\Sigma \quad \text{中子}/(\mathrm{m}^3\cdot\mathrm{s}) \tag{1-27}$$

R 叫做**核反应率**。它是反应堆物理分析中常用到的一个重要物理量。对应于不同的核反应过程通常定义为不同的核反应率，如吸收反应率 $R_a=nv\Sigma_a$，裂变反应率 $R_f=nv\Sigma_f$，等等。

对于由多种元素组成的均匀混合的物质，反应率应为中子与各种元素核相互作用的反应率之和，即

$$R = nv\Sigma_1 + nv\Sigma_2 + \cdots = nv\sum_{i=1}^{m}\Sigma_i = \Sigma nv \tag{1-28}$$

式中：$\Sigma_i=N_i\sigma_i$ 为混合物中第 i 种元素核的宏观截面；N_i 是单位体积混合物内第 i 种元素的原子核数目；求和是对混合物内所有的 m 种元素而言；Σ 为混合物的宏观截面。

2. 中子通量密度

在核反应堆物理分析中，例如在计算核反应率时，经常出现 nv 乘积这个量(中子/(m^2 · s))，早期我们把它称为“中子通量(neutron flux)”，并用 ϕ 表示，即

$$\phi=nv \quad \text{中子}/(\mathrm{m}^2\cdot\mathrm{s})\ (\text{中子}/(\mathrm{cm}^2\cdot\mathrm{s}))^{①} \tag{1-29}$$

这样，式(1-28)反应率 R 便写为

$$R = \Sigma\phi \tag{1-30}$$

根据式(1-29)定义可以看出，某一点的“中子通量”等于该点的中子密度与相应的中子速度的乘积，它表示单位体积内所有中子在单位时间内穿行距离的总和。由于各个中子具有不同的运动方向，因而它和中子的流动并没有什么直接的关系。它是一个标量并不是矢量，并且它和其它工程领域或物理学中所遇到的，如热通量、光通量、磁通量等这类通量概念不一样。的确，上面关于中子通量一词的概念是不确切和常常引起混乱的，其部分原因是由于在核工程中不适当地使用了“通量(flux)”这个术语[4]。因此，后来我们把它改称为“中子通量密度”，以便和一般的通量概念区别开来。

严格地讲，只有对于具有相同运动方向的平行中子束来说，中子通量密度才具有“通量”的含义，而式(1-29)所定义的中子通量密度是该点沿空间各个反向的微分中子束强度之和(详

---

① 按国际单位制，中子通量密度单位应为($m^{-2}\cdot s^{-1}$)，但是迄今为止，国际文献上仍然采用($cm^{-2}\cdot s^{-1}$)为单位。因此，在本教材中仍然习惯保留使用该单位。

见第 3 章）。

在研究辐射和与能量沉积有关的问题时，相应通量密度的总照射量常用注量（fluence）来度量。根据国际辐射单位和测量委员会定义，在空间 $\boldsymbol{r}$ 处单位时间内进入以该点为中心的单位横截面的小球体内的中子数称为该点的中子注量率（neutron fluence rate），一般以 ϕ 表示，中子/($m^2 \cdot s$)。因而 Δt 时间内的注量 $F(\boldsymbol{r})$ 为

$$F(\boldsymbol{r}) = \int_{t_1}^{t_1+\Delta t} \phi(\boldsymbol{r},t)\mathrm{d}t \tag{1-31}$$

根据中子通量密度定义，显然中子注量率就等于中子通量密度（详见第 3 章）。在我国国家标准（GB/T 3102.10—1993 和 GB/T 4960.2—1996）中，这两个名词都是允许使用的。但是鉴于在反应堆物理领域中，国外的文献和书籍中迄今都广泛使用 neutron flux 一词，因此，在本书中也使用习惯中的中子通量密度一词。

中子通量密度是核反应堆物理中一个重要的参数。它的大小反映堆芯内核反应率的大小，因此也反映出堆的功率水平。在热中子动力堆内，热中子通量密度的数量级一般约为 $10^{13} \sim 10^{15}$ 中子/($cm^2 \cdot s$)。

3. 平均截面

前面讨论的是单能中子情况，实际上，在核反应堆内，中子并不具有同一速度 v 或能量 E，而是分布在一个很宽的能量范围内，以不同的速度在运动着。中子数关于能量 E 的分布称为**中子能谱分布**。不同的反应堆，有着不同的中子能谱分布。

若令 $n(E)$ 表示中子能量在 E 附近单位能量间隔内的中子密度，根据中子通量密度的定义，总的中子通量密度 Φ 应为

$$\Phi = \int_0^{\infty} n(E)v(E)\mathrm{d}E = \int_0^{\infty} \phi(E)\mathrm{d}E \tag{1-32}$$

式中：$\phi(E)=n(E)v(E)$，它表示在 E 附近单位能量间隔内的中子通量密度，这里 $v(E)$ 表示能量为 E 的中子速度，$E=\frac{mv^2}{2}$。

考虑到截面是中子能量的函数，因此核反应率 R 应为

$$\begin{aligned} R &= \int_{\Delta E} \Sigma(E)n(E)v(E)\mathrm{d}E \\ &= \int_{\Delta E} \Sigma(E)\phi(E)\mathrm{d}E \end{aligned} \tag{1-33}$$

为了以后计算方便，在实际计算中常引入某一能量区间的平均截面的概念。若用 $\overline{\Sigma}$ 表示某能量区间的平均宏观截面，并令平均宏观截面与总的中子通量密度的乘积等于核反应率 R，则

$$R = \int_{\Delta E} \Sigma(E)\phi(E)\mathrm{d}E = \overline{\Sigma}\Phi \tag{1-34}$$

这样，便可求得平均宏观截面为

$$\overline{\Sigma} = \frac{\int_{\Delta E} \Sigma(E)\phi(E)\mathrm{d}E}{\int_{\Delta E} \phi(E)\mathrm{d}E} = \frac{R}{\Phi} \tag{1-35}$$

可以看出，式(1-34)意味着，在保持核反应率相等这一点上，$\overline{\Sigma}\Phi$ 与式(1-33)的 R 是等价的。因此有时把平均截面称做**等效截面**。这种用核反应率保持不变的原则来求平均截面的概念，

在反应堆计算中是经常用的。

从式(1-35)可知,要计算平均截面或核反应率,就首先必须知道中子通量密度按能量的分布,即中子能谱 $n(E)$或 $\phi(E)$。因此,中子能谱的计算是反应堆物理计算中的重要内容之一。

1.2.4　截面随中子能量的变化

核截面的数值决定于入射中子的能量和靶核的性质。对许多元素,考查其反应截面随入射中子能量 E 变化的特性,可以发现大体上存在着三个区域。首先是低能区(一般指 $E\leqslant 1$ eV),在该区吸收截面随中子能量的减小而逐渐增大,即与中子的速度成反比,这个区域叫做 $1/v$ 区;接着是中能区(1 eV$<E\leqslant 10^5$ eV),在这个区域,特别是在 1～10^3 eV,许多重元素核的截面出现许多共振峰,这个区域也称为**共振区**;在 $E>10^5$ eV 以后的区域,称之为**快中子区**,该区的截面通常很小,而且截面随能量的变化比较平滑。下面按吸收、散射和裂变三种核反应,分别介绍不同质量数核素(轻、中等质量和重核)的微观截面随中子能量变化的特性。

1. 微观吸收截面

在低能区($E\leqslant 1$ eV),许多元素核的微观吸收截面 σ_a 按 $1/\sqrt{E}$规律变化,服从“$1/v$”律,也就是,$\sigma_a(E)\sqrt{E}=$常数。所以,如果已知 i 元素对能量为 $E=0.025\,3$ eV的中子微观吸收截面 $\sigma_{a,i}(0.025\,3)$,那么对能量为 E eV 中子的微观吸收截面 $\sigma_{a,i}(E)$由下式给出

$$\sigma_{a,i}(E)=\sigma_{a,i}(0.025\,3)\sqrt{\frac{0.025\,3}{E}} \tag{1-36}$$

式中:$\sigma_{a,i}(0.025\,3)$可由核截面表(见附录 3)查得。

对于多数轻核,在中子能量从热能一直到几千中子伏甚至几兆中子伏的区间内,其吸收截面都近似地按 $1/v$ 律变化,对于重核和中等质量核,由于在低能区有共振吸收现象发生,其吸收截面就会偏离 $1/v$ 律。例如,堆内常用的材料^{235}U、^{238}U、^{239}Pu、^{112}Cd 等。

在中能区,对于重核,如^{238}U 核,在共振区内,某一能量附近的小间隔内,$\sigma_a(E)$将变得特别大,即出现强烈的共振吸收现象。图 1-5 给出了 1～10^4 eV 范围内^{238}U的微观总截面(主要为吸收截面),从中可以看到许多共振峰。第一个共振峰出现在 $E_r=6.67$ eV,其峰值截面约为 7 000 b,另外还在 $E_r=21$ eV,29 eV,…多处出现强共振峰。共振峰分布一直延伸到了 10^3 eV

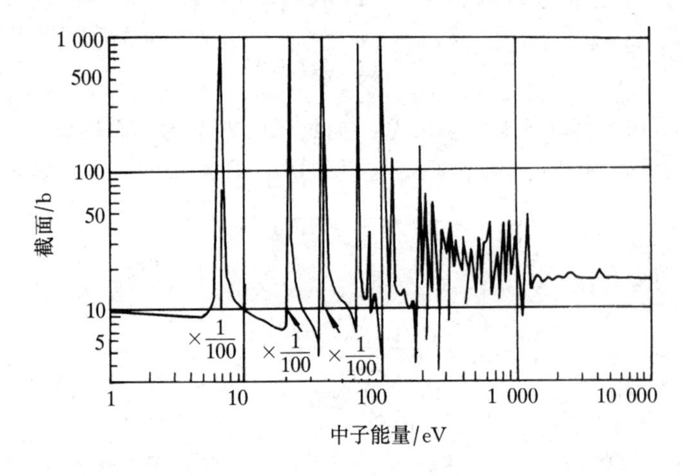

图 1-5　^{238}U 的总截面

以上，但主要的共振峰则密集在 1～2 000 eV 能区内。

对于轻核，由于其第一个激发态的能量比重核高(见表 1 - 1)，所以轻核在中能区一般不出现共振峰，只对能量比较高的中子(一般在兆中子伏范围内)才出现这种共振吸收。和重核窄而高的共振峰不同，轻核的共振峰宽而低。因此在热中子反应堆中共振吸收主要考虑重核(如^{238}U 核)的吸收。

在高能区，随着中子能量的增加，共振峰间距变小，共振峰开始重叠，以致不再能够分辨，微观吸收截面随能量的变化，虽有一定的起伏，但变得缓慢平滑了，而且截面数值很小，一般只有几个巴。

2. 微观散射截面

(1) 非弹性散射截面 σ_{in}。

非弹性散射有阈能特点，且阈能的大小与核的质量数有关，质量数愈大的核，其阈能愈低。当中子能量小于阈能时，σ_{in} 为零；而当中子能量大于阈能时，σ_{in} 随着中子能量的增加而增大。图 1 - 6 给出了几种反应堆常用材料的非弹性散射截面。

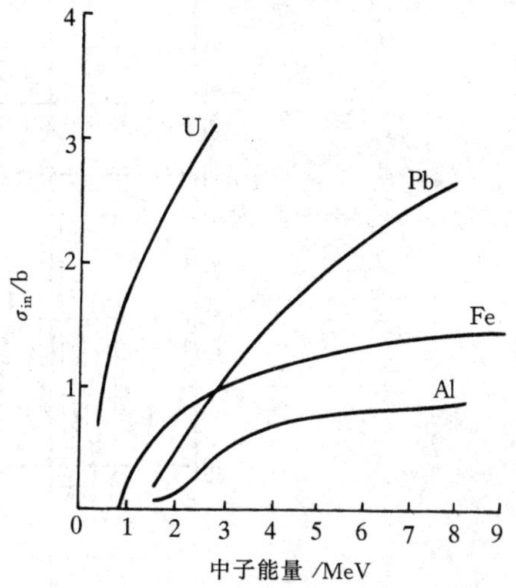

图 1 - 6　若干反应堆材料的非弹性散射截面

(2) 弹性散射截面 σ_s。

多数元素与较低能量中子的散射都是弹性的。σ_s 基本上为常数，一般为几巴。对于轻核、中等核，中子能量从低能一直到兆中子伏左右范围，σ_s 都近似为常数。对于重核，在共振能区将出现共振弹性散射。

关于热中子(E<1 eV)的散射问题，由于原子核热运动及化学键的影响，使问题变得比较复杂。限于篇幅，这里不作介绍，可参考有关文献[1,2]。

3. 微观裂变截面 σ_f

^{235}U、^{239}Pu 等易裂变核素的裂变截面随中子能量变化的规律与重核吸收截面的变化规律相类似，也可分三个能区来讨论。在热能区裂变截面 σ_f 随中子能量减小而增加，且其截面值很大。例如，当中子能量 E＝0. 025 3 eV 时，^{235}U 的 σ_f＝583. 5 b，^{239}Pu 的 σ_f＝744 b。因而，热中子反应堆内的裂变反应基本上都发生在这一能区。

对共振区(1 eV<E≤10^3 eV)的中子，^{235}U 核的裂变截面出现共振峰，共振能区延伸至几千中子伏。在千中子伏至兆中了伏能量范围内，裂变截面随中子能量的增加而下降到几靶。^{235}U核在上述三个能区的裂变截面曲线如图 1 - 7 所示。^{238}U、^{240}Pu 和^{232}Th等核素的裂变具有阈能特点，如图 1 - 8 所示。

前面曾经提到过^{235}U 核吸收中子后并不是都发生裂变的，有的发生辐射俘获反应而变成^{236}U。辐射俘获截面与裂变截面之比通常用 α 表示，称为**俘获-裂变比**

$$\alpha = \frac{\sigma_\gamma}{\sigma_f} \tag{1-37}$$

α 与裂变同位素的种类和中子能量有关。表 1 - 2 给出了^{235}U 和^{239}Pu 的 α 值与入射中子能量的关系。

在反应堆分析中常用到另一个量，就是燃料核每吸收一个中子后平均放出的中子数，称为

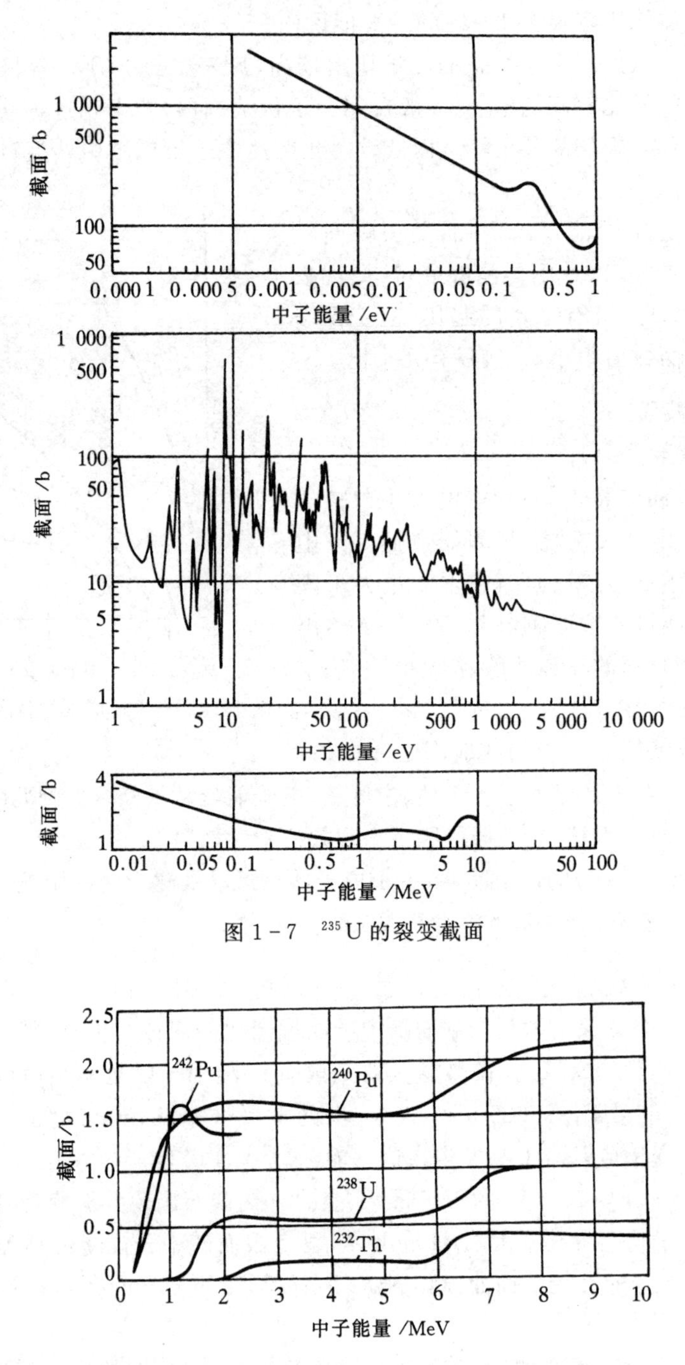

图 1-7　^{235}U 的裂变截面

图 1-8　^{232}Th、^{238}U、^{240}Pu 和 ^{242}Pu 的裂变截面

有效裂变中子数，用 η 表示

$$\eta = \frac{\nu\sigma_f}{\sigma_a} = \frac{\nu\sigma_f}{\sigma_f + \sigma_\gamma} = \frac{\nu}{1+\alpha} \tag{1-38}$$

式中：ν 为每次裂变的中子产额，对于 ^{235}U，$\nu=2.416$。

对于易裂变同位素，如 ^{235}U、^{239}Pu 等元素的热中子吸收截面和裂变截面等数据列于表

1-3中。η 值和中子能量的依赖关系如图 1-9 所示。

表 1-2　α 与入射中子能量的关系

同位素	中子能量	α	同位素	中子能量	α
^{235}U	热中子	0.18	^{239}Pu	热中子	0.42
	30 eV	0.65		100 eV	0.81
	100 eV	0.52		1 200 eV	0.60
	1 200 eV	0.47		15 000 eV	0.45
	15 000 eV	0.41			

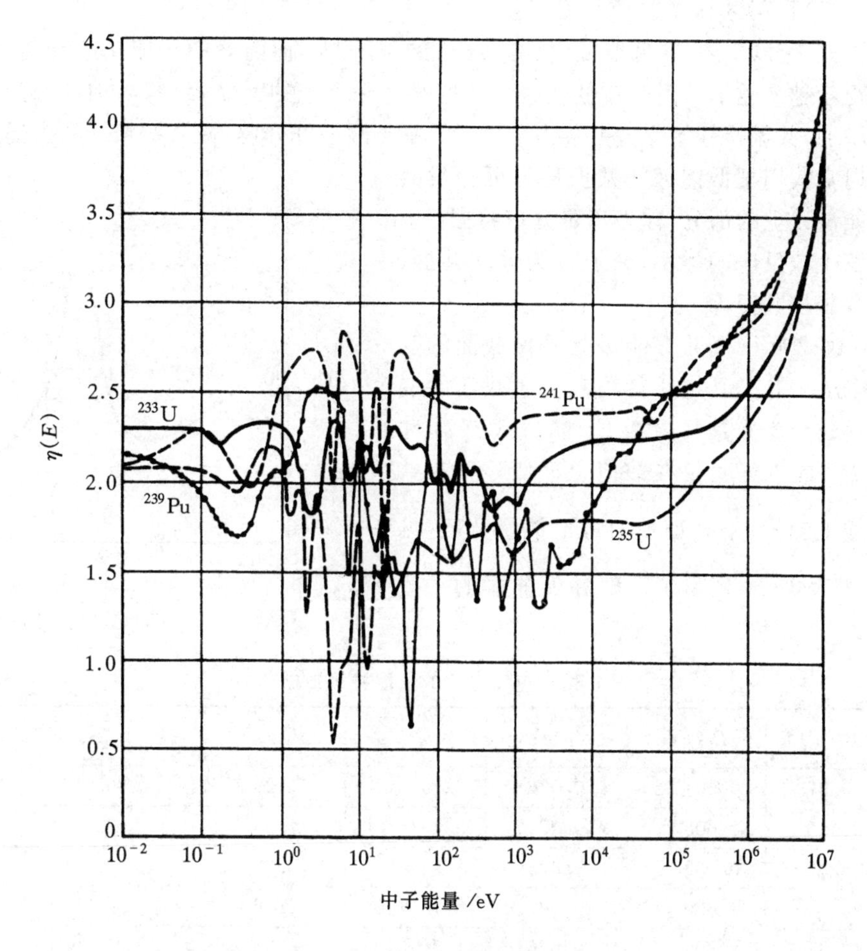

图 1-9　η 和中子能量的关系

表 1-3　^{235}U 等元素热中子(0.025 3 eV)反应的有关数据

核素	σ_a/b	σ_f/b	σ_s/b	ν	η
^{235}U	680.9	583.5	14.4	2.416	2.071
^{239}Pu	1 011.2	744.0	7.2	2.862	2.106
^{241}Pu	1 378	1 015	10.8	2.924	2.155
^{238}U	2.70	—	8.9	—	—

1.3　共振吸收

1.3.1　共振截面——单能级布雷特-维格纳公式

图 1-5 给出了^{238}U的总截面随中子能量变化的曲线，从中可以看到在 $1\sim10^3$ eV 能区内出现了许多截面很大的峰，这些峰叫**共振峰**，这一现象称为**共振现象**。对 $A>100$ 的许多重核，通常在低能区和中能区的截面曲线上可以见到这种共振现象，对于轻核，一般要在比较高的能区($E>1$ MeV)才出现这种共振现象。

从图 1-5 可以看到，在低能处，核的共振能级间距大，而随着中子能量的升高，共振能级之间的间距就越来越小。因此在低能区的共振峰是一个个的孤立峰，容易加以分辨。随着中子能量的增加，共振峰开始变宽并相互重叠，慢慢变得不可分辨，最后 $\sigma_a(E)$ 曲线变成平缓的曲线了。通常我们把低能区的共振称为**可分辨共振**。在此能量以上的部分，称为**不可分辨共振区**。

根据发生核反应的类型，共振分为俘获共振、散射共振和裂变共振等。

图 1-10 表示一个共振能级处共振截面的变化曲线，一般可用三个共振参数来描述截面的变化特性。这三个参数是共振能 E_r、峰值截面 σ_0 和能级宽度 Γ。能级宽度 Γ 在数值上近似等于在共振截面曲线上当 $\sigma=\frac{1}{2}\sigma_0$ 时所对应的能量宽度(见图 1-10)。表 1-4 列出了^{238}U在低能区的一些共振参数。

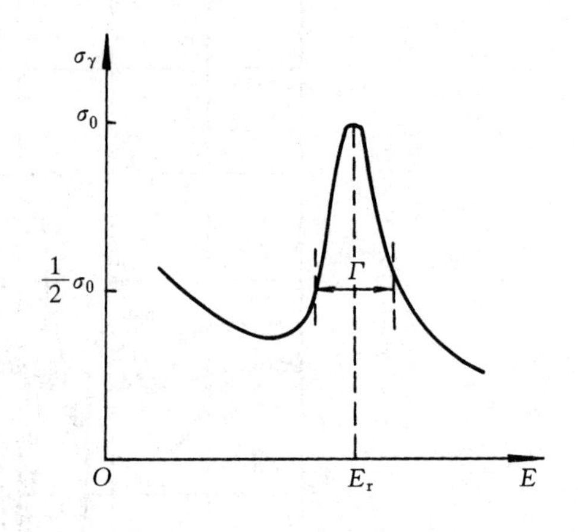

图 1-10　单能级俘获共振

表 1-4　^{238}U的低能共振数据

E_i/eV	Γ_n/eV	Γ_r/eV	σ_0/b	Γ_p/eV	$\frac{1}{2}(1-\alpha_A)E_i$/eV
6.67	0.001 52	0.026	2.16×10^5	1.26	0.055
20.90	0.008 7	0.025	3.19×10^4	1.95	0.174
36.80	0.032	0.025	3.98×10^4	3.65	0.306
66.54	0.026	0.022	2.14×10^4	2.26	0.554
102.47	0.70	0.026	1.86×10^4	3.98	0.850
116.85	0.030	0.022	1.30×10^4	1.32	0.966
165.27	0.003 2	0.018	2.41×10^3	0.98	1.37
208.46	0.053	0.022	8.86×10^3	2.63	1.73

从核物理知识知道，对于静止的靶核及可分辨的共振峰，在共振能 E_r 附近发生 x(吸收辐射俘获或裂变)共振反应的截面 $\sigma_x(E)$ 可以用单能级布雷特-维格纳公式表示

$$\sigma_x(E)=\sigma_0\frac{\Gamma_x}{\Gamma}\sqrt{\frac{E_r}{E}}\frac{\Gamma^2}{4(E-E_r)^2+\Gamma^2}\tag{1-39}$$

式中：

$$\Gamma = \Gamma_n + \sum_x \Gamma_x \tag{1-40}$$

其中：Γ、Γ_n、Γ_x 分别为总宽度、中子宽度和 x 分宽度；σ_0 为 σ_γ 的极大值（当 $E=E_r$ 时）。

1.3.2 多普勒效应

在推导式(1-39)时，假设中子与原子核相互作用之前，核在实验室坐标系中是静止的。然而这是不严格的，实际上，原子核处于不停的热运动之中，同时式(1-39)中的能量 E 严格地讲应由中子与核的相对运动速度或相对能量 E' 确定。如果核是静止的，则相对能量 E' 就等于中子能量 E。如果核处于热运动状态，则相对能量将不同于中子能量。因而由于靶核的热运动，对于本来具有单一能量 E_r 的中子，它与靶核的相对能量就有一个展开范围，因而反映在图1-11的共振截面曲线上将使共振峰的宽度展宽而共振峰的峰值降低。由于靶核的热运动随温度的增加而增强，所以这时共振峰的宽度将随着温度的上升而增加，同时峰值截面也逐渐减小。这一现象叫做**多普勒效应或多普勒展宽**。图1-11表示在6.67 eV处 ^{238}U 核共振峰的多普勒展宽情形。在0 K时，即在靶核静止时，σ_γ 的峰值约为20 000 b，而在293 K时，峰值为7 000 b。由此可见，由于多普勒展宽使共振截面的大小、形状都发生相当大的变化，在核设计时必须予以考虑。

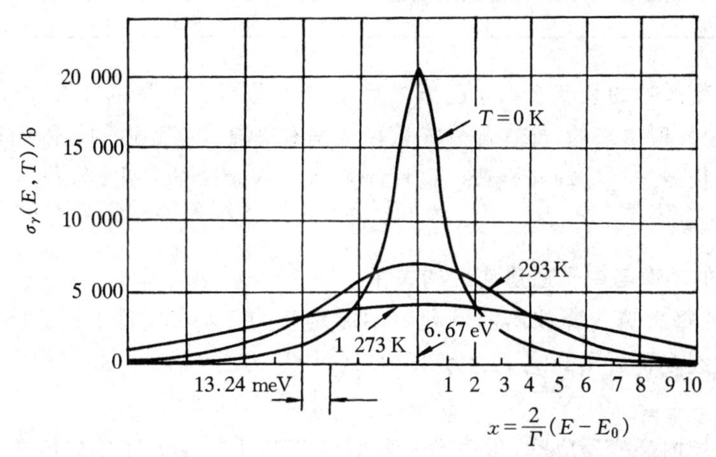

图1-11 ^{238}U 核在6.67 eV处共振俘获截面的多普勒展宽

1.4 核裂变过程

核裂变过程是堆内最重要的中子与核相互作用的过程，是核反应堆的工作基础。核裂变过程中有大量的能量释放出来，同时释放出中子。这就有可能在适当的条件下使这一反应过程自续下去，而人们就能够不断地利用核反应过程中释放出来的能量和中子。

1.4.1 裂变能量的释放、反应堆功率和中子通量密度的关系

1. 裂变能量的释放

根据结合能公式可以算出，实验上也已测出，^{235}U 核一次裂变大约释放200 MeV的能量，

其中裂变碎片的动能约占总释放能量的 80%，裂变能量的大致分配如表 1-5 所示。裂变能量的绝大部分都在堆内转变为热能。由于中微子不带电，其质量几乎为零，因而它几乎不与堆内任何物质作用。因此，中微子所具有的12 MeV的能量，是不能利用的。另一方面，裂变中子将被堆内各种材料的核吸收而发生(n,γ)反应，这要释放出 3～12 MeV 的能量。虽然这部分能量并不是核裂变时直接放出来的，但它也是裂变带来的后果，并且这部分能量的绝大部分也在堆内转变为热能，故通常把这一部分能量也归入裂变能量。可利用的裂变能量中大约 97% 分配在燃料内，不到 1%(为 γ 射线能量)在堆屏蔽层内，其余能量则分配在冷却剂和结构材料内。确切地讲，每次裂变可利用的能量因堆型的不同而不同，一般计算时，可以近似地认为 ^{235}U核每次裂变可利用的能量约为 200 MeV。

表 1-5　^{235}U 核裂变释放的能量

能量形式	能量/MeV
裂变碎片的动能	168
裂变中子的动能	5
瞬发 γ 能量	7
裂变产物 γ 衰变-缓发 γ 能量	7
裂变产物 β 衰变-缓发 β 能量	8
中微子能量	12
共计	207

应该指出，裂变产物的衰变 β 和 γ 射线的能量约占总裂变能量的 4%～5%，它们是裂变碎片在衰变过程中发射出来的，即这部分能量释放是有一段时间延迟的。因而停堆后，仍然会有衰变热量产生，仍需进行冷却和屏蔽。这种停堆后衰变余热的导出问题是反应堆安全研究中重要的问题之一。

2. 核反应堆的功率与中子通量密度的关系

假如取^{235}U 核每次裂变释放出的可利用的能量为 200 MeV，而 1 MeV$=1.6\times10^{-13}$ J。那么，^{235}U 核每次裂变释放出的能量约为 3.2×10^{-11} J，因而有 1 J$=3.125\times10^{10}$次^{235}U 核裂变所放出的能量。

若用 R_f 表示堆内裂变反应率，$R_f=\Sigma_f\phi$，因而堆芯的任一点 $\boldsymbol{r}$ 处单位体积内的功率，即 $\boldsymbol{r}$ 处的功率密度或释热率 $q(\boldsymbol{r})$ 为

$$q(\boldsymbol{r}) = E_f\Sigma_f\phi(\boldsymbol{r}) = \frac{\Sigma_f\phi(\boldsymbol{r})}{3.125\times10^{10}}\quad \text{W/m}^3 \tag{1-41}$$

式中：Σ_f 为堆芯的宏观裂变截面；$\phi(\boldsymbol{r})$为堆芯内 $\boldsymbol{r}$ 处的中子通量密度，由式(1-41)便可求出反应堆功率与中子通量密度间的关系。如果只考虑热中子引起的^{235}U 核的裂变，那么反应堆功率 P 为

$$P = \frac{\Sigma_f\bar{\phi}V}{3.125\times10^{10}}\quad \text{W} \tag{1-42}$$

式中：V 为堆芯的体积，m^3；$\bar{\phi}$ 为堆芯的平均热中子通量密度，即

$$\bar{\phi} = \frac{1}{V}\int_V\phi(\boldsymbol{r})\mathrm{d}V \tag{1-43}$$

由式(1-42)可得堆内平均热中子通量密度为

$$\bar{\phi} = \frac{3.125 \times 10^{10} P}{V\Sigma_f} \tag{1-44}$$

从式(1-42)还可看出,反应堆的功率水平与裂变反应率成正比。设宏观裂变截面为常数,则反应堆的功率和堆内平均热中子通量密度成正比。反应堆内中子通量密度大的地方,单位体积内发出的功率也大,反之亦然。在核反应堆运行时,易裂变材料的核密度一般随运行时间的增长而减小,即宏观裂变截面一般随运行时间增长而减小,因此为了维持反应堆恒定功率运行,堆内平均中子通量密度随运行时间的增长而增大。

由式(1-41)得到单位时间反应堆内总的裂变率 $F_f=3.12\times10^{10}P$,对应的吸收率为

$$F_a = F_f \frac{\sigma_a}{\sigma_f} = (1+\alpha)F_f = 3.12(1+\alpha)\times 10^{10} P \tag{1-45}$$

式中:α 为易裂变核的俘获-裂变比;P 为反应堆功率(W),因而每日(1 d=86 400 s)消耗掉的易裂变核的质量,即易裂变核的消耗率为

$$G = \frac{86\,400 F_a A}{N_0 \times 10^3} = 4.48\times 10^{-12} \times (1+\alpha) P \times A \ \text{kg/d} \tag{1-46}$$

式中:A 为易裂变核的原子量。对^{235}U,取 $\alpha=0.169$,假定反应堆的运行热功率为 1 MW,那么由上式得到该反应堆^{235}U 的消耗率为 1.23×10^{-3} kg/d。

例题 1.3　一核电站压水堆的热功率为 2 800 MW,电站年负荷因子为 0.85,试估算该电站 1 a(365 d)所消耗的^{235}U 质量。

解　根据年负荷因子的定义该电站 1 a 释放的能量为

$$\begin{aligned} E = P\times f\times t &= 2\,800\times10^6\times0.85\times365\times86\,400 \\ &= 7.506\times10^{16}\ \text{J} \end{aligned}$$

需要^{235}U 的裂变核数为

$$N = 3.125\times10^{10}\times E = 2.346\times10^{27}$$

共消耗的^{235}U 质量为

$$m = \frac{(1+\alpha)N\times A}{N_0\times10^3} = 1\,080.3\ \text{kg}$$

1.4.2　裂变产物与裂变中子的发射

1. 裂变产物

核裂变反应的另一个重要结果是生成裂变碎片和放出中子。核裂变的方式有很多种,其中绝大多数裂变成两个碎片。裂变碎片的质量-产额曲线如图 1-12 所示,从图中可以看出,引起裂变的中子能量不同,曲线的形状也是不同的。图 1-12 中给出 14 MeV 的中子和热中子引起^{235}U 核裂变时的裂变碎片质量-产额曲线。对热中子裂变来说,目前已发现有 80 种以上的裂变碎片。裂变碎片质量数的范围大约分布在 72～161 之间。从曲线显然可以看出,裂变方式一般不是对称的。对称裂变(两个碎片的质量相等,如 $A=118$)的产额只有 0.01%;非对称裂变(如两个碎片的质量分别为 95 和 139)的最大产额为 6%。

几乎在所有的情况下,这些裂变碎片都是非稳定的。它们通常要经过一系列 β 衰变,才成为稳定核。我们把裂变碎片和它们的衰变产物都叫裂变产物。热中子反应堆随着反应堆的运

行，裂变产物不断积累，在最终乏燃料的裂变产物中，可以包括 300 多种不同核素的各种放射性和稳定同位素。其中有些元素核，如^{135}Xe和^{149}Sm，具有相当大的热中子吸收截面，它们将消耗堆内的中子，通常把这些中子吸收截面大的裂变产物叫**毒素**。关于它们对链式裂变反应的影响将在第 7 章内讨论。

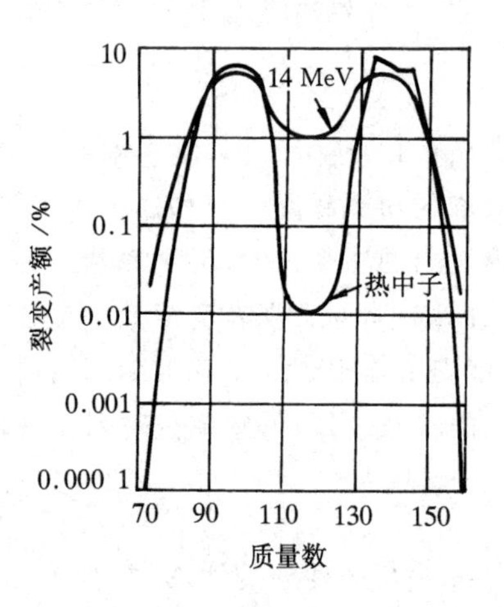

图 1-12 ^{235}U 核裂变碎片的质量-产额曲线

在裂变产物中有些裂变产物有着非常长的半衰期和很强的放射性，例如锕系元素^{237}Np、^{241}Am、^{243}Am（统称为 MA 元素）以及^{129}I、^{99}Tc 等，这些元素的半衰期都很长，如^{237}Np 的半衰期为 2×10^6 a，^{129}I 的半衰期长达 1.6×10^7 a，这就给反应堆乏燃料的贮存、运输、后处理和最终的安全处置带来了一系列特殊的困难。一座电功率为1 000 MW的核电站年产 MA 元素约 35 kg。随着核能的发展、乏燃料的逐渐积累，如何最终安全处置这些长寿期高放射性废物的问题将越来越严峻，这是目前核能发展中有待解决的重大问题之一。

2. 裂变中子

裂变时放出的中子数和裂变方式有关。但是，在实际计算中我们需要的是每次裂变放出的平均中子数，用$\nu(E)$表示。它依赖于裂变核和引起裂变的中子能量，对于^{235}U 和^{239}Pu，$\nu(E)$值由下面的经验公式给出

$$\nu_{235}(E) = 2.416 + 0.133E \tag{1-47}$$

$$\nu_{239}(E) = 2.862 + 0.135E \tag{1-48}$$

式中：E 为引起核裂变的中子的能量，MeV。

裂变反应时，99%以上的中子是在裂变的瞬间（约 10^{-14} s）发射出来的，把这些中子叫**瞬发中子**。它们的能量分布在从低于 0.05 MeV 到 10 MeV 相当大的范围内。用 $\chi(E)\mathrm{d}E$ 表示能量在 E 和 $E+\mathrm{d}E$ 范围内裂变中子的份额。$\chi(E)$通常叫**裂变中子能谱**，^{235}U 裂变时瞬发中子的能谱表示（见图 1-13）为[3]

$$\chi(E) = 0.453\mathrm{e}^{-1.036E}\sinh\sqrt{2.29E} \tag{1-49}$$

式中：E 为裂变中子的能量，MeV，且

$$\int_0^\infty \chi(E)\mathrm{d}E = 1 \tag{1-50}$$

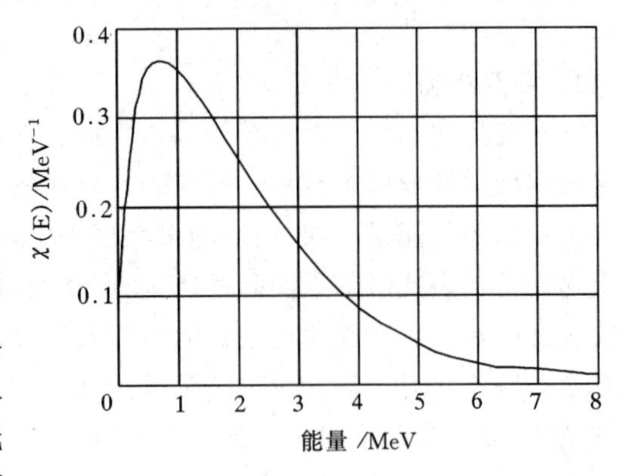

图 1-13 ^{235}U 核热中子裂变时的裂变中子能谱

实际上不同裂变同位素的裂变谱$\chi(E)$是不同的，但差别不大。因此，在近似计算时可以认为式(1-49)适用于所有的可裂变同位素。从图 1-13 可看出，裂变中子的最概然能量稍低于1 MeV。在 10 MeV 以上的裂变中子的份额已很小。裂变中子的平均能量 $\overline{E}$ 为

$$\overline{E} = \int_0^\infty E\chi(E)\mathrm{d}E = 1.98\ \mathrm{MeV} \approx 2\ \mathrm{MeV} \tag{1-51}$$

通常认为裂变中子是各向同性地发射出来的。

裂变中子中，还有小于 1% 的中子（对 ^{235}U 裂变，约有 0.65%）是在裂变碎片衰变过程中发射出来的，把这些中子叫**缓发中子**。例如，裂变碎片 ^{87}Br 经过 β 衰变生成处于激发态的 ^{87}Kr，它通过放出一个中子衰变成 ^{86}Kr（见图 1-14）。这种衰变的半衰期为 54.5 s，就是说，这个中子的发射与裂变瞬间相比有一段时间延迟。像 ^{87}Br 这种裂变碎片，在衰变过程中能够产生缓发中子，通常叫做**缓发中子先驱核**。现已测得各裂变同位素的缓发中子先驱核，可以根据半衰期的不同把它们大致归为六组。表 1-6 给出了 ^{235}U 核热中子裂变时的缓发中子的有关数据。

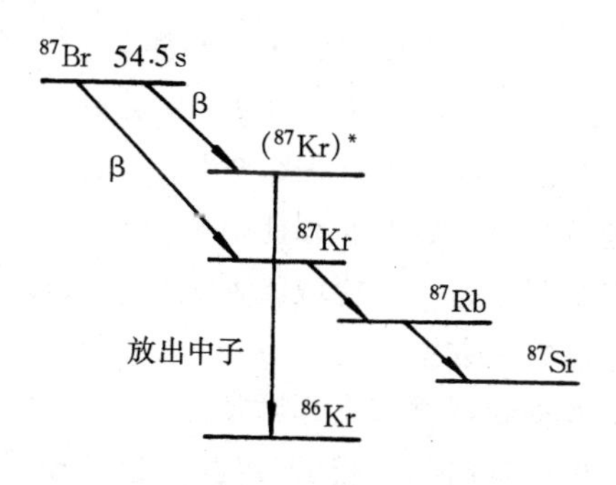

图 1-14　缓发中子先驱核 ^{87}Br 的衰变

缓发中子的能谱不同于瞬发中子的能谱，由表 1-6 可以看出缓发中子的平均能量要比瞬发中子的低许多。

虽然缓发中子在裂变中子中所占的份额很小（小于 1%），但它对反应堆的动力学过程和反应堆控制却有着非常重要的影响。这一点将在第 9 章内讨论。

表 1-6　^{235}U 核热中子裂变时的缓发中子数据

组	半衰期 T_i/s	能量/keV	份额[1] β_i	平均寿命[2] t_i/s
1	54～56	250	0.000 247	78.64
2	21～23	560	0.001 385	31.51
3	5～6	430	0.001 222	8.66
4	1.9～2.3	620	0.002 645	3.22
5	0.5～0.6	420	0.000 832	0.716
6	0.17～0.27	430	0.000 169	0.258

注：(1) 缓发中子在全部裂变中子（瞬发的和缓发的）中所占的份额用 β 表示，对 ^{235}U 的热裂变，有

$$\beta = \sum_i \beta_i = 0.006\,5$$

(2) 缓发中子的平均寿命用 $\bar{t}$ 表示，同样对 ^{235}U 的热裂变，有

$$\bar{t} = \sum_i \beta_i t_i \Big/ \sum_i \beta_i = 12.74\ \mathrm{s}$$

(3) i 组缓发中子先驱核的衰变常数 $\lambda_i = 1/t_i$。

1.5　核数据库

在进行核反应堆的核计算时，首先需要知道具有各种不同能量（10^{-5} eV～10 MeV）的中子和各种物质（包括燃料、慢化剂、结构材料、可燃毒物和裂变产物等）相互作用的核反应及其相应的微观截面和有关参数，统称为核数据。它是核科学技术研究和核工程设计所必需的基本数据，也是核反应堆核计算的出发点和依据。为了提高核设计的精确度，可从两方面入手：

一方面是努力改进核设计的计算模型和计算方法，以提高计算的精确度；另一方面是提高核数据的精确性。对于核工程技术人员来讲，正确地了解和使用这些核数据是非常重要的，因为它是获得正确计算结果的前提和基础。

核数据主要来源于实验测量。然而，对于同一截面数据，不同的实验和不同的实验方法可能给出不同的数值。例如，对某些核数据，许多国家和实验室所公布的数据就有差别。这就必须对已有的核数据进行分析、选取和评价。同时由于核计算要涉及到大量的同位素以及广阔能域内核反应截面和能量的复杂关系，其所需的核数据量是非常庞大的，现有实验数据不可能完全覆盖。一些能域或元素还存在着空白，需要利用理论计算或内插方法求得结果来填补这些空缺的数据。另一方面，通过理论方法可以指导对实验数据的选择与评价。因而从原始实验数据到可供核工程师使用的数据，需要做大量的编纂（指收集、整理和储存有关实验数据）和评价（指分析、比较、鉴定及理论处理等）工作，甚至还需要通过一系列实验与理论计算结果的比较来检验这些数据的可靠性、自洽性与精确性，最后把它汇编成便于核工程人员使用的形式。

第二次世界大战后，核能利用的研究日益为人们所重视。核反应堆、加速器、核物理实验和测量技术也获得迅速发展。经过各国科学工作者的努力，已逐渐积累了大量的中子截面和其它核数据资料。编纂和评价工作也迅速开展起来。许多国家都建立了专门的核数据中心来开展这方面工作。

20世纪70年代后，开始采用计算机作为数据储存、检索和显示系统，这使得编评工作的速度和质量都大为提高。近30年来，许多国家都在努力建立一套标准的、评价过的核数据库。最早应用计算机作为核数据储存、评价和检索工具的核数据库是美国BNL的评价核数据库ENDF(Evaluated Nuclear Data File)，其中，ENDF/B库是被评价过的核数据库，被认为是核反应堆设计的标准截面库或核数据来源，它提供反应堆物理和屏蔽设计计算所需要的核数据。

ENDF/B库中包含有核反应堆核设计所需的各种材料和核素（例如，ENDF/B-Ⅵ中含有319种核素），能量从10^{-5} eV～20 MeV范围内的所有重要的中子反应的整套核数据，例如它包括：

(1) 0～20 MeV中子对各种核素引起的核反应的微观截面，它包括(n,f)，(n,γ)，(n,n)，(n,n′)，(n,2n)，(n,p)，(n,2p)，(n,α)，(n,t)等；

(2) 弹性散射和非弹性散射中子的角分布；

(3) 出射中子、γ射线和带电粒子的能谱、角分布及激发函数；

(4) 裂变（瞬发和缓发）中子的产额和能谱；

(5) 裂变产物的产额、微观截面和衰变常数；

(6) 慢化材料热中子散射律数据。

ENDF/B库还包含有光子相互作用的截面以及其它非中子的核数据，可供辐射屏蔽计算、聚变堆研究、加速器研究、活化分析、同位素化学等研究领域的需要。

由于核数据的量是非常庞大的，为了减少存储量，在ENDF/B中实际截面数据并不全部以表值形式保存，而是以几种不同方式给出。例如，对于某些核素的截面以离散表值（$\sigma(E_i)$与E_i对应表）给出，同时也给出利用这些表值的内插方法；另一种形式则是采用大量的拟合参数或计算公式的形式。例如在库中对共振能区保存有许多共振参数，像共振能量、能级宽度和共振峰截面等，而随能量变化的共振截面值就用这些参数按布雷特-维格纳公式及相应的计算程序算出。

由于核数据不断地更新，ENDF/B 库也不断有新的版本问世。自第一版 ENDF/B-I 于 1968 年问世以来已更新多次，至第八版 ENDF/B-VIII。目前，ENDF/B 库不仅在美国而且在全世界范围内获得广泛的应用。

除美国 ENDF/B 库外，其它一些国家也都在建立通用的评价核数据库。这些库各有其特点，其中比较著名的有欧盟的 NEA Data Bank 公布的 JEF 3.2 库(2014 年，含有 381 个核素)、日本原子能研究所(JAERI)提供的 JENDL 4.0 库(2016 年，含有 406 个核素)和俄罗斯的核数据库 ROSFOND(2010 年，含 686 个核素)。我国核数据中心于 2020 年亦公布了中国评价核数据库 CENDL-3.2。目前国际核数据库技术已发展到在网上在线检索服务。上述国际上五大评价核数据库及其有关资料均可从网上直接检索和下载。

1.6 链式裂变反应

1.6.1 自续链式裂变反应和临界条件

从前面的讨论中我们已经知道，当中子与裂变物质作用而发生核裂变反应时，裂变物质的原子核通常分裂为两个中等质量数的核(称为裂变碎片)。与此同时，还将平均地产生两个以上新的裂变中子，并释放出蕴藏在原子核内部的核能。在适当的条件下，这些裂变中子又会引起周围其它裂变同位素的裂变，如此不断地继续下去。这种反应过程称为**链式裂变反应**，其反应过程如图 1-15 所示。

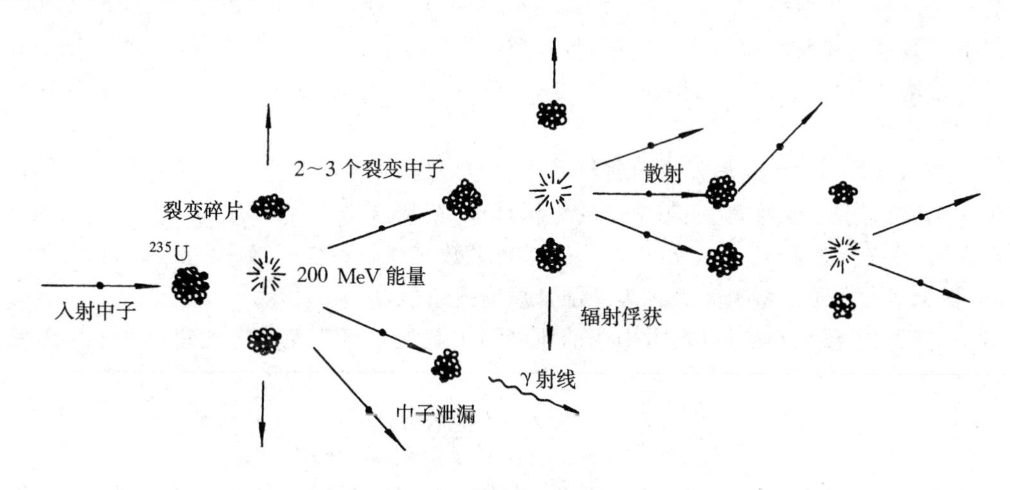

图 1-15　链式裂变反应示意图

如果每次裂变反应产生的中子数目大于引起核裂变所消耗的中子数目，那么一旦在少数的原子核中引起了裂变反应之后，就有可能不再依靠外界的作用而使裂变反应不断地进行下去。这样的裂变反应称作**自续链式裂变反应。裂变核反应堆**就是一种能以可控方式产生自续链式裂变反应的装置。它能够以一定的速率将蕴藏在原子核内部的核能释放出来。

从上面的讨论可以看出，实现自续链式裂变反应的条件是：当一个裂变核俘获一个中子产生裂变以后，在新产生的中子中，平均至少应该再有一个中子去引起另外一个核的裂变。由于裂变物质每次裂变时平均地放出两个以上裂变中子，因而实现自续的链式裂变反应是有可能的。但是，因为核反应堆是由核燃料、慢化剂、冷却剂以及结构材料等所组成的装置，所以在反应堆内，不可避免地有一部分中子要被非裂变材料吸收。同时，还有一部分中子要从反应堆中泄漏出去。因此，在实际的反应堆中，并不是全部的裂变中子都能引起新的核裂变反应。一个反应堆能否实现自续的链式裂变反应，就取决于上述裂变、非裂变吸收和泄漏等过程中中子的产生率与消失率之间的平衡关系。如果在上述的反应过程中，产生的中子数等于或多于消耗掉的中子数，则链式裂变反应将会自续地进行下去。

反应堆内自续链式裂变反应的条件可以很方便地用**有效增殖系数** k_{eff} 来表示。它的定义是：对给定系统，新生一代的中子数和产生它的直属上一代中子数之比，即

$$k_{eff} = \frac{\text{新生一代中子数}}{\text{直属上一代中子数}} \tag{1-52}$$

上式的定义是直观地从中子的“寿命-循环”观点出发的。然而，该式在实用上是不太方便的，因为在实际问题中很难确定中子每“代”的起始和终了时间。例如，在芯部中有的中子从裂变产生后立即就引起新的裂变，有的中子则需要经过慢化过程成为热中子之后才引起裂变，有的中子在慢化过程中便泄漏出系统或者被辐射俘获。所以，实际上从中子的平衡关系来定义系统的有效增殖系数更为方便，即

$$k_{eff} = \frac{\text{系统内中子的产生率}}{\text{系统内中子的总消失(吸收 + 泄漏)率}} \tag{1-53}$$

若芯部的有效增殖系数 k_{eff} 恰好等于 1，则系统内中子的产生率便恰好等于中子的消失率。这样，在系统内已经进行的链式裂变反应，将以恒定的速率不断地进行下去，也就是说，链式裂变反应过程处于稳态状况，这种系统称为**临界系统**。若有效增殖系数 k_{eff} 小于 1，这时系统内的中子数目将随时间而不断地衰减，链式裂变反应是非自续的，这种系统便称为**次临界系统**。若有效增殖系数 k_{eff} 大于 1，则系统内的中子数目将随时间而不断地增加，我们称这种系统为**超临界系统**。

显然，有效增殖系数 k_{eff} 与系统的材料成分和结构(例如易裂变同位素的富集度，燃料-慢化剂的比例等)有关。同时，它还与中子的泄漏程度，或反应堆的大小有关。当反应堆的尺寸为无限大时，中子的泄漏损失便等于零，这时增殖系数将只与系统的材料成分和结构有关。通常，我们把无限大介质的增殖系数称为**无限介质增殖系数**，以 k_∞ 表示。

对于实际的有限大小的反应堆，中子的泄漏损失总是不可避免的。假定中子的**不泄漏概率**为 Λ，它的定义是

$$\Lambda = \frac{\text{系统内中子的吸收率}}{\text{系统内中子的吸收率} + \text{系统内中子的泄漏率}} \tag{1-54}$$

不泄漏概率 Λ 主要取决于反应堆芯部的大小和几何形状，当然它也和芯部成分有关。一般说来，芯部愈大，不泄漏概率也愈大。于是，由式(1-53)和式(1-54)可知，有限尺寸芯部的有效增殖系数为

$$k_{eff} = k_\infty \Lambda \tag{1-55}$$

当系统为无限大时，$\Lambda=1$，这时有效增殖系数 $k_{eff}=k_\infty$。

根据以上的讨论，立即可以得出反应堆维持自续链式裂变反应的条件是

$$k_{eff} = k_\infty \Lambda = 1 \tag{1-56}$$

式(1-56)称为反应堆的**临界条件**。可以看出，要使有限大小反应堆维持临界状态，首先必须

要求 $k_\infty>1$。如果对于由特定的材料组成和布置的系统，它的无限介质增殖系数 $k_\infty>1$，那么，对于这种系统必定可以通过改变反应堆芯部的大小，找到一个合适的芯部尺寸，恰好使 $k_\infty\Lambda=1$，亦就是使反应堆处于临界状态，这时反应堆芯部的大小称为**临界大小**。在临界情况下，反应堆内所装载的燃料质量叫作**临界质量**。

反应堆的临界大小取决于反应堆的材料组成与几何形状。例如，对于采用富集铀的反应堆，它的 k_∞ 比较大，所以即使其不泄漏概率小一点，仍然可能满足 $k_\infty\Lambda=1$ 的条件。这样，用富集铀做燃料的反应堆，其临界大小必定小于用天然铀做燃料的反应堆。决定临界大小的另一个因素是反应堆的几何形状。由于中子总是通过反应堆的表面泄漏出去，而中子的产生则发生在反应堆的整个体积中，因而，要减少中子的泄漏损失，增加不泄漏概率，就需要减少反应堆的表面积与体积之比。在体积相同的所有几何形状中，球形的表面积最小，亦即球形反应堆的中子泄漏损失最小。然而，实际中出于工程上的考虑，动力反应堆是做成圆柱形的。

1.6.2　热中子反应堆内的中子循环

为了讨论反应堆内中子产生和消亡之间的平衡关系，人为地将中子分成一代一代来处理是有益的。热中子反应堆内每代中子循环，可以近似地用图 1-16 表示。下面我们将对这一循环过程作进一步讨论。从以上的讨论可以知道，反应堆内中子数目的增减与平衡，主要取决于下列几个过程。

(1) ^{238}U 的快中子增殖。

(2) 慢化过程中的共振吸收。

(3) 慢化剂以及结构材料等物质的辐射俘获。

(4) 燃料吸收热中子引起的裂变。

(5) 中子的泄漏。包括：①慢化过程中的泄漏；②热中子扩散过程中的泄漏。

反应堆内中子数目的变化取决于上述 5 种过程竞争的结果。其中快中子增殖和燃料裂变将使反应堆内的中子数目增加，其它过程使中子数目减少。为了定量计算，我们就以上 5 个过程，定义以下 5 个参量。

(1) 快中子增殖系数 ε。它的定义：由一个初始裂变中子所得到的、慢化到 ^{238}U 裂变阈能以下的平均中子数。由于初始裂变中子中，大约有 60% 的中子的能量在 ^{238}U 裂变阈能 (1.1 MeV) 以上，这些中子与 ^{238}U 核作用时，有一部分能引起 ^{238}U 裂变而产生快中子，这一过程称为 ^{238}U 的**快中子增殖效应**。

(2) 逃脱共振俘获概率 p。裂变产生的快中子的平均能量为 2 MeV，在它们慢化的过程中，要经过共振能区 ($1\sim10^4$ eV)，而 ^{238}U 核在该能区有许多共振峰(见图 1-5)。因而在慢化中，裂变产生的快中子中必然有一部分被 ^{238}U 核共振吸收而损失掉，只有一部分快中子慢化至热中子。在慢化过程中逃脱共振吸收的中子份额就称为**逃脱共振俘获概率**，用 p 表示。

(3) 热中子利用系数 f。它表示被燃料吸收的热中子数占被芯部中所有物质(包括燃料在内)吸收的热中子总数的份额。f 定义为

$$f=\frac{\text{燃料吸收的热中子数}}{\text{被吸收的热中子总数}} \tag{1-57}$$

这里分母中包括被燃料、慢化剂、冷却剂和结构材料等所有物质吸收的热中子总数。

对于均匀堆，由于各种材料内的热中子通量密度相等，因而

$$f=\frac{N_{\mathrm{f}}\sigma_{\mathrm{a,f}}}{N_{\mathrm{f}}\sigma_{\mathrm{a,f}}+N_{\mathrm{m}}\sigma_{\mathrm{a,m}}+N_{\mathrm{c}}\sigma_{\mathrm{a,c}}+N_{\mathrm{s}}\sigma_{\mathrm{a,s}}} \tag{1-58}$$

式中：N_{f}、N_{m}、N_{c} 和 N_{s} 分别为在均匀混合物单位体积中燃料、慢化剂、冷却剂和结构材料的核子数。

(4) 有效裂变中子数 η。它的定义：核燃料每吸收一个热中子所产生的平均裂变中子数。设 Σ_{a} 和 Σ_{f} 分别为燃料的热中子宏观吸收截面和宏观裂变截面。由于燃料每吸收一个热中子引起裂变的概率为 $\Sigma_{\mathrm{f}}/\Sigma_{\mathrm{a}}$，若设每次裂变所产生的平均裂变中子数为 ν，则显然有

$$\eta=\frac{\Sigma_{\mathrm{f}}}{\Sigma_{\mathrm{a}}}\nu \tag{1-59}$$

(5) 不泄漏概率 Λ。它是中子在慢化过程和热中子在扩散过程中不泄漏概率的乘积，为

$$\Lambda=\Lambda_{\mathrm{s}}\Lambda_{\mathrm{d}} \tag{1-60}$$

式中：Λ_{s} 为慢化过程中的不泄漏概率；Λ_{d} 为热中子扩散过程中的不泄漏概率。

定义了以上这些量以后，我们便可以进一步定量地来研究热中子反应堆内中子的平衡过程。假设在某一代开始时有 n 个裂变中子，由于 $^{238}\mathrm{U}$ 快中子增殖的结果，中子数目将增加到 $n\varepsilon$ 个。这些中子继续慢化，但是由于共振吸收将损失一部分中子，所以只有 $n\varepsilon p$ 个中子能够逃脱共振吸收而慢化成热中子。如果考虑到中子的泄漏损失，那么，实际上被吸收的热中子数目将只有 $n\varepsilon p\Lambda_{\mathrm{s}}\Lambda_{\mathrm{d}}$ 个。显然，其中被燃料所吸收的热中子数目等于 $n\varepsilon pf\Lambda_{\mathrm{s}}\Lambda_{\mathrm{d}}$ 个，其余部分的热中子被其它材料所吸收。被燃料吸收的热中子将使燃料发生核裂变反应，而又重新放出新的裂变中子。由于燃料每吸收一个热中子将产生 η 个裂变中子，因而新的裂变中子数目等于 $n\varepsilon pf\eta\Lambda_{\mathrm{s}}\Lambda_{\mathrm{d}}$。作为一个例子，在图 1-16 中给出了各个过程的具体数值，以便读者有定量的概念。

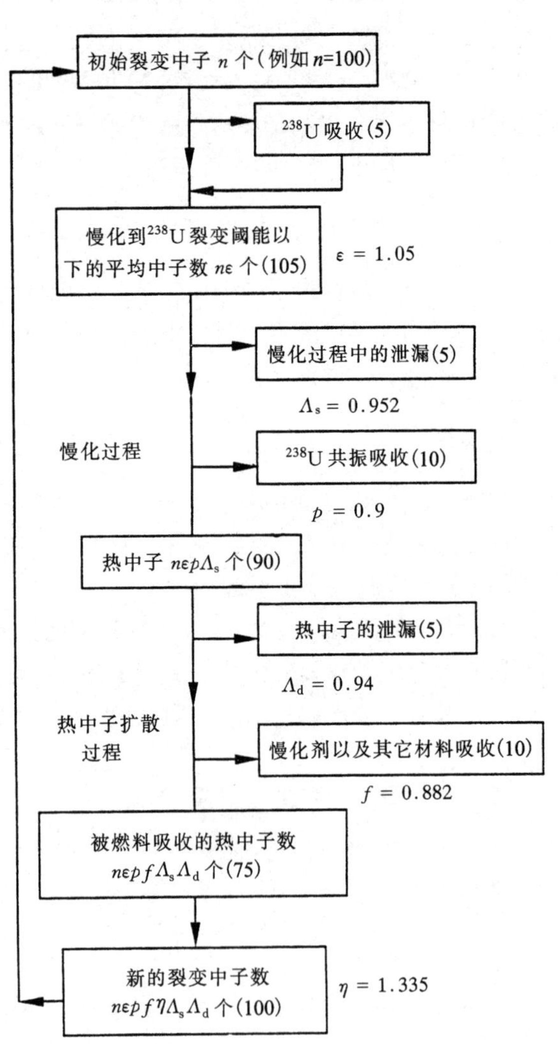

图 1-16 热中子反应堆内的中子平衡

根据有效增殖系数的定义，便可得出

$$k_{\mathrm{eff}}=\frac{n\varepsilon pf\eta\Lambda_{\mathrm{s}}\Lambda_{\mathrm{d}}}{n}=k_{\infty}\Lambda \tag{1-61}$$

式中：$\Lambda=\Lambda_{\mathrm{s}}\Lambda_{\mathrm{d}}$。若根据图 1-16 中给出的数值，则 $\Lambda=0.898\,7$。

由式(1-55)可以看出

$$k_{\infty} = \varepsilon p f \eta \tag{1-62}$$

式(1－62)称为**四因子公式**。以上对热中子反应堆内中子平衡的分析方法称为**“四因子模型”**。在早期反应堆物理分析和计算中，它曾被广泛地应用[5]。同时，它对热中子反应堆内中子的循环过程可以给出清晰的物理概念和形象的图形。但是它仅仅是对充分热化的热中子反应堆内的物理过程的一种近似的、简单的描述，它并不能严格地描述一些更为复杂的反应堆内的物理过程。目前，伴随着对核反应堆物理过程的深入了解，同时也随着计算机的发展，它已被更为精确的建立在中子输运理论基础上的多群模型所代替，而直接用数值方法求解分群扩散或中子输运方程[3][6][7]。尽管如此，在反应堆物理中无限介质增殖系数 k_{∞} 仍然是一个经常被用到的重要概念参数。

参考文献

[1] 谢仲生. 核反应堆物理分析[M]. 北京：原子能出版社，1981.

[2] 谢仲生. 核反应堆物理分析[M]. 北京：原子能出版社，1996.

[3] DUDERSTADT J J, HAMILTON L J. Nuclear Reactor Analysis[M]. New York: John Wiley & Sons, Inc., 1976.

[4] 拉马什. 核反应堆理论导论[M]. 洪流，译. 北京：原子能出版社，1977.

[5] 格拉斯登，爱德仑. 原子核反应堆理论纲要[M]. 和平，译. 北京：科学出版社，1958.

[6] STACEY W M. Nuclear Reactor Physics[M]. 2nd ed. Weinheim: Wiley-VCH Verlag GmbH & Co. KGaA, 2007.

[7] 曹良志，谢仲生，李云召. 近代核反应堆物理分析[M]. 北京：原子能出版社，2017.

习　题

1. 某压水堆采用 UO_2 作燃料，其富集度为 2.43%(重量)，密度为 1×10^4 kg/m^3。试计算：当中子能量为 0.025 3 eV 时，UO_2 的宏观吸收截面和宏观裂变截面(富集度表示 ^{235}U 在铀中所占的质量分数)。
2. 某反应堆堆芯由 ^{235}U、H_2O 和 Al 组成，各成分所占的体积比分别为 0.002、0.6 和 0.398，计算堆芯的总吸收截面 $\Sigma_a(E=0.025\ 3\ \text{eV})$。
3. 求热中子($E=0.025\ 3$ eV)在 H_2O、D_2O 和 Cd 中运动时，被吸收前平均遭受的散射碰撞次数。
4. 试比较：将 2.0 MeV 的中子束强度减弱到 1/10 分别所需的 Al、Na 和 Pb 的厚度。
5. 一个中子运动两个平均自由程及 1/2 个平均自由程而不与介质发生作用的概率分别是多少？
6. 堆芯的宏观裂变截面为 5 m^{-1}，功率密度为 20×10^6 W/m^3，求堆芯内的平均热中子通量密度。
7. 有一座小型核电站，电功率为 150 MW，设电站的效率为 30%，试估算该电站反应堆额定功率运行 1 h 所消耗的 ^{235}U 量。
8. (1)计算并画出中子能量为 0.025 3 eV 时的富集铀的参数 η 与富集度的函数关系。

(2)有一座热中子反应堆,无限增殖系数为1.10,快中子增殖系数、逃脱共振俘获概率和热中子利用系数三者的乘积为0.65,试确定该堆所用核燃料铀的富集度。

9. 设核燃料中^{235}U的富集度为3.2%(重量),试求^{235}U与^{238}U的核子数之比。

10. 为使铀的$\eta=1.7$,试求铀中^{235}U的富集度应为多少(设中子能量为0.025 3 eV)。

11. 为了得到1 kW·h的能量,需要使多少^{235}U发生裂变?

12. 反应堆的电功率为1 000 MW,设电站的效率为32%。试问每秒有多少个^{235}U核发生裂变?运行一年共需要消耗多少易裂变物质?一座相同功率火电厂在同样时间需要多少燃料?已知标准煤的发热值为$Q=29$ MJ/kg。

第2章

中子慢化和慢化能谱

反应堆内裂变中子具有相当高的能量，其平均值约为 2 MeV。这些中子在系统中与原子核发生连续的弹性和非弹性碰撞，使其能量逐渐地降低到引起下一次裂变的平均能量。对于快中子反应堆这一平均能量一般在 0.1 MeV 左右或更高，而对于热中子反应堆，绝大多数裂变中子被慢化到热能区域。中子由于散射碰撞而降低速度的过程叫作**慢化过程**。显然，对于热中子反应堆来讲，慢化过程是一个非常重要的物理过程。

热中子反应堆内，慢化过程中弹性散射起着主要作用。因为，如第 1 章所述，非弹性散射是具有阈能特点的(详见表 1-1)，而且对于作为慢化剂的轻核，其阈能是很高的，数量级大约在几兆中子伏(例如，对于^{12}C为 4.43 MeV)；对于中等或高质量数的核，其数值要低一些，大约在 0.1 MeV 左右。即使对于重核，阈能的数量级也在 5.0×10^4 eV 左右(如，对^{238}U为 4.5×10^4 eV)。因而可以认为非弹性散射只对 $E>0.1$ MeV 的裂变中子才起主要作用。这样，裂变中子经过与慢化剂和其它材料核的几次碰撞，中子能量便很快地降低到了非弹性散射的阈能以下，这时，中子的慢化主要就靠中子与慢化剂核的弹性散射进行。因此在研究慢化过程时，首先必须讨论中子与慢化剂的弹性散射过程。

另一方面，当反应堆处于稳态时，在慢化过程中，堆内中子密度(或中子通量密度)按能量具有稳定的分布，称之为**中子慢化能谱**。在反应堆物理设计中，往往需要知道中子的慢化能谱。例如，分群理论中群常数的计算就要用到中子慢化能谱 $\phi(E)$。自然，反应堆内中子的能量分布与其空间分布是紧密地联系着的，要精确地确定它是一个比较复杂的问题，然而，在许多实际问题中往往只需要知道近似的能谱分布就可以了。

在粗略估计中子慢化能谱的许多近似方法中，所用的最简单的模型是把反应堆内中子慢化能谱用一个无限大均匀介质的慢化能谱来近似地表示。这完全略去了中子通量密度和空间的依赖关系以及中子泄漏的影响。虽然这种处理方法是非常粗糙的，但是，它对于初步了解反应堆内的慢化能谱，并为反应堆群常数的计算提供一个近似慢化能谱分布还是有意义的。

本章首先讨论中子弹性散射慢化过程，然后讨论无限介质内中子慢化能谱和慢化过程中的共振吸收，最后简单介绍热中子反应堆内的近似能谱分布。

2.1 中子的弹性散射过程

2.1.1 弹性散射时能量的变化

中子与核的弹性散射可以看作是两个弹性刚球的相互碰撞。在这样的系统中，碰撞前后其动量和动能守恒。讨论弹性碰撞时通常采用两种坐标系：实验室坐标系(L 系)和质心坐标系(C 系)。L 系是固定在地面上的坐标系，通常观察与实际测量就是在该坐标系内进行的。C 系是固定在中子-靶核质量中心上的坐标系，该坐标系的引入主要是为了在讨论时可以使问题简化。在这两个坐标系内，中子与核散射碰撞前、后的运动情况如图 2-1 所示，这里分别用下标 l 和 c 代表 L 系和 C 系中的量。

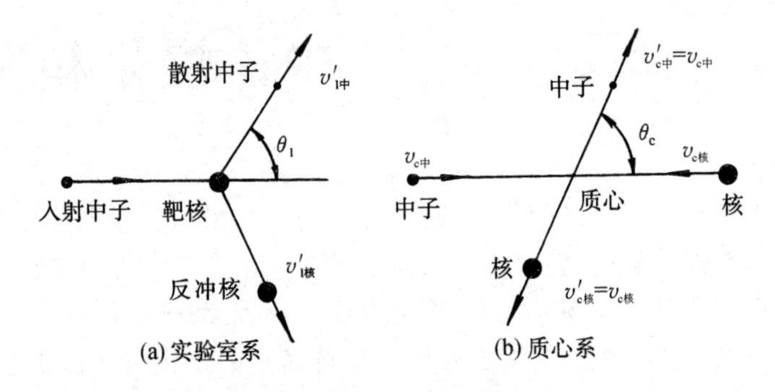

图 2-1　在实验室坐标系(L 系)和质心坐标系(C 系)内中子与核的弹性散射

首先，让我们在 C 系内观察中子和靶核的运动，为此首先必须求出质心的速度 v_{CM}。根据质心的动量应等于该系统内中子和靶核动量之和，可以求得质心的速度 v_{CM} 为

$$v_{CM}=\frac{1}{m_1+m_2}(m_1 v_{l中}+m_2 v_{l核}) \tag{2-1}$$

式中：m_1 和 m_2 分别表示中子和靶核的质量；$v_{l中}$、$v_{l核}$ 分别为碰撞前中子和靶核在实验室坐标系内的速度；$A=m_2/m_1$，它可以近似地看作靶核的质量数。

设在 L 系内碰撞前靶核是静止的，即 $v_{l核}=0$，则在 C 系内碰撞前中子和靶核的速度分别为

$$v_{c中}=v_{l中}-v_{CM}=\frac{A}{A+1}v_{l中} \tag{2-2}$$

$$v_{c核}=-v_{CM}=-\frac{1}{1+A}v_{l中} \tag{2-3}$$

可以看出在 C 系内，中子与靶核的总动量为零，即

$$p_c=m_1 v_{c中}+m_2 v_{c核}=\frac{m_1 m_2}{m_1+m_2}v_{l中}-\frac{m_1 m_2}{m_1+m_2}v_{l中}=0 \tag{2-4}$$

若用 $v'_{中}$ 和 $v'_{核}$ 分别表示碰撞以后中子和靶核的速度，则根据碰撞前后动能和动量守恒，有

$$\frac{1}{2}m_1 v'^2_{c中}+\frac{1}{2}m_2 v'^2_{c核}=\frac{1}{2}m_1 v^2_{c中}+\frac{1}{2}m_2 v^2_{c核} \tag{2-5}$$

$$m_1 v'_{c中}+m_2 v'_{c核}=0 \tag{2-6}$$

联立求解得

$$v'_{c中}=\frac{A}{A+1}v_{l中} \tag{2-7}$$

$$v'_{c核}=\frac{1}{A+1}v_{l中} \tag{2-8}$$

把它们与式(2-2)、式(2-3)相比较，可以看出，在 C 系中，碰撞前后中子和靶核的运动速度大小不变，而运动方向发生了变化。

现在让我们回到 L 系中进行观察，情形又是如何呢？图 2-2 给出了碰撞后 L 系中的中子速度 v'_l 和 C 系中的中子速度 v'_c 及质心速度 v_{CM} 的矢量关系。θ_c 和 θ_l 分别为 C 系和 L 系中的中子散射角。显然，由余弦定理可得

$$v_1'^2 = v_{CM}^2 + v_c'^2 + 2v_c' v_{CM}\cos\theta_c \tag{2-9}$$

由式(2-1)和式(2-7)的关系，可得

$$v_1'^2 = \frac{v_1^2(A^2+2A\cos\theta_c+1)}{(A+1)^2} \tag{2-10}$$

因而在 L 系中，碰撞前后中子能量之比为

$$\frac{E'}{E} = \frac{v_1'^2}{v_1^2} = \frac{A^2+2A\cos\theta_c+1}{(A+1)^2} \tag{2-11}$$

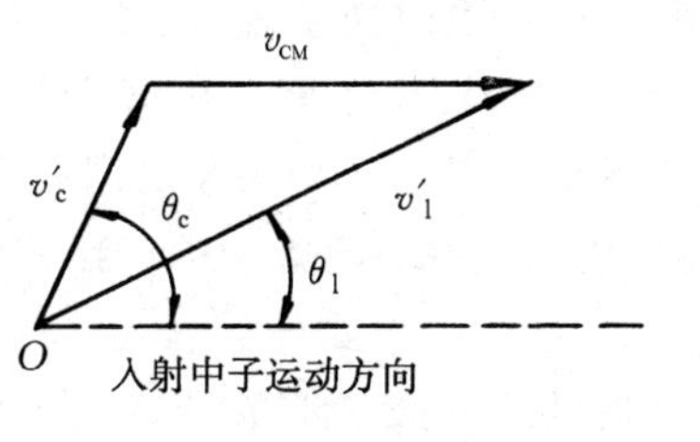

图 2-2　实验室系和质心系内散射角的关系

若令

$$\alpha = \left(\frac{A-1}{A+1}\right)^2 \tag{2-12}$$

则式(2-11)可写成

$$E' = \frac{1}{2}[(1+\alpha)+(1-\alpha)\cos\theta_c]E \tag{2-13}$$

从上式可以看出：

(1) $\theta_c=0°$时，$E'\longrightarrow E'_{max}=E$，此时碰撞前后中子没有能量损失；

(2) $\theta_c=180°$时，$E'\longrightarrow E'_{min}$。

$$E'_{min} = \alpha E \tag{2-14}$$

因而一次碰撞中中子可能损失的最大能量为

$$\Delta E_{max} = (1-\alpha)E \tag{2-15}$$

换句话说，中子与靶核碰撞后不可能出现 $E'<\alpha E$ 的中子，即碰撞后中子能量 E' 只能分布在 αE 至 E 的区间内，即 $E'\in[\alpha E,E]$。

(3) 中子在一次碰撞中可能损失的最大能量与靶核的质量数有关。如 $A=1$，则 $\alpha=0$，$E'_{min}=0$，即中子与氢核碰撞时，中子有可能在一次碰撞中损失全部能量。而对重核，如^{238}U，$\alpha=0.983$，$\Delta E_{max}=0.02E$，即中子与^{238}U 核发生一次碰撞，可能损失的最大能量约为碰撞前中子能量的 2%。由此可见，从中子慢化的角度来看，应当采用轻核元素作慢化剂。

为了获得 L 系和 C 系中散射角之间的关系，由图 2-2 有

$$v_1'\cos\theta_1 = v_{CM} + v_c'\cos\theta_c$$

即

$$\cos\theta_1 = \frac{v_{CM}+v_c'\cos\theta_c}{v_1'} = \frac{1+A\cos\theta_c}{A+1}\frac{v_1}{v_1'}$$
$$= \frac{A\cos\theta_c+1}{\sqrt{A^2+2A\cos\theta_c+1}} \tag{2-16}$$

若利用式(2-13)消去上式中的 $\cos\theta_c$，则可得到实验室坐标系中散射角余弦和碰撞前后中子能量的关系为

$$\cos\theta_1 = \frac{1}{2}\left[(A+1)\sqrt{\frac{E'}{E}}-(A-1)\sqrt{\frac{E}{E'}}\right] \tag{2-17}$$

2.1.2　散射后中子能量的分布

从式(2-13)和式(2-17)可以看出，中子的能量变化与其散射角之间有对应的关系。因此，根据碰撞后中子散射角分布的概率可以求得碰撞后中子能量 E'分布的概率。设 $f(\theta_c)\mathrm{d}\theta_c$

表示在C系内碰撞后中子散射角在 θ_c 附近 $d\theta_c$ 内的概率，$f(E\to E')dE'$ 表示碰撞前中子能量为 E，碰撞后中子能量在 E' 附近 dE' 内的概率，通常称 $f(E\to E')$ 为**散射函数**。由于碰撞后中子能量 E' 与中子散射角之间有对应的关系(见式(2-13))，因而碰撞后，中子的能量在 E' 附近 dE' 内的概率必定等于中子在相应的散射角 θ_c 附近 $d\theta_c$ 内的概率，即有下列关系式

$$f(E\to E')dE' = f(\theta_c)d\theta_c \tag{2-18}$$

因此，如果能够知道在质心系内散射角的分布概率，由上式就可以求出散射后中子的能量分布函数 $f(E\to E')$。实验表明：当 $E<10/A^{2/3}$ MeV(对一般轻核元素相当于 E 小于几兆中子伏)时，在C系内，中子的散射是各向同性的，即按立体角的分布是球对称的，也就是在C系内，碰撞后中子在任一立体角内出现的概率是均等的。在这种情况下，一个中子被散射到立体角元 $d\boldsymbol{\Omega}_c$(相当于C系内散射到 θ_c 和 $\theta_c+d\theta_c$ 之间的角锥元，见图2-3)内的概率为

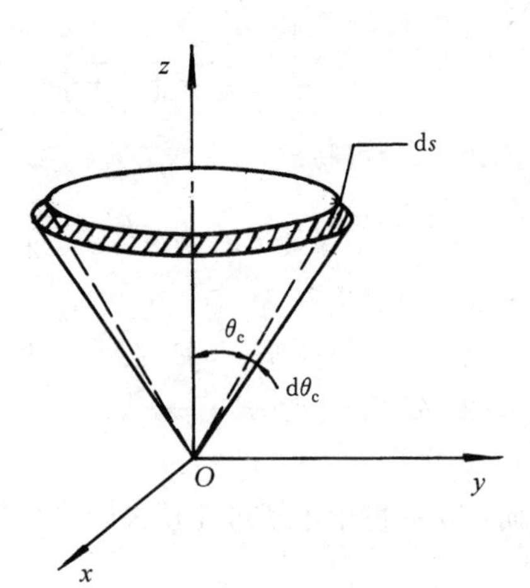

图2-3 C系内散射角分布

$$f(\theta_c)d\theta_c = \frac{d\boldsymbol{\Omega}_c}{4\pi} = \frac{1}{4\pi}\int_{\varphi=0}^{\varphi=2\pi}\sin\theta_c d\theta_c d\varphi$$

因而

$$f(\theta_c)d\theta_c = \frac{1}{2}\sin\theta_c d\theta_c \tag{2-19}$$

同时，由式(2-13)得

$$\frac{d\theta_c}{dE'} = -\frac{2}{E(1-\alpha)\sin\theta_c} \tag{2-20}$$

将式(2-19)和式(2-20)代入式(2-18)便得到

$$f(E\to E')dE' = -\frac{dE'}{(1-\alpha)E} \qquad \alpha E\leqslant E'\leqslant E \tag{2-21}$$

这样，碰撞前中子能量为 E，碰撞后中子能量落在 E 和 αE 之间任一能量 E' 处的概率与碰撞后能量 E' 大小无关，并等于常数。或者说，散射后的能量是均匀分布的。由于散射后中子能量 E' 在 E 和 αE 之间，由式(2-21)不难证明

$$\int_E^{\alpha E} f(E\to E')dE' = 1 \tag{2-22}$$

2.1.3 平均对数能降

为了计算方便，在反应堆物理分析中，还常用一种无量纲量，叫作**"对数能降"**来作为能量变量，用 u 表示，它定义为

$$u = \ln\frac{E_0}{E} \tag{2-23}$$

或

$$E = E_0 e^{-u} \tag{2-24}$$

式中：E_0 为选定的参考能量，一般取 $E_0=2$ MeV(裂变中子的平均能量)，或取 $E_0=10$ MeV(假定裂变中子能量的上限为10 MeV)。这样当 $E=E_0$ 时，$u=0$。由 u 的定义可知，随着中子能量的减少，中子的对数能降增加，其变化与能量 E 相反。

中子在弹性碰撞后能量减少,对数能降增加。一次碰撞后对数能降的增加量 Δu 为

$$\Delta u = u' - u = \ln\frac{E_0}{E'} - \ln\frac{E_0}{E} = \ln\frac{E}{E'} \tag{2-25}$$

式中:u 和 u' 分别为碰撞前和碰撞后的对数能降。根据式(2-14)可知,一次碰撞后最大的对数能降增量,用 γ 表示为

$$\gamma = \Delta u_{\max} = \ln\frac{1}{\alpha} \tag{2-26}$$

在研究中子慢化过程时,有一个常用的量,就是每次碰撞中子能量的自然对数的平均变化值,叫**平均对数能降**,用 ξ 来表示为

$$\xi = \overline{\ln E - \ln E'} = \overline{\ln\frac{E}{E'}} = \overline{\Delta u} \tag{2-27}$$

因而在质心系内散射为各向同性的情况下

$$\xi = \int_E^{\alpha E} (\ln E - \ln E') f(E \to E')\mathrm{d}E' = \int_{\alpha E}^{E} \ln\frac{E}{E'}\frac{\mathrm{d}E'}{(1-\alpha)E} \tag{2-28}$$

积分后得

$$\xi = 1 + \frac{\alpha}{1-\alpha}\ln\alpha = 1 - \frac{(A-1)^2}{2A}\ln\left(\frac{A+1}{A-1}\right) \tag{2-29}$$

当 $A>10$ 时可采用下列近似式

$$\xi \approx \frac{2}{A+\frac{2}{3}} \tag{2-30}$$

由此可见,在 C 系内散射为各向同性时,ξ 只和靶核的质量数 A 有关,而与中子的能量无关。各元素核的 ξ 值可查附录 3。

若用 N_c 表示中子从初始能量 E_1 慢化到能量 E_2 所需要的平均碰撞次数,则利用平均对数能降可以容易地求出 N_c 为

$$N_c = \frac{\ln E_1 - \ln E_2}{\xi} = \frac{\ln\frac{E_1}{E_2}}{\xi} \tag{2-31}$$

例题 2.1　试求使中子能量由 2 MeV 慢化到 0.025 3 eV 时分别所需的与 H 核、石墨核以及 ^{238}U 核的平均碰撞次数。

解　中子的对数能降增量为

$$\Delta u = \ln\frac{E_1}{E_2} = 18.185\ 6$$

由附录 3 可得 3 种核的平均对数能降为

$$\xi_H = 1 \qquad \xi_C = 0.158 \qquad \xi_U = 0.008\ 4$$

因此

$$N_{c,H} = 18 \qquad N_{c,C} = 115 \qquad N_{c,U} = 2\ 164$$

显然,对于轻核和重核,所需的碰撞次数是有很大差异的,该例题更充分地说明了一般选用轻核材料作为反应堆慢化剂的原因。

2.1.4　平均散射角余弦

中子与核发生弹性散射后,其运动方向将发生改变。若散射角为 θ,那么 $\cos\theta$ 就叫作**散射**

角余弦。由式(2－19)可以求出在C系内每次碰撞的平均散射角余弦$\overline{\mu_c}$为

$$\overline{\mu_c}=\int_0^{\pi}\cos\theta_c f(\theta_c)\mathrm{d}\theta_c=\frac{1}{2}\int_0^{\pi}\cos\theta_c\sin\theta_c\mathrm{d}\theta_c=0$$

这是预料中的,因为在C系内散射是各向同性的。

若用$\overline{\mu_0}$表示L系内的平均散射角余弦,则$\overline{\mu_0}$为

$$\overline{\mu_0}=\overline{\cos\theta_l}=\int_0^{\pi}\cos\theta_l f(\theta_l)\mathrm{d}\theta_l \tag{2-32}$$

式中:$f(\theta_l)\mathrm{d}\theta_l$表示碰撞后中子的散射角在$\theta_l$附近$\mathrm{d}\theta_l$内的概率。由于中子在L系内的散射角$\theta_l$与它在C系内的散射角$\theta_c$之间有对应的关系(见式(2－16)),因此有下列关系式

$$f(\theta_l)\mathrm{d}\theta_l=f(\theta_c)\mathrm{d}\theta_c \tag{2-33}$$

利用式(2－16)和式(2－19),可得

$$\overline{\mu_0}=\frac{1}{2}\int_0^{\pi}\frac{A\cos\theta_c+1}{\sqrt{A^2+2A\cos\theta_c+1}}\sin\theta_c\mathrm{d}\theta_c=\frac{2}{3A} \tag{2-34}$$

因而,尽管在C系内散射是各向同性的,但在L系内散射却是各向异性的,并且$\overline{\mu_0}>0$。这表明在L系内中子散射后沿它原来运动方向运动的概率较大。因而,$\overline{\mu_0}$数值的大小便表征散射各向异性的程度。$\overline{\mu_0}$随着靶核质量数的减小而增大,故靶核的质量越小,中子散射后各向异性(或向前运动)的概率就越大。相反,当$A\to\infty$时,$\overline{\mu_0}\to 0$,散射就趋向于各向同性了。这是可以理解的,因为此时质心移到靶核上,C系与L系一致了。

2.1.5 慢化剂的选择

现在我们简单地从反应堆物理角度讨论一下对慢化剂的要求和选择。从式(2－31)可以看出,从中子慢化的角度来看,慢化剂应为轻元素,它应具有大的平均对数能降ξ。此外,它还应该有较大的散射截面,否则,ξ虽大也没有用处。因为,只有当中子与核发生散射碰撞时,才有可能使中子的能量降低。因此要求慢化剂应同时具有较大的宏观散射截面Σ_s和平均对数能降ξ。通常把$\xi\Sigma_s$乘积叫作慢化剂的**慢化能力**。表2－1给出常用的4种慢化剂的慢化能力与慢化比。

除了要求有大的慢化能力外,从减少中子损失的角度显然还要求慢化剂应具有小的吸收截面。因为吸收性大的慢化剂在堆内也是不宜采用的。为此,我们定义一个新的量$\xi\Sigma_s/\Sigma_a$,叫作**慢化比**。从反应堆物理观点来看,它是表示慢化剂优劣的一个重要参数,好的慢化剂不仅应具有较大的$\xi\Sigma_s$值,还应该具有较大的慢化比。

表2－1 4种慢化剂的慢化能力与慢化比

慢化剂	慢化能力 $\xi\Sigma_s/\mathrm{m}^{-1}$	慢化比 $\xi\Sigma_s/\Sigma_a$
H_2O	1.53×10^{-2}	70
D_2O	1.77×10^{-3}	2 100
Be	1.6×10^{-3}	150
石墨	6.3×10^{-4}	170

从表2－1中可以看出,重水具有良好的慢化性能,但是其价格昂贵,如我国秦山三期核电厂CANDU堆即采用重水作为慢化剂。水的慢化能力$\xi\Sigma_s$值最大,因而以水作慢化剂的反应

堆具有较小的堆芯体积，但水的吸收截面较大，因而水堆必须用富集铀作燃料。石墨的慢化性能也是较好的，但它的慢化能力小，因而石墨堆一般具有较庞大的堆芯体积，如我国自主研发的球床式高温气冷堆即采用了石墨作为慢化剂。当然，慢化剂的选择还应从工程角度加以考虑，如辐照稳定性、价格等因素。目前动力堆中最常用的慢化剂是水，它是价廉而又易得到的慢化剂。

2.1.6　中子的平均寿命

在无限介质内，裂变中子由裂变能 E_0 慢化到热能 E_{th} 所需要的平均时间，称为**慢化时间**。设中子的速度为 v，则在 dt 时间间隔内每个中子平均与原子核发生的碰撞数为 $n=v dt/\lambda_s(E)$，$\lambda_s(E)$ 是能量为 E 的中子的散射平均自由程。由于每次碰撞的平均对数能降等于 ξ，因此，在 dt 时间内对数能降 u 的增量等于 $n\xi$，即

$$du=\frac{\xi v}{\lambda_s(E)}dt$$

或

$$dt=-\frac{\lambda_s(E)}{\xi v}\frac{dE}{E} \tag{2-35}$$

于是，由 E_0 慢化到 E_{th} 所需的慢化时间 t_s 为

$$t_s=-\int_{E_0}^{E_{th}}\frac{\lambda_s(E)}{\xi v}\frac{dE}{E} \tag{2-36}$$

如果设 λ_s 与能量无关或可用一个适当的平均 $\bar{\lambda}_s$ 值来代替 $\lambda_s(E)$，同时由于 $v=\sqrt{2E}$，因此可以得到一个 t_s 的估计值

$$t_s=\sqrt{2}\,\frac{\bar{\lambda}_s}{\xi}\left[\frac{1}{\sqrt{E_{th}}}-\frac{1}{\sqrt{E_0}}\right] \tag{2-37}$$

表 2-2 给出了快中子在几种常用慢化剂内的慢化时间 t_s($E_{th}=0.025\,3$ eV)，可以看出 t_s 一般在 $10^{-4}\sim10^{-6}$ s 量级。

快中子慢化成热中子后，将在介质内扩散一段时间。我们定义无限介质内热中子在自产生至被俘获以前所经过的平均时间，称为**扩散时间**，也叫作热中子平均寿命，用符号 t_d 表示。如果 $\lambda_a(E)$ 为中子的平均吸收自由程，那么具有这种能量的热中子的平均寿命为

$$t_d(E)=\frac{\lambda_a(E)}{v}=\frac{1}{\Sigma_a(E)v} \tag{2-38}$$

对于吸收截面满足 $1/v$ 律的介质，有 $\Sigma_a(E)v=\Sigma_{a0}v_0$，于是从式(2-38)可得

$$t_d(E)=\frac{1}{\Sigma_{a0}v_0}$$

式中：Σ_{a0} 是当 $v_0=2\,200$ m/s 时的热中子宏观吸收截面。上式结果表明对于 $1/v$ 吸收介质热中子的平均寿命与中子能量无关。表 2-2 给出常用慢化剂的 t_d 值，一般在 $10^{-4}\sim10^{-2}$ s 量级。

在反应堆动力学计算中往往需要用到快中子自裂变产生到慢化成为热中子，直至最后被俘获的平均时间，称为中子的**平均寿命**，用 l 表示。显然

$$l=t_s+t_d \tag{2-39}$$

从表 2-2 中可以看到对于热中子反应堆，中子的平均寿命主要由热中子的平均寿期，即扩散

时间决定。对于压水堆,中子的平均寿期 $l\approx10^{-4}$ s。对于快中子反应堆,其中子平均寿命则短得多,一般 $l\approx10^{-7}$ s。最后应该注意到,以上计算是对无限介质而言,没有考虑泄漏的影响。对于实际有限大小的反应堆系统,计算时还应考虑泄漏的影响进而对中子平均寿命进行修正(见第 9 章),所得的寿命将要比不计泄漏时的短。

表 2-2　几种慢化剂的慢化时间和扩散时间

慢化剂	慢化时间/s	扩散时间/s
H_2O	6.3×10^{-6}	2.05×10^{-4}
D_2O	5.1×10^{-5}	0.137
Be	5.8×10^{-5}	3.89×10^{-3}
BeO	7.5×10^{-5}	6.71×10^{-3}
石墨	1.4×10^{-4}	1.67×10^{-2}

2.2　无限均匀介质内中子的慢化能谱

精确地确定反应堆内的中子能谱是一个十分复杂的问题,但是在许多情况下往往只需知道近似的能谱就可以了。实际计算中,常用无限均匀介质内(无泄漏、无空间变化)的中子慢化能谱来近似地表示。虽然这样的处理是比较粗糙的,但对于大型反应堆堆芯内部的慢化能谱,还是可以给出一个较好的近似描述。

在讨论之前,有必要先介绍在研究中子慢化过程时经常要用到的一个物理量:**慢化密度**。它是描述慢化过程的一个极为重要的量,我们用符号 $q(\boldsymbol{r},E)$ 来表示。它的定义是:在 $\boldsymbol{r}$ 处每秒、每单位体积内慢化到能量 E 以下的中子数。我们知道,在 $\boldsymbol{r}$ 处能量为 E' 的中子每秒发生散射的次数为 $\Sigma_s(\boldsymbol{r},E')\phi(\boldsymbol{r},E')$,而散射函数 $f(E'\to E)$ 表示能量为 E' 的中子散射后能量变为 E 的概率,因而在 $\boldsymbol{r}$ 处每秒、每单位体积内能量为 E' 的中子慢化到 E 以下的中子数为

$$\int_E^0 \Sigma_s(\boldsymbol{r},E')f(E'\to E)\phi(\boldsymbol{r},E')\mathrm{d}E$$

而根据定义慢化密度 $q(\boldsymbol{r},E)$ 应等于 $E'>E$ 的所有能量中子慢化到 E 以下的中子数目的总和,也就是说等于将上式对 E' 的积分,即

$$q(\boldsymbol{r},E)=\int_E^\infty \mathrm{d}E'\int_E^0 \Sigma_s(\boldsymbol{r},E')f(E'\to E)\phi(\boldsymbol{r},E')\mathrm{d}E \tag{2-40}$$

讨论弹性散射慢化时,式中散射函数可以用式(2-21)表示。慢化密度 $q(\boldsymbol{r},E)$ 便可以表示成

$$\begin{aligned}q(\boldsymbol{r},E)&=\int_E^{E/\alpha}\mathrm{d}E'\int_{\alpha E'}^{E}\frac{\Sigma_s(\boldsymbol{r},E')\phi(\boldsymbol{r},E')\mathrm{d}E}{(1-\alpha)E'}\\&=\int_E^{E/\alpha}\Sigma_s(\boldsymbol{r},E')\phi(\boldsymbol{r},E')\frac{E-\alpha E'}{(1-\alpha)E'}\mathrm{d}E'\end{aligned} \tag{2-41}$$

这样,慢化密度 $q(\boldsymbol{r},E)$ 给出了 $\boldsymbol{r}$ 处中子被慢化并通过某给定能量 E 的慢化率。

下面讨论无限介质内慢化方程的建立。对于无限均匀介质,中子通量密度分布将与空间坐标 $\boldsymbol{r}$ 无关而仅仅是能量 E 的函数,用 $\phi(E)$ 来表示。我们观察能量 E 处 $\mathrm{d}E$ 能量间隔内的中子平衡。显然,散射到 E 附近 $\mathrm{d}E$ 能量间隔内的中子可以分成两部分:一部分是由中子源(如

裂变中子)产生直接进入该能量间隔的;另一部分是由于中子与介质原子核散射的结果,自 $E'>E$ 的区域散射到$(E,E-\mathrm{d}E)$的能量区间里来的(见图 2-4)。

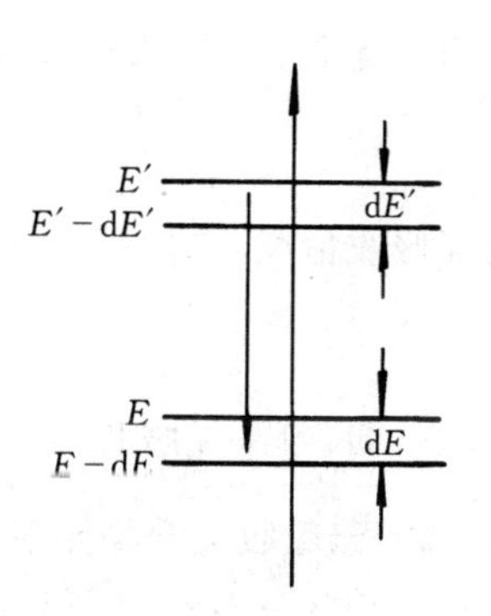

图 2-4　中子的慢化

根据前面讨论知道,$\mathrm{d}E'$能量间隔内中子每秒被散射到 $\mathrm{d}E$ 间隔的数目等于$\Sigma_s(E')\phi(E')f(E'\rightarrow E)\mathrm{d}E$。因而这部分中子便等于

$$\mathrm{d}E\int_{\infty}^{E}\Sigma_s(E')\phi(E')f(E'\rightarrow E)\mathrm{d}E'$$

而由于中子源的贡献在 $\mathrm{d}E$ 间隔内直接产生的中子数为 $S(E)\mathrm{d}E$,其中 $S(E)$为中子源强分布函数。那么根据中子平衡的稳态条件,每秒、每单位体积内,散射到能量微元 $\mathrm{d}E$ 内的中子数和源中子数之和应该等于从这个能量微元散射出去和被吸收的中子总数 $\Sigma_t(E)\phi(E)\mathrm{d}E$,这样可以写出稳态无限介质内的中子慢化方程为

$$\Sigma_t(E)\phi(E)=\int_{\infty}^{E}\Sigma_s(E')\phi(E')f(E'\rightarrow E)\mathrm{d}E'+S(E) \tag{2-42}$$

它的解便是我们所要求的中子慢化能谱。应该指出,在多数情况下,慢化方程式(2-42)是无法求出其精确解的。只有在非常有限的几种情况下,例如纯氢慢化的介质和 $A>1$ 的无吸收性介质等,才有可能求得其解析解。下面讨论几种特定情况下慢化方程的解。尽管这些情况和反应堆系统的实际问题还是有很大的差距,但是它们对于帮助我们了解慢化能谱的大致性质和慢化的物理过程却有普遍性的意义。

1. 无吸收单核素无限介质情况

先讨论最简单的情况:只含有一种核素的无吸收性介质。中子源 $S(E_0)$为均匀分布。在这种情况下源中子与核一次碰撞后可能具有的最小能量为 αE_0,E_0 为源中子的初始能量。因而在 $E_0>E>\alpha E_0$ 的区间内存在着由源中子 $S(E_0)$首次碰撞而减速来的中子,而当 $E<\alpha E_0$,就不存在由于源中子首次碰撞而减速的贡献。因而,这两个能量区间必须分别处理,而且在 $E=\alpha E_0$ 处造成能谱的不连续和振荡,给求解造成很大的困难。但是这种振荡在 $E<3\alpha E_0$ 以后便很快地消失,趋于稳定的渐近解。而我们感兴趣的正是 $E\ll\alpha E_0$ 情况下的渐近解。

如果我们着重讨论慢化区(1 eV～0.1 MeV)内的弹性散射慢化问题,这时散射在质心系内是各向同性的,散射函数可以用式(2-21)表示。同时这个慢化解区内,也不存在由裂变反应直接产生的裂变中子源了。这样,中子慢化方程(2-42)便可以写成

$$\Sigma_t(E)\phi(E)=\int_{E}^{E/\alpha}\frac{\Sigma_s(E')\phi(E')}{(1-\alpha)E'}\mathrm{d}E' \tag{2-43}$$

对于这时 $E\ll\alpha E_0$(E_0 为源(裂变)中子能量)情况,我们可以证明它的渐近解的形式为

$$\phi(E)=\frac{C}{E} \tag{2-44}$$

这里 C 是常数,可以把式(2-44)代入式(2-43),并进行积分来加以验证。为了确定常数 C,把式(2-44)代入式(2-41)

$$q(E)=\frac{C}{1-\alpha}\int_{E}^{E/\alpha}\frac{\Sigma_s(E-\alpha E')}{E'^2}\mathrm{d}E'$$

$$=C\Sigma_s\left(1+\frac{\alpha}{1-\alpha}\ln\alpha\right)=C\Sigma_s\xi \tag{2-45}$$

这里 ξ 就是平均对数能降式(2-29)。因而我们便可求得反应堆内渐近情况下，慢化能谱为

$$\phi(E)=\frac{q(E)}{\xi\Sigma_s E} \tag{2-46}$$

对无吸收情况，单能源，$q(E)=S_0$，因而上式为

$$\phi(E)=\frac{S_0}{\xi\Sigma_s E} \tag{2-47}$$

可以证明，对于无吸收纯氢介质($\alpha=0$)，则式(2-46)便是慢化方程的严格解了。

2. 无吸收混合物无限介质情况

前面的计算结果可以推广到含有多种核素的无吸收的混合物系统中去。对于混合物 $\Sigma_s(E)=N_i\sigma_{si}$，其中 N_i 为混合物中 i 元素的核子数。这时，慢化方程(2-42)对于混合物介质应写成

$$\Sigma_s\phi(E)=\sum_i\int_E^{E_0}\frac{N_i\sigma_{si}\phi(E')}{(1-\alpha_i)E'}\mathrm{d}E' \tag{2-48}$$

这里 i 表示混合物的组分 i，如果所有元素的散射截面都等于常数，或者都随能量作同样的变化，我们可以证明式(2-48)的渐近解($E\ll\alpha E_0$)为

$$\phi(E)=\frac{1}{\sum\limits_i N_i\sigma_{si}\xi_i}\frac{q(E)}{E} \tag{2-49}$$

式中：ξ_i 为中子与 i 种元素碰撞的平均对数能降。如果我们定义混合物的平均对数能降 $\bar{\xi}$ 为

$$\bar{\xi}=\sum_i\frac{N_i\sigma_{si}\xi_i}{\Sigma_s} \tag{2-50}$$

那么，中子通量密度的慢化能谱分布可表示成

$$\phi(E)=\frac{q(E)}{\bar{\xi}\Sigma_s E} \tag{2-51}$$

由此可见它和单核素的慢化能谱分布式(2-46)一样，只是其中 ξ 用混合物的平均 $\bar{\xi}$ 值来代替。在今后计算中，我们经常用式(2-50)来计算混合物的平均对数能降 $\bar{\xi}$。

这样，式(2-51)便是我们所要求得的无限无吸收介质内中子慢化能谱分布。这是一个非常重要的结果，在反应堆物理分析中经常要用到。它告诉我们：无吸收介质内在慢化区慢化能谱近似服从 $1/E$ 分布或称之为**费米谱分布**，我们常把它作为反应堆内慢化区的中子能谱的近似。

3. 无限介质弱吸收情况

现在讨论无限介质弱吸收情况，认为宏观吸收截面比宏观散射截面小得多，即 $\Sigma_a\ll\Sigma_s$，那么设在 E 到($E-\mathrm{d}E$)的能量间隔中，慢化密度由于中子被吸收减小了 $\mathrm{d}q$，它便应该等于在 $\mathrm{d}E$ 内被吸收的中子数，因此

$$\mathrm{d}q=q(E)-q(E-\mathrm{d}E)=\Sigma_a\phi(E)\mathrm{d}E \tag{2-52}$$

在目前所讨论的弱吸收情况($\Sigma_a\ll\Sigma_s$)下，近似地可以认为 $\phi(E)$ 基本上和无吸收时情况相同，即 $\phi(E)$ 可以用式(2-51)表示。因此根据式(2-52)和式(2-51)有

$$\frac{\mathrm{d}q}{q}=\frac{\Sigma_a}{\bar{\xi}\Sigma_s}\frac{\mathrm{d}E}{E}$$

将上式对 E 到 E_0 积分，同时注意到 $q(E_0)=S_0$，有

$$q(E) = S_0 \exp\left(-\int_E^{E_0} \frac{\Sigma_a}{\bar{\xi}\Sigma_s} \frac{dE'}{E'}\right) \tag{2-53}$$

这样，根据逃脱共振俘获概率 $p(E)$的定义，有

$$p(E) = \frac{q(E)}{S_0} = \exp\left[-\int_E^{E_0} \frac{\Sigma_a(E)}{\bar{\xi}\Sigma_s} \frac{dE'}{E'}\right] \tag{2-54}$$

2.3　均匀介质中的共振吸收

当中子能量慢化到 1×10^5 eV 以下后，反应堆内许多重要材料的截面都表现出了强烈的共振峰特性，并具有很大的峰值。如堆内重要的裂变材料和可转换材料 U、Pu、Th 等，其截面都在中能区出现了许多密集的共振峰。在慢化过程中必然有一部分中子被共振吸收。因而，对于热中子反应堆，共振吸收对链式裂变反应过程有很重要的影响。在上一节中，我们讨论了弱吸收情况下的慢化过程。本节我们将讨论均匀介质中具有强共振峰吸收情况下的共振吸收和逃脱共振俘获概率的计算。

2.3.1　均匀介质内有效共振积分及逃脱共振俘获概率

由于共振截面随能量变化规律以及反应堆结构的复杂性，要严格地从理论上对共振吸收进行计算是非常困难的。现在先以一种理想的简单情况的共振吸收为例来说明其基本的物理特性。设有一由慢化剂和吸收剂组成的均匀无限介质，在整个介质内存在着均匀分布的中子源，每秒、每单位体积放出 S_0 个能量为 E_0 的快中子。现在我们就来讨论在这种介质内中子慢化过程中的共振吸收问题。这时，显然中子通量密度与空间位置无关，而只是能量的函数。同时假设这些强共振峰不但可分辨，而且峰与峰之间的间距足够大(详见图 2-5)，例如大于中子与慢化剂弹性散射最大能量损失的 3～4 倍以上，以至于前一个共振峰所引起的中子通量密度 $\phi(E)$的起伏在到达下一个共振峰前已经消失，就是说趋于渐近分布。在这种情况下，到达共振峰 i 前的慢化中子通量密度可以用渐近表达式(2-46)或式(2-51)表示。

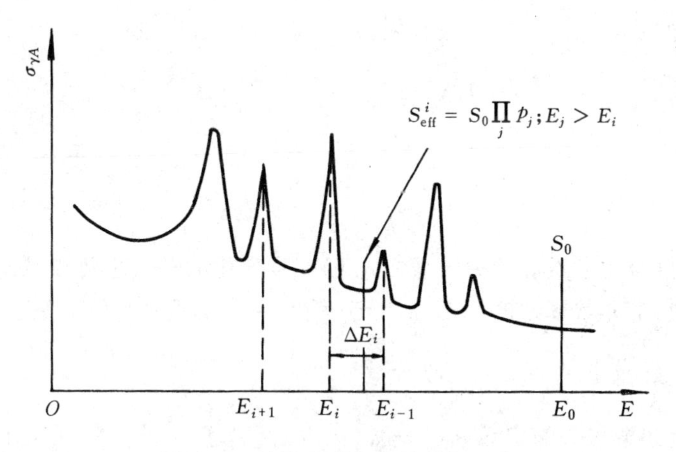

图 2-5　宽间距共振峰的共振吸收

为了讨论和计算上的方便，不妨对式(2-46)的中子通量密度分布进行某种归一化。比如认为源强 $S_0=\xi\Sigma_s$，这样，到达 i 共振峰前的中子通量密度分布便可简化为

$$\phi(E) = \frac{S_0}{\xi \Sigma_s E} \sim \frac{1}{E} \tag{2-55}$$

因而共振峰在这种情况(源强 $S_0 = \xi\Sigma_s$)下的吸收反应率为

$$R = N_A \int_{\Delta E_i} \sigma_a(E)\phi(E)\mathrm{d}E \tag{2-56}$$

式中:N_A 为单位体积内共振吸收剂的核子数;ΔE_i 为共振峰的宽度。把量

$$I_i = \int_{\Delta E_i} \sigma_a(E)\phi(E)\mathrm{d}E \tag{2-57}$$

称作共振峰 i 的**有效共振积分**。注意,上式积分号内的 $\phi(E)$ 是在共振峰 i 内的中子通量密度分布,而在共振峰前的中子通量密度 $\phi(E) = 1/E$。

相应的中子慢化通过共振峰 i 的被吸收概率为 $N_A I_i/\xi\Sigma_s$,因而相应的逃脱共振俘获概率 p_i 为

$$p_i = 1 - \frac{N_A I_i}{\xi \Sigma_s} \tag{2-58}$$

对等式两边取对数,并利用 x 值很小时,$\ln(1-x) \approx -x$ 的近似关系式,便得到

$$p_i = \exp\left[-\frac{N_A}{\xi\Sigma_s} I_i\right] \tag{2-59}$$

裂变中子在从初始能量 E_0 慢化至热中子能量 E_{th} 的慢化过程中要通过整个共振区的所有共振峰,因而热中子反应堆的逃脱共振俘获概率 p 应等于所有共振峰的 p_i 的乘积

$$p = \prod_i p_i = \exp\left[-\frac{N_A}{\xi\Sigma_s}\sum_i I_i\right] = \exp\left[-\frac{N_A}{\xi\Sigma_s} I\right] \tag{2-60}$$

式中:I 为整个共振区的有效共振积分

$$I = \sum_i I_i = \int_{\Delta E} \sigma_a(E)\phi(E)\mathrm{d}E \tag{2-61}$$

有效共振积分在反应堆设计中是一个很重要的量。它表征共振峰对中子的吸收,不但计算逃脱共振俘获概率时要用到它,以后在计算群常数时也要用到它。

根据许多实验结果可以得到在不同的稀释情况下,^{238}U 及 ^{232}Th 的有效共振积分的经验公式,可以用于实际的计算。对于 ^{238}U 吸收剂,在室温(300 K)时,有

$$I_{238} = 2.69\left(\frac{\Sigma_s}{N_A}\right)^{0.471} \qquad 0 \leqslant \frac{\Sigma_s}{N_A} \leqslant 4 \times 10^3 \tag{2-62}$$

对于 ^{232}Th 吸收剂,有

$$I_{232} = 8.33\left(\frac{\Sigma_s}{N_A}\right)^{0.263} \qquad 0 \leqslant \frac{\Sigma_s}{N_A} \leqslant 4\,500 \tag{2-63}$$

当然,根据共振峰的参数和共振区截面 σ_a 随能量变化的公式也可以从理论上计算出有效共振积分来,尽管它是非常繁杂的。在下一节中将介绍它的近似计算方法。

*2.3.2 有效共振积分的近似计算

从前面的有效共振积分的定义式(2-57)可以看到,求 I_i 的关键在于求出共振峰内的中子通量密度 $\phi(E)$。原则上它可以由慢化积分方程式(2-43)获得,但是这里我们采用一些合理的近似,可以大大简化计算,并能更好地理解其物理含义。

现在考虑由一种慢化剂 M 和一种吸收剂 A 组成的无限均匀介质的简单情况,它的结果

可以容易地推广到多种慢化剂和多种吸收剂组成的无限均匀介质。这时根据式(2-43),中子慢化方程为

$$\Sigma_t(E)\phi(E)=\int_E^{E/\alpha_M}\frac{\Sigma_{s,M}\phi(E')}{(1-\alpha_M)E'}dE'+\int_E^{E/\alpha_A}\frac{\Sigma_{s,A}\phi(E')}{(1-\alpha_A)E'}dE' \tag{2-64}$$

式中:$\Sigma_t(E)=\Sigma_{s,M}+\Sigma_{\gamma,A}(E)+\Sigma_{s,A}(E)$,这里认为慢化剂的散射截面 $\Sigma_{s,M}$ 与能量无关,且 $\Sigma_{a,M}$ 忽略不计;吸收剂 A 的散射截面 $\Sigma_{s,A}(E)$ 中,除势散射截面 $\sigma_{p,A}$ 外,还包括共振散射截面,所以它是能量的函数。

在讨论计算方法之前,我们先引进关于共振峰的实际宽度的概念。它定义为在共振峰内共振截面(共振吸收截面和共振散射截面之和)大于势散射截面($\Sigma_{s,M}+\Sigma_{p,A}$)的能量间隔宽度,并用 Γ_p 表示(见图 2-6)。在表 1-4 中给出了^{238}U 的若干低能共振的共振参数和 Γ_p 数值。

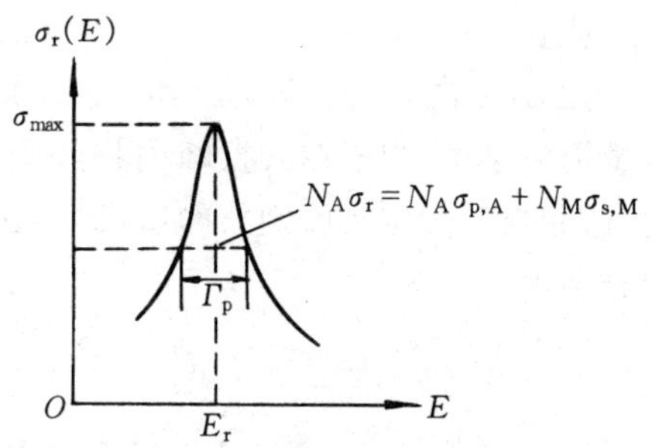

图 2-6　共振峰的实际宽度

从本章前面讨论可以知道,中子与所有慢化剂的原子核碰撞的平均能量损失为$\overline{\Delta E_M}=(1-\alpha_M)E/2$,几乎都满足下列条件:

$$(1-\alpha_M)E_i/2\gg\Gamma_p \tag{2-65}$$

式中:E_i 为 i 共振峰的共振能。因此,中子与慢化剂原子核弹性碰撞的平均能量损失要远大于共振峰的实际宽度,因而可以认为,相对于慢化剂的碰撞能量损失区间来讲共振峰是足够**“狭窄”**的,也就是说在式(2-64)右端的第一项积分中,共振峰宽度比起积分区间来说是很窄的,积分的主要贡献由共振峰以外的能量区间所决定,因而可以略去共振峰对通量密度扰动的影响。积分号内的通量密度可用渐近通量密度式(2-55),即 $\phi(E)=1/E$ 代入,因而

$$\int_E^{E/\alpha_M}\frac{\Sigma_{s,M}\phi(E')}{(1-\alpha_M)E'}dE'=\frac{\Sigma_{s,M}}{1-\alpha_M}\int_E^{E/\alpha_M}\frac{1}{(E')^2}dE'=\frac{\Sigma_{s,M}}{E} \tag{2-66}$$

将式(2-66)代入式(2-64)就得到

$$\Sigma_t(E)\phi(E)=\frac{\Sigma_{s,M}}{E}+\int_E^{E/\alpha_A}\frac{\Sigma_{s,A}(E')\phi(E')}{(1-\alpha_A)E'}dE' \tag{2-67}$$

对于上式右端关于吸收核的积分,我们将共振峰分为以下两种情况分别予以近似处理。

1. 窄共振(NR)近似

如果除对慢化剂核满足$\Delta E_M\gg\Gamma_p$ 以外,对吸收核也满足窄共振条件,即$\overline{\Delta E_A}\gg\Gamma_p$,如表 1-4中的 165.27 eV 能级,则根据同样的理由,方程(2-67)右端积分项内的中子通量密度也可采用渐近通量密度,即 $\phi(E')=1/E'$代入,同时认为$\Sigma_{s,A}(E)\approx\Sigma_{p,A}$,则

$$\int_E^{E/\alpha_A}\frac{\Sigma_{s,A}(E')\phi(E')}{(1-\alpha_A)E'}dE'\approx\frac{\Sigma_{p,A}}{E} \tag{2-68}$$

将式(2-68)代入式(2-67)就得到了窄共振近似下共振峰内的中子通量密度 $\phi_{NR}(E)$

$$\phi_{NR}(E)=\frac{\Sigma_{s,M}+\Sigma_{p,A}}{\Sigma_t(E)E} \tag{2-69}$$

这种处理称之为**窄共振(NR)近似**。将式(2-69)代入式(2-57)就得到**窄共振**近似下有效共振积分 $I_{NR,i}$ 为

$$I_{\mathrm{NR},i}=\int_{\Delta E_i}\sigma_{\gamma,\mathrm{A}}(E)\frac{\Sigma_{\mathrm{s,M}}+\Sigma_{\mathrm{p,A}}}{\Sigma_{\mathrm{t}}(E)}\frac{\mathrm{d}E}{E}\tag{2-70}$$

因为$\overline{\Delta E_{\mathrm{A}}}=(1-\alpha_{\mathrm{A}})E_i/2$随$E_i$的增大而增大，可以预料，NR近似对于较高能量处的共振符合得更好。

2. 窄共振无限质量(NRIM)近似

从表1-4中可以看到，对于^{238}U的低能处的共振峰，有若干个共振的共振峰实际宽度比较大，$\overline{\Delta E_{\mathrm{A}}}\ll\Gamma_{\mathrm{p}}$，它们不满足“窄共振”条件的假设。在这种情况下，由于中子与^{238}U核碰撞时能量损失很小，中子在共振峰内将经受不止一次的碰撞，因此我们可以忽略吸收剂的散射作用，这相当于假定吸收剂核的质量为无限大，即$\alpha_{\mathrm{A}}\to1$，或认为$\sigma_{\mathrm{p,A}}=0$。这样，式(2-67)中的积分项为

$$\lim_{\alpha_{\mathrm{A}}\to1}\int_E^{E/\alpha_{\mathrm{A}}}\frac{\Sigma_{\mathrm{s,A}}(E')\phi(E')}{(1-\alpha_{\mathrm{A}})E'}\mathrm{d}E'=\Sigma_{\mathrm{s,A}}(E)\phi(E)\tag{2-71}$$

由式(2-67)就得到NRIM近似下的中子通量密度$\phi_{\mathrm{NRIM}}(E)$为

$$\phi_{\mathrm{NRIM}}(E)=\frac{\Sigma_{\mathrm{s,M}}}{(\Sigma_{\mathrm{s,M}}+\Sigma_{\gamma,\mathrm{A}})E}\tag{2-72}$$

而NRIM近似的有效共振积分$I_{\mathrm{NRIM},i}$为

$$I_{\mathrm{NRIM},i}=\int_{\Delta E_i}\sigma_{\gamma,\mathrm{A}}(E)\frac{\Sigma_{\mathrm{s,M}}}{\Sigma_{\mathrm{s,M}}(E)+\Sigma_{\gamma,\mathrm{A}}(E)}\frac{\mathrm{d}E}{E}\tag{2-73}$$

上述结果可以归纳成如下通式

$$\phi_{\mathrm{R}}(E)=\frac{\Sigma_{\mathrm{s,M}}+\lambda\Sigma_{\mathrm{p,A}}}{(\Sigma_{\gamma,\mathrm{A}}+\lambda\Sigma_{\mathrm{s,A}}+\Sigma_{\mathrm{s,M}})E}\tag{2-74}$$

和有效共振积分等于

$$\begin{aligned}I_i&=\int_{\Delta E_i}\sigma_{\gamma,\mathrm{A}}(E)\frac{\Sigma_{\mathrm{s,M}}+\lambda\Sigma_{\mathrm{p,A}}}{(\Sigma_{\gamma,\mathrm{A}}+\lambda\Sigma_{\mathrm{s,A}}+\Sigma_{\mathrm{s,M}})}\frac{\mathrm{d}E}{E}\\&=\int_{\Delta E_i}\sigma_{\gamma,\mathrm{A}}(E)\frac{\Sigma_{\mathrm{s,M}}/N_{\mathrm{A}}+\lambda\sigma_{\mathrm{p,A}}}{(\sigma_{\gamma,\mathrm{A}}+\lambda\sigma_{\mathrm{s,A}}+\Sigma_{\mathrm{s,M}}/N_{\mathrm{A}})}=\frac{\mathrm{d}E}{E}\end{aligned}\tag{2-75}$$

$\lambda=1$为NR近似，$\lambda=0$为NRIM近似。由式(2-75)可知对于给定吸收剂和给定共振峰i，有效共振积分I_i将是$\Sigma_{\mathrm{s,M}}/N_{\mathrm{A}}$和$\sigma_{\mathrm{p,A}}$、$\sigma_{\gamma,\mathrm{A}}$、$\sigma_{\mathrm{s,A}}$等的函数；而由式(1-43)可知，各微观截面又是温度T的函数，因此I_i将是$\Sigma_{\mathrm{s,A}}/N_{\mathrm{A}}$和温度$T$的函数。

对于某些共振峰，例如表1-4中所示，^{238}U的116.85 eV和208.46 eV处的共振峰都不能很好地满足前面的两个假设。在这种情况下，严格讲，NR和NRIM近似都不适用，精确计算时，应采用所谓“中间近似”，即在式(2-74)和式(2-75)中取$0<\lambda<1$的中间数值。多群常数库中给出了有关核素的λ值。

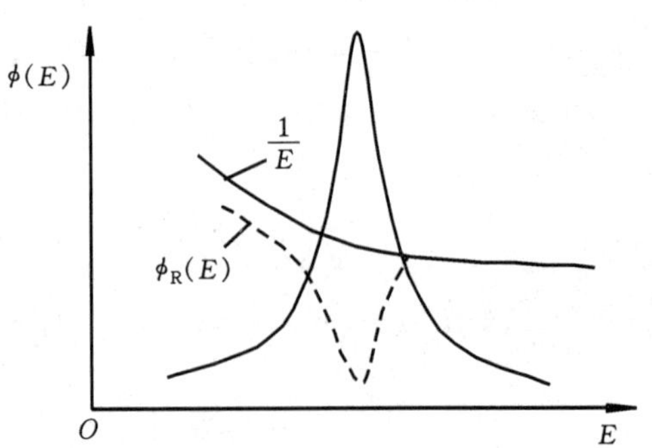

图2-7 共振峰内中子通量密度的畸变

这里我们要注意到一个现象，即在共振峰内中子通量密度能谱分布发生了畸变和凹陷(见图2-7)。原因可以这样解释，在共振峰外，中子通量密度能谱是按$1/E$渐近能谱分布(式(2-46))的，但是进入共振峰内后，其能谱分布$\phi_{\mathrm{R}}(E)$由式

(2－74)决定，由于式(2－74)分母中含有 $\Sigma_{\gamma,A}$ 项，当中子截面呈共振峰形状时，在共振能量附近有很大的增大和剧变，这就导致中子通量密度急剧下降畸变，在 E_i 附近中子通量密度 $\phi(E)$ 出现很大的凹陷，这种现象称之为共振的**"能量自屏效应"**，它使共振吸收减小。

从式(2－75)可以看到，只要知道了各个共振峰内吸收截面 $\sigma_{\gamma,A}(E)$ 随能量的变化规律，例如可以用考虑温度效应的布雷特-维格纳单能公式(1－43)，那么根据式(2－75)对于给定吸收剂，共振参数 E_i、Γ_γ、Γ 等都是已知的，可以对每一个共振峰进行数值积分，计算出各个共振峰的有效共振积分 I_i。有效共振积分是反应堆物理计算所需要的重要数据。在许多反应堆设计用的群常数数据库中，例如 WIMS 库[6]，对各种吸收剂，都事先通过专门的程序计算出其各共振能级 E_i 的有效共振积分 I_i，并以表值形式给出在不同温度和 $\frac{\Sigma_{s,M}}{N_A}=\sigma_b$ 下，各个能区间内均匀介质的有效共振积分的表值，以供计算时插值使用。

2.4　热中子能谱

反应堆物理分析中，通常把某个分界能量 E_c 以下的中子称为热中子，E_c 称为**分界能或缝合能**。例如，对于压水反应堆，通常取 $E_c=0.625$ eV。确切地讲，所谓热中子是指与它们所在介质的原子(或分子)处于热平衡状态中的中子。我们知道气体分子的热运动速度服从于麦克斯韦-玻尔兹曼分布，若介质是无限大、无源的，且不吸收中子，那么，与介质原子处于热平衡状态的热中子，它们的能量分布也服从于麦克斯韦-玻尔兹曼分布，即

$$N(E)=\frac{2\pi}{(\pi kT)^{3/2}}e^{-E/kT}E^{1/2} \tag{2-76}$$

式中：$N(E)$为单位体积、单位能量间隔内的热中子数；k 为玻尔兹曼常数；T 为介质温度，K。$N(E)$的分布曲线如图 2－8 所示。

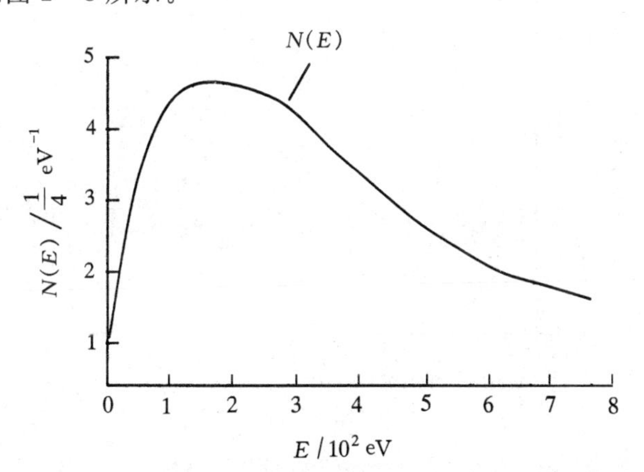

图 2－8　$T=300$ K 时的麦克斯韦-玻尔兹曼分布示意图

实际上，热中子能谱的分布形式和介质原子核的麦克斯韦谱的分布形式并不相同。这是因为：

(1) 在反应堆中，所有的热中子都是从较高的能量慢化而来，然后逐步与介质达到热平衡状态的，这样，在能量较高区域内的中子数目相对地就要多些；

(2) 由于介质或多或少地要吸收中子，因此，必然有一部分中子尚未来得及同介质的原子

(或分子)达到热平衡就已被吸收了,其结果又造成了能量较低部分的中子份额减少,能量较高部分的中子份额相对增大。

由于这两个原因共同作用的结果,在能量较高处的中子数相对增大,而在能量较低处的中子数相对减少,使得实际的热中子能谱朝能量高的方向有所偏移,即热中子的平均能量和最概然能量都要比介质原子核的平均能量和最概然能量高,通常把这一现象称之为热中子能谱的**“硬化”**(见图 2-9)。

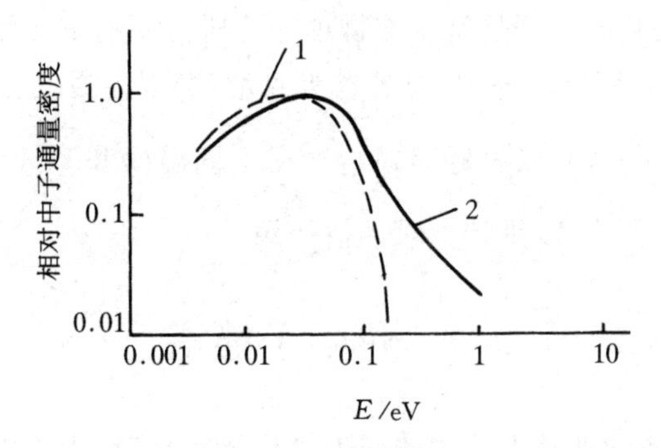

1—温度为 T_M 时介质原子核的能谱(麦克斯韦谱);2—实际的热中子谱

图 2-9　热中子能谱的“硬化”

这样,我们得到了有关热中子反应堆内中子能谱分布的最粗浅的概念,在高能区(例如 $E>0.1$ MeV),中子能谱近似地可以用裂变中子谱来叙述。在慢化能区,中子能量密度的能谱分布近似按照 $1/E$ 规律变化。而在热能区的中子能谱则可以用麦克斯韦谱近似地描述。这些概念在一些近似的计算中是经常使用的。图 2-10 给出了轻水堆的中子能谱示意图。

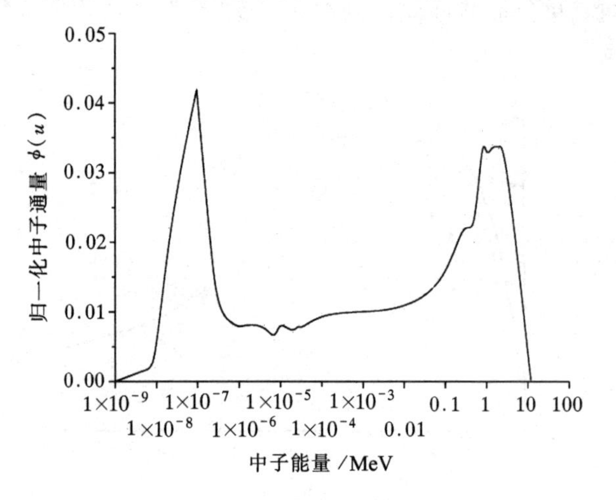

图 2-10　反应堆中子能谱示意图

参考文献

[1] 谢仲生. 核反应堆物理分析[M]. 北京:原子能出版社,1994.

[2] 拉马什. 核反应堆理论导论[M]. 洪流,译. 北京:原子能出版社,1977.

[3] 谢仲生,张少泓. 核反应堆物理理论与计算方法[M]. 西安:西安交通大学出版社,2000.
[4] DUDERSTADT J J,HAMILTON L J. Nuclear Reactor Analysis[M]. New York: John Wiley & Sons, Inc. , 1976.
[5] 格拉斯登,爱德仑. 原子核反应堆理论纲要[M]. 和平,译. 北京:科学出版社,1958.
[6] ASKEW J R,FAYERS F J,KEMSHELL P B. General Description of the Lattice Code WIMS[J]. Journal of British Nuclear Energy Socity,1966,5(4):564.

习　　题

1. H 和 O 在 1 000 eV 到 1 eV 能量范围内的散射截面近似为常数,分别为 20 b 和 38 b。计算 H_2O 的 ξ 以及在 H_2O 中中子从1 000 eV 慢化到 1 eV 所需的平均碰撞次数。
2. 设 $f(v\to v')\mathrm{d}v'$表示 L 系中速度 v 的中子弹性散射后速度在 v'附近 $\mathrm{d}v'$内的概率。假定在 C 系中散射是各向同性的,求 $f(v\to v')$的表达式,并求一次碰撞后的平均速度。
3. 设某吸收剂的微观吸收截面 $\sigma_a(E)$服从$\frac{1}{v}$定律,即 $\sigma_a\sqrt{E}=$常数,且假定近似中子能谱可用 $\phi(E)-\frac{c}{E}$描述。试求该吸收剂的第 g 群(E_{g-1},E_g)的平均微观吸收截面 σ_{ag}。
4. 试由布雷特-维格纳公式导出共振峰实际宽度 Γ_p 的计算式。
5. 设一无限均匀介质内均匀地产生能量为 E_0 的快中子,该介质的宏观散射截面为一常数 Σ_s。设这些中子在慢化至 E_1 能量前没有被吸收,$E_1\ll\alpha E_0$,而在[E_1,E_2]区间内有一强的共振吸收峰,假设慢化到该区间的中子都被吸收。
   (1) 若 $\alpha E_1<E_2<E_1$,试计算中子的逃脱共振俘获概率。
   (2) 设 $E_2<\alpha E_1$,则逃脱共振俘获概率又为多少?
6. 在讨论中子热化时,认为热中子源项 $Q(E)$是从某给定分界能 E_c 以上能区的中子,经过弹性散射慢化而来的。设慢化能谱服从 $\phi(E)=\phi/E$ 分布,试求在氢介质内每秒、每单位体积内由 E_c 以上能区,(1)散射到能量 $E(E<E_c)$的单位能量间隔内的中子数 $Q(E)$;(2)散射到能量区间 $\Delta E_g=E_{g-1}-E_g$ 内的中子数 Q_g。

第 3 章

中子扩散理论

从第 1 章中我们知道核反应堆是一种能以可控方式实现自续链式核反应的装置。我们的主要任务就是要确定堆内各点的功率和各种核反应率，根据式(1－30)，就是要确定堆内各点的中子密度和中子通量密度的分布。因为如果在整个堆内 $\boldsymbol{\phi}(\boldsymbol{r},E)$ 都已知道，那么任何点的特定反应率 $R_x(x=a,s,f)$ 包括裂变功率便可求出。因而，中子密度和中子通量密度分布是核反应堆物理中经常要用到的两个量。

从前面的讨论知道，反应堆内的链式裂变反应过程实质上涉及中子在介质内的不断产生、运动和消亡的过程。反应堆理论的基本问题之一，是确定堆内中子密度(或中子通量密度)的分布。由于中子与原子核间的无规则碰撞，中子在介质内的运动是一种杂乱无章的具有统计性质的运动，即初始在堆内某一位置具有某种能量及某一运动方向的中子，在稍晚些时候，将运动到堆内的另一位置以另一能量和另一运动方向出现。这一现象称为中子在介质内的**输运过程**。因而，任一时刻中子运动的状态由其位置矢量 $\boldsymbol{r}(x,y,z)$、能量 E(或运动速度 v，$E=\dfrac{mv^2}{2}$，其中 m 为中子质量)和运动方向 $\boldsymbol{\Omega}$ 来表示。$\boldsymbol{\Omega}$ 是运动方向的单位矢量，它的模等于 1，它的方向表示中子的运动方向，通过极角 θ 和方位角 φ 来表示，详见图 3－1。

$$\mathrm{d}\boldsymbol{\Omega}=\frac{\mathrm{d}S}{r^2}=\frac{r^2\sin\theta\mathrm{d}\theta\mathrm{d}\varphi}{r^2}=\sin\theta\mathrm{d}\theta\mathrm{d}\varphi \tag{3-1}$$

中子密度的分布可以用函数 $n(\boldsymbol{r},E,\boldsymbol{\Omega})$——中子角密度来表示。它的定义是：在 $\boldsymbol{r}$ 处单位体积内和能量为 E 的单位能量间隔内，运动方向为 $\boldsymbol{\Omega}$ 的单位立体角内的中子数目。参照式

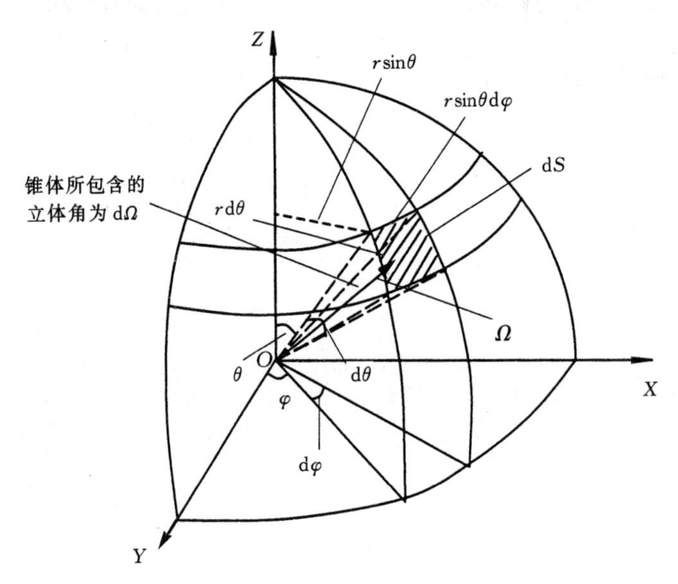

图 3－1　方向 $\boldsymbol{\Omega}$ 的表示

(1 - 30)定义，和它相对应的中子角通量密度为

$$\phi(\boldsymbol{r},E,\boldsymbol{\Omega}) = n(\boldsymbol{r},E,\boldsymbol{\Omega})v(E) \tag{3-2}$$

它是沿 $\boldsymbol{\Omega}$ 方向运动的平行中子束。如果将中子角密度和上式对所有立体角方向积分，便得到第 1 章中 1.2.3 节所定义的与运动方向无关的标量中子密度和标量中子通量密度为

$$n(\boldsymbol{r},E) = \int_{4\pi} n(\boldsymbol{r},E,\boldsymbol{\Omega})\mathrm{d}\boldsymbol{\Omega} \tag{3-3}$$

$$\phi(\boldsymbol{r},E) = \int_{4\pi} \phi(\boldsymbol{r},E,\boldsymbol{\Omega})\mathrm{d}\boldsymbol{\Omega} \tag{3-4}$$

它们是核反应堆物理计算中经常使用的量。

我们的任务是要求出反应堆内中子密度或中子通量密度的分布。因为如果在整个堆中的 $\phi(\boldsymbol{r},E)$分布都已知道，那么，任何点的特定相互反应率 R_x(x=a,s,f,…,包括裂变功率)由第 1 章式(1 - 28)便可计算得到。

本书应用确定性方法对中子输运过程进行研究。首先必须建立描述中子在介质内输运过程或中子角密度分布 $n(\boldsymbol{r},E,\boldsymbol{\Omega})$和中子通量密度所满足的基本方程式，然后，根据具体问题求出该方程的解。描述中子输运过程的精确方程叫做**玻尔兹曼输运方程**，这是因为它与玻尔兹曼用来研究气体扩散的方程相似。应该指出的是，即使是稳态情况，中子输运方程也是一个含有空间位置(x,y,z)、能量 E 和运动方向 $\boldsymbol{\Omega}(\theta,\varphi)$等 6 个自变量的偏微分-积分方程。它的求解是一个非常复杂的过程，只有在极个别的简单情况下，才能求出其解析解。关于输运方程的有关理论，可参阅文献[4]。

但是，如果中子通量密度的角分布是接近于各向同性的，例如在大型反应堆堆芯的中心部分，那么，可以近似地认为中子通量密度的角分布与运动方向 $\boldsymbol{\Omega}$ 的依赖性很弱，甚至无关，这样可以不考虑运动方向这个变量而只讨论标量中子通量密度 $\phi(\boldsymbol{r},E)$的分布就可以了，从而使问题大大简化。通过这种近似简化得到的方程称为**扩散方程**。同时，如果所有的中子(包括源中子)都具有相同的能量(也就是单能(速)中子)，那么问题又可获得进一步的简化，这时，中子通量密度便仅仅是空间坐标 $\boldsymbol{r}$ 的函数。本章将先讨论简单的单能中子扩散模型，以后再讨论多能中子的扩散和多群扩散理论。

中子扩散方程是描述中子在介质内运动的基本方程，它也是研究反应堆理论的重要工具和基础。本书后续各章的大部分内容都是建立在扩散方程基础上的。

3.1　单能中子扩散方程

在物理学中，我们已熟悉分子的扩散现象，即分子间的无规则碰撞运动。分子从浓度大的地方向浓度小的地方扩散，并且分子扩散的速率与分子密度的梯度成正比，也就是服从分子扩散现象中的“菲克扩散定律”。同样地，若把一个中子源(例如 Ra - Be 源)放到某一介质内，我们可以通过测量仪器观察到，中子不断地从源点扩散开来，经过一段时间后，介质内到处都有中子了。由于中子密度(在热中子反应堆内约为 10^{16} m^{-3} 数量级)比起介质的原子核密度(一般约为 10^{28} m^{-3})要小得多，因而它与分子扩散现象不同，其主要差别在于分子扩散是由于分子间的相互碰撞引起的，而中子的扩散主要是中子与介质原子核间的散射碰撞的结果，中子之间的相互碰撞可以略去不计。在中子密度大的地方，中子与原子核碰撞的次数就多，而每次碰撞以后，中子通常要改变运动方向离开碰撞中心(见图 3 - 2)，因此与分子的扩散相似，中子总

是从中子密度高的地方向密度低的地方扩散。下面即将证明，与分子扩散相类似，中子的扩散也服从与分子扩散相类似的定律，它是中子扩散近似模型的基础。

显然中子扩散问题属于统计问题，因而可以像气体动力论一样，把它发展成为一种处理大量中子运动的宏观理论。例如，在气体分子或热的扩散中扩散物质有一种倾向，就是从分子密度大的区域向分子密度小的区域移动（扩散）。中子的行为也一样，从中子密度大的区域向中子密度小的区域移动（扩散）。它的规律服从气体动力学中的扩散规律，因此可以以某种扩散方程为基础来处理大量中子行为的（扩散）宏观理论。

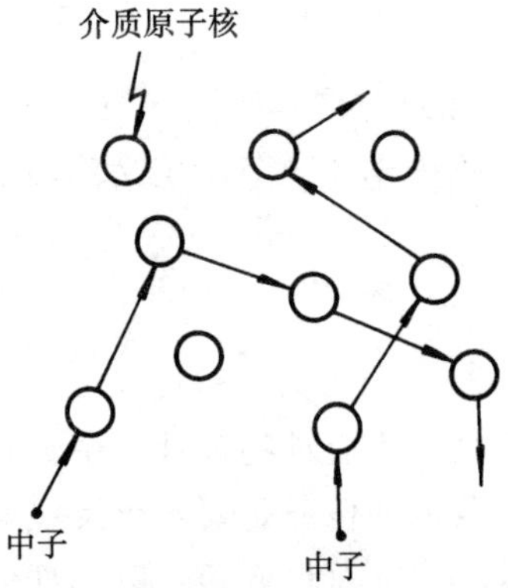

介质原子核

中子

中子

图 3-2　中子与介质原子核的散射碰撞

在扩散宏观理论中，中子密度 $n(\boldsymbol{r},E)$ 是一个重要的参量，它描述了中子群在介质内的分布情况。另外，还有以下两个参量也是我们经常要用到的重要参数。

(1) $\phi(\boldsymbol{r},E)$。如前所述它与中子在介质中的核反应率密切相关。

(2) $\boldsymbol{J}(\boldsymbol{r},E)$。它定义为中子的净流密度

$$\boldsymbol{J}(\boldsymbol{r},E)=\int_{4\pi}\boldsymbol{\Omega}\boldsymbol{\Phi}(\boldsymbol{r},\boldsymbol{\Omega})\mathrm{d}\boldsymbol{\Omega}$$

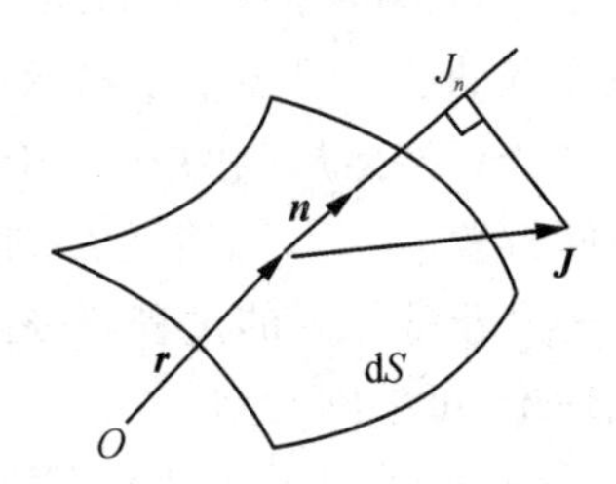

图 3-3　中子流密度 $\boldsymbol{J}$

从物理上看，它是由很多具有不同方向的微分中子束**矢量合成的量**，表示该处中子的净流动情况，因而它是一个矢量。如图 3-3 所示，设 $\boldsymbol{n}$ 表示该点的法线方向，则

$$J_n(\boldsymbol{r},E)=\boldsymbol{J}(\boldsymbol{r},E)\cdot\boldsymbol{n}$$

就表示每秒穿过该点的净中子数目（净中子流）。它表示中子在介质中的流动情况。

3.1.1　中子的连续性方程

链式核反应堆理论用到的一个基本原理，就是所谓的"中子数守恒"或者"中子数平衡"，即在一定的体积 V 内，中子总数对时间的变化率应等于该体积内中子的产生率减去该体积内中子的吸收率和泄漏率。如果 $n(\boldsymbol{r},t)$ 是 t 时刻在 $\boldsymbol{r}$ 处的中子密度，则在 V 内中子数守恒的方程可写成

$$\frac{\mathrm{d}}{\mathrm{d}t}\int_V n(\boldsymbol{r},t)\mathrm{d}V=\text{产生率}(S)-\text{泄漏率}(L)-\text{吸收率}(A)\tag{3-5}$$

中子扩散方程就是根据这一平衡原则建立的。

首先计算中子的泄漏率。

让我们观察空间 $\boldsymbol{r}$ 处的微体积元 dV。我们知道 $\boldsymbol{J}(\boldsymbol{r},t)\cdot\boldsymbol{n}$ 等于在 r 处中子通过垂直于外法线 $\boldsymbol{n}$ 的单位面积的净流动率。如果取 $\boldsymbol{n}$ 为体积 V 的表面积 dS 上的外法线单位向量，那么 $\boldsymbol{J}(\boldsymbol{r},t)\cdot\boldsymbol{n}\mathrm{d}S$ 就等于中子通过表面积元 dS 向外的净流率，于是中子从体积 V 的整个表面泄漏出去的总速率为

$$\text{泄漏率}=\int_S\boldsymbol{J}(\boldsymbol{r},t)\cdot\boldsymbol{n}\mathrm{d}S\tag{3-6}$$

应用高斯散度公式可以把面积分变换成体积分，于是

$$泄漏率 = \int_S \boldsymbol{J}(\boldsymbol{r},t) \cdot \boldsymbol{n} \mathrm{d}S = \int_V \boldsymbol{\nabla} \cdot \boldsymbol{J}(\boldsymbol{r},t) \mathrm{d}V = \int_V \mathrm{div} \boldsymbol{J}(\boldsymbol{r},t) \mathrm{d}V \tag{3-7}$$

设源分布函数以 $S(\boldsymbol{r},t)$ 表示，它等于 t 时刻 $\boldsymbol{r}$ 处每秒、每单位体积由源放出的中子数。因此，在 V 内中子的产生率为

$$产生率 = \int_V S(\boldsymbol{r},t) \mathrm{d}V \tag{3-8}$$

在 V 内中子的吸收率可以表示为

$$吸收率 = \int_V \Sigma_a \phi(\boldsymbol{r},t) \mathrm{d}V \tag{3-9}$$

于是式(3-5)可以写成

$$\frac{\mathrm{d}}{\mathrm{d}t}\int_V n(\boldsymbol{r},t) \mathrm{d}V = \int_V S(\boldsymbol{r},t) \mathrm{d}V - \int_V \Sigma_a \phi(\boldsymbol{r},t) \mathrm{d}V - \int_V \mathrm{div} \boldsymbol{J}(\boldsymbol{r},t) \mathrm{d}V \tag{3-10}$$

由于所有积分都是在相同的积分体积内进行的，所以方程(3-10)两边被积函数必然相等，即

$$\frac{\partial n(\boldsymbol{r},t)}{\partial t} = S(\boldsymbol{r},t) - \Sigma_a \phi(\boldsymbol{r},t) - \mathrm{div} \boldsymbol{J}(\boldsymbol{r},t) \tag{3-11}$$

方程(3-11)叫做**连续方程**，它实际上表征单位体积(或微元)内的中子数的平衡关系，在反应堆理论中具有极为重要的意义。

连续方程(3-11)是具有普遍意义的，但其中具有两个未知函数 $\phi(\boldsymbol{r},t)$ 及 $\boldsymbol{J}(\boldsymbol{r},t)$，因此无法求解这个方程。如果在求解之前我们能找出 $\phi(\boldsymbol{r},t)$ 和 $\boldsymbol{J}(\boldsymbol{r},t)$ 之间的关系，将其代入式(3-11)，这样将其变成只含一个，例如 $\phi(\boldsymbol{r},t)$ 的方程，问题就解决了。

3.1.2　净中子流密度 $\boldsymbol{J}(\boldsymbol{r},t)$ 和中子通量密度的关系——菲克定律

净中子流密度 $\boldsymbol{J}(\boldsymbol{r},t)$ 和中子通量 $\phi(\boldsymbol{r},t)$ 的关系可以用精确的中子输运理论求出，但也可以应用一些近似方法求出，本节介绍的菲克定律就是按类似气体分子运动论的模型对中子扩散作近似处理求得的。它是中子扩散理论的基础。

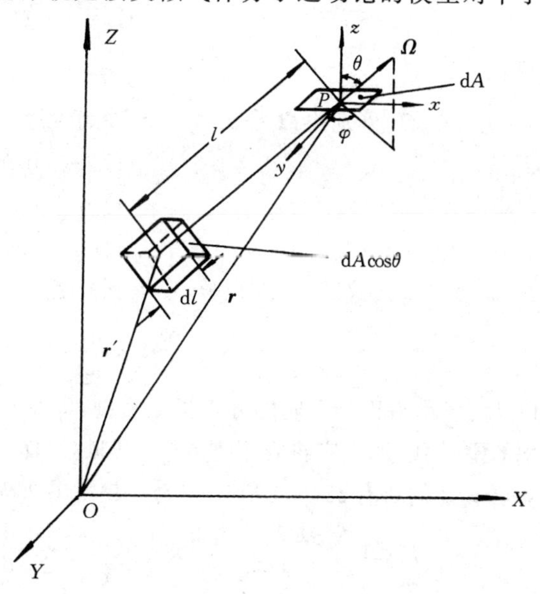

图 3-4　推导菲克定律的示意图

考虑稳态情况，也就是说中子通量密度不随时间变化，同时假设：

(1) 介质是无限的、均匀的；

(2) 在实验室坐标系中散射是各向同性的；

(3) 介质的吸收截面很小，即 $\Sigma_a \ll \Sigma_s$；

(4) 中子通量密度是随空间位置缓慢变化的函数。

考虑如图 3-4 所示的坐标系。设在 $P(\boldsymbol{r})$ 点($\boldsymbol{r}=(x,y,z)$)处有一与 z 轴相垂直的小面积 $\mathrm{d}A$，现求单位时间内沿 z 轴的正方向穿过 $\mathrm{d}A$ 平面上单位面积的中子数 J_z^+。先观察如图 3-3 所示，沿任意

$\boldsymbol{\Omega}(\theta,\varphi)$方向穿过 d$A$ 的中子数。设在 $\boldsymbol{\Omega}$ 方向上 $\boldsymbol{r}'$处的中子通量密度为$\phi(\boldsymbol{r}')$，则在 $\boldsymbol{r}'$点邻近的 $\mathrm{d}V=\mathrm{d}l\mathrm{d}A\cos\theta$ 体积元内，每秒发生散射的中子数目为 $\Sigma_s\phi(\boldsymbol{r}')\mathrm{d}V$，这里 Σ_s 是介质的宏观散射截面。因为假设在实验室坐标系中散射是各向同性的，因而在 dV 内散射的中子朝各个方向的立体角散射的概率是相等的，因而，每秒 dV 内散射沿着 $\boldsymbol{\Omega}$ 方向单位立体角运动的中子数是 $\Sigma_s\phi(\boldsymbol{r}')\mathrm{d}V/4\pi$。但是，这些中子不是全部能到达 P 点的，有些中子在未到达 dA 之前就被介质吸收或从这个方向上散射出去，仍沿这个方向运动的中子，不经碰撞到达 dA 的概率为 $\mathrm{e}^{-\Sigma_t|l|}$，其中，$\Sigma_t$ 是介质的宏观总截面，$\Sigma_t=\Sigma_a+\Sigma_s$。由于假设介质为弱吸收介质，即$\Sigma_a\ll\Sigma_s$，因而 Σ_t 可以近似用 Σ_s 来代替。这样，每秒自 dV 内散射出来沿着 $\boldsymbol{\Omega}$ 方向未经碰撞而能到达 dA 上的中子数是

$$\frac{1}{4\pi}\Sigma_s\phi(\boldsymbol{r}')\mathrm{e}^{-\Sigma_s|l|}\cos\theta\mathrm{d}A\mathrm{d}l$$

于是沿 $\boldsymbol{\Omega}$ 方向每秒穿过 dA 的中子数便等于沿 l 方向从 $-\infty$到 0 积分

$$\frac{\mathrm{d}A}{4\pi}\int_{-\infty}^{0}\Sigma_s\phi(\boldsymbol{r}')\mathrm{e}^{-\Sigma_s|l|}\cos\theta\mathrm{d}l \tag{3-12}$$

上式中积分号内的 $\phi(\boldsymbol{r}')$是一个未知函数，因而上述积分事实上是无法计算的，但是，由于已经假设中子通量密度是随空间位置缓慢变化的，同时上式积分中含有的因子 $\mathrm{e}^{-\Sigma_s|l|}$ 是随距离按指数规律迅速减小的，因而式(3－12)积分的主要贡献来自于 P 点附近的中子，于是可以把 $\phi(\boldsymbol{r}')$在 $P(\boldsymbol{r})$点处按泰勒级数展开。设对应于 $\boldsymbol{r}$ 处的直角坐标为(x,y,z)，则有

$$\phi(\boldsymbol{r}')=\phi(\boldsymbol{r})+l\frac{\mathrm{d}\phi}{\mathrm{d}l}+\cdots \tag{3-13}$$

这里$\frac{\mathrm{d}\phi}{\mathrm{d}l}$为沿 $\boldsymbol{\Omega}$ 方向的方向导数，可以用下式表示

$$\begin{aligned}\frac{\mathrm{d}\phi}{\mathrm{d}l}&=\frac{\partial\phi}{\partial x}\frac{\mathrm{d}x}{\mathrm{d}l}+\frac{\partial\phi}{\partial y}\frac{\mathrm{d}y}{\mathrm{d}l}+\frac{\partial\phi}{\partial z}\frac{\mathrm{d}z}{\mathrm{d}l}\\&=\Omega_x\frac{\partial\phi}{\partial x}+\Omega_y\frac{\partial\phi}{\partial y}+\Omega_z\frac{\partial\phi}{\partial z}\\&=\boldsymbol{\Omega}\boldsymbol{\nabla}\phi\end{aligned} \tag{3-14}$$

式中：Ω_x、Ω_y、Ω_z 分别为 $\boldsymbol{\Omega}$ 在 x、y 和 z 轴的投影

$$\left.\begin{aligned}\Omega_x&=\sin\theta\cos\varphi\\\Omega_y&=\sin\theta\sin\varphi\\\Omega_z&=\cos\theta\end{aligned}\right\} \tag{3-15}$$

将式(3－13)代入式(3－12)积分，便得到沿 $\boldsymbol{\Omega}$ 方向每秒穿过 dA 的中子数为

$$\frac{\mathrm{d}A}{4\pi}\cos\theta\left[\phi(\boldsymbol{r})-\frac{1}{\Sigma_s}\frac{\mathrm{d}\phi}{\mathrm{d}l}\bigg|_{r=r}\right] \tag{3-16}$$

若以 J_z^+ 表示沿正 z 方向的分中子流密度，即每秒沿 z 轴正方向自下向上穿过 dA 平面上单位面积的中子数，那么它将等于把式(3－16)对$(\boldsymbol{\Omega}\cdot\boldsymbol{e}_z)>0$ 的半个空间，也就是将式(3－16)对 θ 自 0 至 $\pi/2$ 的所有 $\boldsymbol{\Omega}$ 方向积分，由于 $\mathrm{d}\boldsymbol{\Omega}=\sin\theta\mathrm{d}\theta\mathrm{d}\varphi$，因此

$$\begin{aligned}J_z^+\mathrm{d}A&=\frac{\mathrm{d}A}{4\pi}\int_{(\boldsymbol{\Omega}\cdot\boldsymbol{e}_z)>0}\cos\theta\left[\phi(\boldsymbol{r})-\frac{1}{\Sigma_s}\frac{\mathrm{d}\phi}{\mathrm{d}l}\right]\mathrm{d}\boldsymbol{\Omega}\\&=\frac{\mathrm{d}A}{4\pi}\int_0^{2\pi}\int_0^{\pi/2}\left[\phi(\boldsymbol{r})-\frac{1}{\Sigma_s}\left(\Omega_x\frac{\partial\phi}{\partial x}+\Omega_y\frac{\partial\phi}{\partial y}+\Omega_z\frac{\partial\phi}{\partial z}\right)\right]\cos\theta\sin\theta\mathrm{d}\theta\mathrm{d}\varphi\end{aligned} \tag{3-17}$$

将式(3－15)代入，由于 $\cos\varphi$ 和 $\sin\varphi$ 从 0 到 2π 的积分为零，所以 x、y 项的积分将等于零。同时消去等式两边的 $\mathrm{d}A$，便得到

$$J_z^+(\boldsymbol{r}) = \frac{\phi(\boldsymbol{r})}{4} - \frac{1}{6\Sigma_s}\frac{\partial\phi(\boldsymbol{r})}{\partial z} \tag{3-18}$$

用同样的方法，可以计算出单位时间内沿 z 轴负方向穿过 $\mathrm{d}A$ 平面上单位面积的中子数 J_z^-。这时，对 $\boldsymbol{\Omega}$ 积分是沿$(\boldsymbol{\Omega}\cdot\boldsymbol{e}_z)<0$ 的上半空间进行的，也就是对 θ 的积分是从 $\pi/2$ 到 π，经过计算可以得到

$$J_z^-(\boldsymbol{r}) = \frac{\phi(\boldsymbol{r})}{4} + \frac{1}{6\Sigma_s}\frac{\partial\phi(\boldsymbol{r})}{\partial z} \tag{3-19}$$

这样，单位时间内沿着 z 方向穿过 $\mathrm{d}A$ 平面上单位面积的**净中子**数，以 J_z 表示为

$$J_z(\boldsymbol{r}) = J_z^+(\boldsymbol{r}) - J_z^-(\boldsymbol{r}) = -\frac{\lambda_s}{3}\frac{\partial\phi(\boldsymbol{r})}{\partial z} \tag{3-20}$$

把 $J_z(\boldsymbol{r})$叫作 z 方向的中子流密度或净中子流密度，它表示 $\boldsymbol{r}$ 处沿正 z 方向的中子净流动速度。若 $J_z(\boldsymbol{r})$为正值，则表示中子的净流动是从下方一侧向上方流动的；若为负值，则相反。

若 $\mathrm{d}A$ 的取向与 x 轴垂直，则用同样方法可以求出沿 x 方向穿过 $\mathrm{d}A$ 平面单位面积的净中子流密度为

$$J_x(\boldsymbol{r}) = -\frac{\lambda_s}{3}\frac{\partial\phi(\boldsymbol{r})}{\partial x} \tag{3-21}$$

而对于与 y 轴垂直的单位面积上，沿 y 方向的净中子流密度为

$$J_y(\boldsymbol{r}) = -\frac{\lambda_s}{3}\frac{\partial\phi(\boldsymbol{r})}{\partial y} \tag{3-22}$$

如果所讨论的面积元并不垂直于任一坐标轴的方向，它的法线 $\boldsymbol{n}$ 与 x、y 和 z 轴分别成 α、β 和 γ 角度，那么单位时间穿过该面积元单位面积的净中子数 J 便等于 3 个分量之和，即

$$J = -\frac{\lambda_s}{3}\left[\frac{\partial\phi}{\partial x}\cos\alpha + \frac{\partial\phi}{\partial y}\cos\beta + \frac{\partial\phi}{\partial z}\cos\gamma\right] \tag{3-23}$$

如果 $\alpha=\beta=90°$，那么它就和式(3－20)相当了。对 x、y 方向也有类似结果。

可以把式(3－23)写成所讨论面积元的单位法线矢量 $\boldsymbol{n}$ 与矢量 $\boldsymbol{J}$ 的乘积，即

$$J_n = \boldsymbol{J}\cdot\boldsymbol{n} \tag{3-24}$$

式中

$$\boldsymbol{n} = \cos\alpha\boldsymbol{i} + \cos\beta\boldsymbol{j} + \cos\gamma\boldsymbol{k} \tag{3-25}$$

$$\boldsymbol{J} = J_x\boldsymbol{i} + J_y\boldsymbol{j} + J_z\boldsymbol{k} = -\frac{\lambda_s}{3}\mathrm{grad}\phi \tag{3-26}$$

矢量 $\boldsymbol{J}$ 称为中子流密度，J_x、J_y 和 J_z 便是它在 x、y、z 轴上的投影，它表示空间任一点上中子宏观净流动的方向和速率。

式(3－24)表明穿过空间某点单位面积的净中子流等于该点的中子流密度 $\boldsymbol{J}$ 与面积元的法线向量的乘积(见图 3－3)，也就是说，它与面积元的取向有关。若 $J_n>0$，说明净中子流的方向与法线 $\boldsymbol{n}$ 方向一致；反之，若 $J_n<0$，则说明净中子流的方向与 $\boldsymbol{n}$ 的方向相反。当法线 $\boldsymbol{n}$ 与 $\boldsymbol{J}$ 的方向一致时，它将具有最大值。

式(3－26)称为菲克定律，它表示：中子流密度 $\boldsymbol{J}$ 正比于负的中子通量密度梯度，其比例常数叫作**扩散系数**，并用 D 表示。于是，菲克定律便可以写成

$$\boldsymbol{J} = -D\mathrm{grad}\phi \tag{3-27}$$

由于 $\phi=nv$，令 $D_0=D/v$，则上式便可写成

$$\boldsymbol{J} = -D_0\mathrm{grad}n \tag{3-28}$$

式中：D 或 D_0 称为中子通量密度或中子密度的扩散系数，式(3-27)中

$$D = \frac{\lambda_s}{3} \tag{3-29}$$

应该指出，在上面的推导过程中，曾经假设在实验室坐标系中中子散射是各向同性的，实际上，这一假设只有对于重核才近似成立，在一般情况下，这种假设是不正确的。由中子输运理论可以证明，为了对散射的各向异性作适当的修正，在式(3-29)中，必须用输运平均自由程 λ_{tr} 来代替式中的散射平均自由程 λ_s。菲克定律中的扩散系数 D 为

$$D = \frac{\lambda_{tr}}{3} \tag{3-30}$$

λ_{tr} 为输运平均自由程，它等于

$$\lambda_{tr} = \frac{\lambda_s}{1-\bar{\mu}_0} \tag{3-31}$$

式中：$\bar{\mu}_0$ 是实验室系统内的平均散射角余弦，$\bar{\mu}_0=\dfrac{2}{3A}$(参阅2.1.4节)。对于重核，$\bar{\mu}_0 \ll 1$，则 λ_{tr} 便近似地等于 λ_s。

式(3-27)表明：任一处净中子流动的方向与中子通量密度分布的梯度的方向相反。因为 $\mathrm{grad}\phi$ 的方向指向 ϕ 的增加方向，所以 J 的方向指向 ϕ 减小最快的方向。

下面再简单地讨论一下菲克定律式(3-27)的物理解释。为了简化问题，假设中子通量密度 $\phi(\boldsymbol{r})$ 只是一个空间变量的函数(见图3-5)，我们考虑中子穿过 $x=0$ 平面的运动。由于 $x=0$ 平面左边的中子通量密度高于平面右边的中子通量密度，因而，$x=0$ 平面左边每秒、每单位体积内发生散射碰撞的中子数比右边发生散射碰撞的中子数多，所以从左边散射碰撞穿过 $x=0$ 平面到达右边的中子数要比从右边散射碰撞到左边的多。这样，在 $x=0$ 平面上就产生了一个沿 x 方向的净中子流。显然，平面两侧的中子通量密度的梯度愈大，中子流也就愈大，这与式(3-27)菲克定律所表示的意义完全一致。当中子通量密度的梯度为负值时，中子流为正值。

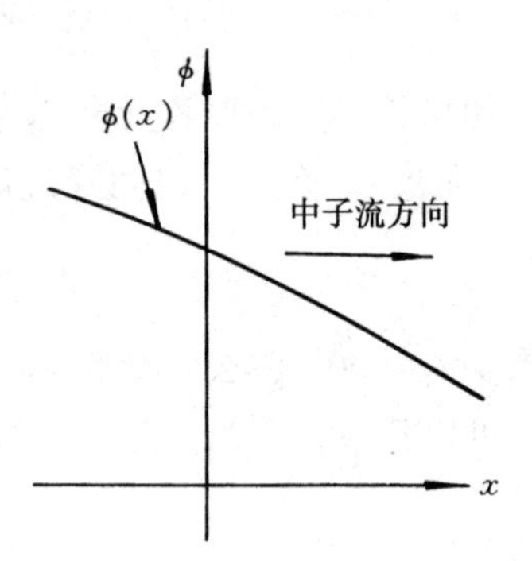

图3-5　非均匀中子通量密度分布形成的中子流

3.1.3　单能中子扩散方程的建立

在求出中子流密度 $\boldsymbol{J}(\boldsymbol{r},E)$ 和中子通量 ϕ 的关系后，就可以从中子连续方程直接导出只含有中子通量 ϕ 的中子扩散方程。如前所述，菲克定律可以表达为

$$\boldsymbol{J} = -\boldsymbol{D}\mathrm{grad}\phi$$

另一方面根据连续方程(3-11)

$$\frac{\partial n(\boldsymbol{r},t)}{\partial t} = S(\boldsymbol{r},t) - \Sigma_a\phi(\boldsymbol{r},t) - \mathrm{div}\boldsymbol{J}(\boldsymbol{r},t)$$

它实际上表征单位体积(或微元)内的中子数的平衡关系。其中方程的右端第三项表示**泄漏**

项。根据菲克定律它可以写成

$$\mathrm{div}\boldsymbol{J}(\boldsymbol{r},t)=-\mathrm{div}D\mathrm{grad}\phi=D\nabla^2\phi$$

式中：∇^2是拉普拉斯算符，同时由于假定所有中子都具有相同的能量，所以中子通量密度

$$\phi=nv \tag{3-32}$$

方程变为

$$D\nabla^2\phi-\Sigma_a\phi+S=\frac{1}{v}\frac{\partial\phi}{\partial t} \tag{3-33}$$

这个方程称为**中子扩散方程**，它是借助中子扩散的**菲克定律**从中子数守恒的连续方程推导而得的，是反应堆理论中的一个基本方程，在反应堆理论中广泛应用并占有很重要的位置。本书以后各章都是以它为基本出发点的。

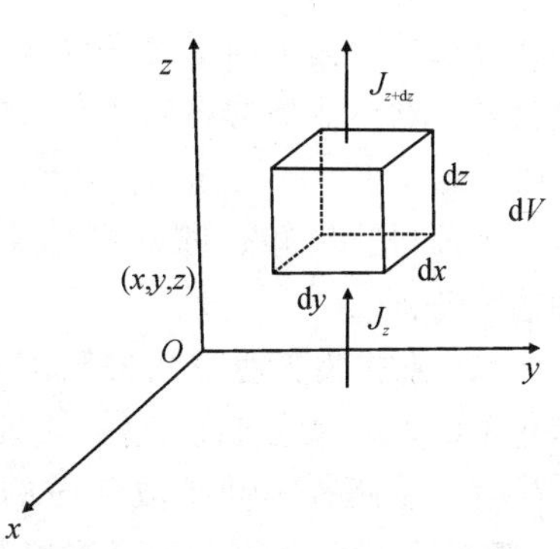

图 3-6 计算中子泄漏示意图

式(3-33)中第一项表示中子的泄漏项（泄漏损失），表示（图 3-6）在某点(x,y,z)处有一小体积元 $\mathrm{d}\boldsymbol{V}=\mathrm{d}x\mathrm{d}y\mathrm{d}z$，每秒从 $\mathrm{d}\boldsymbol{V}$ 内泄漏出（或流入）的中子数。中子的泄漏是通过x、y、z三个方向的六个面泄漏（或流入）出去的。先看z方向，上下两个表面积为$\mathrm{d}x\mathrm{d}y$。根据**菲克定律**，单位时间由下表面进入 $\mathrm{d}\boldsymbol{V}$ 的中子数是 $J_z\mathrm{d}x\mathrm{d}y$。此处 J_z 是z方向的中子流密度。同样，由上表面流出 $\mathrm{d}\boldsymbol{V}$ 的中子数是 $J_{z+\mathrm{d}z}\mathrm{d}x\mathrm{d}y$。于是，通过平行于 Oxy 平面的上下两个平面，单位时间从 $\mathrm{d}\boldsymbol{V}$ 中泄漏出去的中子数为

$$\begin{aligned}(J_{z+\mathrm{d}z}-J_z)\mathrm{d}x\mathrm{d}y&=\frac{\partial J_z}{\partial z}\mathrm{d}z\mathrm{d}x\mathrm{d}y=\frac{\partial J_z}{\partial z}\mathrm{d}\boldsymbol{V}\\&=\left(-D\left.\frac{\partial\phi}{\partial z}\right|_{z+\mathrm{d}z}+D\left.\frac{\partial\phi}{\partial z}\right|_{z}\right)\mathrm{d}x\mathrm{d}y\\&=-\frac{\partial}{\partial z}\left(D\frac{\partial\phi}{\partial z}\right)\mathrm{d}\boldsymbol{V}\end{aligned}$$

用同样方法可以求出，通过平行于 Oyz 平面和平行于 Oxz 平面方向上的两个表面，从中泄漏出去的中子数分别是

$$-\frac{\partial}{\partial x}\left(D\frac{\partial\phi}{\partial x}\right)\mathrm{d}\boldsymbol{V}\quad 和\quad -\frac{\partial}{\partial y}\left(D\frac{\partial\phi}{\partial y}\right)\mathrm{d}\boldsymbol{V}$$

因此，中子从 $\mathrm{d}\boldsymbol{V}$ 内泄漏的总数等于以上 3 项之和。这样，单位时间、单位体积泄漏出去的中子数为

$$\begin{aligned}L&=-\left[\frac{\partial}{\partial x}\left(D\frac{\partial\phi}{\partial x}\right)+\frac{\partial}{\partial y}\left(D\frac{\partial\phi}{\partial y}\right)+\frac{\partial}{\partial z}\left(D\frac{\partial\phi}{\partial z}\right)\right]\\&=-\mathrm{div}D\mathrm{grad}\phi\end{aligned} \tag{3-34}$$

若扩散系数 D 与空间位置无关，那么便得到

$$L=-D\left[\frac{\partial^2\phi}{\partial x^2}+\frac{\partial^2\phi}{\partial y^2}+\frac{\partial^2\phi}{\partial z^2}\right]=-D\nabla^2\phi \tag{3-35}$$

式中：∇^2是拉普拉斯算符。在反应堆计算常用的几种坐标系中，∇^2的表达式如下：

直角坐标系 $\nabla^2=\dfrac{\partial^2}{\partial x^2}+\dfrac{\partial^2}{\partial y^2}+\dfrac{\partial^2}{\partial z^2}$ (3-36)

柱坐标系　$\nabla^2=\frac{\partial^2}{\partial r^2}+\frac{1}{r}\frac{\partial}{\partial r}+\frac{1}{r^2}\frac{\partial^2}{\partial \theta^2}+\frac{\partial^2}{\partial z^2}$　(3-37)

球坐标系　$\nabla^2=\frac{\partial^2}{\partial r^2}+\frac{2}{r}\frac{\partial}{\partial r}+\frac{1}{r^2}\frac{\partial^2}{\partial \theta^2}+\frac{1}{r^2}\cot\theta\frac{\partial}{\partial \theta}+\frac{1}{r^2\sin^2\theta}\frac{\partial^2}{\partial \varphi^2}$　(3-38)

3.1.4　扩散方程的边界条件

扩散方程式(3-33)是一个微分方程，它适用于普遍情况，在它的普遍解中将包含有任意的积分常数。为了确定这些积分常数的数值，就要根据具体问题在普遍解上加一些限制条件，也就是问题本身的物理或几何特性所规定的边界条件。边界条件的数目应恰好足以确定方程有唯一解。

下面讨论求解扩散方程时经常用到的几种边界条件。

(1) 在扩散方程适用的范围内，中子通量密度的数值必须是正的、有限的实数。

(2) 在两种不同扩散性质的介质交界面上，垂直于分界面的中子流密度相等，中子通量密度相等。

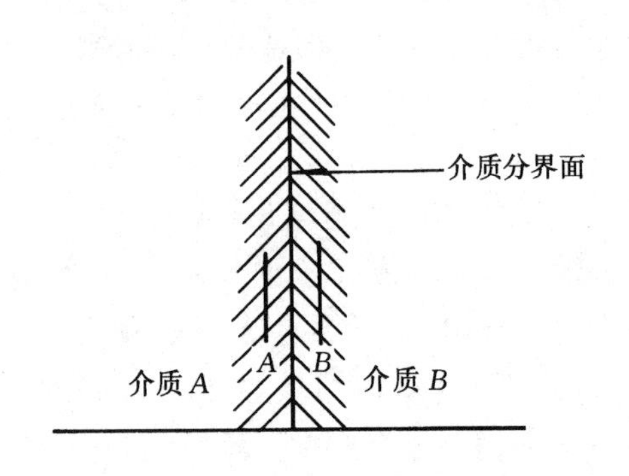

图 3-7　在两种介质的分界面上的中子扩散

设有两种不同介质的分界面(见图 3-7)，在分界面上所有沿正 x(或负 x)方向穿过 A 介质的中子数必定等于同一方向穿过 B 介质的中子数(因为在分界面上不能有中子的积累或消耗)，即

$$J_x^+\big|_A=J_x^+\big|_B \tag{3-39}$$

和

$$J_x^-\big|_A=J_x^-\big|_B \tag{3-40}$$

将 J_x^+ 及 J_x^- 的表示式代入式(3-39)及式(3-40)，然后两式相减便可得到

$$D_A\frac{\mathrm{d}\phi}{\mathrm{d}x}\bigg|_A=D_B\frac{\mathrm{d}\phi}{\mathrm{d}x}\bigg|_B \tag{3-41}$$

若两式相加则有

$$\phi_A=\phi_B \tag{3-42}$$

式(3-41)及式(3-42)便是扩散方程在分界面上的边界条件。

(3) 介质与真空交界的外表面上，根据物理上的要求，自真空返回介质的中子流等于零(见图 3-8)，即

$$J_x^-\big|_{x=0}=0 \tag{3-43}$$

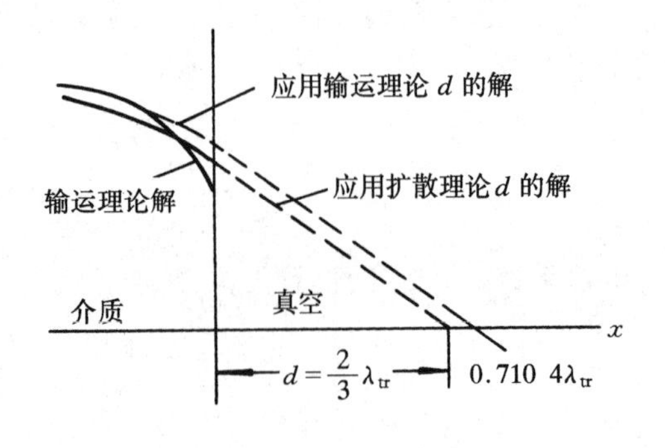

图 3-8　应用输运理论和扩散理论的外推距离求得的扩散方程的解

反应堆的外表面就属于这种情况。空气虽然不是真空，但是，由于单位体积内的分子数比非气体介质要小得多，所以，中子在空气中的平均自由程比在非气体介质中的平均自由程

要大得多，因而可以把空气近似地当作真空来处理。由于中子不可能自真空中散射回到介质中来，所以在 $x=0$ 处沿负 x 方向上的中子流等于零。利用式(3－18)，有

$$J_x^-\big|_{x=0}=\frac{\phi_0}{4}+\frac{\lambda_{tr}}{6}\frac{\mathrm{d}\phi}{\mathrm{d}x}\bigg|_{x=0}=0 \tag{3-44}$$

或者写成

$$\frac{\mathrm{d}\phi}{\mathrm{d}x}\bigg|_{x=0}=-\frac{3\phi_0}{2\lambda_{tr}} \tag{3-45}$$

这个条件可以写成更方便的形式。如果我们假想从交界面处将中子通量密度的分布曲线按它在交界面处的斜率向真空作直线外推(见图 3－8 中的虚线)，则在离开交界面某个距离 d 处的位置上中子通量密度将等于零，于是有

$$\frac{\mathrm{d}\phi}{\mathrm{d}x}\bigg|_{x=0}=-\frac{\phi_0}{d} \tag{3-46}$$

而根据式(3－45)有

$$d=\frac{2}{3}\lambda_{tr} \tag{3-47}$$

这里，d 称为**直线外推距离**。

应当指出，上述的直线外推距离 d 是从扩散理论求出的，但是扩散理论在真空交界处附近不适用，因而由此求出的 d 也是不精确的。按照更精确的中子输运理论，对于平面边界的情况，可以求得 $d=0.710\,4\lambda_{tr}$，以后在计算中，我们将采用这一数值。严格地讲，外推距离 d 与表面曲率半径有关，但对于曲率较小的表面，近似地应用 $0.710\,4\lambda_{tr}$ 这一数值不会产生很大的误差。这样，自由外表面(真空边界)的边界条件可以用更简单的形式表示：

在自由表面外推距离 d 处，中子通量密度等于零。

最后必须强调指出，这个边界条件仅仅是为了简化扩散方程的求解而采取的一种数学处理方法，并不是说在自由表面外，中子通量密度的变化是真的按照直线外推的那样，在外推边界上等于零。实际上，在自由表面以外中子通量密度的分布是没有意义的。这种外推边界仅仅是一种假想的边界概念，只是表示利用上述外推距离作为扩散方程的边界条件可以在许多情况下得出比较满意的近似结果，如图 3－7 所示。从图中可以看到，应用输运理论的外推距离求得扩散方程的解，除靠近边界附近有偏差外，其它部分与输运理论的严格解吻合良好。

3.1.5　菲克定律和扩散理论的适用范围

在推导菲克定律的过程中，我们曾经作了一些假设，因而它和以它为基础的扩散理论只能在一定范围内适用。

首先，我们假定了扩散介质是无限的，这样，式(3－12)的积分延伸到无穷远处。但是，在式(3－12)积分中因子 $\mathrm{e}^{-\Sigma_s|l|}$ 是随距离 $|l|$ 按指数函数规律迅速减小的，例如，在距离为三个平均自由程($\Sigma_s l\approx 3$)时，$\mathrm{e}^{-\Sigma_s|l|}$ 的数值便已小于 0.05 了，因此，对式(3－12)积分的贡献主要是来自距所讨论点 P 几个平均自由程以内的中子。所以，在有限介质内，在其距离表面几个自由程以外的内部区域菲克定律便是成立的，而在距真空边界两三个自由程内的区域，它是不适用的。

其次，我们在推导中把中子通量密度展成泰勒级数并只取到一阶项(实际上，保留二阶项，其结果也是一样的，因为二阶项在积分中或是等于零，或者在 J^+ 和 J^- 中以相等形式出现，因

而在求净中子流密度 J 时便互相抵消了),因此,要求各点的中子通量密度能够用泰勒级数展开前三项表示便足够准确。这就要求在所讨论点的几个平均自由程内,中子通量密度必须是缓慢地变化或者它的梯度变化不大。实际上,在强吸收体(如控制棒)附近,或者在两种扩散性质显著不同的交界面附近的几个自由程内,中子通量密度分布将发生急剧的变化,因此,菲克定律在上述区域内不能适用,此外,正如假设条件所述,它只适用于 $\Sigma_a \ll \Sigma_s$ 的弱吸收介质。

最后,在式(3-12)中假定,对中子流密度的贡献仅仅来自中子与介质核的散射碰撞,并没有考虑中子源的贡献。在强的中子源附近,中子通量密度的变化率往往是很大的,这就破坏了假设的条件。但是,由于在中子流密度的积分中含有 $e^{-\Sigma_s|l|}$ 衰变因子,因此在离开中子源几个平均自由程以外的区域,源中子的贡献和影响便可忽略了。由此得出:在距强的中子源两三个平均自由程的区域内,菲克定律不适用。

菲克定律是扩散理论的基础,因而在反应堆物理分析中应用这一近似时,应牢记上述这些限制条件。在上述菲克定律不能适用的地方,必须应用其它更精确的方法(例如输运理论),或者对扩散理论所得结果作一些必要的修正。

3.2 非增殖介质内中子扩散方程的解

稳态情况下的扩散方程为

$$D\nabla^2\phi(\boldsymbol{r}) - \Sigma_a\phi(\boldsymbol{r}) + S(\boldsymbol{r}) = 0 \tag{3-48}$$

如果 $S(\boldsymbol{r})=0$,即对于除中子源所在位置以外的无源区域,扩散方程具有如下的齐次形式:

$$\nabla^2\phi(\boldsymbol{r}) - \kappa^2\phi(\boldsymbol{r}) = 0 \tag{3-49}$$

或者写成

$$\nabla^2\phi(\boldsymbol{r}) - \frac{\phi(\boldsymbol{r})}{L^2} = 0 \tag{3-50}$$

其中

$$L^2 = \frac{1}{\kappa^2} = \frac{D}{\Sigma_a} \tag{3-51}$$

L^2 具有长度平方的量纲,通常我们称 L 为中子扩散长度,它是表征中子在介质中扩散特性的一个重要的量。

方程(3-49)或(3-50)在数理方程中通常称为波动方程或亥姆霍兹方程,可以用数理方程中一些标准方法求得它的普遍解,然后再加进适当的边界条件,便可求得所求问题的解,在表3-1中列出了在一些经常遇到的简单几何情况下波动方程的普遍解。下面我们讨论几种特殊情况下扩散方程的解,它将帮助我们掌握扩散方程的求解和边界条件的应用。

1. 无限介质内点源的情况

考虑在无限均匀介质内有一每秒各向同性放射出 S 个中子的点源情况。在这种情况下,采用球坐标系最为方便。如果把坐标原点取在点源位置上,这时中子通量密度仅仅与离开点源的位置 r 有关。在这种球对称的情况下,扩散方程为

$$\frac{d^2\phi(r)}{dr^2} + \frac{2}{r}\frac{d\phi(r)}{dr} - \frac{\phi(r)}{L^2} = 0, \quad (r > 0) \tag{3-52}$$

我们可以看出,因为在原点处有中子源存在,所以这个方程在 $r=0$ 处是不成立的,现在只讨论

表 3-1　在一些几何形状情况下波动方程 $\nabla^2\phi\pm B^2\phi=0$ 的解

几何形状	∇^2	解的形式	
		$+B^2$	$-B^2$
一维平板	$\nabla^2=\frac{d^2}{dx^2}$	$A\sin Bx+C\cos Bx$	$Ae^{-Bx}+Ce^{Bx}$ 或 $A\sinh Bx+C\cosh Bx$
球	$\nabla^2=\frac{d^2}{dr^2}+\frac{2}{r}\frac{d}{dr}$	$A\frac{\sin Br}{r}+C\frac{\cos Br}{r}$	$A\frac{e^{-Br}}{r}+C\frac{e^{Br}}{r}$ 或 $A\frac{\sinh Br}{r}+C\frac{\cosh Br}{r}$
一维圆柱	$\nabla^2=\frac{d^2}{dr^2}+\frac{1}{r}\frac{d}{dr}$	$AJ_0(Br)+CY_0(Br)$	$AI_0(Br)+CK_0(Br)$

注：$J_0(x)$、$Y_0(x)$分别是第一类和第二类零阶贝塞尔函数；$I_0(x)$、$K_0(x)$分别是第一类和第二类零阶修正贝塞尔函数(见附录 8)。

$r>0$ 区域。中子源对解的影响可通过源条件来加以考虑。围绕原点画一个半径为 r 的小球，小球的表面积为 $4\pi r^2$，于是通过小球表面的净中子数就应当等于源强 S。这样，式(3-52)的边界条件可以表示为：

(1) 除 $r=0$ 处以外，中子通量密度在各处均为有限值；

(2) 中子源条件：$\lim\limits_{r\to 0}4\pi r^2J(r)=S$。

为了求解方便，引入一个新的变量 $u=r\phi$，则式(3-52)可以化为

$$\frac{d^2u}{dr^2}-\frac{u}{L^2}=0$$

方程的普遍解(见表 3-1)为

$$u=Ae^{-r/L}+Ce^{r/L}$$

因此

$$\phi(r)=A\frac{e^{-r/L}}{r}+C\frac{e^{r/L}}{r}$$

式中：A、C 为两个待定常数，可以由边界条件确定。根据边界条件(1)，C 必须为零，否则当 r 趋于无限大时，$\phi(r)$便为无限大。常数 A 由中子源条件求出。由于

$$J(r)=-D\frac{d\phi(r)}{dr}=DA\left(\frac{1}{rL}+\frac{1}{r^2}\right)e^{-r/L}$$

因而根据中子源条件有

$$\lim_{r\to 0}4\pi r^2J(r)=\lim_{r\to 0}4\pi DA\left(\frac{r}{L}+1\right)e^{-r/L}=S$$

由此求出

$$A=\frac{S}{4\pi D}$$

最后解出中子通量密度为

$$\phi(r)=\frac{Se^{-r/L}}{4\pi Dr},\quad r>0 \tag{3-53}$$

从上式可以看出，中子通量密度 $\phi(r)$与源强 S 成正比。

2. 无限平面源位于有限厚度介质内的情况

设在厚度为 a(包括外推距离)的无限均匀平板的中心面上有一源强为 S 的平面源(见图

3-9)，这时扩散方程为

$$\frac{d^2\phi(x)}{dx^2}-\frac{\phi(x)}{L^2}=0,\quad x\neq 0 \tag{3-54}$$

边界条件如下：

(1) 当 $x=\pm(a/2)$ 时，$\phi(\pm a/2)=0$；

(2) 中子源条件：$\lim\limits_{x\to 0}J(x)=S/2$。

当 x 值为正时，式(3-54)的普遍解为

$$\phi(x)=Ae^{-x/L}+Ce^{x/L}$$

由边界条件(1)得

$$C=-Ae^{-a/L}$$

于是

$$\phi(x)=A[e^{-x/L}-e^{-(a-x)/L}]$$

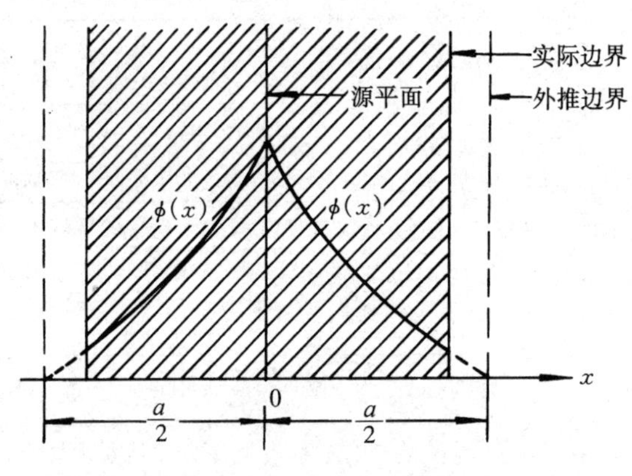

图 3-9　平面源位于有限厚介质的情况

根据中子源条件可以求出 A

$$A=\frac{SL}{2D}(1+e^{-a/L})^{-1}$$

最后解出中子通量密度为

$$\phi(x)=\frac{SL}{2D}\frac{e^{-x/L}-e^{-(a-x)/L}}{1+e^{-a/L}}$$

考虑到系统对称性，用 $|x|$ 代替上式中的 x，就可以得出对于所有 x 值均适用的中子通量密度表达式为

$$\phi(x)=\frac{SL}{2D}\frac{e^{-|x|/L}-e^{-(a-|x|)/L}}{1+e^{-a/L}} \tag{3-55}$$

如用 $e^{a/2L}$ 乘上式的分子和分母，并应用双曲函数的性质

$$\sinh u=\frac{1}{2}(e^{u}-e^{-u}) \text{ 和 } \cosh u=\frac{1}{2}(e^{u}+e^{-u})$$

可以看到式(3-55)也可以用双曲函数表示为下面的形式

$$\phi(x)=\frac{SL}{2D}\frac{\sinh[(a-2|x|)/2L]}{\cosh(a/2L)}$$

通过实际边界 $x=a/2-d$（d 为外推距离）处向外泄漏的中子流密度为

$$J=-D\left.\frac{d\phi}{dx}\right|_{a/2-d}=\frac{S\cosh(d/L)}{2\cosh(a/(2L))}$$

对于无限介质平面源情况，这时 $a\to\infty$，于是有

$$\phi(x)=\frac{SL}{2D}e^{-|x|/L} \tag{3-56}$$

由上式可以看到，可以把扩散长度 L 看作是中子通量密度的衰减长度，即在一维平板无限介质的情况下，中子通量密度自源平面开始每隔 L 长的距离就降低为原有的 $\frac{1}{e}$。

图 3-10 表示几种不同厚度平板介质内的中子通量密度分布，从这里可以得到扩散介质的厚度对中子通量密度分布所产生影响的一些概念。可以看到当 $a/L=3$ 时，即当介质厚度等于中子扩散长度 3 倍时，除在边界面附近外，中子通量密度的分布与无限介质内的分布相差不多。因此，当平板介质的厚度等于或大于三个扩散长度时，对于距自由表面大约一个扩散长度

以外的区域，其中子通量密度分布可以认为与无限厚介质情况一样。这些结果从物理上可以解释如下：在无限介质内没有中子泄漏损失，但对有限厚平板，中子将会从边界面泄漏出去。而且，对于厚度较薄的平板，由于中子的泄漏比较大，在接近边界处中子通量密度的下降就很快。然而，如果厚度等于扩散长度的三倍或更大时，大部分中子在到达边界面以前就被散射回来，泄漏将大大减小。这个物理结果是很有实用价值的。通常在反应堆芯部外面围以反射层以减少中子的泄漏损失。根据前面讨论，对于单能情况，当反射层厚度大于三个扩散长度时，其效果就大致和无限厚相当了。因此，没有必要采用过厚的反射层。

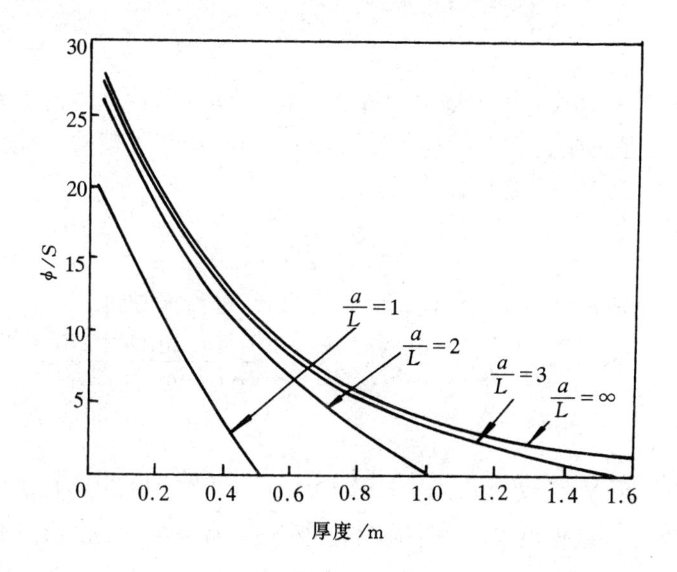

图 3-10　不同厚度介质内的中子通量密度分布

3. 包含两种不同介质的情况

在包含两种不同介质的系统中，在不同介质的交界面上，扩散方程必须满足交界面的边界条件。如，有一厚度为 a，长、宽为无限的平板介质，其中心面处有一个平面中子源，源强为 $S(\mathrm{cm^{-2}\cdot s^{-1}})$，在平板两侧是无限厚的另一种介质(见图 3-11)。下面公式中下标 1 和 2 分别表示介质“1”和介质“2”，它们的扩散方程可以分别表示如下：

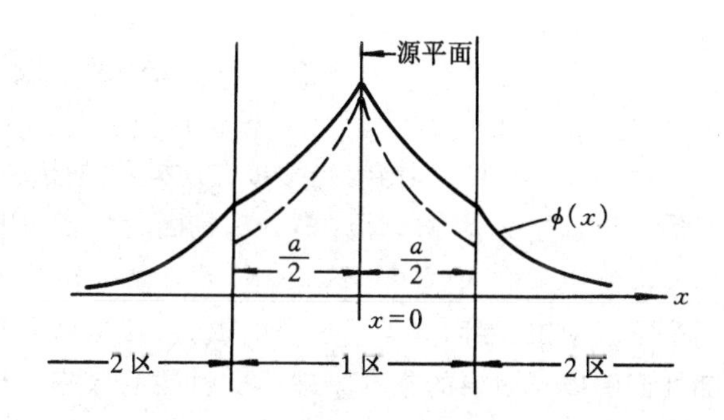

图 3-11　双区介质内中子通量密度分布

$$\frac{\mathrm{d}^2\phi_1(x)}{\mathrm{d}x^2}-\frac{1}{L_1^2}\phi_1(x)=0,\quad |x|<\frac{a}{2},x\neq 0 \tag{3-57}$$

$$\frac{\mathrm{d}^2\phi_2(x)}{\mathrm{d}x^2}-\frac{1}{L_2^2}\phi_2(x)=0,\quad |x|>\frac{a}{2} \tag{3-58}$$

边界条件：

(1) 当 $|x|\to\infty$ 时，$\phi_2(x)$ 趋近于零；

(2) 中子源条件：$\lim\limits_{x\to 0} J(x)=S/2$。

交界面上的边界条件：

(3) $\phi_1(\pm a/2)=\phi_2(\pm a/2)$；

(4) $D_1 \left.\dfrac{\mathrm{d}\phi_1}{\mathrm{d}x}\right|_{x=\pm a/2} = D_2 \left.\dfrac{\mathrm{d}\phi_2}{\mathrm{d}x}\right|_{x=\pm a/2}$。

当 x 值为正时，方程(3-57)和(3-58)的普遍解(见表 3-1)是

$$\phi_1 = A_1\cosh(x/L_1) + C_1\sinh(x/L_1) \tag{3-59}$$

和

$$\phi_2 = A_2 \mathrm{e}^{-x/L_2} + C_2 \mathrm{e}^{x/L_2} \tag{3-60}$$

在方程(3-59)及(3-60)中，有 4 个待定常数 A_1、A_2、C_1 和 C_2，它们将由边界条件确定。

现在研究 x 为正值的情况，当 $x\to\infty$ 时，式(3-60)中的第二项趋于无限大，由边界条件(1)知，C_2 必须为零。利用边界条件(2)可得出

$$C_1 = -\frac{SL_1}{2D_1}$$

常数 A_1 和 A_2 可以分别利用边界条件(3)和(4)求出，经过计算得到

$$A_1 = \frac{SL_1}{2D_1}\,\frac{D_1L_2\cosh(a/2L_1) + D_2L_1\sinh(a/2L_1)}{D_2L_1\cosh(a/2L_1) + D_1L_2\sinh(a/2L_1)}$$

和

$$A_2 = \frac{SL_1L_2}{2}\exp\left(\frac{a}{2L_2}\right)\left[D_2L_1\cosh\left(\frac{a}{2L_1}\right) + D_1L_2\sinh\left(\frac{a}{2L_1}\right)\right]^{-1}$$

确定出所有的常数以后，就可以求出中子通量密度分布，如图 3-11 所示。图中虚线表示没有介质 2 时，即 $x=\pm a/2$ 处为自由表面时的中子通量密度分布，可以看到这时中子通量密度的下降要快得多。

*3.3 反照率

由图 3-11 可以看到，当平板介质外再围上一层扩散介质后，中子通量密度分布的下降速度将比与真空交界时减缓许多。这是因为一部分自第 1 区平板逸出的中子进入到第 2 区后，由于与原子核的散射而返回到第 1 区中来，因而减少了中子的损失，这也就是核反应堆芯部外面围以反射层的基本原理。反射层的效率可以通过**反射系数**或**反照率**来表示。

如图 3-12 所示，介质 B 的反照率或反射系数 β 定义为

$$\beta = \frac{J^-}{J^+} \tag{3-61}$$

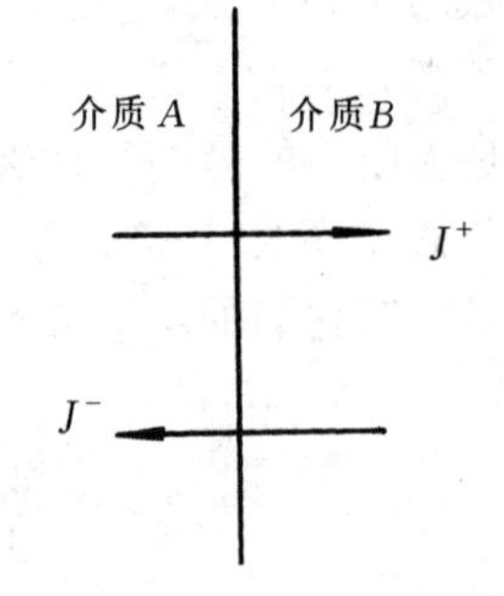

图 3-12　反照率的计算

式中：J^- 表示在分界面上由介质 B 出射的中子流密度；而 J^+ 是入射到介质 B 的中子流密度。因此，反照率是进入介质 B 的中子，反射(散射)回到介质 A 内的中子份额。根据扩散理论的菲克定律，反照率式(3-61)可以表示为

$$\beta = \frac{J^-}{J^+} = \frac{\frac{\phi}{4} + \frac{D}{2}\frac{\mathrm{d}\phi}{\mathrm{d}x}}{\frac{\phi}{4} - \frac{D}{2}\frac{\mathrm{d}\phi}{\mathrm{d}x}} = \frac{1 + \frac{2D}{\phi}\frac{\mathrm{d}\phi}{\mathrm{d}x}}{1 - \frac{2D}{\phi}\frac{\mathrm{d}\phi}{\mathrm{d}x}} \tag{3-62}$$

式中：ϕ 和$\frac{\mathrm{d}\phi}{\mathrm{d}x}$是分界面上的数值。通常反照率采用介质 B(反射介质)的性质来表示，自然，分界面上的 ϕ 和 $D\frac{\mathrm{d}\phi}{\mathrm{d}x}$便取介质 B 内的数值。可以看到，反照率不仅取决于反射介质的材料特性，还取决于系统的尺寸和几何形状，反照率随几何形状的不同而改变。

对于**无限平板反射层**，这时反射层内中子通量密度分布为

$$\phi = C\mathrm{e}^{-x/L}$$

因而反照率 β_∞ 为

$$\beta_\infty = \frac{1 - \frac{2D}{L}}{1 + \frac{2D}{L}} \tag{3-63}$$

对于有限厚度的反射层，经过对反射层内扩散方程的求解(见习题 18)，可以求出当反射层的厚度等于 a(含外推距离)时其反照率为

$$\beta = \frac{1 - \frac{2D}{L}\coth\left(\frac{a}{L}\right)}{1 + \frac{2D}{L}\coth\left(\frac{a}{L}\right)} \tag{3-64}$$

当 $a\to\infty$时，$\coth(a/L)\to 1$，因而 $\beta\to\beta_\infty$，这是预料中的事。但是，实际上当$(a/L)>3$ 时，它的反照率已与无限厚的反射层差不多了。

反照率的一个重要用处是用来作为与反射层介质相邻的分界面上的边界条件，以代替反射层介质。例如，压水堆芯部外面常围以一层水反射层，而我们计算时感兴趣的往往只是芯部的中子通量密度分布，因而，如果能够精确地知道水反射层的反照率 β，那么在作芯部计算时可以在芯部与反射层的分界面上应用下列边界条件以代替反射层：

$$J^- = \beta J^+ \tag{3-65}$$

这样，就可以不必对反射层部分进行计算，从而节省了计算工作量和时间。

3.4　扩散长度、慢化长度和徙动长度

1. 扩散长度

从上面的讨论中可以知道，在扩散理论中有两个重要的物理参数：扩散系数 D 和扩散长度 L。它们是确定中子在介质内扩散过程的重要参数。根据式(3-51)的定义，扩散长度为

$$L^2 = \frac{D}{\Sigma_\mathrm{a}} = \frac{\lambda_\mathrm{a}\lambda_\mathrm{tr}}{3} \tag{3-66}$$

或

$$L^2 = \frac{\lambda_\mathrm{a}\lambda_\mathrm{s}}{3(1-\bar{\mu}_0)} = \frac{1}{3\Sigma_\mathrm{a}\Sigma_\mathrm{s}(1-\bar{\mu}_0)} \tag{3-67}$$

这便是扩散长度的计算公式。对于混合物，则式(3-67)中的 Σ_a、Σ_s 和 $\bar{\mu}_0$ 等都是指混合物的

平均值。对于热中子,式中的 Σ_a 和 Σ_s 应该是热中子能谱的平均值。

表 3-2 给出反应堆常用的一些材料的热中子扩散参数值。

表 3-2 几种常用慢化剂在 293 K 时的热中子扩散参数[①]

慢化剂	密度/(10^3 kg · m^{-3})	扩散系数 $\overline{D}/10^{-2}$ m	吸收截面 $\overline{\Sigma}_a/m^{-1}$	L_0/m
H_2O	1.00	0.16	1.97	0.028 5
D_2O[②]	1.10	0.87	2.9×10^{-3}	1.70
Be	1.85	0.50	0.104	0.21
BeO	2.96	0.47	6.0×10^{-2}	0.28
石墨	1.60	0.84	2.4×10^{-2}	0.59

注:①取自 Reactor Physics constants. U. S. AEC Report ANL-5800,2nd,1963.

②D_2O 的扩散性质对 H_2O 含量是灵敏的。

扩散长度是核反应堆物理中一个重要的参数。为了进一步地阐明扩散长度的物理意义,我们讨论热中子从产生地点到被吸收地点穿行距离的均方值$\overline{r^2}$。考虑无限介质内有一热中子点源情况,设 $\phi(r)$ 为距离点源 r 处的中子通量密度,于是 r 处中子的吸收率是 $\Sigma_a\phi(r)$。如图 3-13所示,取一个半径为 r,厚度为 $\mathrm{d}r$ 的薄球壳层,球壳的体积是 $4\pi r^2\mathrm{d}r$。在球壳内每秒被吸收的中子数是 $4\pi r^2\Sigma_a\phi(r)\mathrm{d}r$,所以,其均方值$\overline{r^2}$(空间二次距)可以表示为

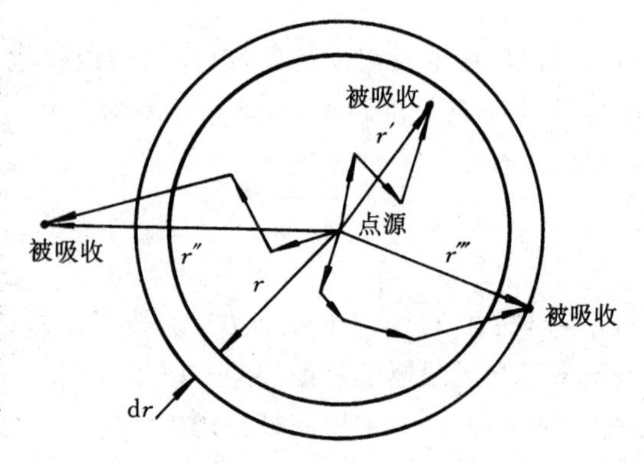

图 3-13 点源空间二次矩的计算

$$\overline{r^2}=\frac{\int_0^\infty r^2(4\pi r^2\Sigma_a\phi(r))\mathrm{d}r}{\int_0^\infty 4\pi r^2\Sigma_a\phi(r)\mathrm{d}r}$$

将点源的中子通量密度分布式(3-53)代入上式,便得到

$$\overline{r^2}=\int_0^\infty r^3\mathrm{e}^{-r/L}\mathrm{d}r\Big/\int_0^\infty r\mathrm{e}^{-r/L}\mathrm{d}r$$
$$=\frac{6L^4}{L^2}=6L^2$$

或

$$L^2=\frac{1}{6}\overline{r^2} \tag{3-68}$$

上式说明:在无限介质内点源的情况下,扩散长度的平方等于热中子从产生地点到被吸收地点穿行直线距离均方值的六分之一。

用类似的方法可以求出在平面源的情况下有

$$L^2=\frac{1}{2}\overline{x^2} \tag{3-69}$$

从上面的讨论可以看到,扩散长度 L 的大小将影响反应堆内热中子的泄漏。L 愈大,则热中

子自产生地点到被吸收地点所移动的直线平均距离也愈大，因而热中子泄漏到反应堆外的概率也就愈大。

2. 慢化长度

扩散长度表征中子从慢化成为热中子处到被吸收为止在介质中运动所穿行的直线距离。然而，反应堆内裂变产生的是快中子。因而我们还希望了解快中子从产生地点（能量为 E_0）在介质中运动被慢化到热能（E_{th}）成为热中子时所穿行的直线距离。因为这与反应堆慢化过程中的泄漏有关，为此，和研究扩散长度时一样，考虑无限介质内有一快中子点源，源能量为 E_0，产生的中子一面在介质中慢化，到 r 点减速成为热中子（$E=E_{th}$）（图 3 - 14）。我们把 E_0 到 E_{th}的中子称为快群中子

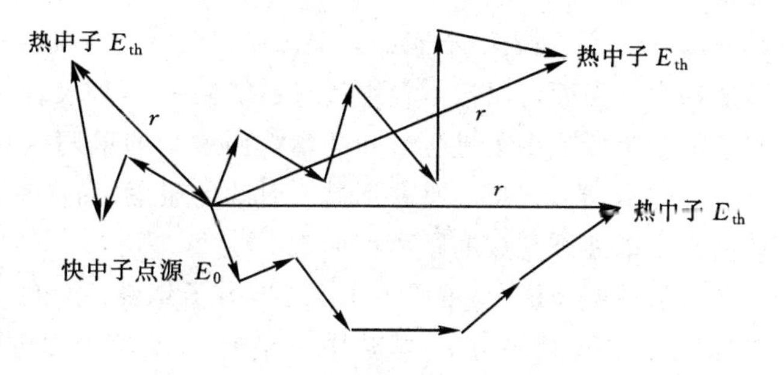

图 3 - 14　慢化长度计算

$$\phi_1(\boldsymbol{r}) = \int_{E_{th}}^{E_0} \phi(\boldsymbol{r}, E)\,\mathrm{d}E \tag{3-70}$$

而把 E_{th}以下的中子称为热群中子，同时定义一个移出（减速）截面 Σ_1 使

$$\Sigma_1\phi(\boldsymbol{r}) = \text{在 } \boldsymbol{r} \text{ 处每秒单位体积内减速到 } E_{th} \text{ 以下的中子数}$$

设 Σ_s 为快群中子的宏观散射截面，$\Sigma_s\phi_1$ 便是每秒单位体积内快群中子发生的碰撞数；而每次碰撞的平均对数能量损失等于 ξ，因此一个源中子由初始能量 E_0 降低到 E_{th}平均所需碰撞次数为 $N_s=\ln(E_0/E_{th})/\xi$，因而由快群转移（减速）到热群的中子转移率，就等于每秒单位体积内散射碰撞总数被 N_s 来除，有

$$\Sigma_1\phi_1 = \frac{\Sigma_s\phi}{\dfrac{1}{\xi}\ln\dfrac{E_0}{E_{th}}}$$

因而

$$\Sigma_1 = \frac{\xi\Sigma_s}{\ln\dfrac{E_0}{E_{th}}}$$

这样便可求出无限介质点源情况下快群中子 ϕ_1 的扩散方程

$$D\nabla^2\phi_1 - \Sigma_1\phi = 0 \tag{3-71}$$

或

$$\nabla^2\phi_1 - \frac{\phi_1}{L_1^2} = 0 \tag{3-72}$$

$$L_1^2 = \frac{D}{\Sigma_1} = \frac{1}{3\xi\Sigma_s\Sigma_{tr}}\ln\frac{E_{th}}{E_0} \tag{3-73}$$

类似于扩散方程式（3 - 50），把 L_1 称为**慢化长度**，它具有长度的量纲。在过去，反应堆物理中也把 L_1^2 称之为热中子年龄，用 τ_{th}表示。$\sqrt{\tau_{th}}$即为**慢化长度**，一般地，D 和 $\xi\Sigma_s$ 与能量有关。通常引进中子年龄 $\tau(E)$定义为

$$\tau(E) = \int_E^{E_0} \frac{D(E)}{\xi\Sigma_s(E)}\frac{\mathrm{d}E}{E} \tag{3-74}$$

$$d\tau = \frac{D(E)}{\xi\Sigma(E)}\frac{dE}{E} \tag{3-75}$$

如果 $E=E_{th}$，则 $\tau(E)=\tau_{th}$。如果 ξ、Σ_s 均与能量无关，则 $\tau_{th}(E_{th})$ 便等于式(3-73)。从式(3-74)可以看到当中子能量等于源能量($E=E_0$)时，中子年龄 $\tau=0$，随着能量 E 的降低，τ 将逐渐增大。因而可以把 τ 看作和对数能降一样是表征中子能量的另一种变量形式，τ 是随着中子能量降低或中子慢化时间的增大而增大的单调函数。从这个意义上讲，它具有“年龄”的意义。但是，必须强调，它并不具有时间的量纲，而具有长度平方的量纲。因为统计地看，能量愈低则中子离开源点的距离也愈大。

容易证明，慢化长度平方 L_1^2 或热中子年龄 τ_{th} 和扩散长度的平方 L^2 具有相似的物理意义，即慢化长度的平方 L_1^2 或热中子年龄 τ_{th} 就等于在无限介质内中子自源点产生发出在介质中慢化到年龄 $\tau_{th}(E_{th})$ 时所穿行的直线距离的均方值的六分之一(见图 3-14)，它具有长度平方的量纲，常见的慢化剂和堆型的热中子年龄列于表 3-3 中。

表 3-3 常见慢化剂和堆型的热中子年龄

慢化剂/堆型	H_2O	D_2O	C	Be	轻水堆	沸水堆	高温气冷堆
$\tau_{th}/10^{-4}\,m^2$	27.5	123	352	90	~40	~50	~300

3. 徙动长度

在下一章中我们将会看到，在反应堆计算中经常要用到下面定义的一个量：

$$M^2 = L^2 + \tau_{th} \tag{3-76}$$

称为徙动面积。式中：L 是热中子扩散长度；τ_{th} 是热中子年龄。通常我们称 $\sqrt{\tau_{th}}$ 或 L_1 为慢化长度，M 为徙动长度。下面我们讨论徙动长度 M 的物理意义。从热中子年龄和扩散长度的意义，由式(3-76)有

$$M^2 = \frac{1}{6}(\overline{r_s^2} + \overline{r_d^2}) \tag{3-77}$$

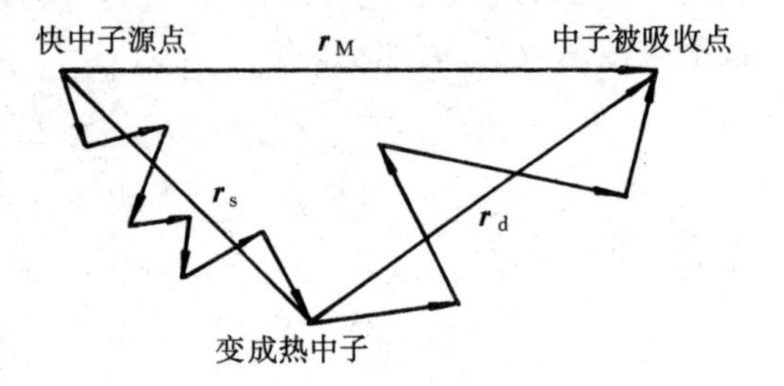

图 3-15 徙动长度的计算

事实上如图 3-15 所示，r_s 为快中子自源点到慢化为热中子时所穿行的直线距离，而 r_d 是中子从成为热中子点起到被吸收为止所扩散穿行的直线距离。若设 r_M 是快中子从源点产生到变为热中子而被吸收时所穿行的直线距离，则

$$\boldsymbol{r}_M = \boldsymbol{r}_s + \boldsymbol{r}_d$$

对上式两边取均方值

$$\overline{r_M^2} = \overline{r_s^2} + \overline{r_d^2} + 2\,\overline{r_d r_s \cos\theta}$$

由于 $\boldsymbol{r}_s$ 和 $\boldsymbol{r}_d$ 的方向彼此不相关，因而两者的夹角余弦 $\cos\theta$ 的平均值等于零，于是有

$$M^2 = \frac{1}{6}(\overline{r_s^2} + \overline{r_d^2}) = \frac{1}{6}\overline{r_M^2} \tag{3-78}$$

这样，徙动面积 M^2 是中子由作为快(裂变)中子产生出来，直到它成为热中子并在介质中扩散被吸收所穿行直线距离均方值的六分之一。由此可以看到，徙动长度 M 是影响芯部中子泄漏

程度的重要参数，M 愈大，则中子不泄漏概率便愈小。

参考文献

[1] 拉马什. 核反应堆理论导论[M]. 洪流，译. 北京：原子能出版社，1977.
[2] 谢仲生. 核反应堆物理分析(上册)[M]. 3 版. 北京：原子能出版社，1994.
[3] 谢仲生，张少泓. 核反应堆物理理论与计算方法[M]. 西安：西安交通大学出版社，2000.
[4] 谢仲生. 核反应堆物理数值计算[M]. 北京：原子能出版社，1997.

习　题

1. 有两束方向相反的平行热中子束射到 ^{235}U 的薄片上，设其上某点自左面入射的中子束强度为 10^{12} $cm^{-2} \cdot s^{-1}$，自右面入射的中子束强度为 2×10^{12} $cm^{-2} \cdot s^{-1}$。计算：
   (1) 该点的中子通量密度；
   (2) 该点的中子流密度；
   (3) 设 $\Sigma_s = 19.2\times10^2$ m^{-1}，求该点的吸收率。
2. 设在 x 处中子密度的分布函数是

$$n(x,E,\boldsymbol{\Omega}) = \frac{n_0}{2\pi}e^{-x/\lambda}e^{aE}(1+\cos\mu)$$

其中：λ、a 为常数，μ 是 $\boldsymbol{\Omega}$ 与 x 轴的夹角。求：
   (1) 中子总密度 $n(x)$；
   (2) 与能量相关的中子通量密度 $\phi(x,E)$；
   (3) 中子流密度 $J(x,E)$。
3. 分别计算在石墨和 D_2O 中，中子自 $E_0 = 2$ MeV 慢化到 $E = 1$ keV 和 $E = 0.625$ eV时的中子年龄。
4. 试证明在中子通量密度为各向同性的一点上，沿任何方向的中子流密度 $J^+ = \dfrac{\phi}{4}$。
5. 证明某表面上出射中子流 J^+、入射中子流 J^- 和表面中子通量密度 $\phi(a)$之间的关系式为

$$\phi(a) = 2(J^+ + J^-)$$

6. 在某球形裸堆($R = 0.5$ m)内中子通量密度分布为

$$\phi(r) = \frac{5\times10^{13}}{r}\sin\left(\frac{\pi r}{R}\right)(cm^{-2} \cdot s^{-1})$$

   其中，r 量纲为 cm。试求：
   (1) $\phi(0)$；
   (2) $J(r)$的表达式，设 $D = 0.8\times10^{-2}$m；
   (3) 每秒从堆表面泄漏的总中子数(假设外推距离很小可略去不计)。
7. 设一立方体反应堆，边长 $a = 9$ m。中子通量密度分布为

$$\phi(x,y,z) = 3\times10^{13}\cos\left(\frac{\pi x}{a}\right)\cos\left(\frac{\pi y}{a}\right)\cos\left(\frac{\pi z}{a}\right)(cm^{-2} \cdot s^{-1})$$

   已知 $D = 0.84\times10^{-2}$m，$L = 0.175$ m。试求：

(1) $J(\boldsymbol{r})$表达式；

(2) 从两端及侧面每秒泄漏的中子数；

(3) 每秒被吸收的中子数(设外推距离很小可略去)。

8. 圆柱体裸堆内中子通量密度分布为

$$\phi(r,z)=10^{12}\cos\left(\frac{\pi z}{H}\right)J_0\left(\frac{2.405r}{R}\right)(\mathrm{cm^{-2}\cdot s^{-1}})$$

其中：H、R为反应堆的高度和半径(假定外推距离可略去不计)。试求：

(1) 径向和轴向的平均中子通量密度与最大中子通量密度之比；

(2) 每秒从堆侧表面和两个端面泄漏的中子数；

(3) 设$H=7$ m，$R=3$ m，反应堆功率为10 MW，$\sigma_f^5=410$ b，求反应堆内^{235}U的装载量。

9. 试计算$E=0.025$ eV时的铍和石墨的扩散系数。

10. 设某石墨介质内，热中子的微观吸收和散射截面分别为$\sigma_a=4.5\times10^{-2}$ b和$\sigma_s=4.8$ b。试计算石墨的热中子扩散长度L和吸收自由程λ_a，比较两者数值大小，并说明其差异的原因。

11. 设有一天然铀-石墨均匀介质，其体积比为$V_C/V_U=60$。介质温度$T=623$ K，试求该混合介质的扩散长度。

12. 试计算$T=535$ K，$\rho=802$ kg/m^{3}时水的热中子扩散长度和扩散系数。

13. 如图3-16所示，在无限介质内有两个源强为S s^{-1}的点源，试求P_1和P_2点的中子通量密度和中子流密度。

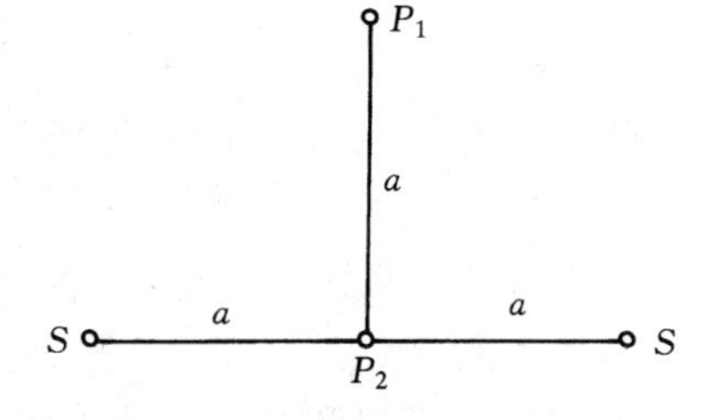

图3-16　无限介质内两个点源

14. 在半径为R的均匀球体中心，有一个各向同性的单位强度热中子源，介质的宏观吸收截面为Σ_a。分别试求：

(1) 介质$\Sigma_s=0$；

(2) $\Sigma_s\neq0$两种情况下球体内的中子通量密度分布和中子自球表面逃到真空的概率是多少？为什么这两者不同？

15. 设有$R=1.2$ m的石墨球内，球心有一点源S，源强为10^6 s^{-1}，试求$r=0.2$、0.5和1 m处的中子通量密度(已知石墨$1/L=1.85$ m^{-1}，$D=9.4\times10^{-3}$m)。

16. 设有一强度为I (m$^{-2}\cdot$s^{-1})的平行中子束入射到厚度为a的无限平板层上。试求：

(1) 中子不遭受碰撞而穿过平板的概率；

(2) 平板内中子通量密度的分布；

(3) 中子最终扩散穿过平板的概率。

17. 设有如图3-17所示的单位平板状“燃料栅元”，燃料厚度为$2a$，栅元厚度为$2b$。假定热中子在慢化剂内以均匀分布源(源强为S)出现。在栅元边界上的中子流为零(即假定栅元之间没有中子的净转移)。试

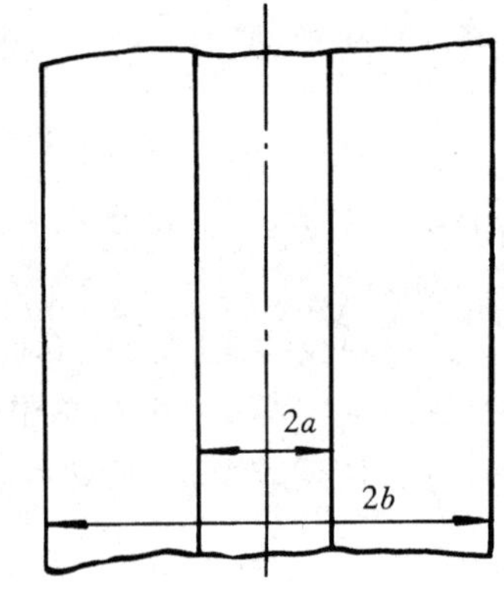

图3-17　板状燃料栅元

求：

(1) 屏蔽因子 Q,其定义为燃料表面上的中子通量密度与燃料内平均中子通量密度之比；

(2) 中子被燃料吸收的份额。

18. 设有两个相邻的扩散区 A 和 B：介质 A 为源介质，介质 B 不包含中子源。B 对 A 的反照率 β 定义为

$$\beta = J^- / J^+$$

其中：J^+ 和 J^- 分别是由 A 进入 B 和由 B 反射出来的中子流密度，试证明：

(1) 设 B 为无限厚度平板介质时

$$\beta = \frac{1-2D/L}{1+2D/L}$$

(2) 设 B 为厚度等于 a 的平板层介质时

$$\beta = \frac{1-(2D/L)\coth(a/L)}{1+(2D/L)\coth(a/L)}$$

19. 如果在半径为 R 的球形介质中心有一中子源，球外为无限介质 B 所包围，试求介质中子通量密度的分布。

20. 试求上题中介质 B 的反照率。

21. 在一无限均匀非增殖介质内，每秒、每单位体积均匀地产生 S 个中子，试求：

(1) 介质内的中子通量密度分布；

(2) 如果在 $x=0$ 处插入一片无限大的薄吸收片(厚度为 t，宏观吸收截面为 Σ'_a)，证明这时中子通量密度分布为

$$\phi(x) = \frac{S}{\Sigma_a}\left[1 - \frac{\Sigma'_a t e^{-|x|L}}{\Sigma'_a t + (2D/L)}\right]$$

[提示：用源条件 $\lim\limits_{x\to 0} J(x) = -\Sigma'_a t\phi(0)/2$]

22. 设有源强为 S ($\mathrm{cm^{-2}\cdot s^{-1}}$)的无限平面源放置在无限平板介质内，源距两侧平板距离分别为 a 和 b(见图 3-18)，试求介质内的中子通量密度分布[提示：这是非对称问题，$x=0$ 处的边界条件应为：(1) 中子通量密度连续；(2) $\lim\limits_{\varepsilon\to 0}(J(x)|_{x=0+\varepsilon} - J(x)|_{x=0-\varepsilon}) = S$]。

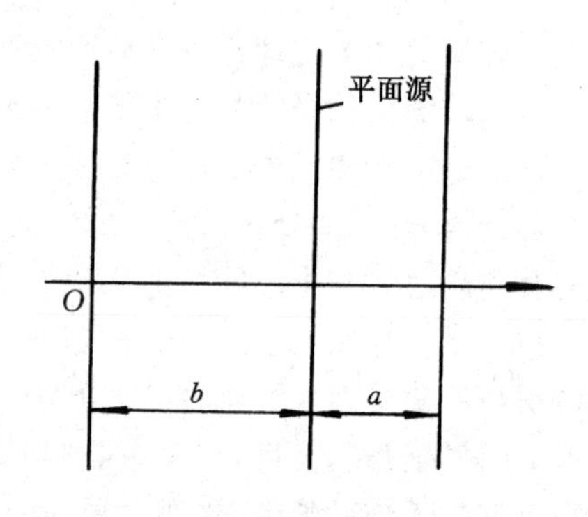

图 3-18 无限平面源介质

23. 在厚度为 $2a$ 的无限平板介质内有一均匀体积源，源强为 S ($\mathrm{m^{-3}\cdot s^{-1}}$)，试证明其中子通量密度分布为(其中 d 为外推距离)

$$\phi(x) = \frac{S}{\Sigma_a}\left[1 - \frac{\cosh(x/L)}{\cosh\left(\frac{a+d}{L}\right)}\right]$$

24. 设半径为 R 的均匀球体内，每秒、每单位体积均匀产生 S 个中子，试求球体内的中子通量密度分布。

第4章

均匀反应堆的临界理论

在前面两章中,我们仅一般地讨论了中子在介质内的扩散和慢化问题,并没有强调中子源或介质的增殖特性。本章将研究由燃料和慢化剂组成的有限均匀增殖介质(反应堆系统)内的中子扩散问题。我们知道,反应堆是一个维持受控链式裂变反应的装置。这样,自然引出一个问题。在什么条件下这种链式反应过程能够保持稳定地以一定速率自续地进行下去?这也就是在第1章中所提到的反应堆临界理论问题。或者说,反应堆内部的材料组成,其几何形状及大小间必须怎样匹配才能使反应堆的有效增殖系数恰好为1。

在反应堆临界理论中,主要研究下面两个问题:

(1) 各种形状的反应堆达到临界状态的条件(临界条件),临界时系统的体积大小和燃料成分及其装载量;

(2) 临界状态下系统内中子通量密度(或功率)的空间分布。

一个实际的反应堆,由于热工设计、机械设计等方面的要求,其堆芯往往是非均匀的,燃料、冷却剂及结构材料等在堆芯内呈分离排列。以目前应用广泛的压水堆为例,其堆内燃料元件棒的数目多达数万以上,再考虑到富集度的差异、可燃毒物棒等,实际反应堆的材料和几何复杂性是相当高的。因此,在目前的工程实际中,为了将研究问题简化,在对反应堆进行理论分析时,一般都需要对堆芯作适当的"均匀化"处理。在均匀化之后,再应用前面已经介绍的均匀介质内中子扩散理论为工具来研究反应堆的临界问题。因此,本章临界理论就是以均匀反应堆(即所有燃料、慢化剂、冷却剂及结构材料等均匀混合在一起的反应堆)为对象进行的。有关非均匀堆的均匀化理论将在后面的第6章中加以介绍。

回顾前面已经介绍的核素微观截面随中子能量的复杂变化关系,我们可以想象中子在反应堆内的运动规律跟中子能量存在着十分复杂的依赖关系。因此,要分析一个实际的反应堆的临界问题,除了要处理几何与材料的复杂性问题外,另一个关键的问题就是如何处理反应堆内各种物理过程随中子能量的依赖关系。

研究反应堆临界的方法有许多种,其中最有效和常用的方法之一便是在第5章中即将介绍的**分群扩散**模型。在这种处理方法中,将中子能量从源能量到热能之间分成为若干个能量区间,叫做**"能群"**,然后,把每一能群内的中子作为一个整体来处理,并将它们的扩散、散射、吸收以及其它反应的特性,用适当平均的扩散系数和相应截面(群常数)来描述。在分群扩散理论中,最简单的是"单群"理论,所谓单群理论,是假设反应堆中所有的中子都具有相同的能量,列为一群。例如,对于热中子反应堆,由于引起核裂变的主要是热中子,因此自然可以近似地认为所有中子都具有相同的能量——热能,但是它只是一种比较近似的结果,在热中子反应堆中,常常采用双群扩散理论,尤其是以水作慢化剂的反应堆。这时,只要群常数选取得当,分群扩散模型就能给出比较好的结果。对于某些堆型(如快堆、高温堆)或根据某些问题的要求也可采用少群(2～4群)或多群理论进行计算。

尽管由单群理论所得到的结果在精度上是不够理想的,但是,鉴于单群理论简单明了,许多情况下，可以解析求解，有利于初学者理解和掌握分群扩散理论的一些基本概念和方法，同时它的一些结果和方法带有普遍意义，因此对它的讨论是有意义的。本章将着重介绍单群扩散理论的计算，同时为简单起见，将先讨论均匀反应堆情况。但由其所得到的一般原理和结果对于非均匀堆情况也是适用的。在第 6 章中我们将具体讨论非均匀堆的计算问题。

4.1　均匀裸堆的单群理论

本节将首先讨论几何上最简单的均匀裸堆临界问题，对于有反射层的反应堆将在下一节中讨论。

对于由燃料和慢化剂组成的均匀增殖介质的反应堆系统，根据裂变反应率的物理含义，反应堆内单位时间、单位体积内的裂变中子源强可写为

$$S_F(\boldsymbol{r},t) = \nu\Sigma_f\phi(\boldsymbol{r},t)$$

或者根据无限介质增殖系数的定义，可表示为介质 k_∞ 和中子吸收率的乘积，即

$$S_F(\boldsymbol{r},t) = k_\infty\Sigma_a\phi(\boldsymbol{r},t)$$

以上两个表示式虽然形式不同，但其实质却是完全相同的。因此，在简单单群近似下有

$$k_\infty = \frac{\nu\Sigma_f\phi(\boldsymbol{r})}{\Sigma_a\phi(\boldsymbol{r})} = \frac{\nu\Sigma_f}{\Sigma_a} \tag{4-1}$$

将以上给出的裂变中子源项代入式(3-33)，为不失一般性，还考虑系统内可能存在独立的外中子源 $S_0(\boldsymbol{r},t)$，这样与时间相关的反应堆单群中子扩散方程就可以写成

$$\frac{1}{v}\frac{\partial\phi(\boldsymbol{r},t)}{\partial t} = D\nabla^2\phi(\boldsymbol{r},t) - \Sigma_a\phi(\boldsymbol{r},t) + k_\infty\Sigma_a\phi(\boldsymbol{r},t) + S_0(\boldsymbol{r},t) \tag{4-2}$$

注意式中出现的 D 和 Σ_a 都是对中子能谱平均后的数值。值得指出的是，在工程实际中，除了反应堆启动的初期阶段，由于反应堆内中子通量密度水平很低，必须考虑外源中子的影响之外，在大多数情况下都可以忽略外中子源的影响，认为核裂变是反应堆内中子的唯一来源。

4.1.1　均匀裸堆的单群扩散方程的解

本节以一个长、宽为无限大，厚度（包括外推距离在内）为 a 的平板裸堆（见图 4-1）为例，来讨论单速扩散方程所描述的核反应堆特性。选取这种假想的“平板反应堆”的主要原因在于一维平板几何条件十分简单，有利于详细求解单群扩散方程。

在无外源的情况下，描述平板反应堆内中子通量密度变化规律的方程为

$$\frac{1}{v}\frac{\partial\phi(x,t)}{\partial t} = D\frac{\partial^2\phi(x,t)}{\partial x^2} - \Sigma_a\phi(x,t) + k_\infty\Sigma_a\phi(x,t) \tag{4-3}$$

其初始条件为

$$\phi(x,0) = \phi_0(x) \tag{4-4}$$

边界条件为在反应堆外推边界处，中子通量密度等于零，即

$$\phi(\frac{a}{2},t) = \phi(-\frac{a}{2},t) = 0 \tag{4-5}$$

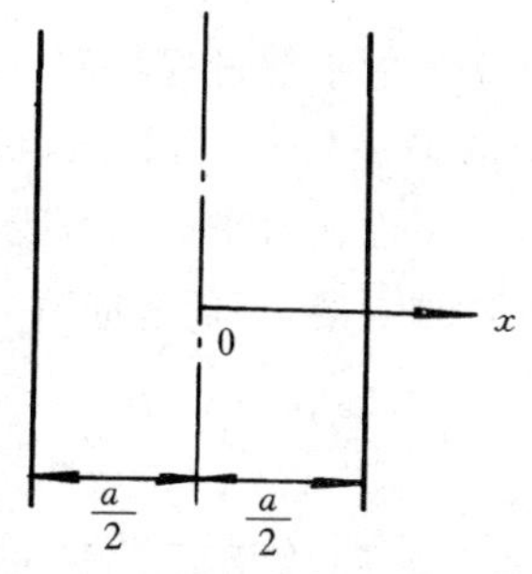

图 4-1　无限平板形反应堆

注意这里已假设初始中子通量密度是对称的。用 D 除式(4-3)各项，并注意到$L^2=D/\Sigma_a$，最后可得到

$$\frac{1}{Dv}\frac{\partial\phi(x,t)}{\partial t}=\nabla^{2}\phi(x,t)+\frac{k_{\infty}-1}{L^{2}}\phi(x,t) \tag{4-6}$$

这是一个二阶的偏微分方程，对这类方程常可以采用分离变量法求解，即求如下形式的解

$$\phi(x,t)=\varphi(x)T(t) \tag{4-7}$$

将式(4－7)代入式(4－6)中，并用 $\varphi(x)T(t)$ 除方程中的各项，便得到

$$\frac{\nabla^{2}\varphi(x)}{\varphi(x)}=\frac{1}{DvT(t)}\frac{\mathrm{d}T(t)}{\mathrm{d}t}-\frac{k_{\infty}-1}{L^{2}} \tag{4-8}$$

上式左端是仅含 x 的函数，而右端是仅含 t 的函数，因此要使等式成立，等式两端必须都等于某一常数(例如，$-B^2$)。这样有

$$\frac{\nabla^{2}\varphi(x)}{\varphi(x)}=-B^{2}$$

或

$$\nabla^{2}\varphi(x)+B^{2}\varphi(x)=0 \tag{4-9}$$

这里，B^2 为一待定常数。式(4－9)为典型的波动方程，B^2 称为方程的“特征值”。容易得出其通解为

$$\varphi(x)=A\cos Bx+C\sin Bx$$

其中，A、C 为待定常数。由于初始通量密度分布 $\phi_0(x)$关于 $x=0$ 平面对称，因此，针对我们的问题只能选用满足对称性条件的解，即

$$\varphi(x)=A\cos Bx$$

由边界条件式(4－5)，可导出 $\varphi(x)$应满足如下的边界条件：$\varphi(\pm\frac{a}{2})=0$

$$A\cos\frac{Ba}{2}=0$$

因此要求

$$B_n=\frac{n\pi}{a}\qquad n=1,3,5,\cdots$$

或

$$B_n=\frac{(2n-1)\pi}{a}\qquad n=1,2,3,\cdots \tag{4-10}$$

对应于其中的任一 B_n 值，都可以给出满足微分方程(4－9)及边界条件(4－5)的解

$$\varphi_n(x)=A_n\cos B_n x=A_n\cos\frac{(2n-1)\pi}{a}x \tag{4-11}$$

从上面的求解过程我们可以得出结论，齐次方程(4－9)只对某些特定的特征值 B_n 才有解。相应的解 $\varphi_n(x)$称为此问题的特征函数。

下面接着来讨论方程(4－8)的求解，由于特征函数的正交性①，对于每一个 n 值的项都是线性独立的，因而对应每一个 B_n^2 值和 $\varphi_n(x)$，都有一个 $T_n(t)$与之对应，由方程(4－8)得

$$\frac{1}{DvT_n(t)}\frac{\mathrm{d}T_n(t)}{\mathrm{d}t}=\frac{k_{\infty}-1}{L^{2}}-B_n^2$$

① 单群特征函数的正交性可表示为 $\int_V \varphi_n(\boldsymbol{r})\varphi_m(\boldsymbol{r})\mathrm{d}V=0$，当 $m\neq n$ 时。

用 $L^2/(1+L^2B_n^2)$ 乘上式的每一项，可以化简得到下列等式

$$\frac{1}{T_n(t)}\frac{\mathrm{d}T_n(t)}{\mathrm{d}t}=\frac{k_n-1}{l_n} \tag{4-12}$$

式中

$$l_n=\frac{L^2}{Dv(1+L^2B_n^2)}=\frac{l_\infty}{1+L^2B_n^2} \tag{4-13}$$

$$k_n=\frac{k_\infty}{1+L^2B_n^2} \tag{4-14}$$

$l_\infty=\frac{\lambda_a}{v}$ 为无限介质的热中子寿命，λ_a 是热中子的平均吸收自由程。方程(4-12)的解为

$$T_n=C_n\mathrm{e}^{(k_n-1)t/l_n}$$

其中，C_n 为待定常数。这样，对于一维平板反应堆，其中子通量密度的完全解就是对 $n=1$ 到 $n=\infty$ 的所有项的总和，即

$$\phi(x,t)=\sum_{n=1}^{\infty}A'_n\left[\cos\frac{(2n-1)\pi}{a}x\right]\mathrm{e}^{(k_n-1)t/l_n} \tag{4-15}$$

根据问题的初值条件式(4-4)，可确定出上式中的待定系数 A'_n。为此，令式中的 $t=0$，可得

$$\phi_0(x)=\sum_{n=1}^{\infty}A'_n\left[\cos\frac{(2n-1)\pi}{a}x\right]$$

利用正交关系，可求得

$$A'_n=\frac{2}{a}\int_{-\frac{a}{2}}^{\frac{a}{2}}\phi_0(x)\cos\frac{(2n-1)\pi}{a}x\,\mathrm{d}x$$

将其代入式(4-15)，可得到图 4-1 所示无限平板反应堆内的中子通量密度分布为

$$\phi(x,t)=\sum_{n=1}^{\infty}\left[\frac{2}{a}\int_{-\frac{a}{2}}^{\frac{a}{2}}\phi_0(x')\cos\frac{(2n-1)\pi}{a}x'\mathrm{d}x'\right]\cos\frac{(2n-1)\pi}{a}x\,\mathrm{e}^{(k_n-1)t/l_n} \tag{4-16}$$

4.1.2　热中子反应堆的临界条件

通过前一小节的讨论可以知道，特征值 B_n^2 随 n 的增加而单调增大，最小特征值是 $n=1$ 时的 B_1^2 值，而同时又从式(4-14)可以看出，当 n 增加时，k_n 单调递减，也就是说对应于最小特征值 B_1^2 的 k_1 是 $k_1,\cdots,k_n$ 中的最大值。另外，从上一小节对平板反应堆的讨论可看出 B_n^2 与系统尺寸有关，当系统尺寸加大时，B_n^2 便减小，因而改变系统的尺寸就可以改变 B_n^2 值，从而也就改变了 k_n 值。

分以下几种情况对式(4-15)进行讨论。

第一种情况： 对于一定几何形状和体积的反应堆芯部，若 B_1^2 对应的 k_1 小于 1，那么，其余的 $k_2,\cdots,k_n$ 都将小于 1，这时所有的 (k_n-1) 都是负值，从式(4-15)可以看出，$\phi(x,t)$ 将随时间 t 按指数规律衰减，因而系统处于**次临界状态**。

第二种情况： 若 $k_1>1$，则 $(k_1-1)>0$，这时中子通量密度将随时间不断地增长，反应堆将处于**超临界状态**。

第三种情况： 若通过调整反应堆堆芯尺寸或改变反应堆内的材料成分，使 k_1 恰好等于 1，则其余 $k_2,\cdots,k_n(n>1)$ 的值都将小于 1。这时式(4-15)中 $n=1$ 的项将与时间无关，而 $n>1$ 的各项将随时间而衰减。因而当时间足够长时，$n>1$ 各项都已衰减到零，系统达到稳态，

这时中子通量密度按基波形式($B=B_1$)分布,反应堆处于**临界状态**。

从上面的讨论,我们得到以下两个重要结果。

(1) 裸堆单群近似的"临界条件"为

$$k_1=\frac{k_\infty}{1+L^2B^2}=1 \tag{4-17}$$

式中:B^2 是波动方程(4-9)的最小特征值 B_1^2,通常把它记为 B_g^2,并称为几何曲率,式(4-17)称为**单群理论的临界方程**。显然,k_1 便是前面定义的**有效增殖系数**。

(2) 当反应堆处于临界状态时,中子通量密度按最小特征值 B_g^2 所对应的基波特征函数分布,也就是说稳态反应堆的中子通量密度空间分布满足波动方程

$$\nabla^2\phi(\boldsymbol{r})+B_g^2\phi(\boldsymbol{r})=0 \tag{4-18}$$

这两点结论是非常重要的,它们回答了本章起始处所提出的问题,即反应堆临界时,其材料组成、几何形状及大小之间必须怎样匹配?还告诉我们一个临界反应堆内中子通量密度的分布。

下面我们仍以一维平板反应堆为例来加以具体讨论,由式(4-10)及式(4-17)可得出无限平板反应堆的临界条件为

$$k_1=\frac{k_\infty}{1+L^2\left(\dfrac{\pi}{a}\right)^2}=1 \tag{4-19}$$

显然,若系统的材料组成给定(即 k_∞、L^2 给定),则只有一个唯一的尺寸 a_0 能使 $k_1=1$,a_0 即为反应堆的临界大小。当反应堆尺寸 $a>a_0$ 时,则 $k_1>1$,反应堆处于超临界状态;反之,若 $a<a_0$,则处于次临界状态。

另一方面,若反应堆的尺寸 a 给定,则从式(4-19)可看出,必然可以找到一种燃料富集度(材料组成),使得由其所确定的 k_∞ 及 L^2 值能使式(4-19)成立,即 $k_1=1$,从而反应堆达到临界状态。

临界时,反应堆内的中子通量密度分布为

$$\phi(x)=A\cos\frac{\pi}{a}x \tag{4-20}$$

现在我们来讨论一下式(4-17)的物理意义。我们将证明式(4-17)中 $1/(1+L^2B_g^2)$ 项的物理意义就是单群近似下反应堆内中子的不泄漏概率 Λ。在反应堆中单位时间、单位体积内的中子泄漏率等于 $-D\nabla^2\phi$,根据式(4-18)有 $-D\nabla^2\phi=DB_g^2\phi$,而单位时间、单位体积内中子的吸收率为 $\Sigma_a\phi$。显然,以单群理论观点来看,反应堆内的中子不是从堆内泄漏出去,就是在堆内被吸收,因而有

$$\begin{aligned}\Lambda&=\frac{\text{中子吸收率}}{\text{中子吸收率}+\text{中子泄漏率}}\\&=\frac{\Sigma_a\int_V\phi\mathrm{d}V}{\Sigma_a\int_V\phi\mathrm{d}V+DB_g^2\int_V\phi\mathrm{d}V}\\&=\frac{1}{1+L^2B_g^2}\end{aligned} \tag{4-21}$$

这样,式(4-17)可以写成

$$k_1=k_\infty\Lambda=1$$

它与第 1 章中的临界条件式(1-56)完全一样。由此可见,这里的 k_1 也就是前面所定义的反应堆有效增殖系数 k。同时,由式(4-13)可知,l_1 为考虑热中子泄漏影响后的中子寿命。

另外,从式(4-21)可以看出,反应堆的中子泄漏不仅与扩散长度有关,而且与几何曲率有关。从前面平板形反应堆的例子中可以看到,当反应堆体积增大时,B_g^2 就减小,因而正如所预期的那样,不泄漏概率也就增大。此外,从 3.4 节的讨论可知扩散长度 L 愈大,意味着中子自产生到被吸收所穿行的距离也愈大,因而从反应堆中泄漏出去的概率也就愈大,不泄漏概率 P_1 就要减小,这和式(4-21)的结果是一致的。

下面以一个简单例子说明上述结果的应用。

例题 4.1 设有如图 4-1 所示的一维石墨慢化反应堆,$k_\infty=1.06$,$L^2=300\ \text{cm}^2$,$\lambda_{tr}=2.8\ \text{cm}$。试求:

(1) 达到临界时反应堆的厚度 H 和中子通量密度的分布;

(2) 设取 $H=250\ \text{cm}$,试求反应堆的有效增殖系数 k_{eff}。

解 (1) 根据式(4-17)的临界条件,求得临界时反应堆的几何曲率 B_g^2 应为

$$B_g^2=\frac{k_\infty-1}{L^2}=\frac{1.06-1}{300}=2.0\times10^{-4}\ \text{cm}^{-2}$$

因而 $B_g=0.014\ 14\ \text{cm}^{-1}$,另一方面根据式(4-10)有 $B_g=\pi/a$,因而有

$$a=\frac{\pi}{B_g}=\frac{\pi}{0.014\ 14}=222.2\ \text{cm}$$

由于外推距离 $d=0.710\ 4\ \lambda_{tr}=0.710\ 4\times2.8\approx2\ \text{cm}$,因而求得临界时反应堆的厚度

$$H=a-2d=222.2-4=218.2\ \text{cm}$$

临界时中子通量密度分布为

$$\phi(x)=A\cos\frac{\pi}{a}x$$

(2) 若 $H=250\ \text{cm}$,则反应堆的几何曲率

$$B_g^2=\left(\frac{\pi}{H+2d}\right)^2=1.530\times10^{-4}\ \text{cm}^{-2}$$

反应堆的有效增殖系数为

$$k_{eff}=\frac{k_\infty}{1+L^2B_g^2}=\frac{1.06}{1+300\times1.53\times10^{-4}}=1.013\ 5$$

4.1.3 几种几何形状裸堆的几何曲率和中子通量密度分布

从前面讨论可以看到,裸堆临界计算的关键在于求出各种几何形状和尺寸的反应堆系统的几何曲率 B_g^2 及其波动方程式(4-18)的基波解。下面推导几种最常见的几何形状反应堆的几何曲率及临界时的中子通量密度分布函数。

1. 球形反应堆

考虑一个半径为 R(包括外推距离在内)的球形裸堆,应用球坐标系统,并把原点取在球心上。由于通量密度关于极角 θ 和辐角 φ 都是对称的,因此波动方程式(4-18)为

$$\frac{d^2\phi(r)}{dr^2}+\frac{2}{r}\frac{d\phi(r)}{dr}+B_g^2\phi(r)=0 \tag{4-22}$$

上式的普遍解(见表 3-1)为

$$\phi(r) = C\frac{\sin B_g r}{r} + E\frac{\cos B_g r}{r} \tag{4-23}$$

为了满足当 r 趋近于零时，中子通量密度为有限值的条件，常数 E 必须为零。所以式(4-22)的解为

$$\phi(r) = C\frac{\sin B_g r}{r}$$

根据 $\phi(R)=0$ 的边界条件的要求，必须使 $B_g R = n\pi, n=1,2,3,\cdots$。因此对应于$n=1$的最小特征值，几何曲率 B_g^2 为

$$B_g^2 = \left(\frac{\pi}{R}\right)^2 \tag{4-24}$$

与此相应的临界反应堆内的中子通量密度分布为

$$\phi(r) = C\frac{\sin\left(\frac{\pi r}{R}\right)}{r} \tag{4-25}$$

式中：C 为常数，它由中子通量密度的归一化条件或反应堆的输出功率决定。

2. 有限高圆柱体反应堆

圆柱体为最常见的反应堆形状。设圆柱体反应堆的半径为 R，高度为 H(R、H 均包括外推距离在内)，如图 4-2 所示。采用柱坐标系，原点取在圆柱体轴线的中点上，这时中子通量密度只取决于 r 和 z 两个变量，波动方程便写成

$$\frac{\partial^2\phi(r,z)}{\partial r^2} + \frac{1}{r}\frac{\partial\phi(r,z)}{\partial r} + \frac{\partial^2\phi(r,z)}{\partial z^2} + B_g^2\phi(r,z) = 0 \tag{4-26}$$

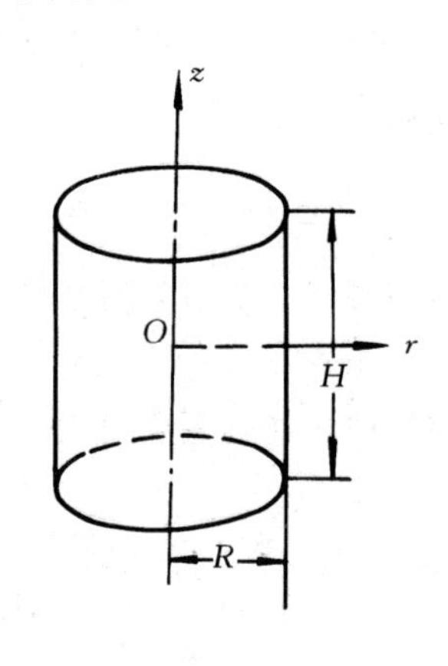

图 4-2 圆柱体反应堆

该问题的定解条件是

(1) 中子通量密度在堆内各处均为有限值；

(2) 当 $r=R$ 或 $z=\pm\frac{H}{2}$时，$\phi(r,z)=0$。

采用分离变量法求解，把 $\phi(r,z)$分离变量写成

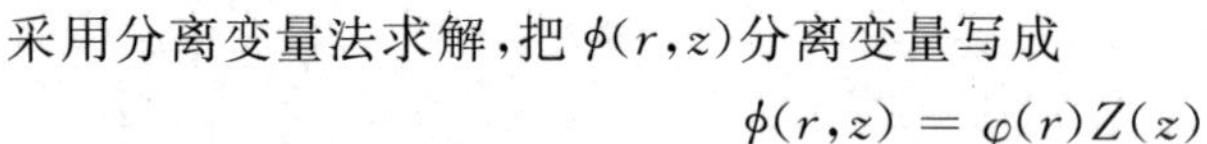

$$\phi(r,z) = \varphi(r)Z(z)$$

把它代入式(4-26)，并用 $\varphi(r)Z(z)$除式中各项得到

$$\frac{1}{\varphi(r)}\left[\frac{d^2\varphi(r)}{dr^2} + \frac{1}{r}\frac{d\varphi(r)}{dr}\right] + \frac{1}{Z(z)}\frac{d^2 Z(z)}{dz^2} = -B_g^2$$

因而可以令左端每一项均等于常数，有

$$\frac{1}{\varphi(r)}\left[\frac{d^2\varphi(r)}{dr^2} + \frac{1}{r}\frac{d\varphi(r)}{dr}\right] = -B_r^2 \tag{4-27}$$

$$\frac{1}{Z(z)}\frac{d^2 Z(z)}{dz^2} = -B_z^2 \tag{4-28}$$

以及

$$B_g^2 = B_r^2 + B_z^2 \tag{4-29}$$

现在求解式(4-27)。令 $x=B_r r$，将其代入式(4-27)中去，便得到我们所熟悉的零阶贝塞尔方程

$$x^2\frac{\mathrm{d}^2\varphi(x)}{\mathrm{d}x^2}+x\frac{\mathrm{d}\varphi(x)}{\mathrm{d}x}+x^2\varphi(x)=0$$

其普遍解为

$$\varphi(r)=A\mathrm{J}_0(B_r r)+E\mathrm{Y}_0(B_r r) \tag{4-30}$$

式中:J_0、Y_0 分别为第一类及第二类零阶贝塞尔函数。

如果假设式(4-27)右端等于正数,则它将化成一个零阶修正贝塞尔方程

$$x^2\frac{\mathrm{d}^2\varphi(x)}{\mathrm{d}x^2}+x\frac{\mathrm{d}\varphi(x)}{\mathrm{d}x}-x^2\varphi(x)=0$$

它的普遍解是

$$\varphi(r)=A'\mathrm{I}_0(B_r r)+E'\mathrm{K}_0(B_r r) \tag{4-31}$$

式中:I_0、K_0 分别为第一类和第二类零阶修正贝塞尔函数。图 4-3 中画出了 J_0、Y_0、I_0 和 K_0 的曲线。根据该问题的定解条件(1)和(2),从这些曲线上可以看出,Y_0、I_0 和 K_0 均应从上述解中消去,因而在式(4-27)右端项常数必须取 $-B_r^2$ 值。故式(4-27)的允许解为

$$\varphi(r)=A\mathrm{J}_0(B_r r)$$

为了计算 B_r^2,可以利用在 $r=R$ 处,$\phi(r,z)=0$ 的边界条件,即

$$\varphi(R)=A\mathrm{J}_0(B_r R)=0$$

式中:常数 A 不能为零,故只能是 $\mathrm{J}_0(B_r R)=0$,由图 4-3 知贝塞尔函数 J_0 的第一个零点是 2.405,因而

$$B_r^2=\left(\frac{2.405}{R}\right)^2 \tag{4-32}$$

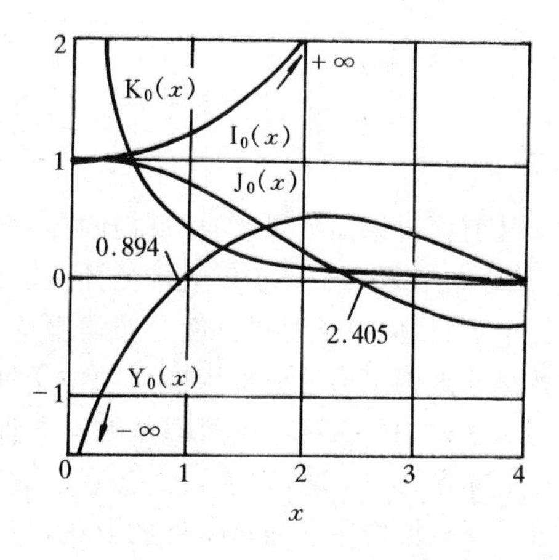

图 4-3　零阶贝塞尔函数曲线

因此有

$$\varphi(r)=A\mathrm{J}_0(B_r r)=A\mathrm{J}_0\left(\frac{2.405}{R}r\right)$$

接着求解方程(4-28),由前面平板形反应堆的讨论已经知道它的解为

$$Z(z)=F\cos B_z z \tag{4-33}$$

其中

$$B_z^2=\left(\frac{\pi}{H}\right)^2 \tag{4-34}$$

这样,圆柱体裸堆的几何曲率为

$$B_g^2=B_r^2+B_z^2=\left(\frac{2.405}{R}\right)^2+\left(\frac{\pi}{H}\right)^2 \tag{4-35}$$

式中:B_r^2 称为**径向几何曲率**;B_z^2 称为**轴向几何曲率**。

因而有限高圆柱体裸堆的中子通量密度的分布形式为

$$\begin{aligned}\phi(r,z)&=C\mathrm{J}_0(B_r r)\cos(B_z z)\\&=C\mathrm{J}_0\left(\frac{2.405}{R}r\right)\cos\left(\frac{\pi}{H}z\right)\end{aligned} \tag{4-36}$$

式中:常数 C 是由中子通量密度的归一条件或反应堆的输出功率来确定的。

利用求条件极值的方法可以求出，在给定的 B_g^2 值下，当直径 $D=1.083H$ 时，圆柱体反应堆具有最小临界体积。

同样方法可以求出边长为(a,b,c)的长方体裸堆的几何曲率和中子通量密度分布。下面将上述几种几何形状反应堆的几何曲率与中子通量密度分布总结列于表 4－1 中。

表 4－1 几种几何形状的裸堆的几何曲率和热中子通量密度分布

几何形状	几何曲率	热中子通量密度分布
球形(半径 R)	$B_g^2=\left(\frac{\pi}{R}\right)^2$	$\frac{1}{r}\sin\left(\frac{\pi}{R}r\right)$
直角长方体(边长：a、b、c)	$B_g^2=B_x^2+B_y^2+B_z^2$ $B_g^2=\left(\frac{\pi}{a}\right)^2+\left(\frac{\pi}{b}\right)^2+\left(\frac{\pi}{c}\right)^2$	$\cos\left(\frac{\pi}{a}x\right)\cos\left(\frac{\pi}{b}y\right)\cos\left(\frac{\pi}{c}z\right)$
圆柱体(半径 R、高 H)	$B_g^2=B_r^2+B_z^2$ $B_g^2=\left(\frac{2.405}{R}\right)^2+\left(\frac{\pi}{H}\right)^2$	$J_0\left(\frac{2.405}{R}r\right)\cos\left(\frac{\pi}{H}z\right)$

从前面讨论知道，均匀裸堆内临界时的中子通量密度分布由方程(4－25)、式(4－36)等确定，其分布形状只取决于反应堆的几何形状，而与反应堆的功率大小无关。例如，对于所有圆柱体堆，其径向中子通量密度分布均服从贝塞尔函数分布。这些式中都包含有待定的常数 C，也就是并未确定出反应堆内确切的中子通量密度大小。系数 C 则需由反应堆的功率大小来确定。这是为什么呢？这可以从波动方程(4－18)找到原因，因为该方程是齐次方程，所以，若 $\phi(\boldsymbol{r})$是方程的一个解，则 $\phi(\boldsymbol{r})$的任意倍数都是方程的解，这样纯粹通过求解方程，自然只能给出临界反应堆内中子通量密度的形状，却不能给出通量密度的大小。实际上，这蕴含着反应堆理论一个十分重要的结论，那就是，临界反应堆内中子通量密度的基波特征函数分布可以在任意功率水平下得到稳定。若不考虑各种工程因素的限制，从物理原理上讲，反应堆功率可以是任意大小，一个临界反应堆所能发出的功率并无任何限制。

反过来，如已知反应堆的功率，那么我们就可以确定出反应堆内中子通量密度的确切数值。设已知反应堆的功率为 P，芯部的体积为 V，每次裂变产生的能量为 E_f，则整个堆芯的总功率为

$$P=E_f\int_V \Sigma_f\phi(\boldsymbol{r})\mathrm{d}V \tag{4-37}$$

把有关反应堆内中子通量密度的表达式(4－25)或式(4－36)代入上式，便可确定出常数 C。对于圆柱体裸堆，$V=\pi R^2 H$，有

$$P=E_f\Sigma_f C\int_0^R\int_0^{\frac{H}{2}} 2J_0\left(\frac{2.405r}{R}\right)\cos\left(\frac{\pi Z}{H}\right)2\pi r\mathrm{d}r\mathrm{d}z=\frac{2.07VE_f\Sigma_f C}{2.405\pi} \tag{4-38}$$

$$C=\frac{3.64P}{VE_f\Sigma_f} \tag{4-39}$$

同样对于球形裸堆，$V=4\pi R^3/3$，有

$$C=\frac{3.29P}{VE_f\Sigma_f} \tag{4-40}$$

4.1.4 反应堆曲率和临界计算任务

从前面的讨论知道，稳态反应堆内中子通量密度的空间分布满足波动方程，即

$$\nabla^2\phi(\boldsymbol{r})+B_g^2\phi(\boldsymbol{r})=0 \tag{4-41}$$

这里,B_g^2 为方程的最小特征值,即几何曲率。对于裸堆来讲,几何曲率只与反应堆的几何形状和尺寸大小有关(见表 4-1),例如对于球形裸堆,$B_g^2=\left(\frac{\pi}{R}\right)^2$,它与反应堆的材料成分和性质没有关系。对于处在临界状态的反应堆,它的几何曲率应能满足临界方程(4-17)。

另一方面,由于 k_∞、L^2 等参数都仅仅取决于反应堆芯部材料特性,因而,对于一定材料成分(即给定 k_∞、L^2 等值)的反应堆,便有一个确定的 B^2 值能满足临界方程(4-17)。为了计算和讨论方便,我们把它叫作材料曲率,它是满足临界方程(4-17)的 B^2 值,并记作 B_m^2。因而,对于单群扩散理论,材料曲率 B_m^2 为

$$B_m^2=\frac{k_\infty-1}{L^2} \tag{4-42}$$

显然,材料曲率 B_m^2 反映增殖介质材料的特性,它的数值只取决于反应堆的材料成分和特性(如 L^2、τ、k_∞ 等),而与反应堆的几何形状及大小无关。显然,对于任意给定材料成分和几何尺寸的反应堆,几何曲率不一定等于材料曲率。

因而引进了材料曲率的概念之后,反应堆的临界条件可以描写如下:反应堆达到临界的条件是材料曲率等于几何曲率,即

$$B_m^2=B_g^2 \tag{4-43}$$

例如,对于裸堆情况,利用单群理论,可以将临界条件式(4-45)的具体形式写成

$$\frac{k_\infty-1}{L^2}=\left(\frac{\pi}{R}\right)^2 \quad \text{(对球形裸堆)} \tag{4-44}$$

$$\frac{k_\infty-1}{L^2}=\left(\frac{\pi}{H}\right)^2+\left(\frac{2.405}{R}\right)^2 \quad \text{(对圆柱体裸堆)} \tag{4-45}$$

在一般情况下,对于给定尺寸的反应堆,其几何曲率 B_g^2 不一定等于材料曲率 B_m^2。若 $B_g^2<B_m^2$,这时 k 将大于 1,反应堆处于超临界状态;反之,若 $B_g^2>B_m^2$,则反应堆处于次临界状态。

最后,由上面的讨论可清楚地看到,反应堆临界问题的计算可以归纳为下面两类问题。

第一类问题:给定反应堆材料成分,确定它的临界尺寸。当反应堆的材料成分给定以后,k_∞、L^2 等物理参数便可以很容易地计算出来。因而,材料曲率就成为已知的量,问题便成了求临界尺寸问题。临界时,$B_m^2=B_g^2$,可以根据表 4-1 所给出的 B_g^2 与尺寸的关系式计算出临界尺寸来。

第二类问题:给定了反应堆的形状和尺寸,确定临界时反应堆的材料成分。这时,事先给定反应堆的几何形状和尺寸(例如,由热工计算给出),而要求临界时所需的材料成分(一般是燃料的富集度)。事实上这是第一种情况的逆问题,因为这时几何曲率 B_g^2 是已知的,所需要的是改变反应堆的燃料-慢化剂成分和比例,以使得临界方程(4-17)得到满足。

在具体计算中,有时还会遇到这样的情况,即不仅反应堆的材料成分(如燃料-慢化剂)已经给定,而且反应堆的几何尺寸亦已由工程或热工的需要所确定。这时需要求的是反应堆的有效增殖系数 k_{eff}

$$k_{\text{eff}}=\frac{k_\infty}{1+L^2B_g^2} \tag{4-46}$$

或

$$\rho=\frac{k-1}{k} \tag{4-47}$$

式中:ρ 通常称为反应性。对于临界反应堆,$\rho=0$;若 $\rho>0$,则反应堆处于超临界状态;若 $\rho<0$,则反应堆处于次临界状态。因此$|\rho|$的大小表示反应堆偏离临界状态的程度。

4.1.5 单群理论的修正

前面提到,单群理论是一种近似的方法。计算表明,对于热中子反应堆,直接应用式(4-17)或式(4-43)进行计算,将带来比较大的误差。但是,计算若用 $M^2=L^2+\tau$ 来替换上述式中(包括式(4-44)和式(4-45))的 L^2,则可以改善计算结果,使其更令人满意。这样,临界条件和材料曲率便改写成下列形式:

$$k_{\text{eff}}=\frac{k_\infty}{1+M^2B_g^2}=1 \tag{4-48}$$

$$B_m^2=\frac{k_\infty-1}{M^2} \tag{4-49}$$

这就是所谓的热中子反应堆的**修正单群理论**。

修正单群理论之所以能改善计算结果,其主要原因可以从物理上解释如下:在单群理论中,把所有中子都看成是热中子,因而该理论没有考虑慢化过程对中子泄漏的影响。我们知道,L^2 与中子从变成热中子地点开始到它被吸收为止所移动过的距离有关,$1/(1+L^2B_g^2)$为热中子扩散过程中的不泄漏概率。但是,在反应堆内,实际上中子由裂变中子慢化成为热中子之前,已经移动过了一个距离 τ,而式(3-76)指出,$M^2=L^2+\tau$ 跟中子由核裂变产生直到它被吸收所穿行距离的均方值有关,故若用徙动面积 $M^2=L^2+\tau$ 来代替 L^2,便可初步地考虑慢化过程对泄漏的影响,因而使计算精度得到改善。实际计算结果也证明了这一结论。因此,以后提到单群理论一般都是指应用修正的单群理论公式,它既简单又具有较好的精度。

最后,在本节结束前我们通过一个具体例子来说明这些公式的应用。

例题 4.2 设有一轻水裸圆柱体堆芯,其核参数为:$L^2=4.7\ \text{cm}^2$,$\tau=48\ \text{cm}^2$,$\lambda_{\text{tr}}=9.7\ \text{cm}$,加硼后 $k_\infty=1.072$。(1) 设芯部高度 $H=3.55\ \text{m}$,试求堆芯的临界半径;(2) 如果给定堆芯半径 $R=1.56\ \text{m}$,那么试求堆芯的反应性。

解 (1) 首先计算临界半径。已知芯部的外推距离 $d=0.7104\lambda_{\text{tr}}=0.0689\ \text{m}$,根据修正单群理论,有

$$\frac{1.072-1}{(48+4.7)\times10^{-4}}=\left(\frac{\pi}{3.55+2\times0.0689}\right)^2+\left(\frac{2.405}{R'}\right)^2$$

求得 $R'=0.67\ \text{m}$,因而临界半径 $R=0.67-0.0689=0.601\ \text{m}$。

(2) 如果给定 $R=1.56\ \text{m}$,则几何曲率

$$B_g^2=\left(\frac{\pi}{3.55+2\times0.0689}\right)^2+\left(\frac{2.405}{1.56+0.0689}\right)^2=2.90\times10^{-4}\ \text{cm}^{-2}$$

因而有效增殖系数为

$$k_{\text{eff}}=\frac{k_\infty}{1+M^2B_g^2}=\frac{1.072}{1+52.7\times2.90\times10^{-4}}=1.056$$

而反应性

$$\rho=\frac{1.056-1}{1.056}=0.054$$

4.2　有反射层反应堆的单群扩散理论

4.2.1　反射层的作用

上一节我们讨论了裸堆的临界计算，但是，在实际情况下，几乎所有的反应堆均有不同厚度的反射层，因而，研究有反射层的反应堆更为必要。

在裸堆的情况下，堆内的中子一旦逸出芯部外，就不可能再返回到芯部中去，这一部分中子就损失掉了。如果在芯部的外围包上一层散射性能好，吸收截面小的非增殖材料(如石墨等)，这时由芯部逸出的中子会有一部分经这一层介质散射而返回到芯部来。从经济地利用中子的观点来看，这是十分有利的。这种包围在反应堆芯部外面用以反射从芯部泄漏出来的中子的材料称作反射层。

反射层的作用，正如前述，首先是可以减少芯部中子的泄漏，从而使得芯部的临界尺寸要比无反射层时的小，这样便可以节省一部分燃料。另外，反射层还可以提高反应堆的平均输出功率，这是由于包有反射层的反应堆，其芯部的中子通量密度分布比裸堆的中子通量密度分布更加平坦的缘故。关于这点，将在下面讨论(见图 4-4)。应该怎样选择反射层材料？首先要求它的散射截面 Σ_s 大，因为当 Σ_s 大时中子逸出芯部进入反射层后在很短距离发生散射的概率就大，因而返回到芯部的机会也就增多。其次，反射层材料的吸收截面 Σ_a 要小，以减少对中子的吸收。最后，当然还希望反射层具有良好的慢化能力，以便使能量较高的中子在从反射层返回到芯部时，已经被慢化为能量较低的中子了，从而减少了中子在堆芯内共振吸收的概率。综上所述，可以看出，良好的慢化剂材料，通常也是良好的反射层材料。常用的反射层材料有 H_2O、D_2O、石墨和 Be 等。

4.2.2　一侧带有反射层的反应堆

有反射层的反应堆是一个多区的问题，在不同区内，材料参数不同，中子扩散方程也不相同。因而它不可能像前面所讨论的单区裸堆那样，根据边界条件求出几何曲率与芯部尺寸关系的简单表达式。下面讨论用单群理论解一侧带有反射层的反应堆的临界问题。

首先列出芯部及反射层中的稳态单群扩散方程，设以下标“c”及“r”分别表示芯部及反射层的参数。

芯部稳态单群扩散方程　当反应堆在稳态(临界)时，由式(4-2)得到芯部的中子扩散方程为

$$D_c \nabla^2 \phi_c(\boldsymbol{r}) - \Sigma_{ac}\phi_c(\boldsymbol{r}) + k_\infty \Sigma_{ac}\phi_c(\boldsymbol{r}) = 0 \qquad (4-50)$$

显然，它只对于临界系统才成立。由反应堆临界理论知道，对于给定的参数 D_c、Σ_{ac} 和 Σ_f(或 k_∞)，只有在一定几何形状和尺寸的情况下，系统才能达到稳态，方程(4-50)才能成立，并且有解。一般来说，对于同时任意给定的几何形状大小和材料特性的系统，它不一定处于稳态，方程(4-50)不一定都成立。但是，从物理上，我们可以通过引入一个特征参数 k 来进行调整使其达到临界，即人为地把 k_∞ 或每次裂变的中子产额 ν 除以参数 k。根据具体情况，改变 k 值的大小便可以使系统达到临界。因为若原来的问题是次临界的，则我们将 k_∞ 除以一个小于 1 的正数 k，亦即人为地提高裂变产生的中子数。改变 k 值大小必然可以使得系统恰好到达临

界。反之,若系统是超临界的,则应除以大于 1 的 k 值,也可以使其达到临界。当系统临界时,$k=1$。这样,对于任意系统,都可以写出它的稳态单群扩散方程如下

$$D_c \nabla^2 \phi_c(\boldsymbol{r}) - \Sigma_{ac}\phi_c(\boldsymbol{r}) + \frac{k_\infty}{k}\Sigma_{ac}\phi_c(\boldsymbol{r}) = 0 \tag{4-51}$$

或者写成

$$\nabla^2 \phi_c(\boldsymbol{r}) + B_c^2 \phi_c(\boldsymbol{r}) = 0 \tag{4-52}$$

其中

$$B_c^2 = \frac{k_\infty/k - 1}{L_c^2} \text{①} \tag{4-53}$$

式中:L_c^2 是芯部的扩散长度。从物理上我们可以看到,这里引进的 k 就是系统的有效增殖系数 k_{eff}。这可以证明如下:把式(4-51)对整个芯部体积积分,注意到

$$-\int_V D_c \nabla^2 \phi_c(\boldsymbol{r})\mathrm{d}V = -\int_S D_c\ \mathrm{grad}\phi_c(\boldsymbol{r}) \cdot \mathrm{d}\boldsymbol{S} = \int_S \boldsymbol{J} \cdot \boldsymbol{n}\mathrm{d}s$$

它就是单位时间内从整个芯部表面泄漏出去的中子数,这样由式(4-51)有

$$k_{\text{eff}} = \frac{\int_V \nu\Sigma_f \phi_c(\boldsymbol{r})\mathrm{d}V}{-\int_V D_c \nabla^2 \phi_c(\boldsymbol{r})\mathrm{d}V + \int_V \Sigma_{ac}\phi_c(\boldsymbol{r})\mathrm{d}V} = \frac{\text{新一代中子产生率}}{\text{中子总消失率(泄漏率 + 被吸收率)}}$$

这正是前面所定义的有效增殖系数。

反射层的稳态单群扩散方程 由于反射层是非增殖介质,所以在方程中不出现中子源项。这样,根据式(3-49),反射层内中子扩散方程为

$$\nabla^2 \phi_r(\boldsymbol{r}) - k_r^2 \phi_r(\boldsymbol{r}) = 0 \tag{4-54}$$

式中

$$k_r^2 = \frac{1}{L_r^2}$$

L_r 为反射层的扩散长度。方程(4-52)及(4-54)便是芯部及反射层的稳态单群扩散方程,联立求解该方程组就可获得有反射层反应堆的临界条件及临界时反应堆内的中子通量密度分布。

和前面分析裸堆问题时的情形不同,为求解上述的联立方程组,除了需应用问题的外边界条件外,还需应用芯部和反射层的交界面条件。根据 3.1.4 节扩散方程边界条件的介绍,在芯部与反射层的交界面上,应保持中子通量密度和净中子流的连续,即

$$\phi_c = \phi_r \tag{4-55}$$

$$D_c \phi'_c = D_r \phi'_r \tag{4-56}$$

式中:ϕ'_c、ϕ'_r 分别是 ϕ_c、ϕ_r 在交界面的法线方向上的导数。

下面我们将以带有反射层的球形堆和圆柱体反应堆为例,来说明如何通过方程组(4-52)及(4-54)的求解,来求出其临界方程及中子通量密度的分布。

---

① 对于修正单群理论,应为 $B_c^2 = \frac{k_\infty/k - 1}{M^2}$。

1. 带有反射层的球形堆

考虑一个芯部半径为 R,带有厚度为 T(包括外推距离在内)的反射层的球形堆。采用球坐标系,并把坐标原点取在球心上。根据中子通量密度在堆内处处为有限值的条件,得到芯部方程式(4-52)的解为

$$\phi_c(r)=A\frac{\sin(B_c r)}{r} \tag{4-57}$$

反射层方程(4-54)的解为

$$\phi_r(r)=C'\frac{\sinh(k_r r)}{r}+A'\frac{\cosh(k_r r)}{r} \tag{4-58}$$

这个解要满足在反射层的外推边界 $r=R+T$ 处中子通量密度为零的条件,由此有

$$A'=-C'\tanh[k_r(R+T)]$$

将 A' 代入式(4-58)可以求出

$$\phi_r(r)=\frac{C\sinh[k_r(R+T-r)]}{r} \tag{4-59}$$

式中:C 是新的待定常数。

方程(4-57)及(4-59)中有两个常数 A 和 C,它们之间的关系由芯部与反射层交界面 $r=R$ 处的边界条件确定,由式(4-55)及式(4-56)有

$$A\frac{\sin(B_c R)}{R}=C\frac{\sinh(k_r T)}{R}$$

$$D_c A\left[\frac{B_c\cos(B_c R)}{R}-\frac{\sin(B_c R)}{R^2}\right]=D_r C\left[-\frac{k_r\cosh(k_r T)}{R}-\frac{1}{R^2}\sinh(k_r T)\right]$$

将以上两式相除得到

$$D_c[1-B_c R\cot(B_c R)]=D_r\left[1+\frac{R}{L_r}\coth\left(\frac{T}{L_r}\right)\right] \tag{4-60}$$

方程(4-60)就是带有反射层的球形反应堆的单群临界方程。它给出了反应堆的几何尺寸(R、T)与材料特性(L_r、D_r、D_c 等)之间在临界时所应满足的关系。它和裸堆的临界条件式(4-46)的意义是一样的,只是它不像式(4-46)那样,各参数(如 k_∞、L^2 和几何尺寸 R)之间有显式的函数关系。

根据式(4-60)可以对球形反应堆进行 4.1.4 节所述的两类临界问题的计算。例如,在给出了燃料与慢化剂成分及比例后,k_∞、D_c、D_r、L_r 等参数均可算出,若反射层厚度 T 已经给定,令 $k=1$ 从式(4-53)可以求得 B_c 值,这样,从式(4-60)就可以算出带反射层的球形堆的临界半径 R,不过这时需要解一个超越方程式。反之,若球形堆的半径 R 及反射层厚度 T 等尺寸已经给定,那么,就可以求出临界时的燃料-慢化剂的成分比例,以使材料参数 B_c^2 等满足方程(4-60)。对于材料特性和芯部及反射层的尺寸(R、T)都已给定的情况,从方程(4-60)就可以确定出满足方程的 k 值,它就是系统的有效增殖系数。

在图 4-4 中给出了单群扩散理论计算得到的裸堆及带反射层的反应堆的中子通量密度分布图形(各以中子通量密度的峰值归一)。从图中可以清楚地看到,在靠近堆芯的中心部分,裸堆的中子通量密度分布与带反射层的反应堆的中子通量密度分布基本上一样。但在靠近反射层处,由于一部分中子自反射层返回到芯部内,因而有反射层时芯部的中子通量密度分布要比裸堆的平坦一些,从而便提高了反应堆功率输出的能力。

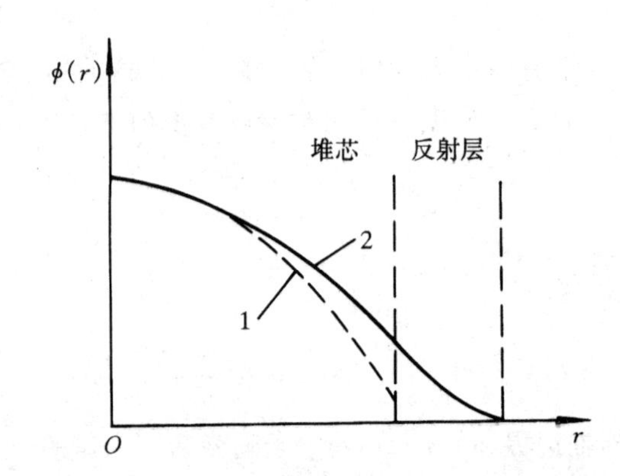

1—裸堆；2—有反射层的反应堆

图 4-4　裸堆与带有反射层反应堆的中子通量密度分布

2. 侧面带有反射层的圆柱体反应堆

考虑一个圆柱体反应堆，半径为 R，高度为 H，在侧面带有厚度为 T 的反射层（H、T 均包括外推距离在内）（见图 4-5）。采用柱坐标系，原点取在圆柱体轴线的中点上。这时芯部及反射层的扩散方程分别为

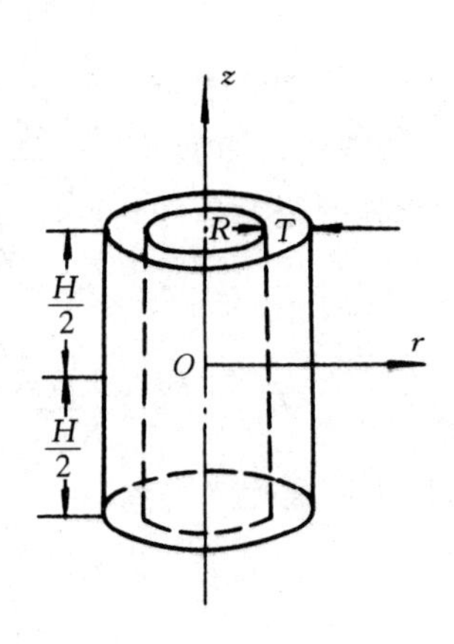

图 4-5　侧面带反射层的圆柱体反应堆

芯部

$$\nabla^2\phi_c(r,z)+B_c^2\phi_c(r,z)=0 \tag{4-61}$$

反射层

$$\nabla^2\phi_r(r,z)-k_r^2\phi_r(r,z)=0 \tag{4-62}$$

这里 B_c^2 为反应堆曲率，由式(4-53)确定。边界条件为

(1) 在 $z=\pm\dfrac{H}{2}$处

$$\phi_c\left(r,\pm\frac{H}{2}\right)=\phi_r\left(r,\pm\frac{H}{2}\right)=0 \tag{4-63}$$

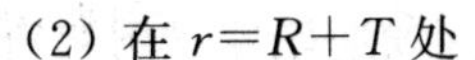

(2) 在 $r=R+T$ 处

$$\phi_r(R+T,z)=0 \tag{4-64}$$

(3) 在 $r=R$ 处

$$\phi_c=\phi_r;\qquad D_c\phi'_c=D_r\phi'_r \tag{4-65}$$

式中：ϕ'_c、ϕ'_r 分别是 ϕ_c、ϕ_r 在交界面的法线方向上的导数。

现用分离变量法解芯部扩散方程(4-61)，令 $\phi_c(r,z)=\varphi_c(r)Z_c(z)$，代入式(4-61)中，并加以整理后得出

$$\frac{1}{Z_c(z)}\frac{\mathrm{d}^2Z_c(z)}{\mathrm{d}z^2}+\frac{1}{\varphi_c(r)r}\frac{\mathrm{d}}{\mathrm{d}r}r\frac{\mathrm{d}}{\mathrm{d}r}\varphi_c(r)+B_c^2=0 \tag{4-66}$$

因此有

$$\frac{\mathrm{d}^2Z_c(z)}{\mathrm{d}z^2}+B_z^2Z_c(z)=0 \tag{4-67}$$

$$\frac{1}{r}\frac{\mathrm{d}}{\mathrm{d}r}r\frac{\mathrm{d}\varphi_c(r)}{\mathrm{d}r}+B_r^2\varphi_c(r)=0 \tag{4-68}$$

并且

$$B_c^2=B_r^2+B_z^2$$

方程(4－67)满足边界条件 $z=\pm\frac{H}{2}$处 $Z_c(\pm\frac{H}{2})=0$ 的解为

$$Z_c(z)=A'\cos B_z z \tag{4-69}$$

$$B_z^2=\left(\frac{\pi}{H}\right)^2 \tag{4-70}$$

方程(4－68)满足中子通量密度在 $r=0$ 处为有限值的解为

$$\varphi_c(r)=A\mathrm{J}_0(B_r r) \tag{4-71}$$

其中

$$B_r^2=B_c^2-B_z^2$$

现在来求解反射层的扩散方程(4－62)，同样地，令 $\phi_r(r,z)=\varphi_r(r)Z_r(z)$，并将其代入式(4－62)中可以得到

$$\frac{1}{\varphi_r(r)r}\frac{\mathrm{d}}{\mathrm{d}r}r\frac{\mathrm{d}\varphi_r(r)}{\mathrm{d}r}+\frac{1}{Z_r(z)}\frac{\mathrm{d}^2Z_r(z)}{\mathrm{d}z^2}-k_r^2=0 \tag{4-72}$$

最后解之得

$$Z_r(z)=A'\cos B_z z \tag{4-73}$$

$$B_z^2=\left(\frac{\pi}{H}\right)^2$$

而 $\varphi_r(r)$满足下列方程

$$\nabla_r^2\varphi_r(r)-\bar{k}_r^2\varphi_r(r)=0 \tag{4-74}$$

其中

$$\bar{k}_r^2=k_r^2+B_z^2 \tag{4-75}$$

由数学物理方程有关理论可知，式(4－74)的解为第一类和第二类零阶修正贝塞尔函数的线性组合，即

$$\varphi_r(r)=G\mathrm{I}_0(\bar{k}_r r)+C\mathrm{K}_0(\bar{k}_r r) \tag{4-76}$$

利用 $r=R+T=R_1$ 处中子通量密度为零的边界条件，可得

$$\frac{G}{C}=\frac{-\mathrm{K}_0(\bar{k}_r R_1)}{\mathrm{I}_0(\bar{k}_r R_1)}=-s$$

把它代入式(4－76)中便得

$$\varphi_r(r)=C[\mathrm{K}_0(\bar{k}_r r)-s\mathrm{I}_0(\bar{k}_r r)] \tag{4-77}$$

再利用 $r=R$ 处 $\varphi_c(r)=\varphi_r(r)$和 $D_c\varphi'_c(r)=D_r\varphi'_r(r)$的连续性条件，便得到下列和式(4－60)相类似的侧面带反射层的圆柱体反应堆的**单群临界方程**为

$$\frac{B_r\mathrm{J}_1(B_rR)}{\mathrm{J}_0(B_rR)}=\frac{\bar{k}_r\frac{D_r}{D_c}[\mathrm{K}_1(\bar{k}_rR)+s\mathrm{I}_1(\bar{k}_rR)]}{\mathrm{K}_0(\bar{k}_rR)-s\mathrm{I}_0(\bar{k}_rR)} \tag{4-78}$$

它和裸堆的临界方程式(4－45)的意义是一样的。和带反射层的球形堆的临界方程式(4－60)

一样，它可以用图解法或试凑法求解。

采用同样方法可以求出上、下端部带有反射层的圆柱体反应堆和一侧带有反射层的长方体反应堆的临界方程。但上述方法仅限于在一个坐标方向上带反射层的反应堆，因为这时，可以采用分离变量法把二维(r,z)问题化成两个坐标方向的一维问题来求解，但对实际上四周均有反射层的问题，由于从一个坐标方向泄漏的中子有可能经反射层反射后，从另一个坐标方向返回堆芯。因此，对这样的问题，不同坐标方向上的中子通量密度分布不再像仅有一侧带反射层问题那样是相互独立的，因此也就不能用分离变量法求出其解析解，而只能用数值方法或其它近似方法求解。

4.2.3　反射层节省

从前面的讨论知道，当芯部周围有了反射层以后，由于一部分泄漏出芯部的中子在反射层内被散射而返回芯部，这样就减少了中子的泄漏损失，提高了中子的不泄漏概率。因而有了反射层以后，在芯部材料性质相同的情况下，它的临界体积要比裸堆的临界体积小。这样，在芯部包有反射层以后，芯部临界尺寸的减少量通常可以用反射层节省δ来表示。例如，对于给定芯部成分的球形反应堆，当它是裸堆时，其临界半径为R_0（包括外推距离），而在围以反射层以后的临界半径为R，则反射层节省δ为

$$\delta = R_0 - R \tag{4-79}$$

对于圆柱体反应堆，反射层节省通常分别用径向和轴向的反射层节省来表示，即

$$\delta_r = R_0 - R, \qquad \delta_z = \left(\frac{H_0}{2} - \frac{H}{2}\right) \tag{4-80}$$

式中：R_0、H_0分别为圆柱体裸堆的临界尺寸（包括外推距离）；而R、H则是带有侧、端面反射层的圆柱体堆的临界尺寸；δ_r称为径向反射层节省；δ_z称为轴向反射层节省。

这样，反射层对反应堆临界大小的影响可以用反射层节省这个量来表示。它表示反应堆由于加上反射层所引起的临界尺寸的减少。于是我们可以把有反射层反应堆的几何曲率用芯部外形尺寸增大2δ后的等效裸堆的几何曲率来表示。例如，对于给定的曲率B_g^2，对芯部半径为R_0的球形裸堆有$B_g^2=\left(\frac{\pi}{R_0}\right)^2$，或

$$R_0^2 = \left(\frac{\pi}{B_g}\right)^2$$

由式(4-79)，设具有反射层时芯部的临界半径为R，则

$$\delta = \frac{\pi}{B_g} - R \tag{4-81}$$

因而对有反射层的球形堆有

$$B_g^2 = \left(\frac{\pi}{R+\delta}\right)^2 \tag{4-82}$$

这样，我们就可以把有反射层的球形堆的几何曲率用一个尺寸等于$R+\delta$的等效裸堆的几何曲率来表示。同样，对于圆柱体反应堆有

$$\begin{aligned} B_c^2 &= B_r^2 + B_z^2 \\ &= \left(\frac{2.405}{R+\delta_r}\right)^2 + \left(\frac{\pi}{H+2\delta_z}\right)^2 \end{aligned}$$

$$= \left(\frac{2.405}{R_{\text{eff}}}\right)^2 + \left(\frac{\pi}{H_{\text{eff}}}\right)^2 \tag{4-83}$$

通常称式中的 $R_{\text{eff}} = R + \delta_r$ 及 $H_{\text{eff}} = H + 2\delta_z$ 为等效半径和等效高度(见图 4-6)。

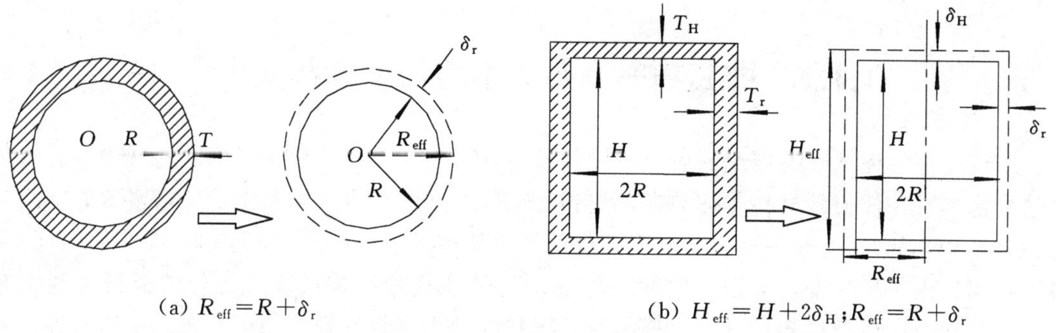

(a) $R_{\text{eff}} = R + \delta_r$　　(b) $H_{\text{eff}} = H + 2\delta_H$; $R_{\text{eff}} = R + \delta_r$

图 4-6　等效裸堆示意图

最后,讨论一下反射层节省 δ 与哪些因素有关。为了简化问题,以球形反应堆为例(它的结果对于其它形状的反应堆也是适用的)。

为了讨论方便,设 $D_c = D_r$。这时带反射层的球形堆的临界方程(4-60)可以写成

$$-B_c L_r \cot(B_c R) = \coth\left(\frac{T}{L_r}\right) \tag{4-84}$$

设反射层节省为 δ,用 $R = R_0 - \delta = \frac{\pi}{B_c} - \delta$ 代入上式则得

$$\tan(B_c \delta) = B_c L_r \tanh\left(\frac{T}{L_r}\right) \tag{4-85}$$

解出 δ 为

$$\delta = \frac{1}{B_c} \arctan\left[B_c L_r \tanh\frac{T}{L_r}\right] \tag{4-86}$$

由上式看出,反射层节省 δ 与材料性质(L_r、B_c)以及反射层厚度 T 有关系。

在一般情况下,反应堆外形尺寸是比较大的,而 δ 本身是一个很小的量,所以 $B_c\delta$ 亦是一个很小的量。这时式(4-85)中的 $\tan B_c\delta \approx B_c\delta$,故方程(4-85)可以写成

$$\delta \approx L_r \tanh\left(\frac{T}{L_r}\right) \tag{4-87}$$

下面讨论两种情况:

(1) 反射层厚度很小,即 $T \ll L_r$,则式(4-87)中的 $\tanh\left(\frac{T}{L_r}\right) \approx T/L_r$。于是反射层节省可以写成

$$\delta = T \tag{4-88}$$

上式说明,对于反射层很薄($T \ll L_r$)的大型反应堆,其反射层节省 δ 近似地等于反射层的厚度。

(2) 反射层很厚时,即 $T \gg L_r$,这时 $\tanh\left(\frac{T}{L_r}\right) \approx 1$,于是

$$\delta \approx L_r \tag{4-89}$$

上式说明当反射层厚度增加到一定值后,反射层节省 δ 就达到一个常数值(大约等于中子在反

射层中的扩散长度)，而与反射层厚度无关。这时即使再增加反射层的厚度，也不会使反射层节省增加，因而在反应堆设计中过大地增加反射层厚度，从缩小临界体积或者节省燃料的角度看是没有太大意义的。

4.3 堆芯功率分布的不均匀性及其展平

从前面均匀裸堆临界理论的讨论，我们已经知道，对于一个有限大小的均匀裸堆，虽然其堆芯内部不存在任何的材料非均匀性，但当其稳定运行(即临界)时，其中子通量密度的空间分布也是不均匀的，从而导致反应堆内不同位置处单位体积内的核裂变释热率(或功率密度)也各不相同。由于反应堆功率密度空间分布的不均匀性直接影响反应堆运行的经济性和安全性，因此，在反应堆设计和核电厂运行中总是要想方设法地降低堆芯功率分布的不均匀性。

在实际反应堆工程中经常用“功率峰因子”或“热流密度热点因子”来表征反应堆内功率分布的不均匀性，其定义可简单表述为整个反应堆内功率密度的最大值和平均值的比值，通常用符号 F_Q 表示，即

$$F_Q = \frac{P_{max}}{\bar{P}} \tag{4-90}$$

从上式可以看到，对于给定体积的反应堆，堆芯总的功率输出由 P_{max}/F_Q 决定。由于堆芯内功率密度的最大值 P_{max} 要受安全传热的限制，因此若 F_Q 值愈大或整个反应堆内的功率分布愈不均匀，从给定体积的反应堆能够取出的总功率也就愈少。因为这样的原因，在实际工程上，为了提高反应堆总的功率输出能力，就要采取一些措施使得堆内功率分布变得平坦一些，以降低 F_Q 值，这通常称为功率分布展平。

实际的反应堆由于堆芯内的材料布置往往是非均匀的，因此就有可能通过不同性质的材料在反应堆内的优化布置来展平堆芯的功率分布。在后续章节介绍实际压水堆工程上常用的功率分布展平措施之前，本节将以均匀裸堆为例，来给出不同几何形状裸堆的功率峰因子，然后再用两个简单算例，来演示一些功率分布展平措施可能获得的效果。

对均匀裸堆而言，其功率峰因子 F_Q 可具体表述为

$$F_Q = \frac{\Sigma_f \phi_{max}}{\frac{1}{V}\int_V \Sigma_f \phi(r)\mathrm{d}V} = \frac{\phi_{max}}{\frac{1}{V}\int_V \phi(r)\mathrm{d}V} \tag{4-91}$$

式中：V 是堆芯的体积；ϕ_{max} 是堆内中子通量密度的最大值。从上式可以看出，对均匀反应堆而言，其热中子通量密度分布的不均匀系数就等同于功率峰因子，因此，对于不同形状的裸堆只要将通量密度分布函数代入式(4-91)中(令 $\phi_{max}=1$)，就可得出 F_Q 的表达式。例如，对于圆柱体裸堆有

$$F_Q = \frac{\pi R^2 H}{\int_{-H/2}^{H/2}\cos\left(\frac{\pi}{H}z\right)\mathrm{d}z\int_0^R J_0\left(\frac{2.405}{R}r\right)2\pi r\mathrm{d}r} = F_r F_z$$

式中：F_r 称为径向功率峰因子；F_z 称为轴向功率峰因子，而

$$F_r = \frac{\pi R^2}{\int_0^R J_0\left(\frac{2.405}{R}r\right)2\pi r\mathrm{d}r} = 2.31$$

$$F_z = \frac{H}{\int_{-H/2}^{H/2} \cos\left(\frac{\pi}{H}z\right)\mathrm{d}z} = \frac{\pi}{2} = 1.57$$

因而 $F_Q = F_r F_z = 2.31 \times 1.57 = 3.62$。

用同样的方法可以求出球形裸堆和长方体裸堆的功率峰因子为

球形裸堆　　$F_Q = \frac{\pi^2}{3} \approx 3.27$

长方体裸堆　$F_Q = \frac{\pi^2}{8} \approx 3.88$

从上述的计算可以看出，裸堆的中子通量密度分布和功率分布是极不均匀的，这主要是由于裸堆中子泄漏量大造成的。目前实际核电站反应堆，由于堆芯外有中子反射层，再加上一些功率分布展平措施的应用，其功率峰因子要远小于裸堆的数值。

下面用两个例题来演示一些功率分布展平措施对降低反应堆功率峰因子的作用。

例题 4.3　假设有一厚度为 $H = 250$ cm 的均匀平板反应堆，其 $k_\infty = 1.06$，$L_c^2 = 300$ cm^2，$\lambda_{tr} = 2.8$ cm。试分析在其两侧各增加一厚度 $h = 15$ cm 的水反射层后，其功率峰因子将发生怎样的变化？设水反射层的 $L_r^2 = 8$ cm^2，$D_r = 0.16$ cm。同时为了计算的简便，在两种情况下都假设系统的外边界上中子通量密度为零。

解　对没有反射层的情况，根据一维均匀平板裸堆的临界理论，容易求得其功率峰因子为 $\frac{\pi}{2}$，即 $F_Q = 1.57$。

在增加水反射层之后，根据前面有反射层反应堆的临界理论，其芯部中子通量密度的空间分布依然呈余弦函数的形状，只是此时余弦函数的曲率不再像均匀裸堆时那样等于反应堆的几何曲率，而是跟反应堆的有效增殖系数相关，即

$$\phi_c(x) = A\cos(B_c x) \tag{4-92}$$

式中：B_c 由式(4-53)给出。

参照 4.2 节的求解过程可知，为确定式(4-92)中的 B_c，需求解有反射层反应堆的临界方程，如式(4-60)、式(4-78)等。针对本例题的情形，容易导出该临界方程的形式为

$$D_c B_c \tan\left(B_c \frac{H}{2}\right) = D_r k_r \coth(k_r h) \tag{4-93}$$

其中

$$k_r = \frac{1}{L_r}$$

根据本例题给出的参数，利用 MATLAB 等数学工具软件，可由式(4-93)求得契合本题情况的 B_c 为

$$B_c = 1.11 \times 10^{-2}\ \mathrm{cm}^{-1} \tag{4-94}$$

将其代入式(4-92)，就可求得在增加反射层之后堆芯新的功率峰因子 F_Q 为

$$F_Q = 1.41$$

对比裸堆时的数值，可以清楚看到增加中子反射层确实可起到降低反应堆功率峰因子的作用。

更进一步，可由式(4-94)确定的 B_c，并利用堆芯和反射层交界面处的连续性条件，确定出反射层内中子通量密度分布的解析表示式，具体为

$$\phi_{\mathrm{r}}(x)=C\sinh\left[k_{\mathrm{r}}\left(\frac{H}{2}+h-x\right)\right] \tag{4-95}$$

式中：常数 $C=1.795\times10^{-3}A$。

图 4-7 对比给出了本算例两种情况下反应堆内的中子通量密度分布(或功率分布)，从该图的对比中可清晰看出，在增加反射层之后，在保持堆芯输出同样功率的前提下，有反射层反应堆内不同位置处的释热率相对更加均匀，因此其功率峰值要低于裸堆时的数值，从而可增大反应堆的完全裕量。或者，若设计者选择让有反射层的反应堆仍保持和裸堆时相同的安全裕量，即保持两者的峰值功率相同，则从图中不难看出，此时整体上有反射层的反应堆将输出更多的功率，也就是有了反射层之后可提升反应堆的功率输出能力。

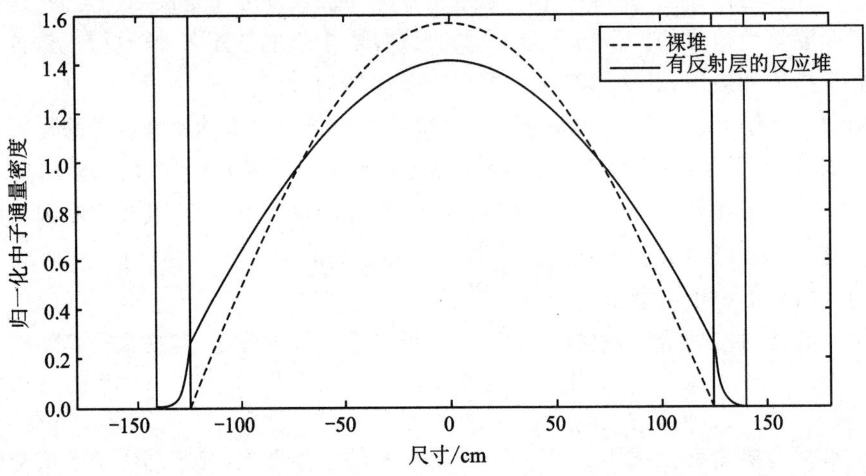

图 4-7 裸堆和有反射层反应堆的中子通量密度分布

例题 4.4 设用另一种 $k_\infty=1.04$、厚度 $h=70$ cm 的新材料替换例题 4.3 中均匀裸堆最中心区域的材料，试问在完成这样的替换后，反应堆的功率峰因子将发生怎样的变化？

解 发生材料替换后的反应堆和 4.2 节讨论的一侧有反射层反应堆的情形类似，也是一个多区反应堆，因此，可参照 4.2 节的做法来求解。所不同的是，本例题反应堆内每个区的材料均为增殖介质，因此其具体求解过程和 4.2 节有所不同。

该问题堆芯内区和外区的单群中子扩散方程可写成如下统一的形式：

$$-D_n\nabla^2\phi_n(x)+\Sigma_{\mathrm{a},n}\phi_n(x)=\frac{1}{k_{\mathrm{eff}}}k_{\infty,n}\Sigma_{\mathrm{a},n}\phi_n(x),\quad n=\mathrm{i}\text{ 或 }\mathrm{o} \tag{4-96}$$

这里分别用下标 i 和 o 来表示堆芯内区和外区。需强调说明，此时反应堆内虽然有两种增殖介质，但因其是一个耦合的系统，故整个系统只有唯一的一个 k_{eff} 值。

由单群中子扩散理论可知，上述堆芯内外区方程的通解具有如下相同的形式

$$\phi(x)=A_1\cos(Bx)+A_2\sin(Bx) \tag{4-97}$$

其中，对内区而言，由于该问题的对称性，因此内区的中子通量密度分布必须关于反应堆中心平面左右对称，即内区的解只能保留上述通解中左右对称的分量，即有

$$\phi_i(x)=A_i\cos(B_ix) \tag{4-98}$$

其中

$$B_i^2=\frac{k_{\infty,\mathrm{i}}/k_{\mathrm{eff}}-1}{L_{\mathrm{i}}^2} \tag{4-99}$$

而对外区而言，由于不再有对称性条件的限制，因此，外区的解应同时保留通解的两个分量，即

$$\phi_o(x) = A_{o1}\cos(B_o x) + A_{o2}\sin(B_o x) \tag{4-100}$$

其中

$$B_o^2 = \frac{k_{\infty,o}/k_{eff} - 1}{L_o^2} \tag{4-101}$$

在本算例中，为简便起见，不妨设新材料的扩散长度和原先的相同，即 $L_i^2 = L_o^2 = L_c^2$。

接下来，通过该问题外边界条件和内外区交界面条件的应用，可导出该问题的临界方程为

$$B_i \tan\left(B_i \frac{H_i}{2}\right) = B_o \cot\left(B_o \frac{H_o - H_i}{2}\right) \tag{4-102}$$

式中：H_i 和 H_o 分别为内区和外区边界的尺寸。

同样通过 MATLAB 等数学工具软件的应用，可求得该问题的有效增殖系数为

$$k_{eff} = 1.0022 \tag{4-103}$$

进而可以进一步确定出堆芯内区和外区的中子通量密度分布函数为

$$\phi_i(x) = A_i \cos(0.01121x) \tag{4-104}$$

和

$$\phi_o(x) = 0.9744A_i \times \sin[0.01386 \times (125 - x)] \tag{4-105}$$

从而可确定出在堆芯引入第二种材料后，反应堆的功率峰因子为

$$F_Q = 1.52 \tag{4-106}$$

对比裸堆时的情形，功率峰因子也有所减小。

和图 4-7 相类似，图 4-8 给出了本例题两种情况下的中子通量密度分布，由该图可直观看到在堆芯中心布置 k_∞ 较小(即增殖特性较弱)的材料后，反应堆内中子通量密度分布整体上就变得更平坦，从而实现了功率分布展平的目的。

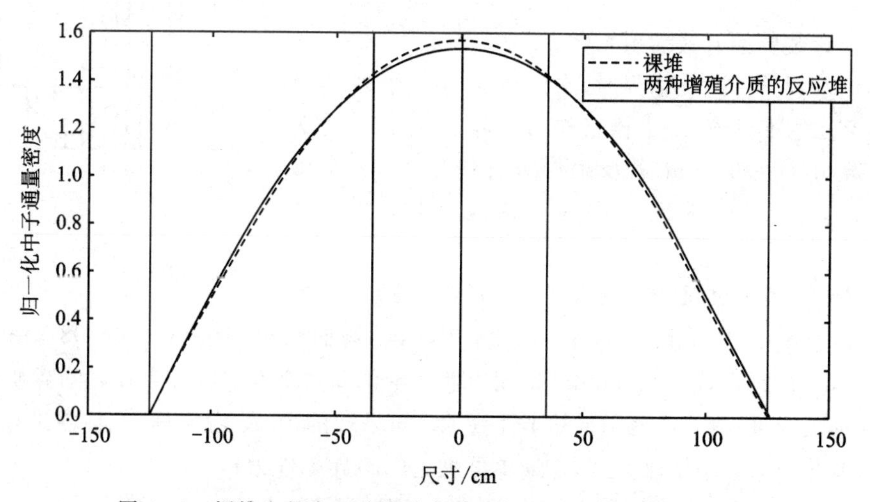

图 4-8 裸堆和具有两种增殖介质反应堆的中子通量密度分布

值得指出的是，把反应性较低的核燃料布置在堆芯内区，而把反应性较高的核燃料布置在堆芯外区，这样的分区核燃料装载方式在实际工程上应用广泛。本算例通过一个高度简化的模型从物理上揭示了分区装载方式在展平堆芯功率分布方面的作用。

更多的在实际反应堆工程上应用的堆芯功率分布展平措施将在教材后续章节加以介绍。

参考文献

[1] 拉马什.核反应堆理论导论[M].洪流,译.北京:原子能出版社,1977.
[2] 谢仲生.核反应堆物理分析[M].3版.北京:原子能出版社,1994.
[3] 谢仲生,张少泓.核反应堆物理理论与计算方法[M].西安:西安交通大学出版社,2000.
[4] 格拉斯登,爱德仑.原子核反应堆理论纲要[M].和平,译.北京:科学出版社,1958.
[5] 杜德斯塔特,汉密尔顿.核反应堆分析[M].吕应中,译.北京:原子能出版社,1980.

习　　题

1. 试求边长为 a、b、c(包括外推距离)的长方体裸堆的几何曲率和中子通量密度分布。设有一边长 $a=b=0.5$ m,$c=0.6$ m(包括外推距离)的长方体裸堆,$L=0.043\ 4$ m,$\tau=0.6$ m^2。

(1) 求达到临界时所必须的 k_∞;

(2) 如果功率为5 000 kW,$\Sigma_f=4.01$ m^{-1},求中子通量密度分布。

2. 设一重水-铀反应堆堆芯的 $k_\infty=1.28$,$L^2=1.8\times10^{-2}$ m^2,$\tau=1.20\times10^{-2}$ m^2。试按单群理论,修正单群理论的临界方程分别求出该芯部的材料曲率和达到临界时总的中子不泄漏概率。

3. 设有圆柱形铀-水栅格装置,$R=0.50$ m,水位高度 $H=1.0$ m,设栅格参数为:$k_\infty=1.19$,$L^2=6.6\times10^{-4}$ m^2,$\tau=0.50\times10^{-2}$ m^2。

(1) 试求该装置的有效增殖系数 k_{eff};

(2) 当该装置恰好达到临界时,水位高度 H 等于多少?

(3) 设某压水堆以该铀-水栅格作为芯部,堆芯的尺寸为 $R=1.66$ m,$H=3.50$ m,若反射层节省估算为 $\delta_r=0.07$ m,$\delta_H=0.1$ m。试求反应堆的初始反应性 ρ_0(见图4-9)。

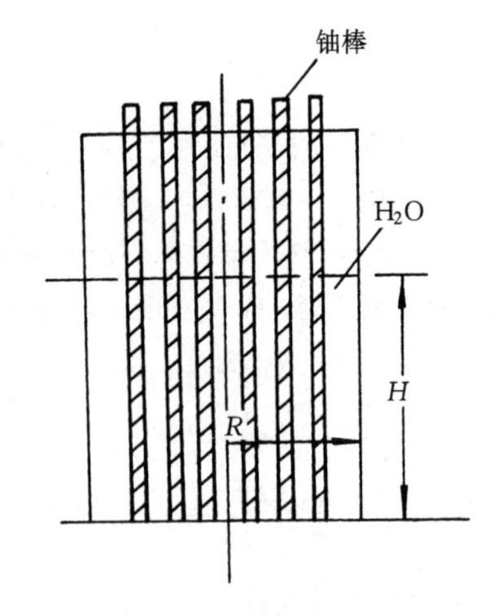

图 4-9 铀-水栅格示意图

4. 一球形裸堆,其中燃料^{235}U(密度为 18.7×10^3 kg/m^3)均匀分布在石墨中,原子数之比 $N_C/N_5=10^4$,有关截面数据如下:$\sigma_a^C=0.003$ b;$\sigma_f^5=584$ b;$\sigma_\gamma^5=105$ b;$\nu=2.43$,$D=0.009$ m,试用单群理论估算这个堆的临界半径和临界质量。

5. 一球壳形反应堆,内半径为 R_1,外半径为 R_2,如果球的内、外均为真空,且内半径小到使得球壳内表面处的净中子流为零,求证单群理论的临界条件为

$$\tan BR_2=\frac{\tan BR_1-BR_1}{1+BR_1\tan BR_1}$$

6. 用单群理论求出下列热中子反应堆的临界方程和中子通量密度分布

(1) 无限长圆柱体堆,无限厚反射层;

(2) 高度为 H 的圆柱体堆,侧面有无限厚反射层;

(3) 上、下端部带有厚度为 T 的圆柱体反应堆；

(4) 球形堆，无限厚反射层；

(5) 长方体堆，一个方向有厚度等于 T 的反射层。

7. 一由纯^{235}U 金属($\rho=18.7\times10^3\ \mathrm{kg/m^3}$)组成的球形快中子堆，其周围包以无限厚的纯^{238}U($\rho=19.0\times10^3\ \mathrm{kg/m^3}$)，试用单群理论计算其临界质量，单群常数如下：

^{235}U：$\sigma_f=1.5\ \mathrm{b}$，$\sigma_a=1.78\ \mathrm{b}$，$\Sigma_{tr}=35.4\ \mathrm{m^{-1}}$，$\nu=2.51$；^{238}U：$\sigma_f=0$，$\sigma_a=0.18\ \mathrm{b}$，$\Sigma_{tr}=35.4\ \mathrm{m^{-1}}$。

8. 试证明有限高半圆柱体反应堆内中子通量密度分布和几何曲率为(见图 4-10)

$$\phi(r,z,\mu)=AJ_1\left(\frac{x_1 r}{R}\right)\sin\theta\cos\left(\frac{\pi z}{H}\right)$$

$$B_g^2=\left(\frac{x_1}{R}\right)^2+\left(\frac{\pi}{H}\right)^2$$

其中：$x_1=3.89$ 是 $J_1(x)$的第一个零点，即 $J_1(x_1)=0$。

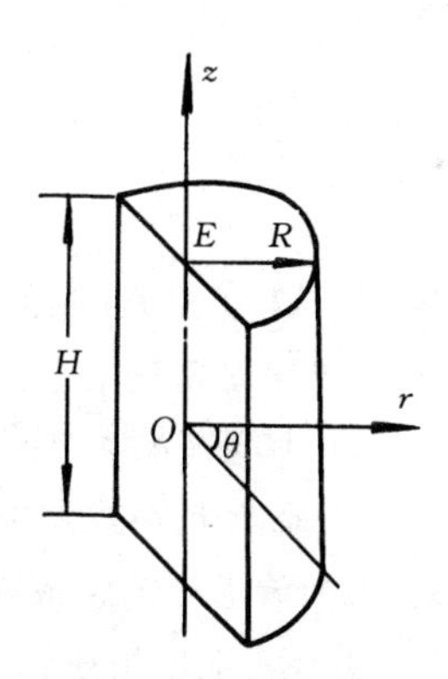

图 4-10　有限高半圆柱堆

9. 设有内半径为 R_1，外半径为 R_2 的圆柱体反应堆。内外都是反射层，外部反射层厚度为 T，试求其临界方程。

10. 设有均匀圆柱体裸堆，其材料曲率等于 B_m^2，试求：

(1) 使临界体积为最小的 R/H 值；

(2) 最小临界体积 V 与 B_m^2 的关系。

11. 设有一由纯^{239}Pu($\rho=14.4\times10^3\ \mathrm{kg/m^3}$)组成的球形快中子临界裸堆，试用下列单群常数：$\nu=2.19$，$\sigma_f=1.85\ \mathrm{b}$，$\sigma_\gamma=0.26\ \mathrm{b}$，$\sigma_{tr}=6.8\ \mathrm{b}$ 计算其临界半径与临界质量。

12. 试求下列等效裸堆内热中子通量密度的最大值与平均值之比，即热中子通量密度的不均匀系数：

(1) 半径为 R 的球形堆，反射层节省为 δ_T；

(2) 半径为 R，高度为 H 的圆柱体堆，反射层节省分别为 δ_r 和 δ_H；

(3) 边长为 a、b、c 的长方体形堆，反射层节省分别为 δ_x、δ_y、δ_z。

13. 一圆柱体反应堆，径向没有反射层，顶部反射层厚度为 T_2，底部反射层厚度为 T_1，试用单群理论导出该堆的临界方程。

14. 设有一 Be 正圆柱，内均匀含有^{235}U，圆柱高 0.40 m，半径为 0.20 m，置于地面上，圆柱体的核参数如下：

Be：$\Sigma_{tr}=47.6\ \mathrm{m^{-1}}$，$\Sigma_a=0.13\ \mathrm{m^{-1}}$，$V_{Be}/V_{总}\approx1$；^{235}U：$\sigma_f=524\ \mathrm{b}$；$\sigma_a=618\ \mathrm{b}$，$N_5/N_{Be}=0.17\times10^3$。

(1) 试用单群理论验证此圆柱体是否处于临界；

(2) 设偶尔将一高 0.80 m 的水桶置于圆柱体上($D_{H_2O}=0.16\times10^{-2}\ \mathrm{m}$，$L_{H_2O}=0.028\ 5\ \mathrm{m}$)。问圆柱体处于什么状态？有效增殖系数 k_{eff} 为多少？

15. 一维平板反应堆由三区组成：$x<0$ 为真空；$0\leqslant x\leqslant a$ 为增殖介质；$x>a$ 为无限反射层。试求单群临界方程。

16. 设有如图 4-11 所示的一维无限平板反应堆。中间区域(Ⅰ)的 $k_\infty^{\mathrm{I}}=1$，厚度 $2b$ 为已知，两侧区域(Ⅱ)的 $k_\infty^{\mathrm{II}}>1$，试用单群理论导出确定临界尺寸 a 的公式及临界时中子通量密度的分布。说明尺寸 b 对临界尺寸有无影响及其理由。

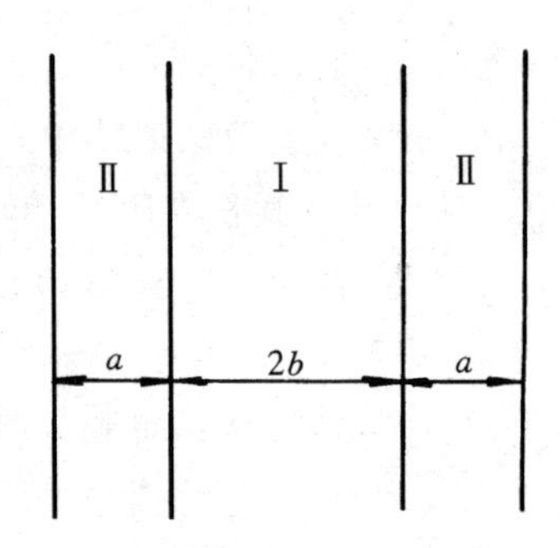

图 4-11　平板反应堆

17. 设有高度为 H(端部无反射层)径向为双区的圆柱体反应堆,中心为通量密度展平区,要求中子通量密度等于常数,假定单群理论可以适用。试求:

(1) 中心区的 k_∞ 应等于多少;

(2) 临界判别式及中子通量密度分布。

18. 一个球形堆的组成如下:中央是由易裂变同位素和慢化剂均匀混合物组成的芯部,其半径为 a,无限增殖系数 $k_\infty^a>1$;外围是由天然铀和慢化剂均匀混合物组成的再生区,其半径为 b,无限增殖系数 $k_\infty^b<1$。写出单群临界方程,并给出整个堆内的中子通量密度表达式。

第 5 章

多群中子扩散理论

前面章节应用简单的单群假设对中子扩散问题和反应堆临界理论进行了讨论，这时假设反应堆内所有的中子都具有相同的能量。而事实上反应堆内的中子能量覆盖相当宽的范围，且中子与各种材料原子核的相互作用截面又与中子能量密切相关。因此不难理解，对于实际工程设计中的大多数问题，单群模型是不适用的，必须采用更为严格和复杂的考虑与能量相关的中子慢化与扩散模型。本章将首先建立起与能量相关的中子扩散方程，然后介绍目前广泛应用的对能量变量的近似处理方法——分群方法，建立多群中子扩散方程，并扼要介绍群常数的计算方法，接着围绕实际中最常用的双群模型，介绍相关的理论知识。最后介绍多群扩散方程的数值求解方法。

5.1 与能量相关的中子扩散方程和分群扩散理论

5.1.1 与能量相关的中子扩散方程

前面在 3.1.3 节中，我们通过分析相空间一定微元(体积)内的中子平衡关系，建立起了中子产生率、吸收率、泄漏率和中子数密度对时间变化率之间的关系，得到单群中子扩散方程(3-33)。它表征单位体积元内中子数的平衡关系。

在本节中，我们将利用类似的方法，来建立与能量相关的中子扩散方程。不难理解，在现在的情况下，相空间的微元应是空间位置 $\boldsymbol{r}(x,y,z)$ 附近单位体积、能量 E 附近的单位能量间隔。接下来，我们同样来分析该微元内的中子产生和消失过程。

泄漏率 若用 $\boldsymbol{J}(\boldsymbol{r},E)$ 表示 $\boldsymbol{r}$ 处能量为 E 的中子的净流密度，则由前面单群扩散方程的推导过程可知，$\boldsymbol{r}$ 处单位体积内中子的净泄漏率为

$$L = \mathrm{div}\boldsymbol{J}(\boldsymbol{r},E)$$

在扩散近似下，中子流密度 $\boldsymbol{J}(\boldsymbol{r},E)$ 可以由菲克定律式(3-27)简单地给出，即

$$\boldsymbol{J}(\boldsymbol{r},E) = -D(\boldsymbol{r},E)\mathrm{grad}\phi(\boldsymbol{r},E)$$

这里 $D(\boldsymbol{r},E)$ 是空间 $\boldsymbol{r}$ 处能量为 E 的中子的扩散系数。

这样，相空间内微元的中子泄漏率就可写成

$$L = \mathrm{div}\boldsymbol{J}(\boldsymbol{r},E) = -\mathrm{div}D(\boldsymbol{r},E)\mathrm{grad}\phi(\boldsymbol{r},E) = -\nabla\cdot D\nabla\phi(\boldsymbol{r},E)$$

损失率 针对目前讨论的问题，相空间微元内的中子损失除了因被介质吸收外，还应包括因与介质原子核发生散射反应，使中子能量发生变化，从而移出了 E 附近的单位能量间隔。因此，总的中子损失率应包括吸收损失和由于散射引起的损失两个部分，有

$$R = (\Sigma_s(\boldsymbol{r},E) + \Sigma_a(\boldsymbol{r},E))\phi(\boldsymbol{r},E) = \Sigma_t(\boldsymbol{r},E)\phi(\boldsymbol{r},E)$$

产生率 微元内的中子产生项在最普遍的情况下可能有三种来源，即由独立于系统的外加中子源直接产生，由系统内其它能量的中子经介质原子核散射后进入微元或者是由系统内

发生核裂变反应，产生出新的中子直接落入微元。为表述方便，一般把上述三种来源分别简称为外源、散射源和裂变源。设用 $S(\boldsymbol{r},E,t)$、$Q_s(\boldsymbol{r},E,t)$ 和 $Q_f(\boldsymbol{r},E,t)$ 分别表示 t 时刻的外源、散射源和裂变源，其中根据前面第 2 章中子慢化的讨论，散射源可写成

$$Q_s(\boldsymbol{r},E,t)=\int_0^{\infty}\Sigma_s(\boldsymbol{r},E')f(E'\rightarrow E)\phi(\boldsymbol{r},E',t)\mathrm{d}E'$$

这里的 $f(E'\rightarrow E)$ 就是第 2 章中所定义的散射函数，表示碰撞前中子能量为 E'，碰撞后中子能量落入 E 附近单位能量间隔的概率。为简便起见，通常把 $\Sigma_s(\boldsymbol{r},E')f(E'\rightarrow E)$ 简写成 $\Sigma_s(\boldsymbol{r},E'\rightarrow E)$ 的形式。

而裂变源项根据第 1 章核裂变过程的描述可写成

$$Q_f(\boldsymbol{r},E,t)=\chi(E)\int_0^{\infty}\nu(E')\Sigma_f(\boldsymbol{r},E')\phi(\boldsymbol{r},E',t)\mathrm{d}E'$$

这里整个积分项代表 t 时刻由系统内所有不同能量的中子诱发介质原子核裂变而新产生的中子数，而 $\chi(E)$ 则是裂变中子的能谱分布。显然这两者的乘积就代表了核裂变中子落入微元的数量。

根据相空间微元内中子数的变化率等于中子产生率与消失率之差，可以建立起如下形式的与能量相关的中子扩散方程

$$\frac{1}{v}\frac{\partial\phi(\boldsymbol{r},E,t)}{\partial t}=\nabla\cdot D\nabla\phi(\boldsymbol{r},E,t)-\Sigma_t(\boldsymbol{r},E)\phi(\boldsymbol{r},E,t)+\int_0^{\infty}\Sigma_s(\boldsymbol{r},E'\rightarrow E)\phi(\boldsymbol{r},E',t)\mathrm{d}E'+$$
$$\chi(E)\int_0^{\infty}\nu(E')\Sigma_f(\boldsymbol{r},E')\phi(\boldsymbol{r},E',t)\mathrm{d}E'+S(\boldsymbol{r},E,t)\tag{5-1}$$

在稳态和无外源的情况下，与能量相关的中子扩散方程就变为

$$-\nabla\cdot D\nabla\phi(\boldsymbol{r},E)+\Sigma_t(\boldsymbol{r},E)\phi(\boldsymbol{r},E)$$
$$=\int_0^{\infty}\Sigma_s(\boldsymbol{r},E'\rightarrow E)\phi(\boldsymbol{r},E')\mathrm{d}E'+\chi(E)\int_0^{\infty}\nu(E')\Sigma_f(\boldsymbol{r},E')\phi(\boldsymbol{r},E')\mathrm{d}E'$$

需要指出的是，上式只是对于临界系统才是成立的，在一般情况下(任意给定系统大小和材料成分)，上式并不一定成立(也就是反应堆并不自动处于稳态)。仿照前面第 4 章单群情况下的处理方法(4.2.2 节)，对于一般情况，可以采用在方程右端裂变源项中除以有效增殖系数 k_{eff}，从而人为地使其达到临界平衡状态。若原来的问题是次临界的，则我们取一个小于 1 的 k_{eff}，亦即相当于人为地提高裂变产生的中子数 ν，反之若系统是超临界的，则应除以大于 1 的 k_{eff} 值，也可以使其达到临界，当系统临界时，$k_{\mathrm{eff}}=1$。因此对于任意含增殖介质的系统都可以写出与能量相关的稳态中子扩散方程为

$$-\nabla\cdot D\nabla\phi(\boldsymbol{r},E)+\Sigma_t(\boldsymbol{r},E)\phi(\boldsymbol{r},E)$$
$$=\int_0^{\infty}\Sigma_s(\boldsymbol{r},E'\rightarrow E)\phi(\boldsymbol{r},E')\mathrm{d}E'+\frac{\chi(E)}{k_{\mathrm{eff}}}\int_0^{\infty}\nu(E')\Sigma_f(\boldsymbol{r},E')\phi(\boldsymbol{r},E')\mathrm{d}E'\tag{5-2}$$

不难理解，对于一个具体的反应堆系统，任意选取一个 k 值，并不能保证方程(5-2)有非零解。因此，方程(5-2)从数学上说是一个特征值问题，在求解时，必须同时确定方程的特征值 k 和对应的特征函数 $\phi(\boldsymbol{r},E)$。而系统的基波特征值 k_{eff} 和与其对应的基波特征函数(即稳态中子通量密度分布)就是满足该特征值问题的一组解，也是实践中最关心、也最常求解的一组解。

5.1.2　分群近似方法及多群中子扩散方程

方程(5-2)中除含有空间变量 $\boldsymbol{r}$ 外,还含有能量变量 E,在绝大多数情况下都无法解析求解,只能应用近似方法来求解。在反应堆工程中对能量变量 E 的处理最常用的是“分群近似”方法,它是当前工程上被广泛采用和最有效的方法。

在分群近似方法中,把中子能量按大小(最高能量记为 E_0,最低能量记为 E_G,通常 $E_G=0$)划分成为 G 个能区:(E_0,E_1),(E_1,E_2),…,(E_{g-1},E_g),…,(E_{G-1},E_G),每一个能量区间称为一个**能群**。能群的编号 $g=1,\cdots,G$ 随着中子能量的下降而增加(见图 5-1)。然后,在每一能群内不再关注中子能量具体的差异,而是将其视作一个整体来探讨其和原子核相互作用的规律。

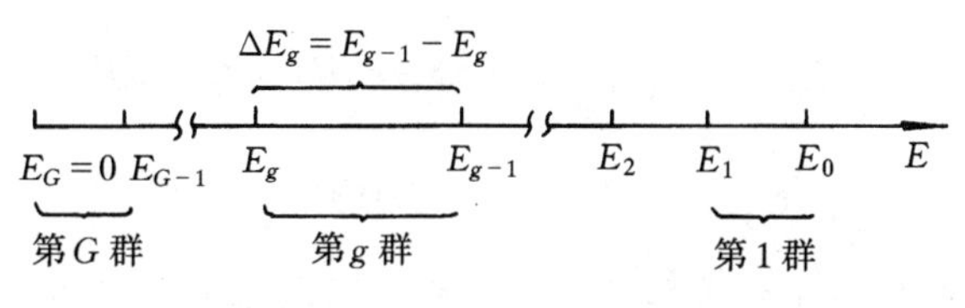

图 5-1　中子能群的划分

为获得描述各能群中子和介质原子核相互作用规律的方程,在每一能群区间 ΔE_g 内对方程(5-2)进行积分,这样就消去了方程中的变量 E,于是便得到 G 个不含能量变量的中子扩散方程,其中第 g 群的扩散方程为

$$-\boldsymbol{\nabla}\cdot\int_{\Delta E_g} D\boldsymbol{\nabla}\phi\mathrm{d}E+\int_{\Delta E_g}\Sigma_{\mathrm{t}}\phi\mathrm{d}E=\int_{\Delta E_g}\mathrm{d}E\int_0^{\infty}\Sigma_{\mathrm{s}}(\boldsymbol{r},E'\rightarrow E)\phi(\boldsymbol{r},E')\mathrm{d}E'+$$
$$\frac{1}{k_{\mathrm{eff}}}\int_{\Delta E_g}\chi(E)\mathrm{d}E\int_0^{\infty}\nu(E')\Sigma_{\mathrm{f}}(\boldsymbol{r},E')\phi(\boldsymbol{r},E')\mathrm{d}E',\quad g=1,\cdots,G \tag{5-3}$$

为表述简洁起见,这里除非必要,否则就略去了部分函数里的自变量。式中:$\Delta E_g=E_{g-1}-E_g$,E_{g-1}、E_g 分别是 g 群的能量上界和下界。

通过定义一些能群平均参量,可以使方程(5-3)在形式上得到简化。首先定义在空间 $\boldsymbol{r}$ 处第 g 群的中子通量密度为

$$\phi_g(\boldsymbol{r})=\int_{E_g}^{E_{g-1}}\phi(\boldsymbol{r},E)\mathrm{d}E \tag{5-4}$$

容易看出,$\phi_g(\boldsymbol{r})$就是空间 $\boldsymbol{r}$ 处 g 群内各种能量中子的总通量密度。然后,定义 g 群的总截面为

$$\Sigma_{\mathrm{t},g}=\frac{1}{\phi_g}\int_{\Delta E_g}\Sigma_{\mathrm{t}}(E)\phi(\boldsymbol{r},E)\mathrm{d}E \tag{5-5}$$

g 群的扩散系数为

$$D_g=\frac{\int_{\Delta E_g}D(\boldsymbol{r},E)\,\boldsymbol{\nabla}\phi(\boldsymbol{r},E)\mathrm{d}E}{\int_{\Delta E_g}\boldsymbol{\nabla}\phi(\boldsymbol{r},E)\mathrm{d}E} \tag{5-6}$$

将能量范围划分成 G 个能群后,方程(5-3)中的散射源可以写成

$$\int_{\Delta E_g}\mathrm{d}E\int_0^{\infty}\Sigma_{\mathrm{s}}(\boldsymbol{r},E'\rightarrow E)\phi(\boldsymbol{r},E')\mathrm{d}E'=\sum_{g'=1}^{G}\int_{\Delta E_g}\mathrm{d}E\int_{\Delta E'_g}\Sigma_{\mathrm{s}}(\boldsymbol{r},E'\rightarrow E)\phi(\boldsymbol{r},E')\mathrm{d}E'$$
$$=\sum_{g'=1}^{G}\Sigma_{g'\rightarrow g}\phi_{g'}(\boldsymbol{r}) \tag{5-7}$$

这里，定义群转移截面 $\Sigma_{g'\to g}$ 为

$$\Sigma_{g'\to g}=\frac{1}{\phi_{g'}}\int_{\Delta E_g}\mathrm{d}E\int_{\Delta E_g'}\Sigma_{\mathrm{s}}(\boldsymbol{r},E'\to E)\phi(\boldsymbol{r},E')\mathrm{d}E' \tag{5-8}$$

因而，$\Sigma_{g'\to g}\phi_{g'}$ 便表示每秒、每单位体积内 g' 群中子经受散射碰撞后，能量落到 g 群内的中子数。因为散射包括弹性散射和非弹性散射，所以 $\Sigma_{g'\to g}$ 也应包括弹性(散射)转移截面和非弹性(散射)转移截面。另外，根据群转移截面的定义，不难理解第 g 群散射截面 $\Sigma_{\mathrm{s},g}$ 和群转移截面之间有如下的关系：

$$\Sigma_{\mathrm{s},g}=\sum_{g'=1}^{G}\Sigma_{g'\to g} \tag{5-9}$$

同样对裂变反应，分别定义 g 群的中子产生截面 $(\nu\Sigma_{\mathrm{f}})_g$ 和中子裂变谱如下

$$(\nu\Sigma_{\mathrm{f}})_g=\frac{1}{\phi_g}\int_{\Delta E_g}\nu(E)\Sigma_{\mathrm{f}}(\boldsymbol{r},E)\phi(\boldsymbol{r},E)\mathrm{d}E \tag{5-10}$$

$$\chi_g=\int_{\Delta E_g}\chi(E)\mathrm{d}E \tag{5-11}$$

这样，利用上述新定义的能群平均参数式(5-3)就可以写成如下形式：

$$-\nabla\cdot D_g\nabla\phi_g(\boldsymbol{r})+\Sigma_{\mathrm{t},g}\phi_g(\boldsymbol{r})=\sum_{g'=1}^{G}\Sigma_{g'\to g}\phi_{g'}(\boldsymbol{r})+\frac{\chi_g}{k_{\mathrm{eff}}}\sum_{g'=1}^{G}(\nu\Sigma_{\mathrm{f}})_{g'}\phi_{g'}(\boldsymbol{r})$$
$$g=1,2,\cdots,G \tag{5-12}$$

这就是无外源条件下的稳态多群中子扩散方程。和第 4 章中给出的稳态单群中子扩散方程相比，该方程虽然形式上更复杂了，但其所表达的物理含义几乎是相同的。针对具体的问题求解该方程，就可获得系统的 k_{eff} 和系统内详细的空间-能谱分布。容易看出，由于每一能群右端散射源项和裂变源项的计算涉及待求的所有能群的中子通量密度，因此多群中子扩散方程是一个需联立求解的耦合方程组。这样就不难理解，从实际应用的角度，究竟选择多少数目的能群来开展具体问题的分析计算是一个需要仔细权衡的问题。因为，单纯从减少分群近似模型误差的角度，显然能群数越多越好，但那样势必导致需联立求解的方程数目变多，求解难度和计算量相应增大。

方程中出现的 D_g、$\Sigma_{\mathrm{t},g}$、$\Sigma_{g'\to g}$ 等代表该能群中子和介质原子核相互作用规律平均特性的参数，称为群常数。由于群常数是求解多群中子扩散方程时的输入参数，因此，分群近似模型所得结果的精度在很大程度上依赖于所采用的群常数精度。针对一个具体的问题，如何建立起一套能准确反应中子核特性的“群常数”是分群近似方法中最核心、也最困难的。下一节将对群常数的制作与计算方法作一简要的介绍，更具体的群常数制作方法将在下一章中加以介绍。

5.1.3　群常数的计算

观察一下群常数的定义就会发现，要计算群常数必须先要知道中子通量密度 $\phi(\boldsymbol{r},E)$，而它恰恰是我们打算通过求解扩散方程所要计算的函数，在实际中，为了解决该困难，在计算群常数之前往往先要通过一些近似的方法获得一个用于产生群常数的近似的 $\phi(\boldsymbol{r},E)$ 的分布。目前常用的方法一般采用两步近似的方法，即先制作与具体反应堆能谱无关的多群微观常数，然后再根据具体反应堆栅格的几何和材料组成，在多群常数库的基础上，来计算其具体的中子能谱和少群常数。

1. 多群常数

虽然从任何一个经评价的核数据库(1.5 节)中我们都可以获得反应堆物理分析所需要的各种材料在不同能量处的核截面数据，但是在反应堆物理计算中，我们并不直接应用这些评价核数据库。这一方面是因为这些评价核数据库十分庞大，且需要经过一些专门的处理程序才能得到某些能量段的截面，另一方面是因为反应堆物理计算中通常采用分群近似的方法，因此需要的是各个能群内经适当平均后的数值。所以在实际中是从评价核数据库出发，由专门的核数据加工处理软件处理产生“多群常数库”，它才是反应堆物理设计和分析直接使用的核数据库。

所谓**多群**，就是将所讨论的能量区间划分成很多细窄的能群，如目前压水堆工程上所使用的多群常数库，其能群数目少则几十群，多则几百群。对于这样一种精细的能群结构，除了一些核素的共振能区外，微观截面和中子通量密度，在某一群能量范围内的变化是缓慢的。因此，即使对系统内的中子通量密度采用一个近似的能谱，由此所得的群平均参数其精度依然是足够的。为简化起见，在多群常数计算时，通常忽略中子通量密度随空间的变化，即用一个近似的无限介质能谱来代替实际的能谱，如 g 能群微观群截面可以写成

$$\sigma_{x,g}=\frac{1}{\phi_g}\int_{\Delta E_g}\sigma_x(E)\phi(E)\mathrm{d}E,\quad x=a,f,s,\cdots \tag{5-13}$$

这里，微观截面 $\sigma_x(E)$ 的数值由评价核数据库提供，中子能谱 $\phi(E)$ 严格地说是与反应堆堆型和具体材料结构有关的。但从第 2 章中关于反应堆中子能谱的介绍可知，对于大多数反应堆，在高能中子区域(如 $E>1$ MeV 以上)，其中子能谱基本与核燃料原子核的裂变谱 $\chi(E)$ 接近，在中能区域近似服从 $1/E$ 谱分布，而在热中子区域则基本接近于麦克斯韦分布。因此，在目前的多群常数计算中，通常就用这样的近似能谱代入式(5-13)来获得各个核素每一能群的平均微观截面，从而完成多群常数库主体部分的制作。

对一些对堆芯物理分析计算结果会有显著影响的重要共振核素，如 ^{238}U，由于其截面在共振能附近很窄的能区内存在剧烈的变化，且变化的程度受介质温度影响(多普勒效应)，因此其共振群常数与具体的介质温度和能量自屏程度相关。容易理解，对这样的核素，当用一个与具体问题无关的近似能谱作为权重函数去产生其共振群常数时，最终所得结果会和实际情况有较大的出入，因此为了给下游利用与真实问题更接近的中子能谱作为权重函数来产生这些共振核素共振能区的群常数，一般在多群常数库中还会针对重要的共振核素补充提供不同介质温度以及不同能量自屏下的群常数表。

按上述方法制作的多群常数库，只要能群数目足够多，就可以做到与具体的堆型、系统的具体成分及几何形状大小等没有密切的关系。

2. 少群常数

所谓**少群**，习惯上是指能群的数目在 2～4 群以内。多群常数库虽然已经针对每个核素给出了能谱平均的微观群常数，但却不适合直接应用于反应堆物理分析中，其中的一个原因就是能群的数量太大，这样在用数值方法求解多群中子扩散方程时就会耗费大量的计算工作量，特别是那些需要重复求解多群中子扩散方程的燃料管理和堆芯装料方案的优化计算，若采用多群计算，几乎无法在工程可承受的时间内完成。因此，在实际反应堆堆芯物理计算中更广泛应用少群模型来作堆芯分析计算，例如，对压水堆最常用的就是双群模型。

在进行少群常数计算时，由于能群的区间比较大，单一能群内中子截面和中子能谱变化也比较显著，而且与具体的反应堆结构和成分关系密切，若用一个与堆型无关的统一的近似能谱来描述势必带来大的误差。因此必须根据实际的堆芯或栅元结构来产生用于制作少群常数的近似能谱分布。通常的做法是利用前面求出的多群微观常数库，对所讨论的堆芯栅元或燃料组件求解多群中子输运方程，求出近似的栅元或组件的多群中子能谱分布 $\phi_n(\boldsymbol{r})$ 来，然后根据群常数的定义按以下公式归并，产生出所需要的少群常数。

$$\Sigma_{x,g}=\frac{\sum\limits_{n\in g}\Sigma_{x,n}\phi_n}{\sum\limits_{n\in g}\phi_n},\quad x=a,f,\cdots \tag{5-14}$$

$$\Sigma_{g'\to g}=\frac{\sum\limits_{n\in g}\sum\limits_{n'\in g'}\Sigma_{n'\to n}\phi_{n'}}{\sum\limits_{n'\in g'}\phi_{n'}} \tag{5-15}$$

式中：符号 n 和 g 分别表示多群和少群的标号；$\sum\limits_{n\in g}$ 表示对位于 g 群内的所有多群的群号 n 求和。

综上所述，我们可以将堆芯分析计算所需的少群常数的计算流程归纳为如图 5－2 所示的示意图。

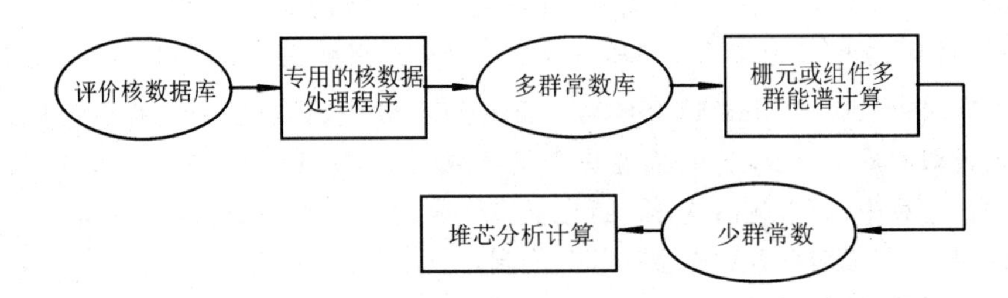

图 5－2　少群常数产生流程示意图

由于少群参数的精度在很大程度上决定了分群扩散近似的精度，因此，少群常数的计算一直是反应堆物理中重要的研究内容。关于这部分内容将在第 6 章中予以详细讨论。

5.2　双群扩散理论

所谓**双群**，就是把堆内的中子按能量大小划分为两群，通常的做法：热中子归为一群，称为热群；能量高于某个分界能 E_c 的中子归为一群，称为快群。两群之间的分界能，对于水堆约为 0.6～1 eV，而对于高温气冷堆，可以高到 2.5 eV。双群扩散理论在目前的轻水堆物理分析中有着十分广泛的应用，大量的应用实践证明，对于热中子反应堆，应用相对较为简单的双群理论就可以得到满足工程精度要求的结果。

5.2.1　双群中子扩散方程

很显然，双群近似是 5.1.2 节所讨论的分群近似的一种具体情形，因此，由式(5－12)给出的多群中子扩散方程，很容易得出双群中子扩散方程具有如下的形式：

$$-D_1\nabla^2\phi_1(r)+\Sigma_{t1}\phi_1(r)=[\Sigma_{1\to1}\phi_1(r)+\Sigma_{2\to1}\phi_2(r)]+\frac{\chi_1}{k_{eff}}[\nu\Sigma_{f1}\phi_1(r)+\nu\Sigma_{f2}\phi_2(r)] \tag{5-16}$$

$$-D_2\nabla^2\phi_2(r)+\Sigma_{t2}\phi_2(r)=[\Sigma_{1\to2}\phi_1(r)+\Sigma_{2\to2}\phi_2(r)]+\frac{\chi_2}{k_{eff}}[\nu\Sigma_{f1}\phi_1(r)+\nu\Sigma_{f2}\phi_2(r)] \tag{5-17}$$

方程中出现的 D、Σ_t、$\nu\Sigma_f$ 和 $\Sigma_{1\to2}$ 等参数就是双群群常数。虽然根据 5.1.2 节普遍情况下群常数的定义，我们不难理解每一个群常数的具体含义，如 D_1 和 D_2 分别为快群和热群的扩散系数，$\nu\Sigma_{f1}$ 和 $\nu\Sigma_{f2}$ 分别为快群和热群的中子产生截面等，对双群这一应用最普遍的情形，人们对某些群常数赋予了含义更清晰的称谓。如称参数 $\Sigma_{2\to1}$ 为上散射截面，即表达中子自能量低的能群（热群）向能量高的能群（快群）（“向上”）散射概率大小的截面。$\Sigma_{1\to1}$ 和 $\Sigma_{2\to2}$ 分别为快群和热群的自散射截面，分别代表快、热群中子经介质原子核散射后其能量依然落在本群内的概率大小。

式(5－16)和式(5－17)仅仅是机械地将式(5－12)应用于双群情形的结果，若考虑双群近似的具体物理图像，则式(5－16)和式(5－17)可以得到进一步的简化。考虑到通常所选用的快热群的分界能 E_c 足够的低，低到没有中子是核裂变产生后其能量直接小于 E_c 的，亦即没有热中子由核裂变直接产生，这样自然有 $\chi_1=1$，$\chi_2=0$。再则，低的分界能也决定了热中子在大多数情况下都不可能经介质原子核散射后获得能量而成为快中子，亦即在大多数情况下都有 $\Sigma_{2\to1}=0$，这样式(5－16)和式(5－17)给出的双群方程就可以得到显著的简化，即有

$$-D_1\nabla^2\phi_1(r)+\Sigma_{t1}\phi_1(r)=\Sigma_{1\to1}\phi_1(r)+\frac{1}{k_{eff}}[\nu\Sigma_{f1}\phi_1(r)+\nu\Sigma_{f2}\phi_2(r)]$$

$$-D_2\nabla^2\phi_2(r)+\Sigma_{t2}\phi_2(r)=\Sigma_{1\to2}\phi_1(r)+\Sigma_{2\to2}\phi_2(r)$$

再由总截面的定义可知上述两式左端的 $\Sigma_t\phi(r)$ 项中，都包含有各自能群的自散射项，可以和方程右端自散射源项互相抵消，这样就可获得实际应用中最常见的双群扩散方程的形式为

$$-D_1\nabla^2\phi_1(r)+\Sigma_r\phi_1(r)=\frac{1}{k_{eff}}[\nu\Sigma_{f1}\phi_1(r)+\nu\Sigma_{f2}\phi_2(r)] \tag{5-18}$$

$$-D_2\nabla^2\phi_2(r)+\Sigma_{a2}\phi_2(r)=\Sigma_{1\to2}\phi_1(r) \tag{5-19}$$

式中：Σ_r 常称为快群的移出截面，$\Sigma_r=\Sigma_{a1}+\Sigma_{1\to2}$，它代表快中子由于吸收反应和向热群的散射（向下散射）而“移出”快群的概率大小。

*5.2.2　双群中子扩散方程的解析求解

在第 4 章介绍均匀反应堆的临界理论时曾演示了如何用解析方法来求解均匀裸堆或一个坐标方向带有反射层反应堆的单群中子扩散问题。现在当将分群近似方法由最简单的单群模型拓展到稍复杂的双群模型时，自然容易产生疑问：原先在单群近似下可解析求解的那些问题，是否还能解析求解？答案是肯定的。但由于在双群情况下，在每个体积元内都需联立求解快群和热群中子扩散问题，因此，即使对均匀裸堆这样简单的问题，双群中子扩散方程的解析求解也较为复杂，针对实际中遇到的比均匀裸堆更复杂的问题，双群中子扩散方程都只能依靠数值方法近似求解。但是鉴于解析求解方法可为发展相关的数值计算方法奠定基础，且解析求解过程所建立起来的相关物理认识对读者也大有裨益，因此本小节仍将对双群扩散问题的

解析求解方法予以扼要的介绍。

和单群模型相比，双群模型新增加的困难是快群和热群中子通量密度必须联立才能求解。容易想到，若通过一定的手段能实现快热群之间的脱耦，则双群模型就应可以转换成单群的形式加以求解。因此，实现快热群之间的解耦是解析求解双群问题的关键。把需联立求解的快群和热群中子通量密度写成如下函数矢量的形式

$$\boldsymbol{\Phi}(r)=\begin{bmatrix}\phi_1(r)\\ \phi_2(r)\end{bmatrix} \tag{5-20}$$

并对双群中子扩散方程组(5-18)和(5-19)进行整理，可获得如下非常简洁的形式

$$\nabla^2\boldsymbol{\Phi}(\boldsymbol{x})+\boldsymbol{A}\boldsymbol{\Phi}(\boldsymbol{x})=\boldsymbol{0} \tag{5-21}$$

这里算符∇^2作用于函数矢量$\Phi(x)$上表示将其作用于该函数矢量的每一个分量上，而$\boldsymbol{A}$则为与函数矢量相作用的一个 2×2 的矩阵，$\boldsymbol{0}$为两个分量均为零的列矢量。由式(5-18)和式(5-19)容易获得

$$\boldsymbol{A}=\begin{bmatrix}\dfrac{\dfrac{\nu\Sigma_{f1}}{k_{eff}}-\Sigma_r}{D_1} & \dfrac{\nu\Sigma_{f2}}{k_{eff}D_1}\\ \dfrac{\Sigma_{1\to2}}{D_2} & \dfrac{\Sigma_{a2}}{D_2}\end{bmatrix} \tag{5-22}$$

其矩阵元中除了待求的k_{eff}外，其余均为已知的双群常数。

运用线性代数相关知识，不难求得$\boldsymbol{A}$矩阵的两个特征值，不妨记为μ^2和$-\nu^2$，有

$$\mu^2=\frac{1}{2}\left[-\left(\frac{1}{L^2}+\frac{1}{\tau}\right)+\sqrt{\left(\frac{1}{L^2}+\frac{1}{\tau}\right)^2+\frac{4(\delta-1)}{\tau L^2}}\right] \tag{5-23}$$

$$\nu^2=\frac{1}{2}\left[\left(\frac{1}{L^2}+\frac{1}{\tau}\right)+\sqrt{\left(\frac{1}{L^2}+\frac{1}{\tau}\right)^2+\frac{4(\delta-1)}{\tau L^2}}\right] \tag{5-24}$$

其中

$$L^2=\frac{D_2}{\Sigma_{a2}},\quad \tau=\frac{D_1}{\Sigma_r-\dfrac{\nu\Sigma_{f1}}{k_{eff}}},\quad \delta=\frac{k'-\dfrac{\nu\Sigma_{f1}}{\Sigma_r}}{k_{eff}-\dfrac{\nu\Sigma_{f1}}{\Sigma_r}} \tag{5-25}$$

$$k'=\frac{\nu\Sigma_{f1}+\nu\Sigma_{f2}\dfrac{\Sigma_{1\to2}}{\Sigma_{a2}}}{\Sigma_r} \tag{5-26}$$

因$\boldsymbol{A}$矩阵元中含有待求的k_{eff}，因此其特征值μ^2和$-\nu^2$也是k_{eff}的函数。

同时也可以求出和μ^2、$-\nu^2$相对应的矩阵$\boldsymbol{A}$的特征向量$\boldsymbol{u}_1$和$\boldsymbol{u}_2$，

$$\boldsymbol{u}_1=\begin{bmatrix}\alpha\\ s_1\alpha\end{bmatrix},\quad \boldsymbol{u}_2=\begin{bmatrix}\beta\\ s_2\beta\end{bmatrix}$$

式中：α和β为待定常数，而

$$s_1=\frac{\dfrac{\Sigma_{1\to2}}{D_2}}{\mu^2+\dfrac{1}{L^2}},\quad s_2=\frac{\dfrac{\Sigma_{1\to2}}{D_2}}{\dfrac{1}{L^2}-\nu^2} \tag{5-27}$$

若记由列矢量$\boldsymbol{u}_1$和$\boldsymbol{u}_2$构成的新的矩阵为$\boldsymbol{U}$，则有如下的关系：

$$\boldsymbol{AU} = \boldsymbol{U\Lambda} \tag{5-28}$$

其中矩阵 $\boldsymbol{\Lambda}$ 为对角阵，有

$$\boldsymbol{\Lambda} = \begin{bmatrix} \mu^2 & \\ & -\nu^2 \end{bmatrix} \tag{5-29}$$

接下来，若引入如下的函数变换

$$\boldsymbol{\Phi}(r) = \boldsymbol{U}\overline{\boldsymbol{\Psi}}(r) \tag{5-30}$$

式中：$\overline{\boldsymbol{\Psi}}(r)$ 为一新的函数矢量，设其两个函数分量分别为 $\varphi_1(x)$ 和 $\varphi_2(x)$。则由方程(5-21)可得

$$\boldsymbol{U}\{\nabla^2\overline{\boldsymbol{\Psi}}(r) + \boldsymbol{\Lambda}\overline{\boldsymbol{\Psi}}(r)\} = \boldsymbol{0}$$

因 $\boldsymbol{U}$ 的元素不为零，所以要使上式成立，就必然要求{}内的项为零。考虑到 $\boldsymbol{\Lambda}$ 为一个对角阵。要求{}内的项为零就是同时要求如下方程成立：

$$\nabla^2\varphi_1(r) + \mu^2\varphi_1(r) = 0 \tag{5-31}$$

$$\nabla^2\varphi_2(r) - \nu^2\varphi_2(r) = 0 \tag{5-32}$$

显然，上述两式都具有波动方程的形式。回顾第 4 章中的求解过程可知，针对具体的问题，通过应用外边界条件等定解条件可确定出式(5-31)和式(5-32)中的 μ^2 和 ν^2 值，同时也可求出对应的特征函数 $\varphi_1(r)$ 和 $\varphi_2(r)$。再根据式(5-23)和式(5-24)提供的 μ^2、ν^2 和系统 k_{eff} 间的关系以及式(5-30)提供的快热群中子通量密度函数和函数 $\varphi_1(r)$ 和 $\varphi_2(r)$ 之间的关系，就可最终获得 k_{eff} 以及系统的两群中子通量密度分布。

5.2.3　芯部和反射层区域的快、热群中子通量密度分布

应用前面小节介绍的方法可解析求解均匀裸堆或一个坐标方向带有中子反射层反应堆的双群中子扩散的问题，其中对有反射层的问题，其双群中子通量密度空间分布的典型曲线如图5-3所示。可以看到，热中子通量密度曲线在芯部-反射层交界面附近有一突起(其程度因反射层材料性质而不同)，这主要是由于反射层内的热中子吸收要比芯部的小，而且反射层的慢化能力要比芯部的慢化能力强，由堆芯泄漏出来的快中子，由于反射层的慢化作用在反射层内大部分都变成了热中子的缘故，前面第 4 章的单群理论中，由于单群理论无法体现出中子的慢

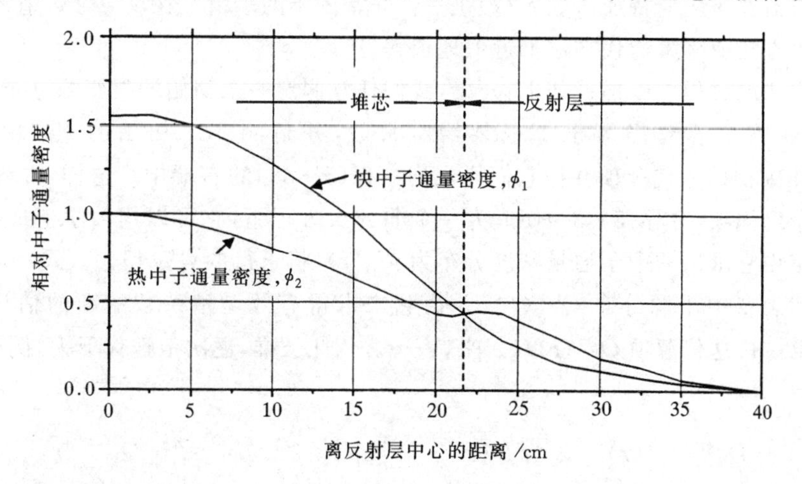

图 5-3　热中子堆内的双群通量密度分布

化过程,因而在中子通量密度分布图(见图 4-7)中,在交界面附近看不到这样的突起。在外推边界上,快中子通量密度和热中子通量密度均等于零。

从图 5-3 中,还可以看到,在芯部内快中子通量密度要比热中子通量密度大得多,且中子通量密度的分布形状也不相同。这主要是因为由裂变产生的中子都是快中子,其中一部分在慢化成为热中子的过程中已泄漏出芯部或被吸收了。在典型的热中子堆中,快中子通量密度一般是热中子通量密度的 2～10 倍。

5.3 多群扩散方程的数值解法

5.2.2 节通过将系数矩阵 $\boldsymbol{A}$ 对角化,实现快、热群中子通量密度方程解耦并最终解析求解中子扩散问题的做法,在多群情况下同样也可应用,只是当 $G>2$ 时,矩阵 $\boldsymbol{A}$ 的特征值只有在极少数的情况下才能解析求解,且一般情况下,会出现复数特征值和特征向量。如果再考虑实际的问题在几何上远比裸堆或一个坐标方向带有反射层反应堆问题来得复杂,因此,即便是用双群近似模型,也不可能解析求解。

数值方法是目前反应堆工程中用于求解双(多)群中子扩散问题的最有效手段。本节对利用计算机数值计算来近似求解多群中子扩散问题的经典方法加以介绍。

5.3.1 源迭代法

在无外源情况下,反应堆多群扩散方程根据式(5-12)可以写成

$$-\nabla\cdot D_g\nabla\phi_g(\boldsymbol{r})+\Sigma_{t,g}\phi_g(\boldsymbol{r})-\sum_{g'=1}^{G}\Sigma_{g'\to g}\phi_{g'}(\boldsymbol{r})=\frac{\chi_g}{k_{\text{eff}}}Q(\boldsymbol{r}) \tag{5-33}$$

$$g=1,2,\cdots,G$$

$$Q(\boldsymbol{r})=\sum_{g'=1}^{G}(\nu\Sigma_f)_{g'}\phi_{g'}(\boldsymbol{r}) \tag{5-34}$$

式(5-33)是一个关于 $\phi_g(\boldsymbol{r})$ 的齐次方程组。正如前面所指出的,对于给定系统只有当方程中的 k_{eff} 等于确定数值时方程才有解。在数理方程中,该问题称为特征值问题。要精确地直接求出 k 的数值及对应的特征函数 $\phi_g(\boldsymbol{r})$ 是一件非常困难的事情。在反应堆数值计算中,广泛地应用**源迭代**方法或称**幂迭代**方法来近似地求解。

源迭代方法的过程可以描述如下:开始,我们任意假定一个初始的裂变源分布 $Q^{(0)}(\boldsymbol{r})$,例如可以认为在整个芯部都等于 1 或某给定常数,并猜测一个初始的 $k_{\text{eff}}^{(0)}$ 数值,同时把 $Q^{(0)}(\boldsymbol{r})/k_{\text{eff}}^{(0)}$ 作为初始迭代源项并把它们代入到方程(5-33)的右端中。这样,方程(5-33)的右端便是一个已知项,方程(5-33)便成为一个非齐次方程组,它可以用数学上成熟的数值方法求解。假定由它求出的中子通量密度分布为 $\phi_g^{(1)}(\boldsymbol{r})$,将求得的 $\phi_g^{(1)}(\boldsymbol{r})$ 代入式(5-34)便可求得第二次迭代裂变中子源分布 $Q^{(1)}(\boldsymbol{r})$,并由它来求得有效增殖系数的新的估计值 $k_{\text{eff}}^{(1)}$(式(5-37))和第二代迭代源项 $Q^{(1)}(\boldsymbol{r})/k^{(1)}$ 来,……。依此类推,逐次地迭代下去,例如,对于第 n 次迭代计算有

$$-D_g\nabla^2\phi_g^{(n)}(\boldsymbol{r})+\Sigma_{t,g}\phi_g^{(n)}(\boldsymbol{r})-\sum_{g'=1}^{G}\Sigma_{g'\to g}\phi_{g'}^{(n)}(\boldsymbol{r})=\frac{\chi_g}{k_{\text{eff}}^{(n-1)}}Q^{(n-1)}(\boldsymbol{r})$$

$$g=1,2,\cdots,G \tag{5-35}$$

式中
$$Q^{(n-1)}(\boldsymbol{r}) = \sum_{g'=1}^{G}(\nu\Sigma_{\mathrm{f}})_{g'}\phi_{g'}^{(n-1)}(\boldsymbol{r}) \tag{5-36}$$

根据 k_{eff} 的物理意义(它等于新生一代的裂变总中子数与上一代源中子总数之比)可以由下式算出 $k_{\mathrm{eff}}^{(n-1)}$ 的估计值

$$k_{\mathrm{eff}}^{(n-1)} = \frac{\int_V Q^{(n-1)}(\boldsymbol{r})\mathrm{d}V}{\frac{1}{k_{\mathrm{eff}}^{(n-2)}}\int_V Q^{(n-2)}(\boldsymbol{r})\mathrm{d}V} \tag{5-37}$$

方程(5-35)、(5-36)和(5-37)便是源迭代法的计算公式。

从物理上看,上面所确定的迭代过程相当于将反应堆内的中子人为地区分为不同的"代",每一"代"中子由裂变形成之时作为起始。每一次源迭代则相当于老一代源中子通过扩散、慢化、俘获、裂变,最后又形成了新一代源中子的过程。式(5-37)中的 $k_{\mathrm{eff}}^{(n-1)}$ 显然反映了中子每经过一代的倍增。因而可以预期,经过了足够的循环代数后,任意的初始中子源 $Q^{(0)}(\boldsymbol{r})$ 必将在堆内形成一个稳定的最终中子源分布 $Q(\boldsymbol{r})$。多群扩散方程的特征值问题在数学上也已被详细研究过,并证明了上述迭代过程的收敛性,但这些内容远远超出了本书的范围。因而从理论上有

$$\lim_{n\to\infty}k_{\mathrm{eff}}^{(n)} = k_{\mathrm{eff}}; \qquad \lim_{n\to\infty}\phi_g^{(n)}(\boldsymbol{r}) = \phi_g(\boldsymbol{r}) \tag{5-38}$$

但在实际计算中,当满足下列收敛准则时,便认为迭代过程收敛,它们是:

(1)特征值收敛准则
$$\left|\frac{k_{\mathrm{eff}}^{(n)} - k_{\mathrm{eff}}^{(n-1)}}{k_{\mathrm{eff}}^{(n)}}\right| < \varepsilon_1 \tag{5-39}$$

(2)裂变源分布收敛准则
$$\max_{r\in V}\left|\frac{Q^{(n)}(\boldsymbol{r}) - Q^{(n-1)}(\boldsymbol{r})}{Q^{(n)}(\boldsymbol{r})}\right| < \varepsilon_2 \tag{5-40}$$

ε_1 和 ε_2 为预先给定的参数。可以看出式(5-39)具有平均收敛,而式(5-40)具有逐点收敛的意义。实践证明,特征值收敛要比中子源分布收敛得快,一般在程序中可取 $\varepsilon_1 \approx 10^{-5}$,$\varepsilon_2 \approx 10^{-4} \sim 10^{-3}$。

上述的迭代过程称为**源迭代**或**外迭代**过程。在迭代过程中每次都对方程右端的源项除以 $k_{\mathrm{eff}}^{(n-1)}$ 是为了计算中处理的方便。由式(5-37)可以看到,这时,每次迭代中源强都保持相等,这样就避免了当 k_{eff} 值与1偏离较大时中子通量密度随迭代次数 n 的增加而变得过大或衰减得过小的麻烦。

5.3.2 二维扩散方程的数值解法

计算中若不考虑中子自低能群的向上散射,方程(5-33)可写成

$$-\nabla\cdot D_g\nabla\phi_g^{(n)}(\boldsymbol{r}) + \Sigma_{\mathrm{r},g}\phi_g^{(n)}(\boldsymbol{r}) = S_g^{(n)}(\boldsymbol{r}), \quad g = 1,2,\cdots,G \tag{5-41}$$

$$\Sigma_{\mathrm{r},g} = \Sigma_{\mathrm{t},g} - \Sigma_{g-g} \tag{5-42}$$

$$S_g^{(n)} = \sum_{g'=1}^{g-1}\Sigma_{g'\to g}\phi_{g'}^{(n)}(\boldsymbol{r}) + \frac{\chi_g}{k_{\mathrm{eff}}^{(n-1)}}Q^{(n-1)}(\boldsymbol{r}) \tag{5-43}$$

可以看到,当按 $g=1,2,\cdots,G$ 的次序对方程(5-41)求解时,方程右端源项便是已知的。从前面讨论知道,应用源迭代法的一个很大优点和方便之处在于:它把原来 G 个联立的多群扩散方程(5-33)的求解问题在每次源迭代中,变换为按顺序解式(5-44)那样的 G 个单群扩散方程问题,略去上、下标,它可写成以下标准形式

$$-\nabla \cdot D\nabla\phi(\boldsymbol{r})+\Sigma_{\mathrm{r}}\phi(\boldsymbol{r})=S(\boldsymbol{r}) \tag{5-44}$$

式中:$S(\boldsymbol{r})$为已知的源分布。

上式为一稳态二阶偏微分方程,在数学上有相当成熟的方法,如有限差分法或有限元法可用于该问题的数值求解。其中以有限差分法最为经典。它的基本思想是先通过规则的网格划分把问题的求解域加以离散,然后在网格点上,用差商去近似替代方程中的偏导数,从而把原问题离散化为差分格式,并最终形成可用计算机数值求解的线性代数方程组,获得原问题的数值解。

下面以相对简单的(x,y)平面中子扩散问题为例,来介绍有限差分法的数值求解过程。

此时,式(5-44)可具体写成

$$-\frac{\partial}{\partial x}D\,\frac{\partial\phi(x,y)}{\partial x}-\frac{\partial}{\partial y}D\,\frac{\partial\phi(x,y)}{\partial y}+\Sigma_{\mathrm{r}}(x,y)\phi(x,y)=S(x,y) \tag{5-45}$$

为将原问题连续的求解域加以离散化,用

$$x=x_0,x_1,\cdots,x_i,\cdots,x_N$$
$$y=y_0,y_1,\cdots,y_j,\cdots,y_M$$

直线族把平面分成许多矩形网格(见图5-4)。交点(x_i,y_j)称为节点或网点,如图5-4中共有$(N+1)(M+1)$个节点,$\Delta x_i=x_{i+1}-x_i$,$\Delta y_j=y_{j+1}-y_j$称为网格间距。

不妨假设所有分界面均与节点重合,讨论如图5-5所示(i,j)节点。将方程(5-45)在

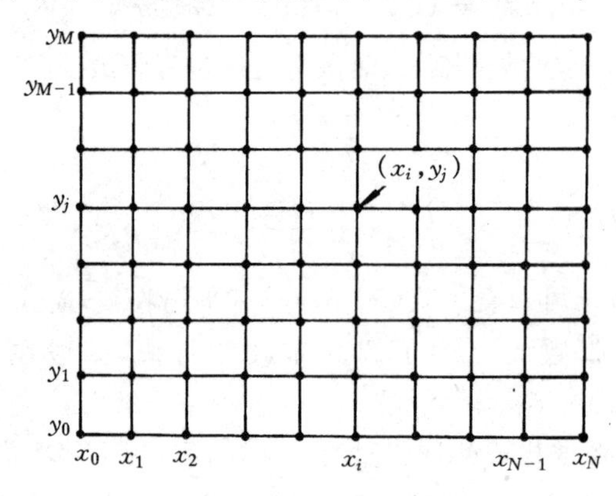

图5-4　二维网格

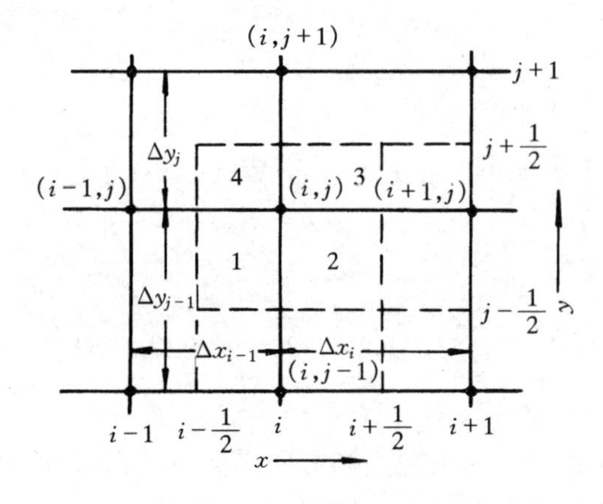

图5-5　(i,j)网格示意图

(i,j)节点附近虚线所围的矩形区域上积分。这样,方程中第一项为

$$T_1=-\int_{y_{j-\frac{1}{2}}}^{y_{j+\frac{1}{2}}}\mathrm{d}y\int_{x_{i-\frac{1}{2}}}^{x_{i+\frac{1}{2}}}\frac{\partial}{\partial x}D(x,y)\frac{\partial\phi(x,y)}{\partial x}\mathrm{d}x$$
$$=-\int_{y_{j-\frac{1}{2}}}^{y_{j+\frac{1}{2}}}\left[D(x_{i+\frac{1}{2}},y)\left.\frac{\partial\phi}{\partial x}\right|_{x_{i+\frac{1}{2}}}-D(x_{i-\frac{1}{2}},y)\left.\frac{\partial\phi}{\partial x}\right|_{x_{i-\frac{1}{2}}}\right]\mathrm{d}y \tag{5-46}$$

若上式中偏导数应用下面近似公式

$$\left.\frac{\partial\phi}{\partial x}\right|_{x_i+\frac{1}{2}}\approx\frac{\phi_{i+1,j}-\phi_{i,j}}{\Delta x_i},\quad\left.\frac{\partial\phi}{\partial x}\right|_{x_i-\frac{1}{2}}\approx\frac{\phi_{i,j}\quad\phi_{i-1,j}}{\Delta x_{i-1}}$$

式中:$\phi_{i,j}=\phi(x_i,y_j)$,将上式代入式(5-46),考虑到 D 可能不连续,便得到

$$T_1=-\frac{1}{2}(D_2\Delta y_{j-1}+D_3\Delta y_j)\frac{\phi_{i+1,j}-\phi_{i,j}}{\Delta x_i}+\frac{1}{2}(D_1\Delta y_{j-1}+D_4\Delta y_j)\frac{\phi_{i,j}-\phi_{i-1,j}}{\Delta x_{i-1}} \tag{5-47}$$

式中:D_k 表示图 5-5 中第 k 个小矩形上的 D 值。同理可求得第二项积分为

$$T_2=-\frac{1}{2}(D_4\Delta x_{i-1}+D_3\Delta x_i)\frac{\phi_{i,j+1}-\phi_{i,j}}{\Delta y_j}+\frac{1}{2}(D_1\Delta x_{i-1}+D_2\Delta x_i)\frac{\phi_{i,j}-\phi_{i,j-1}}{\Delta y_{j-1}} \tag{5-48}$$

对于第三、四项的积分则为

$$T_3=\frac{1}{4}(\Sigma_{\mathrm{r},1}\Delta x_{i-1}\Delta y_{j-1}+\Sigma_{\mathrm{r},2}\Delta x_i\Delta y_{j-1}+\Sigma_{\mathrm{r},3}\Delta x_i\Delta y_j+\Sigma_{\mathrm{r},4}\Delta x_{i-1}\Delta y_j)\phi_{i,j} \tag{5-49}$$

$$T_4=\frac{1}{4}(S_1\Delta x_{i-1}\Delta y_{j-1}+S_2\Delta x_i\Delta y_{j-1}+S_3\Delta x_i\Delta y_j+S_4\Delta x_{i-1}\Delta y_j) \tag{5-50}$$

综合式(5-47)到式(5-50)的结果,由式(5-45)便可导出(i,j)节点的差分方程

$$a_{i,j}\phi_{i,j-1}+b_{i,j}\phi_{i-1,j}+c_{i,j}\phi_{i+1,j}+d_{i,j}\phi_{i,j+1}+e_{i,j}\phi_{i,j}=S_{i,j} \tag{5-51}$$

式中

$$\left.\begin{aligned}
a_{i,j}&=d_{i,j-1}=-\frac{1}{2}(D_1\Delta x_{i-1}+D_2\Delta x_i)/\Delta y_{j-1}\\
b_{i,j}&=c_{i-1,j}=-\frac{1}{2}(D_1\Delta y_{j-1}+D_4\Delta y_j)/\Delta x_{i-1}\\
e_{i,j}&=\frac{1}{4}(\Sigma_{\mathrm{r},1}\Delta x_{i-1}\Delta y_{j-1}+\Sigma_{\mathrm{r},2}\Delta x_i\Delta y_{j-1}+\Sigma_{\mathrm{r},3}\Delta x_i\Delta y_j\\
&\quad+\Sigma_{\mathrm{r},4}\Delta x_{i-1}\Delta y_j)-a_{i,j}-b_{i,j}-c_{i,j}-d_{i,j}\\
S_{i,j}&=T_4\quad(\text{式}(5-50))
\end{aligned}\right\} \tag{5-52}$$

对于边界上的点则和前面一样,需根据边界条件来确定。例如对于四周的外推边界上的所有网点有

$$\phi_{i,j}=0\qquad\text{若 } i=0,N\text{ 或 }j=0,M$$

式(5-51)便是我们所需求的差分方程组,对于给定问题,其系数 $a_{i,j},b_{i,j},\cdots,e_{i,j}$ 等均可以由问题的群常数和几何网格参数计算求得,对每次外迭代,其右端源项 $S_{i,j}$ 也是已知的。因此,它是一个含有 $\phi_{i,j}$ 的代数方程组,对于二维问题,其系数矩阵是一个五对角的矩阵,可以应用通常的线性方程组的求解方法进行求解。

对于大型的反应堆芯部,式(5-51)的阶数是相当高的。例如,对于二维问题,若每个方向(i 或 j)均含有 100 个节点,则需要求解 10^4 个以上的方程。因而不适合用矩阵直接求逆的解法加以求解。从数值分析知道,对这类代数方程组最有效的方法是采用迭代方法来求其近似解。这种在每次外迭代中利用迭代方法来求解差分方程组的过程通常称为**内迭代**或通量密度迭代。

求解的顺序通常是自第一行($j=0$)开始逐行向上到 $j=M$ 为止，每一行则从$i=0$开始自左向右到 $i=N$ 为止。迭代方法可以根据方程组的性质来选取。各种迭代方法都有它限定的应用范围，对于一给定方程组，某些迭代方法收敛得很快，而有些迭代方法则可能收敛慢些。这里我们不作详细讨论，只作原理性介绍，例如可以用收敛较快的赛德尔迭代法，其迭代格式为

$$\phi_{i,j}^{(m)} = -\left[a_{i,j}\phi_{i,j-1}^{(m)} + b_{i,j}\phi_{i-1,j}^{(m)} + c_{i,j}\phi_{i+1,j}^{(m-1)} + d_{i,j}\phi_{i,j+1}^{(m-1)} - S_{i,j}\right]/e_{i,j} \tag{5-53}$$

这里上标 m 指内迭代的次数，或者，也可以采用超松弛(SOR)迭代方法求解，其迭代格式为

$$\phi_{i,j}^{(m)} = -\omega\left[a_{i,j}\phi_{i,j-1}^{(m)} + b_{i,j}\phi_{i-1,j}^{(m)} + c_{i,j}\phi_{i+1,j}^{(m-1)} + d_{i,j}\phi_{i,j+1}^{(m-1)} - s_{i,j}\right]/e_{i,j} + (1-\omega)\phi_{i,j}^{(m-1)} \tag{5-54}$$

式中：参数 ω 称为超松弛因子，一般 $1<\omega<2$，合理地选取 ω 值可以大大加快收敛速度。

收敛准则　内迭代常用的收敛判别准则为

$$\frac{\sum\limits_{i,j}\left|\phi_{i,j}^{(m)} - \phi_{i,j}^{(m-1)}\right|}{\sum\limits_{i,j}\left|\phi_{i,j}^{(m)}\right|} < \varepsilon_3 \tag{5-55}$$

或

$$\sum_{i,j}\left|\phi_{i,j}^{(m)} - \phi_{i,j}^{(m-1)}\right| < \varepsilon_4 \tag{5-56}$$

ε_3，ε_4 为用户给定参数，一般当外(源)迭代远未收敛时，不必使内迭代有太高的精度，内迭代的要求精度可随着外迭代的收敛精度的提高而相应地提高。

从前面讨论知道，多群扩散方程(5-33)的数值求解是由嵌套的两层迭代构成的，即

(1)**源迭代或外迭代**。

这是用迭代方法解方程(5-33)的特征值与特征函数问题。它是通过源迭代法(每次迭代中源项为已知)把原来的多群联立方程组的求解问题变换成解 G 个如式(5-44)的单群扩散方程，而对此单群方程可应用差分方法通过下面内迭代过程来求解。

(2)**中子通量密度迭代或内迭代**。

这是用迭代法解单群扩散方程的差分代数方程组问题。由于总群数为 G，因而每一次外迭代中都需对 G 个方程作内迭代求解。

当没有向上散射时，求解的次序一般从高能群顺序往下向低能群进行，即

$$\begin{gathered}
-\nabla\cdot D_1\nabla\phi_1(\boldsymbol{r}) + \Sigma_{\mathrm{r},1}\phi_1(\boldsymbol{r}) = \frac{\chi_1}{k_{\mathrm{eff}}}Q(\boldsymbol{r}) \\
\downarrow \\
-\nabla\cdot D_2\nabla\phi_2(\boldsymbol{r}) + \Sigma_{\mathrm{r},2}\phi_2(\boldsymbol{r}) = \Sigma_{1\to2}\phi_1(\boldsymbol{r}) + \frac{\chi_2}{k_{\mathrm{eff}}}Q(\boldsymbol{r}) \\
\downarrow \\
\vdots \\
\downarrow \\
-\nabla\cdot D_G\nabla\phi_G(\boldsymbol{r}) + \Sigma_{\mathrm{r},G}\phi_G(\boldsymbol{r}) = \sum_{g'=1}^{G-1}\Sigma_{g'\to G}\phi_{g'} + \frac{\chi_G}{k_{\mathrm{eff}}}Q(\boldsymbol{r})
\end{gathered} \tag{5-57}$$

可以看出，当没有向上散射时，在一次外迭代中顺序求解每一群方程时，方程右端都是已知函数，因而每一群方程都可写成式(5-44)的标准形式，并用前面提及的赛德尔迭代等方法数值求解。图 5-6 中给出了通过内外迭代方法数值求解多群中子扩散问题的具体计算流程。

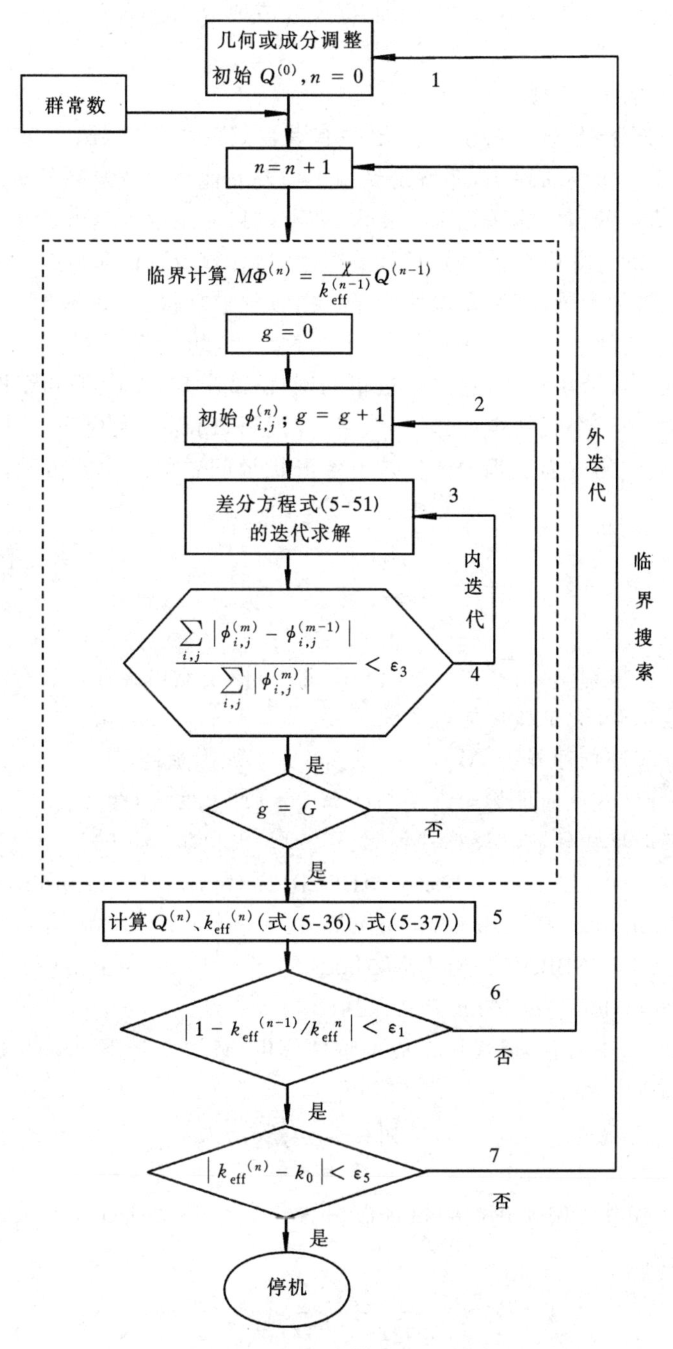

图 5-6　临界计算流程示意图

在实际问题中，临界计算还可以有其它形式的问题。例如，给定了有效增殖系数 k_0 值(一般等于 1)：

(1)在给定芯部材料成分条件下要求反应堆的芯部尺寸——临界尺寸搜索；

(2)在给定反应堆尺寸条件下，求燃料成分的富集度或水中的硼浓度、控制棒或吸收体(例如可燃毒物)的数量及位置等——临界成分搜索。

这时就必须根据问题要求不断地调整芯部尺寸或成分以达到满足下列收敛判别准则

$$|k_{\text{eff}}^{(n)} - k_0| < \varepsilon_5 \tag{5-58}$$

具体步骤如图 5-6 的 1—7 框。

应该指出的是，有限差分方法虽然简便并有着良好的数学基础，是最经典的数值计算方法，但它也存在着一个重要的缺陷，那就是受制于用差商代替导数最高只有二阶近似精度这一事实，为了保证数值解的精度能满足工程要求，差分网络必须取得足够的小。因而对于多群三维问题，就需要巨大的计算机存储容量和计算时间，从计算效率的角度是很不经济的。考虑到实际应用中存在大量的问题，需反复调用中子扩散方程求解核心，如图 5-6 的 1—7 框所示的临界成分搜索问题，为解决差分方法计算耗时的不足，20 世纪 70 年代以后，国际上逐步发展起了一种所谓粗网格或节块方法，它能在很粗的网格（或节块）下获得和细网格差分法同等的精度，如在径向可以把一个燃料组件作为一个计算网格，因而大大提高了计算效率，节约了计算时间。目前，节块法已成为工程中数值求解多群扩散问题的最主要方法。有关节块法的详细介绍见参考文献[8]。

参考文献

[1] 拉马什. 核反应堆理论导论[M]. 洪流，译. 北京：原子能出版社，1977.

[2] 格拉斯登，爱德仑. 原子核反应堆理论纲要[M]. 和平，译. 北京：科学出版社，1958.

[3] 谢仲生. 核反应堆物理分析[M]. 3 版. 北京：原子能出版社，1994.

[4] 谢仲生，张少泓. 核反应堆物理理论与计算方法[M]. 西安：西安交通大学出版社，2000.

[5] 谢仲生. 核反应堆物理数值计算[M]. 北京：原子能出版社，1997.

[6] ASKEW J R, FAYERS F J, KEMSHELL P B. General Description of the Lattice Code WIMS[J]. Journal of British Nuclear Energy Society, 1966, 5(4): 564-568.

[7] STAMMLEZ J J, ABBATE M J. Methods of Steady State Reactor Physics in Nuclear Design[M]. London: Academic Press, 1983.

[8] 曹良志，谢仲生，李云召. 近代核反应堆物理分析[M]. 北京：原子能出版社，2017.

习　　题

1. 一个各向同性点源在无限慢化剂中每秒放出 S 个快中子，证明：双群理论的热中子通量密度 ϕ_2 由下式给出

$$\phi_2(r) = \frac{SL^2}{4\pi r D_2 (L^2 - \tau)} (\mathrm{e}^{-r/L} - \mathrm{e}^{-r/\sqrt{\tau}})$$

2. 试求双群理论一维平板裸堆的临界方程。

3. 设一维扩散方程为

$$-\frac{1}{r^2}\frac{\mathrm{d}}{\mathrm{d}r} r^\alpha D \frac{\mathrm{d}\phi}{\mathrm{d}r} + \Sigma_{\mathrm{a}}\phi = Q(r)$$

$$\alpha = \begin{cases} 0, & \text{平面} \\ 1, & \text{圆柱} \\ 2, & \text{球体} \end{cases}$$

试推导其差分方程及数值求解步骤，并编写其计算程序。

4. 5.3.2节给出的(x,y)平面差分离散格式，其节点位于离散网格线的交点，这种差分格式称为角点差分。与之不同，还存在另一种中心差分格式，在这种格式下，节点均位于每个离散网格的中心。试参照5.3.2节的方法，导出用中心差分格式求解单群中子扩散方程的差分方程，并分析上述两种格式各有什么优缺点。

5. 试从双群中子扩散方程出发，证明式(5-26)中的k'就是双群理论下材料的k_∞。

第6章

栅格的非均匀效应与均匀化群常数的计算

前面我们讨论了中子在均匀介质中的扩散、慢化过程和均匀反应堆的临界计算问题。从第5章5.1.3节中知道，计算的前提是要精确地确定出多群扩散方程的系数，也就是群常数，如D_g，$\Sigma_{t,g}$，$\Sigma_{f,g}$，…。同时，计算结果的精确度在很大程度上依赖于这些所采用的群常数的精确性。

由于工程技术上的原因，以及考虑到下面将要讨论到的非均匀堆在物理和工程上的一些优点。目前世界上已经建成和运行的反应堆基本上都是非均匀反应堆。对于非均匀栅格，由于空间的非均匀性，给群常数的计算带来更大的困难。本章将讨论栅格的非均匀效应以及非均匀栅格均匀化群常数的计算。

6.1 栅格的非均匀效应

按照反应堆堆芯内燃料和慢化剂的分布形式，反应堆可以分为均匀和非均匀两大类。在均匀堆中，燃料和慢化剂均匀混合在一起，例如把铀和慢化剂制成铀盐溶液(如硫酸铀铣或硝酸铀铣)。在非均匀堆中，把燃料集中制成块状，如圆柱状(棒状)、环状、球状、片状(平板状)等，按一定的几何形式放置在慢化剂中，构成所谓栅格结构的堆芯。常见的栅格结构有：由棒状燃料构成的正方形栅格和六角形栅格以及由片状燃料构成的平板栅格(见图6-1)。通常，把组成栅格结构的基本单元叫栅元。由于热工-水力、机械工程、堆物理、经济性等方面的原因，目前的动力反应堆几乎都是非均匀的。世界上建成的第一个反应堆也是非均匀的。

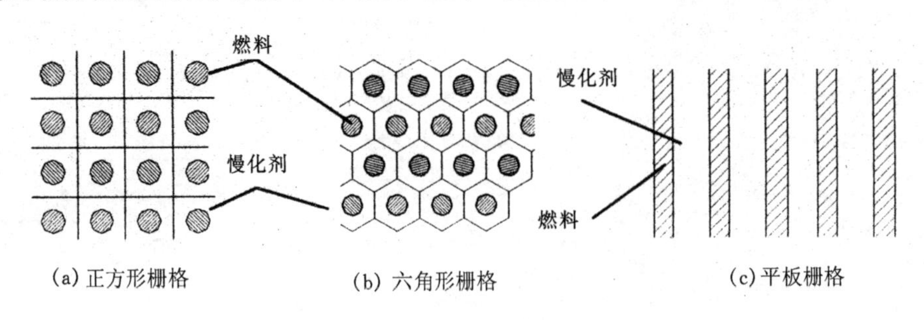

图6-1 常见栅格示意图

在非均匀堆内，由于燃料和慢化剂的吸收截面以及其它核性质显著地不同，因此，燃料和慢化剂内的中子通量密度分布也就显著地不同。图6-2给出了在无限栅格内不同能量的中子在燃料和慢化剂内的分布。先看热中子的分布(见图6-2中曲线1)。由于燃料的慢化能力比慢化剂小得多，裂变中子主要在慢化剂内慢化，因而，热中子主要在慢化剂内产生。另一方面由于燃料对热中子的吸收截面比慢化剂的大得多，热中子主要被燃料核吸收，因此，形成从慢化剂流向燃料块的热中子流。热中子进入燃料块后，首先为块外层的燃料核所吸收，造成燃料块内部的热中子通量密度比外层的要低，结果使燃料块里层的燃料核未能充分有效地吸收热中子，就是说，块外层燃料核对里层燃料核起了屏蔽作用，通常把这种现象叫做**空间自屏效应**。正是由于这种空间自屏效应，在燃料和慢化剂核子数比值相同的条件下，非均匀结构使燃料吸收热中子的能力下降，亦即使热中子利用系数 f 减小。这是非均匀堆的一个主要缺点。

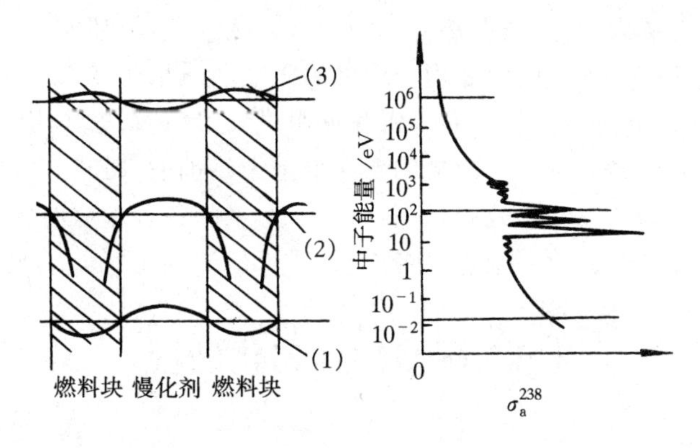

1—栅格内热中子；2—共振中子；3—裂变中子

图 6-2 栅格内热中子、共振中子和裂变中子的空间分布

另一方面，同样由于空间自屏效应，燃料核吸收共振中子的能力也下降了。这是因为共振中子主要在慢化剂内产生，而后入射到燃料块上，由于燃料核的共振吸收截面很大，故首先为块表层的燃料核所吸收，例如，^{238}U 核对能量 E 为 6.67 eV 的共振中子的微观吸收截面 σ_a 是 7 000 b，这种能量的中子在铀块内的平均自由程约为 0.003 cm，也就是说，这种能量的中子穿入铀块后，基本上在铀块表层就全部被吸收了，而热中子在铀块内的平均自由程约为 2.5 cm。所以在燃料块内共振中子通量密度分布(图 6-2 中曲线 2)降得更为急剧。由此看出，对共振中子来讲，空间自屏效应是非常强烈的，比热中子还要严重得多。此外，裂变中子主要是在慢化剂内慢化的，对于非均匀堆，尤其是当燃料块之间的间距足够大时，慢化到共振能量的中子与燃料核相碰撞的概率就要比均匀系统的小，相对地讲，就是与慢化剂核碰撞的概率加大了。与慢化剂核碰撞后，中子能量往往就直接降低到共振能量以下了，这就使得中子在慢化过程中有比较大的概率逃脱共振吸收。由于存在着这两个方面的原因(其中空间自屏效应是主要的)，就减少了燃料对中子的共振吸收，使得非均匀堆的逃脱共振俘获概率 p 增加，这是非均匀堆的一个主要优点。

最后考虑快中子在栅格内的分布。在裂变中子中大约有 60%具有 1.1 MeV 以上的能量，具有这样能量的中子在与^{238}U 相碰时，就有可能引起^{238}U 核裂变。燃料制成块状后，裂变中子在燃料块内产生，它在飞出块以前就可能与^{238}U 核碰撞，这就增加了它与^{238}U 核的碰撞概率，亦即增加了快中子裂变的概率，结果使快中子增殖系数 ε 增加。图 6-2 中曲线 3 表示 1.1 MeV 以上的快中子通量密度分布。

综合上述可知，非均匀栅格内的中子通量密度分布是不均匀的。空间自屏效应对热中子的利用是不利的，但却对逃脱共振吸收有利。通过合理地选择燃料块的厚度或直径、燃料块之间的间距(通常叫做栅距)，在燃料与慢化剂核子数比值相同的情况下，非均匀栅格布置可使热中子利用系数与逃脱共振俘获概率的乘积(fp)大于均匀堆的乘积，亦即使无限介质增殖系数增加。例如，在 1942 年前后，当时可用作核燃料的只有天然铀，可用作慢化剂的有轻水和石墨。分析表明，由于水的吸收截面大，由天然铀和轻水组成的装置是不可能达到临界的。同样，尽管石墨的吸收截面很小，由天然铀和石墨所组成的均匀系统，无论怎样选择它们相互间的核子数之比，都无法使无限介质增殖系数大于1，可达到的最大值约为0.85，因而天然铀-石墨均匀系统也是不可能达到临界的。但是，进一步计算分析表明，若将天然铀制成棒状，插入石墨块形成非均匀栅格结构，此时虽然热中子利用系数减少了，但却使逃脱共振俘获概率增加了，如果棒径和栅距选取得当，可以使非均匀栅格的无限介质增殖系数略大于1，就是说，天然铀-石墨非均匀系统是有可能达到临界的。实践证明对天然铀-石墨非均匀系统所作的分析是正确的。这就是为什么世界上第一个建成的反应堆是天然铀-石墨非均匀堆的原因。

上述因栅格的块结构所引起的效应，以及由其所产生的各种参数的变化，通常叫做非均匀效应。在计算非均匀堆的参数时必须加以考虑。

6.2　栅格的均匀化处理

6.2.1　栅格的均匀化

在非均匀堆内燃料制成块状与慢化剂离散相隔布置，一个非均匀堆少则有几十根，多则有上万根燃料棒。例如，压水堆堆芯由上百个燃料组件组成，每个燃料组件又包括几百根燃料棒。因此，要严格按照非均匀栅元的实际几何情况进行中子扩散或输运方程的求解，其计算是非常复杂，甚至是不可能的。然而，经过详细观察与分析，可以看到，非均匀堆内的中子通量密度分布可以想象成是由两部分通量密度叠加而成的。一部分是沿整个堆芯变化的宏观的中子通量密度分布，另一部分为栅元内精细的中子通量密度分布。但是，如果堆芯内燃料棒的数目足够大，例如，在一般压水堆内大约有5万根燃料棒，亦即有近5万个栅元，那么，略去栅元内中子通量密度的起伏变化，宏观上看，它的中子通量密度分布和一个均匀堆内的就很相似(见图6-3)。因此，在实际计算时，我们设想是否可能把非均匀堆等效成一个均匀堆，然后对等效的均匀堆进行能谱和临界计算，而所得结果又与原来的非均匀堆保持相同。如果这样，则前面两章所讨论的有关均匀堆的临界计算理论和方法就可以用于非均匀堆。

问题的关键在于怎样进行均匀化处理。所谓“均匀化”的思想就是用一个等效的均匀介质来代替非均匀栅格，使得计算结果(各种物理特征量，如中子反应率等)和非均匀栅格的计算结

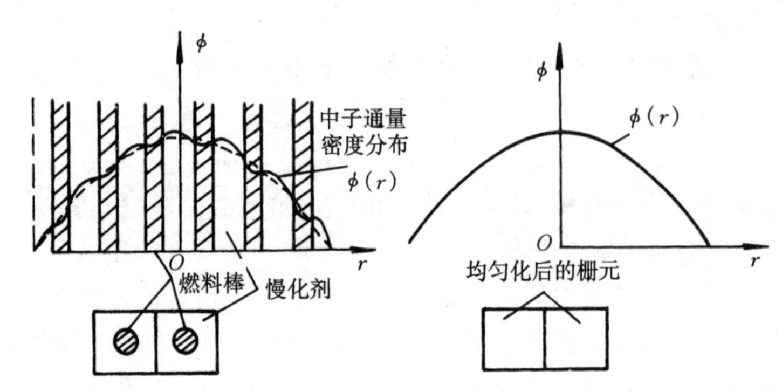

(a) 非均匀堆内的中子通量密度分布　(b) 等效均匀堆内的中子通量密度分布

图6-3　非均匀堆的均匀化处理

果相等或接近。其核心问题是怎样确定等效均匀化介质的各种中子截面参数或有效群常数。要使均匀化后的各个特定子区域(如燃料栅元)的所有物理量都保持和非均匀情况时相等(守恒)是相当困难或做不到的。因此,我们选择一些最重要的和最感兴趣的物理量,使其在均匀化区域内的积分量保持守恒。在这些参量中首先是希望栅元内各能群的各种中子反应率保持相等,即

$$\overline{\Sigma}_{x,g}\int_{\Delta E_g}\int_V \tilde{\phi}(\boldsymbol{r},E)\mathrm{d}V\mathrm{d}E = \int_{\Delta E_g}\int_V \Sigma_x(\boldsymbol{r},E)\phi(\boldsymbol{r},E)\mathrm{d}V\mathrm{d}E \tag{6-1}$$

$$x = \mathrm{a,f,s},\cdots;g = 1,\cdots,G$$

式中:x为核反应的类型(x=a,f,s,…);g为能群标号;$\phi(\boldsymbol{r},E)$为非均匀介质(栅元)内中子通量密度分布;V为栅元的体积;$\overline{\Sigma}_{x,g}$为栅元的均匀化平均截面;$\tilde{\phi}(\boldsymbol{r},E)$为均匀化介质内中子通量密度分布。同时,通常近似认为

$$\int_{\Delta E_g}\int_V \tilde{\phi}(\boldsymbol{r},E)\mathrm{d}V\mathrm{d}E = \int_{\Delta E_g}\int_V \phi(\boldsymbol{r},E)\mathrm{d}V\mathrm{d}E \tag{6-2}$$

因而

$$\overline{\Sigma}_{x,g} = \frac{\int_{\Delta E_g}\int_V \Sigma_x(\boldsymbol{r},E)\phi_g(\boldsymbol{r},E)\mathrm{d}V\mathrm{d}E}{\int_{\Delta E_g}\int_V \phi_g(\boldsymbol{r},E)\mathrm{d}V\mathrm{d}E},\quad x = \mathrm{a,f,s},\cdots;g = 1,\cdots,G \tag{6-3}$$

式(6-3)便是非均匀介质的均匀化计算公式。

这样,非均匀反应堆的计算可以分成以下两步进行。

(1)通常以一个燃料组件为单位把栅格均匀化,考虑非均匀效应计算出组件的均匀化群常数(式(6-3)),称之为组件计算——这是本章要着重讨论的问题。

(2)把非均匀系统等效视为均匀系统,但是这个均匀系统具有上述考虑了非均匀效应的均匀化截面参数(式(6-3)),例如,D,Σ_a,…。然后采用前面第4、5章所述的理论来计算临界大小、中子通量密度或功率分布等等,称之为堆芯计算。

这样的处理方法叫做非均匀堆的均匀化处理。进行均匀化处理时均匀化后系统的各种核反应率与均匀化前的应保持相等。

6.2.2 堆芯的均匀化截面的计算

通常,反应堆的堆芯例如轻水堆堆芯,是由许多燃料组件组成的。燃料组件内除燃料棒栅元之外,一般还包括有控制棒栅元、可燃毒物棒栅元和测量管等部件的栅元。例如,对于现代压水堆,一般燃料组件是由排成17×17的正方形栅元组成的栅格(见图6-4(a))。每个燃料栅元则又由燃料棒、包壳和慢化剂等部分组成。一个1 000 MW压水堆堆芯是由上百个燃料组件或数万个非均匀燃料栅元组成的。显然,在进行堆芯核设计计算时难以这样详细地考虑结构的非均匀性。这时我们可以按栅元进行均匀化处理(见图6-4(b)),但对于一个有数万个栅元区域的堆芯,仍然显得太复杂。所以一般在栅元均匀化基础上尚需再进行以燃料组件为单位的均匀化处理(见图6-4(c)),求出每个燃料组件的有效均匀化截面,然后用这些有效均匀化截面进行全堆芯的临界扩散计算(见图6-4(d)),求出堆芯内中子通量密度或功率分布。

图6-4给出了压水堆堆芯的均匀化过程。可以看出,在进行堆芯均匀化时我们所采用的

策略是:在空间几何结构上,均匀化从局部比较简单的小区域(例如栅元)开始,逐步扩展到组件乃至全堆芯进行均匀化计算;而对于能量处理,开始时对一个栅元,由于几何比较简单(一维问题),则可以采用多群(例如69群)计算,随着几何的复杂,能群则逐步归并,采用少群(例如对于二维组件,通常可采用4～12群计算)乃至双群来进行堆芯计算。

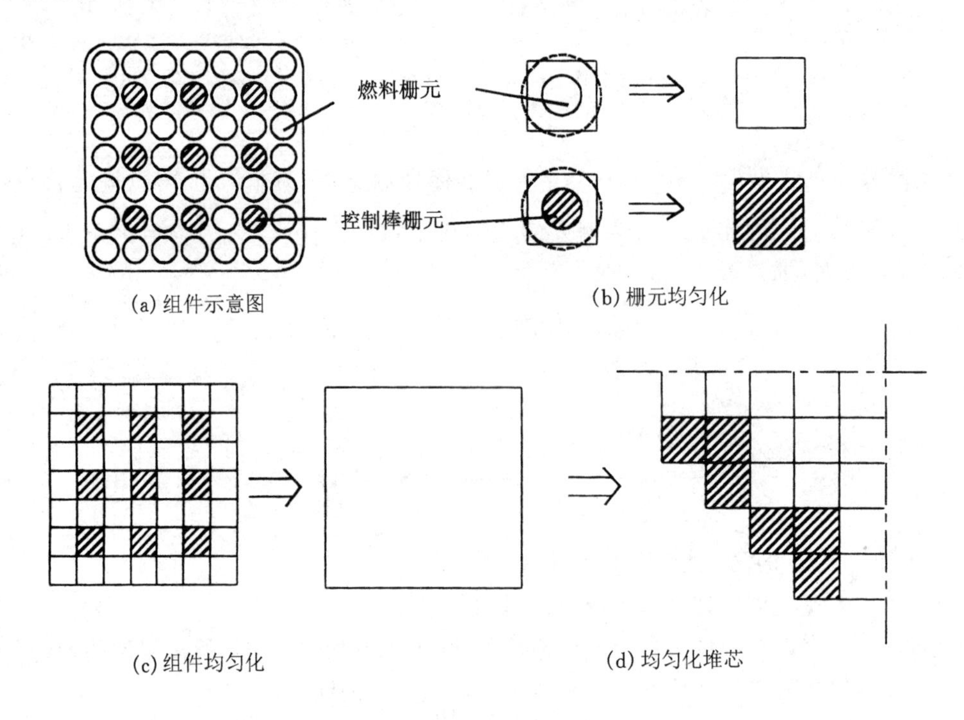

图 6-4　非均匀堆的均匀化

因此,以压水堆为例,非均匀堆的均匀化计算可以分为以下三个步骤进行。

第一步是从堆芯的最基本单元——栅元的均匀化开始,对组件中各类栅元(包括燃料棒栅元、控制棒栅元、水洞等)进行均匀化计算,这时计算的通常是一个由燃料、包壳和慢化剂组成的一维圆柱栅元问题,能群采用多群近似,例如69群或更多;计算方法采用精确的输运理论方法,如碰撞概率法或 S_N 方法,根据求出的多群中子通量密度的空间-能群分布,归并求出少群或宽群(4～12群)的栅元均匀化截面。

第二步是利用栅元计算结果进行燃料组件的均匀化计算。这时计算的是一个二维(x,y)问题,能群数目为栅元计算归并出来的宽群(4～12群)数目。计算方法一般采用输运理论中的穿透概率法或 S_N 方法。计算结果输出的是按通量-体积权重并群求出的组件均匀化少群(一般为2～4群)截面常数。

第三步是利用求得的燃料组件的少群均匀化常数,进行全堆芯的2～4群的扩散计算,求出堆芯有效增殖系数和中子通量密度及功率分布。

从上面讨论可以看到,少群均匀化常数是与具体的堆芯(或组件)的成分和结构相关的。对于每一种不同的堆芯结构,或同一堆芯经过不同燃耗时间后,燃料成分发生变化时都必须重新对均匀少群常数进行计算。

主要计算流程的示意图如图6-5所示。

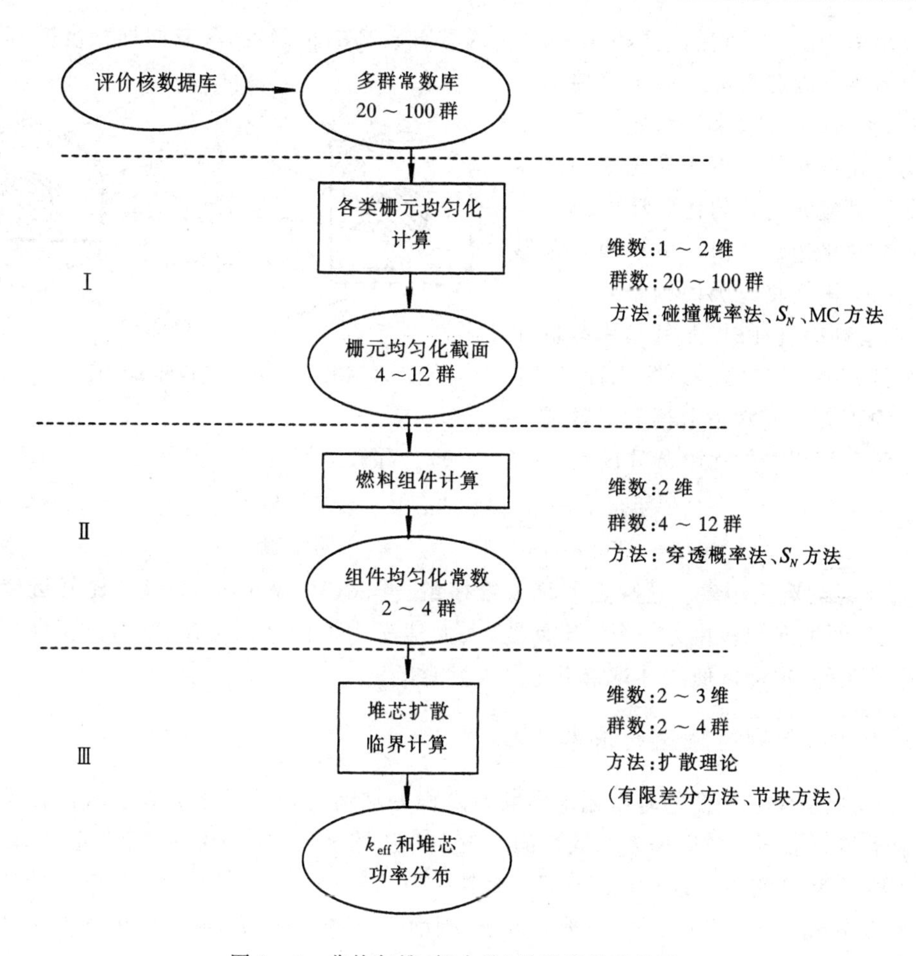

图 6-5　非均匀堆(轻水堆)计算流程示意图

近年来,随着计算机水平的发展和计算精度要求的提高,为了减少均匀化带来的误差,将以上三步法中的前两步合并,发展了“两步法”并得到了广泛应用。即直接对全组件进行二维非均匀输运计算(通常采用特征线方法,也称为 MOC 方法),得到组件均匀化少群常数,而不再进行栅元均匀化。

6.3　栅元均匀化群常数的计算

根据前面讨论,栅元均匀化群截面由式(6-3)来确定。一般讲,均匀介质中各种核素的微观群截面 $\sigma_{x,g}^{i}$(其中 x=a,f,s,…;i 表示核素;g 表示能群)是已知的核数据,它可以从有关的“多群常数库”中查到。因此,主要的问题是要确定出栅元中各种介质内的中子通量密度分布 $\phi(\boldsymbol{r},E)$ 或 $\phi_g(\boldsymbol{r})(g=1,2,\cdots)$。

由于栅元介质具有强烈的非均匀性和吸收性,使得中子扩散理论将带来较大的误差而不能应用,往往必须借助于一些更精确的求解中子输运方程的方法来求解。目前已有许多种有效的数值求解中子输运方程的方法,例如,离散坐标 S_N 方法、碰撞概率方法(CPM)、蒙特卡罗方法(MC)等。在栅元和燃料组件均匀化计算中,以碰撞概率法[6](或称积分输运理论)在实际中的应用最为广泛。它的主要优点在于它既具有较高的精确度,又较同样精度的其它计算方法来得简单。因此目前许多国家在工程设计中都应用这一方法来计算栅元的中子能谱和均匀化群常数。下面介绍应用碰撞概率方法计算栅元的均匀化群常数。

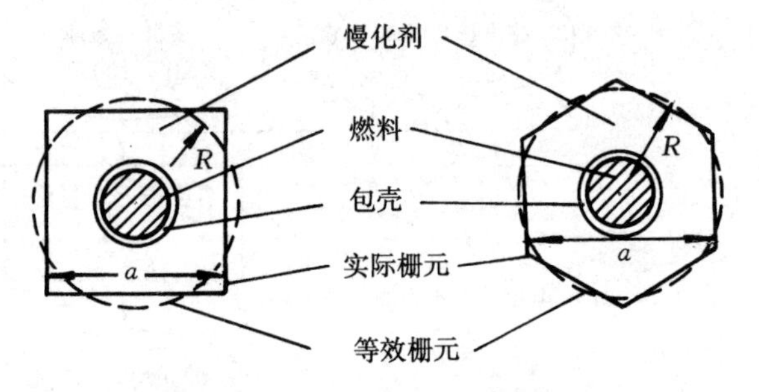

图 6-6　栅元组成和等效栅元

反应堆栅格通常是由正方形或六角形栅元组成的无限栅格。因而这是一个三维问题,计算繁琐而且耗时,尤其是作多群计算时这个缺点更为突出。为简化计算,通常把实际的正方形或六角形栅元等效成一个保持栅元面积相等的无限圆柱栅元(见图 6-6)。等效栅元的半径 R 为

$$\left.\begin{aligned} R &= a/\sqrt{\pi} = 0.564\ 19a && \text{正方形栅元} \\ R &= 0.525\ 04a && \text{六角形栅元} \end{aligned}\right\} \tag{6-4}$$

式中:a 为栅元的对边距离。这种近似称为**维格纳-赛茨**(Wigner-Seitz)**等效栅元近似**。通过这样的近似,便把问题转化为一个一维问题,大大地简化了计算。实践表明,只要合理地选择栅元的边界条件,这种近似的计算结果是令人满意的。

6.3.1　积分输运理论的基本方程

首先,我们从中子平衡的基本原理出发列出积分输运理论的基本方程。假定在实验室坐标系内中子与原子核的散射是各向同性的。设在介质的 $\boldsymbol{r}'$ 处的中子源强(单位时间、单位体积内产生的能量为 E 的中子数)为 $Q(\boldsymbol{r}',E)$,而其中有份额 $(4\pi|\boldsymbol{r}-\boldsymbol{r}'|^2)^{-1}$ 是朝向 $\boldsymbol{r}$ 处的单位面积上运动的,$\exp[(-\tau(E,\boldsymbol{r}'-\boldsymbol{r})]$ 是减弱因子,因而 $\boldsymbol{r}'$ 处源 $Q(\boldsymbol{r}',E)$ 所产生中子对 $\boldsymbol{r}$ 处的中子通量密度的贡献为

$$\frac{Q(\boldsymbol{r}',E)\exp[(-\tau(E,\boldsymbol{r}'-\boldsymbol{r})]}{4\pi\ |\ \boldsymbol{r}-\boldsymbol{r}'\ |^2} \tag{6-5}$$

其中

$$\tau(E,\boldsymbol{r}'-\boldsymbol{r}) = \int_0^{|\boldsymbol{r}-\boldsymbol{r}'|} \Sigma_t(E,l)\,\mathrm{d}l \tag{6-6}$$

上式中积分是沿 $\boldsymbol{r}'\to\boldsymbol{r}$ 的路径上进行的,$\tau(E,\boldsymbol{r}'-\boldsymbol{r})$ 称为连接 $\boldsymbol{r}'$ 与 $\boldsymbol{r}$ 点的直线路径的"光学距离"(见图 6-7),也就是以平均自由程 λ_t 作为单位量度的距离。当 Σ_t 为常数时 $\tau=|\boldsymbol{r}-\boldsymbol{r}'|/\lambda_t$。

对于栅元计算,通常假设等效栅元的边界为各向同性全反射且净中子流等于零,也就是说到达等效栅元边界的中子都全部各向同性反射回来,这相当于无限栅格边界条件,或者是入射流为零的真空边界。在这种情况下,可以不考虑边界入射通量密度的影响。因而在空间任意点 $\boldsymbol{r}$ 处的中子通量密度 $\phi(\boldsymbol{r},E)$ 应等于单位时间内从系统内所有其它点 $\boldsymbol{r}'$ 产生的源中子对 $\boldsymbol{r}$ 处中子通量密度的贡献之和,

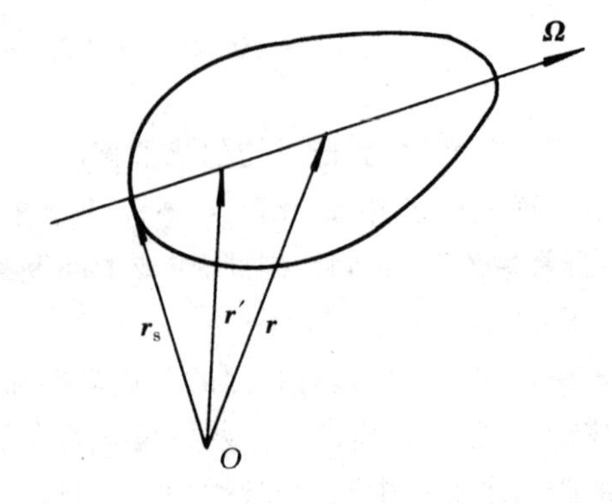

图 6-7　推导积分输运方程的矢径表示

即

$$\phi(\boldsymbol{r},E)=\int_V Q(\boldsymbol{r}',E)\frac{\exp[-\tau(E,\boldsymbol{r}'-\boldsymbol{r})]}{4\pi\mid\boldsymbol{r}-\boldsymbol{r}'\mid^2}\mathrm{d}V' \tag{6-7}$$

式(6-7)便是我们所要求的关于中子通量密度 $\phi(\boldsymbol{r},E)$ 的积分形式中子输运方程。它犹如扩散近似中的扩散方程一样,可用来求解栅元内中子通量密度的分布 $\phi(\boldsymbol{r},E)$。下面介绍的碰撞概率方法(CPM)就是以它为基础来进行讨论的。在式(6-7)的推导过程中,我们仅仅对中子源以及中子与原子核的散射作了各向同性的假设,而对中子通量密度的角分布本身并没有作什么近似的假设。在扩散理论中除了上述的假设之外,还要求中子通量密度的角分布必须接近于各向同性分布(或中子通量密度是随空间位置缓慢变化的函数),因而对于强吸收性的非均匀介质,例如栅元或燃料组件等非均匀结构,中子通量密度的角分布各向异性比较严重,扩散近似就不适用。而从积分输运方程(6-7)出发的积分输运方法,它对中子通量密度角分布并不要求接近各向同性,因而,它显然要比扩散近似精度高。至于所作各向同性散射的假设可以通过输运近似来加以修正[5,6]。

积分输运方法是对积分输运方程的一种数值求解方法。求解时首先把系统划分成 I 个互不相交的均匀子区 V_i,$i=1,2,\cdots,I$。$\sum V_i=V,V_i\cap V_j=0,i\neq j$ 。现以一维圆柱栅元为例来加以说明,这时自然可以沿半径剖分成 I 个同心环(见图 6-8)。为方便起见,燃料棒、包壳和慢化剂的半径自然应作为剖分半径。一般在子区内介质是均匀的,或当子区分得足够小时,可以认为每一子区的截面参数等于常数或可用该区的平均值表示。为了简化,我们还假设在每一个小区内,中子源强或中子通量密度都等于常数,即**平源或平通量密度近似**。当区域分得足够小时,这种假设显然是合理的。

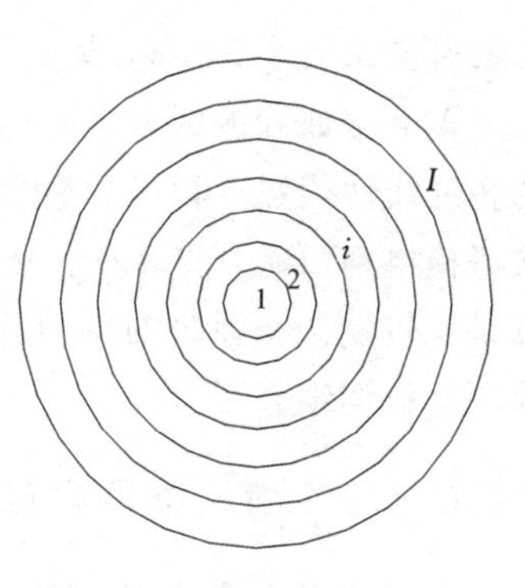

图 6-8　圆柱等效栅元的剖分

同时,为简化计算,采用分群近似求解,即把能量自 E_0 到 0 以 $E_0>E_1>E_2>\cdots>E_{g-1}>E_g>\cdots>E_G=0$ 分成 G 个能群区间,称之为 G 群近似。一般 G 可以达数十群,它往往根据所应用的多群常数库来确定,如对 WIMS 库,$G=69$ 群。这样,在方程(6-7)两边各乘以 Σ_t,并在 i 子区体积 V_i 内,和每一能群区间 $\Delta E_g=E_{g-1}-E_g$ 内对方程(6-7)进行体积和能量积分,并且按第 5 章中介绍的分群近似方法处理,即在每一能群内所有参数用群常数或平均值表示。那么由式(6 7)便可得到

$$\Sigma_{t,g,i}\phi_{g,i}V_i=\sum_{j=1}^{I}Q_{g,j}P_{ij,g}V_j \tag{6-8}$$

其中

$$\phi_{g,i}=\frac{1}{V_i}\int_{\Delta E_g}\int_{V_i}\phi(\boldsymbol{r},E)\mathrm{d}V\mathrm{d}E \tag{6-9}$$

$$Q_{g,j}=\frac{1}{V_j}\int_{V_j}\int_{\Delta E_g}Q(\boldsymbol{r},E)\mathrm{d}V\mathrm{d}E \tag{6-10}$$

分别表示第 g 群第 i 区的平均中子通量密度和第 g 群第 j 区的平均中子源强。而

$$P_{ij,g}=\frac{\Sigma_{t,g,i}}{V_j}\int_{V_i}\int_{V_j}\frac{\exp[-\tau_g(\boldsymbol{r}'-\boldsymbol{r})]}{4\pi\mid\boldsymbol{r}'-\boldsymbol{r}\mid^2}\mathrm{d}V_j\mathrm{d}V_i \tag{6-11}$$

$$\tau_g(\boldsymbol{r}'-\boldsymbol{r})=\int_0^{|\boldsymbol{r}'-\boldsymbol{r}|}\Sigma_{t,g}\mathrm{d}l \tag{6-12}$$

式中：$P_{ij,g}$为第j区内产生的一个各向同性中子不经任何碰撞到达i区发生**首次碰撞的概率**。这里源项$Q_{g,j}$可以包括从不同能群g'散射到g群的中子、裂变源中子和独立源中子等三部分

$$Q_{g,j}=\sum_{g'=1}^{G}\Sigma_{g'\to g,j}\phi_{g',j}+\frac{\chi_g}{k_\infty}\sum_{g'=1}^{G}\nu\Sigma_{f,g'}\phi_{g',j}+S_g \tag{6-13}$$

若不考虑外中子源部分，式(6-8)便可写成

$$\Sigma_{t,g,i}\phi_{g,i}V_i=\sum_{j=1}^{I}\left[\sum_{g'=1}^{G}\left(\Sigma_{g'\to g,j}+\frac{\chi_g}{k_\infty}\nu\Sigma_{f,g'}\right)\phi_{g',j}\right]P_{ij,g}V_j \tag{6-14}$$

式(6-14)称为碰撞概率形式积分输运方程。它便是用碰撞概率方法求解栅元中子能谱的基本方程。方程(6-14)的物理意义是非常清楚的。式中右端方括号内表示在j区单位时间和单位体积内的源中子数(包括裂变中子和由不同能量散射到能群g的贡献)。因而，整个右端便表示自所有子区的g群中子在V_i子区内发生首次碰撞的反应率，它自然应等于左端i子区内的碰撞反应率$\Sigma_{t,g,i}\phi_{g,i}V_i$。

多群常数和多区首次碰撞概率$P_{ij,g}$可以事先独立求出，因而方程(6-14)是一个含有$\phi_{g,i}$的普通线性代数方程组，它很容易用迭代法求解。可以看出，积分输运方法的关键问题在于首次碰撞概率($P_{ij,g}$)的计算。从式(6-11)可以看出，它与几何形状及介质材料性质有关，其计算是比较复杂和耗时的，一般可由专门程序计算。读者可以参阅有关文献[5]、[6]。这里限于篇幅不作详细介绍。

6.3.2 碰撞概率方程的解及少群常数的计算

碰撞概率形式的积分输运方程(6-14)可用第5章中所介绍的源迭代法来求解。例如，对于第n次迭代计算有

$$\Sigma_{t,g,i}\phi_{g,i}^{(n)}V_i=\sum_{j=1}^{I}\sum_{g'=1}^{G}\Sigma_{g'\to g,j}\phi_{g',j}^{(n)}V_jP_{ij,g'}+\frac{\chi_g}{k_\infty^{(n-1)}}\sum_{j=1}^{I}Q_{f,j}^{(n-1)}P_{ij,g}V_j \tag{6-15}$$

其中

$$Q_{f,j}^{(n-1)}=\sum_{g'=1}^{G}\nu\Sigma_{f,g',j}\phi_{g',j}^{(n-1)} \tag{6-16}$$

根据k_∞的物理意义有

$$k_\infty^{(n-1)}=\frac{\sum\limits_{j=1}^{I}Q_{f,j}^{(n-1)}V_j}{\frac{1}{k_\infty^{(n-2)}}\sum\limits_{j=1}^{I}Q_{f,j}^{(n-2)}V_j} \tag{6-17}$$

方程(6-15)、(6-16)和(6-17)便是源迭代法的算式，迭代时所用的收敛判据准则为

$$\left|\frac{k_\infty^{(n)}-k_\infty^{(n-1)}}{k_\infty^{(n)}}\right|<\varepsilon_1;\qquad \max_{i,g}\left|\frac{\phi_{g,i}^{(n)}-\phi_{g,i}^{(n-1)}}{\phi_{g,i}^{(n)}}\right|<\varepsilon_2 \tag{6-18}$$

式中：ε_1和ε_2为事先给定的数值。

对方程求解时，多群常数可取自已有的“多群截面库”。在求得栅元的多群中子慢化能谱$\phi_{g,i}$之后，就可以求得栅元的均匀化截面为

$$\Sigma_{x,g}=\frac{\sum_{i}^{I}\Sigma_{x,g,i}\phi_{g,i}V_i}{\sum_{i}^{I}\phi_{g,i}V_i},\quad x=\mathrm{a,f,t},\cdots;g=1,2,\cdots,G \tag{6-19}$$

同时,也可以用它进行并群,归并出均匀化栅元的少群截面,这时为了计算方便且不发生混淆,把多群计算的群的标号改为 n,把 g 作为少群的编号

$$\Sigma_{x,g}=\frac{\sum_{n\in g}\sum_{i}\Sigma_{x,n,i}\phi_{n,i}V_i}{\sum_{n\in g}\sum_{i}\phi_{n,i}V_i},\quad x=\mathrm{a,f},\cdots;g=1,\cdots,G' \tag{6-20}$$

式中:n 表示多群的编号;g 表示少群的编号;G'为少群群数,一般 $G'<4$;$\sum_{n\in g}$ 表示对位于 g 群内的所有多群的群号 n 求和。从而 g'群到 g 群的转移截面为

$$\Sigma_{g'\to g}=\frac{\sum_{n\in g}\sum_{n'\in g'}\sum_{i}\Sigma_{n'\to n,i}\phi_{n',i}V_i}{\sum_{i}\sum_{n'\in g'}\phi_{n',i}V_i} \tag{6-21}$$

式(6-20)和式(6-21)便是所需求的等效栅元的少群均匀化截面。

6.4　燃料组件内均匀化通量密度分布及少群常数的计算

燃料组件均匀化群常数的计算是在对组件内各种栅元,包括不同富集度的燃料栅元、控制棒栅元和可燃毒物棒栅元等进行均匀化计算之后进行的。这时燃料组件便等效成为图 6-4(c)所示的二维问题。当然,它可以用 S_N 方法或前面介绍的碰撞概率方法来求解。但是,燃料组件通常由许多栅元(例如 17×17)组成,在碰撞概率方法中各子区是通过首次碰撞概率 $P_{ij,g}$ 而互相耦合的,因而当组件内栅元数目比较大时,$P_{ij,g}$ 的数目就相当大,例如对于 17×17 的组件有289G个 $P_{ij,g}$。同时 $P_{ij,g}$ 的计算很费时,是碰撞概率方法中最耗时的部分。因而,尽管根据互易定理可以减少一些计算,但其计算量仍是很可观的,不经济的。后来,由于组件计算的需要,在碰撞概率方法的基础上发展了一种**界面流方法**,又称**穿透概率法**。它的思想是把组件分成若干个子区,通常取一个栅元作为一个子区。各个子区之间通常用界面流必须连续的条件来耦合。这样,每个子区都只与其相邻的(四个)子区耦合。对每个子区只需计算首次穿透和泄漏两个概率,而且这些概率只需对组件内所含不同类型的栅元进行计算就可以了,不必对所有栅元进行计算。这样,计算大大简化了,只需较少的计算时间和存储单元。因而目前它是组件均匀化计算的经济而又精确的方法。

设将所研究的系统划分成如图 6-9 所示的 $I\times J$ 个均匀化子区,例如可取一个栅元为一个子区。设子区(i,j)的体积为 $V_{i,j}$,子区的任一表面积用 S_m(或 S_n)表示,子区内的中子源项为 $Q_g(i,j)$,则根据中子平衡原理可以写出(i,j)子区 S_n 表面的出射流方程为

$$J^{+}_{S_{n,g}}(i,j)=V_{ij}Q_g(i,j)P^{g}_{S_nV}(i,j)+\sum_{m=1}^{4}J^{-}_{S_{m,g}}(i,j)P^{g}_{S_nS_m}(i,j) \tag{6-22}$$

$$i=1,\cdots,I;\quad j=1,\cdots,J;\quad g=1,\cdots,G;\quad n=1,\cdots,4$$

$$Q_g(i,j)=\sum_{g'=1}^{G}\left[\Sigma_{g'\to g}(i,j)+\frac{\chi_g}{k_\infty}(\nu\Sigma_f)_{g'}(i,j)\right]\phi_{g'}(i,j)+S_g(i,j) \tag{6-23}$$

式中：$J^{\pm}_{S_{n,g}}$ 分别为(i,j)子区 S_n 表面上的出射/入射总中子流；$\phi_g(i,j)$为子区内的平均中子通量密度；$P^g_{S_nV}(i,j)$为(i,j)子区内第 g 群各向同性源中子未经碰撞从表面 S_n 逸出子区的泄漏概率；$P^g_{S_nS_m}(i,j)$为入射到表面 S_m 上的一个 g 能群中子，未经碰撞穿过子区从 S_n 表面逸出的首次穿透概率。因而方程(6-22)右端第一项为(i,j)子区内源中子(包括裂变中子和慢化中子)对 S_n 表面出射中子流的贡献，第二项表示入射到子区表面 $S_m(m=1,\cdots,4)$上的中子未经碰撞直接穿出 S_n 的数目，这两部分之和显然就构成 S_n 表面的总出射中子流。关于 $P^g_{S_nV}$ 和 $P^g_{S_nS_m}$ 概率的计算，读者可以参阅有关参考文献[4]、[5]。这里限于篇幅不作详细介绍。

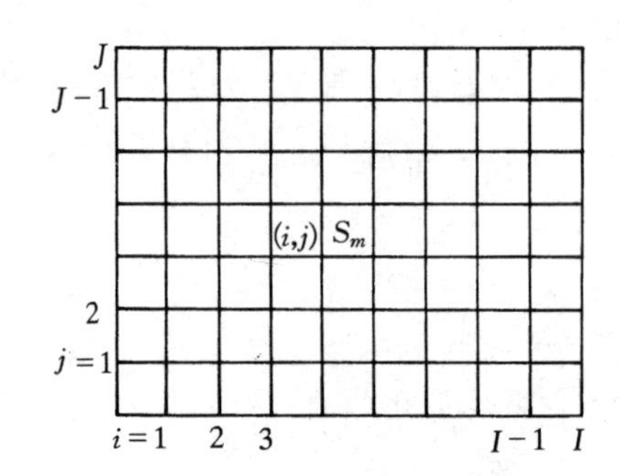

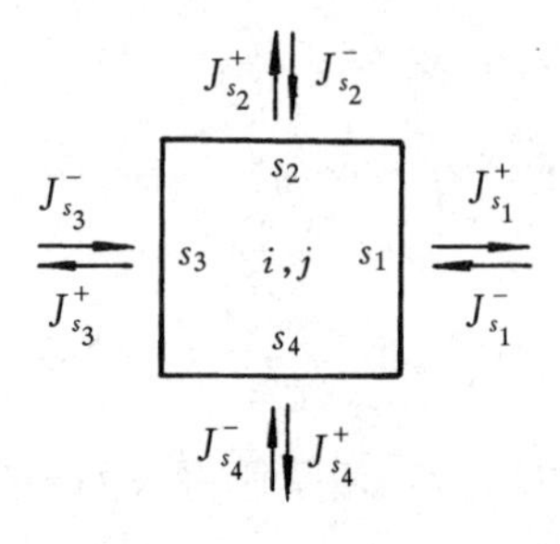

图 6-9 燃料组件内网格的划分

另一方面，根据中子守恒关系从输运方程可以推得(i,j)子区的中子平衡方程为

$$\sum_{u=x,y}\frac{1}{V_{i,j}}\left[(J^+_{lu,g}+J^+_{ru,g})-(J^-_{lu,g}+J^-_{ru,g})\right]+\Sigma_{t,g}\phi_g(i,j)=Q_g(i,j) \qquad (6-24)$$

式中：下标 u 表示某一坐标方向，例如 x 方向或者 y 方向；下标 l 与 r 分别表示左表面和右表面(当 $u=x$)或上表面与下表面(当 $u=y$)。

这样，方程(6-22)、(6-23)和(6-24)就构成了界面流方法的基本方程。利用系统四周的边界条件以及各子区(栅元)的界面上的出射流应等于与其相邻子区该界面上的入射流的中子流连续条件，这些方程连同边界条件是封闭的，可以确定出唯一的解。方程(6-22)、(6-23)和(6-24)很容易应用内、外迭代方法求解。在求出各栅元子区的中子通量密度的能量-空间分布 $\phi_g(i,j)$后，很容易从中子通量密度和体积权重的公式如式(6-19)计算出所需的组件少群常数

$$\Sigma_{x,g}=\frac{\sum\limits_{i,j}\Sigma_{xg}(i,j)\phi_g(i,j)V_{i,j}}{\sum\limits_{i,j}\phi_g(i,j)V_{i,j}},\quad x=\mathrm{a,f,t},\cdots;\quad g=1,\cdots,G \qquad (6-25)$$

6.5 共振区群常数的计算

在中子慢化过程中，在共振能区，大约从几个中子伏到 0.01 兆中子伏范围内(相当于 69 群中的第 15 群至 27 群)，对于某些吸收核中子俘获截面往往出现一系列共振峰，也就是存在着共振吸收现象。由于共振吸收截面的变化规律的复杂性及在共振能区的自屏和互屏等强烈的非均匀效应影响，使得有效共振吸收截面不仅是能量的函数，还与栅元的几何结构(燃料棒

直径、铀水比等)有着密切的关系;另外,由于多普勒效应,它还是介质温度的函数。因而在共振能域和其它能群不同,在多群常数库中对于一些共振吸收核素(如^{238}U、^{235}U、^{239}Pu 等)并不给出共振能群的群吸收截面 $\sigma_{a,g}$,而是给出一些有关的共振参数数据。共振能群的群吸收截面,则必须根据所提供的参数,对给定栅元的具体结构进行具体计算后求出,供栅元均匀化多群计算时使用。因而在进行栅元均匀化计算前必须先进行共振能群吸收截面的计算。

在许多燃料组件群常数计算软件包中都有专门的模块(或子程序)来计算吸收核的共振能群截面。

对于给定燃料栅元,根据群常数定义,共振核素(如^{238}U)的 g 群共振吸收截面为

$$\sigma_{a,g} = \frac{\int_{\Delta E_g} \sigma_a(E)\phi_F(E)\mathrm{d}E}{\int_{\Delta E_g} \phi_F(E)\mathrm{d}E} \tag{6-26}$$

式中:ΔE_g 为能群间隔;$\phi_F(E)$为燃料棒内的平均中子通量密度能谱分布

$$\phi_F(E) = \frac{1}{V_F}\int_{V_F} \phi(\boldsymbol{r},E)\mathrm{d}V \tag{6-27}$$

定义第 i 个共振峰的有效共振积分 I_i 为

$$I_i = \int_{\Delta E_i} \sigma_a(E)\phi_F(E)\mathrm{d}E \tag{6-28}$$

式中:ΔE_i 为共振峰 i 的宽度,一般地,在一个能群内可能有若干个共振峰,对某个能群 g,它的有效共振积分可以写成

$$I_g = \int_{\Delta E_g} \sigma_a(E)\phi_F(E)\mathrm{d}E = \sum_{i\in g} I_i \tag{6-29}$$

其中 $i\in g$ 表示对位于 g 能群区间内的共振峰求和。因而

$$\sigma_{a,g} = \frac{\sum_{i\in g} I_i}{\int_{\Delta E_g} \phi_F(E)\mathrm{d}E} \tag{6-30}$$

由此可知,共振区内共振吸收群截面的计算便归结为有效共振积分 I_i 和燃料棒内共振中子通量密度 $\phi_F(E)$的计算。

6.5.1　非均匀栅元有效共振积分的计算

对于非均匀栅格,因介质及中子的空间-能量分布的不均匀性,有效共振积分的计算要比均匀系统复杂和困难得多。为简化起见,我们先讨论孤立棒栅元,即假定燃料块间的距离大于中子在慢化剂内的平均自由程。实际上,以重水、石墨作慢化剂的非均匀堆,便可以看成是这种情况。在孤立棒栅元的情况下,从一个燃料块飞出的共振中子,不可能在穿过慢化剂时未经任何碰撞而仍以其原来的能量进入相邻的另一个燃料块内。因此,可以只取出一个栅元来研究,而不考虑其它栅元的影响。此外,我们还假设栅元只由燃料与慢化剂组成,并认为燃料由一种元素组成,由此所得的结果并不难扩展到栅元由多种元素组成的情况。

用 $\phi_F(E)$和 $\phi_M(E)$分别表示燃料块和慢化剂内的共振中子的平均通量密度。设$P_{F0}(E)$为燃料块内产生的均匀和各向同性分布,能量为 E 的中子未经碰撞逸出块外在慢化剂内发生首次碰撞的概率;$P_{M0}(E)$为慢化剂内均匀和各向同性分布,能量为 E 的中子在燃料块内发生首

次碰撞的概率。在孤立棒的情况下，P_{F0}就等于燃料块的首次飞行逃脱概率。

考虑燃料块内某一能量 E 附近 dE 能量间隔内的中子平衡，如图 6-10 所示。在燃料块内能量高于 E 的中子与燃料核弹性碰撞后进入 E 和 $E+dE$ 能量范围内的中子数为

$$V_F\int_E^{E/\alpha_F}\frac{\Sigma_{s,F}(E')\phi_F(E')}{(1-\alpha_F)E'}dEdE' \quad (6-31)$$

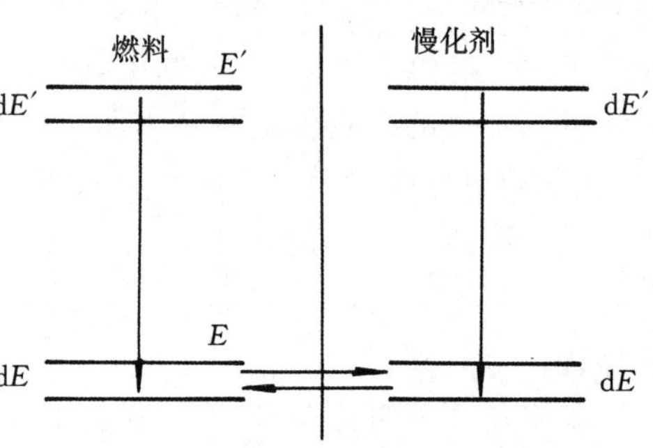

图 6-10　中子平衡方程建立示意图

这些中子在燃料块内发生首次碰撞的数目为

$$V_F[1-P_{F0}(E)]\int_E^{E/\alpha_F}\frac{\Sigma_{s,F}(E')\phi_F(E')}{(1-\alpha_F)E'}dEdE' \quad (6-32)$$

同样，在慢化剂内恰好慢化到 E 至 $E+dE$ 能量范围内的中子在燃料块内发生首次碰撞的数目为

$$V_M P_{M0}(E)\int_E^{E/\alpha_M}\frac{\Sigma_{s,M}(E')\phi_M(E')}{(1-\alpha_M)E'}dEdE' \quad (6-33)$$

下面对式(6-33)积分作一些近似简化。我们假定单个的共振峰非常陡窄，使得中子与慢化剂核一次弹性碰撞的平均能量损失$\overline{\Delta E_M}$远远大于燃料核共振峰的宽度 Γ_p。由于慢化剂由轻核组成，这一假设一般是成立的，因而式(6-33)的积分区间远远大于共振峰的宽度，在这种情况下，用栅元未扰动的渐近通量密度分布 $\phi_0(E)$来代替积分中的 $\phi_M(E)$是合理的，即

$$\phi_0(E)=\frac{1}{E} \quad (6-34)$$

同时根据互易关系式[5]，$P_{F0}(E)$和 $P_{M0}(E)$满足下列关系

$$\Sigma_{t,F}V_F P_{F0}(E)=\Sigma_{t,M}(E)V_M P_{M0}(E) \quad (6-35)$$

将这些关系式代入式(6-33)，并认为 $\Sigma_{t,M}\approx\Sigma_{s,M}$，因而有

$$式(6-33)=\frac{\Sigma_{t,F}V_F P_{F0}}{\Sigma_{t,M}}\frac{\Sigma_{s,M}dE}{1-\alpha_M}\int_E^{E/\alpha_M}\frac{1}{E'}\left(\frac{1}{E'}\right)dE'=\frac{\Sigma_{t,F}V_F P_{F0}}{E}dE \quad (6-36)$$

另一方面，在燃料块内在 dE 能量间隔内发生碰撞的总中子数为 $\Sigma_{t,F}(E)\phi_F(E)V_F dE$。根据中子平衡原理，得到燃料块内的中子慢化方程为

$$\Sigma_{t,F}(E)\phi_F(E)=[1-P_{F0}(E)]\int_E^{E/\alpha_F}\frac{\Sigma_{s,F}(E')\phi_F(E')}{(1-\alpha_F)E'}dE'+\frac{P_{F0}(E)\Sigma_{t,F}(E)}{E} \quad (6-37)$$

这个方程已不包括 $\phi_M(E)$了，它是一个含 $\phi_F(E)$的积分方程。若 $P_{F0}(E)$已知，解此积分方程便可求得 $\phi_F(E)$。

6.5.2　等价原理

要解积分方程式(6-37)，必须首先确定首次飞行逃脱概率 P_{F0}。遗憾的是，P_{F0}与燃料块的形状、尺寸等有关，并且是一个很复杂的函数，一般无法用解析法计算。对于式(6-37)的计算，实际上是难以实现的。然而，如果能用一种简单的近似式来表示 P_{F0}，就能够较方便地求得式(6-37)的解了。

设 $\bar{l}$ 为燃料棒的平均弦长，则

$$\bar{l}=\frac{4V}{S} \tag{6-38}$$

对于圆柱体，$\bar{l}=2a$，a 为圆柱体半径。可以定义一个假想的“逃脱”宏观截面 Σ_e

$$\Sigma_e=\frac{1}{\bar{l}} \tag{6-39}$$

则假想的微观截面 σ_e 为

$$\sigma_e=\frac{\Sigma_e}{N_F}=\frac{1}{N_F\bar{l}}=\frac{S}{4N_FV} \tag{6-40}$$

应该注意，Σ_e 或 σ_e 只是一种假想的截面，是燃料块几何形状及大小的函数，它的物理意义相当于中子逃脱出燃料棒的概率。维格纳(E. P. Wigner)提出了下列 P_{F0} 的近似计算公式，称为**维格纳有理近似公式**，即

$$P_{F0}=\frac{\Sigma_e}{\Sigma_e+\Sigma_{t,F}}=\frac{1}{1+\Sigma_{t,F}\bar{l}} \tag{6-41}$$

尽管式(6-41)具有非常简单的形式，但是它却具有比较满意的精度(见表 6-1)。

表 6-1 首次飞行逃脱概率 P_{F0}

$\Sigma_t\bar{l}$	球	圆柱	平板	有理近似
0.04	0.978	0.974	0.952	0.962
0.1	0.946	0.939	0.902	0.909
0.3	0.850	0.819	0.785	0.769
0.5	0.767	0.753	0.701	0.667
1	0.607	0.596	0.557	0.550
2	0.411	0.407	0.390	0.333
3	0.302	0.302	0.295	0.250
5	0.193	0.193	0.193	0.167

将式(6-41)代入式(6-37)便可对方程进行简化求解。在求解时我们像第 2 章中一样，把共振峰区分成两类，分别加以近似处理。

(1)**窄共振(NR)近似**，这是指共振峰比较陡窄的一类，其中子与燃料核弹性散射的平均能量损失 $\overline{\Delta E_F}=(1-\alpha_F)E_0/2$ 比共振峰的实际宽度大得多。

(2)**宽(NRIM)共振近似**，这是指共振峰的实际宽度 Γ_p 大于 $\overline{\Delta E_F}$ 的那些共振峰，这时中子在共振峰内将经受不止一次弹性碰撞。

在上述两种近似下，将式(6-41)代入式(6-37)，经过一些复杂繁琐的推导过程(这些推导的细节可以在文献[4]和文献[6]中查到)，这里只列出其最后结果，对于维格纳有理近似，有

$$\phi_F(E)=\frac{\lambda\sigma_{p,F}+\sigma_e}{\sigma_{a,F}(E)+\lambda\sigma_{s,F}+\sigma_e}\frac{1}{E}$$
$$\lambda=\begin{cases}1, & \text{NR 近似}\\0, & \text{NRIM 近似}\end{cases} \tag{6-42}$$

$$\begin{aligned}I&=\int_{\Delta E_i}\phi_F(E)\sigma_{a,F}(E)\mathrm{d}E\\&=\int_{\Delta E_i}\frac{\lambda\sigma_{p,F}+\sigma_e}{\sigma_{a,F}+\lambda\sigma_{s,F}+\sigma_e}\frac{\sigma_{a,F}}{E}\mathrm{d}E=F(T,\sigma_e)\end{aligned} \tag{6-43}$$

对 NR 近似，$\lambda=1$；对 NRIM 近似，$\lambda=0$。

这便是非均匀栅格有效共振积分的计算公式，可以看到它只与燃料块的微观截面和燃料块的平均弦长 $\bar{l}$ 有关，而与慢化剂的情况无关。现将前面考虑多普勒展宽的布雷特-维格纳公式(2-89)和(2-90)代入，和第 2 章中均匀系统情况一样进行数值积分，便可求出单能级共振峰的有效共振积分数值，它是温度 T 和 σ_e 的函数。但是，在实际中我们并不必作这样的计算。

把式(6-43)与前面第 2 章均匀堆的有效共振积分式(2-88)作一比较，就会发现，若用 σ_e 代替式(2-88)中的 $N_M\sigma_{s,M}/N_F$，则非均匀堆的有效共振积分表达式便和均匀堆的在形式上完全一样。也就是说，若非均匀堆的 σ_e 值等于均匀堆的 $N_M\sigma_{s,M}/N_F$ 值，那么，它们两者的有效共振积分便相等。通常把这一结果称之为**等价原理**。利用等价原理，我们在多群常数库中只需计算和储存一套有效共振积分的数值就可以了。通常我们选择对均匀介质情况进行计算。在多群常数库中只列表给出在不同燃料温度 T 和不同 $\sigma_b=\sigma_{s,M}/N_F$ 下均匀介质的有效共振积分数值 $F(T,\sigma_b)$(见 2.3.3 节)。对于非均匀栅格的有效共振积分，则可以通过等价原理用 σ_e 值代替 $N_M\sigma_{s,M}/N_F$ 值，从多群常数库中已有的均匀堆的有效共振积分值的表中线性插值求得 $F(T,\sigma_e)$。

如果燃料块(如 UO_2)中含有慢化剂，则应该用 σ_e^* 去代替前面式中的 σ_e，即

$$\sigma_e^* = \sigma_e + \sigma_{F,M} \tag{6-44}$$

式中：$\sigma_{F,M}$ 为燃料块内慢化材料的散射截面。

*6.5.3 互屏(丹可夫)效应

前面讨论的有效共振积分的计算是在研究一个孤立栅元情况下得到的。这时假设中子一旦逸出燃料块后必定将在慢化剂中发生下一次碰撞。它没有考虑与相邻栅元的相互影响。实际上，轻水堆的燃料组件是由许多燃料棒栅元按规则排成的铀-水栅格，燃料棒之间的距离往往小于中子在慢化剂内的平均自由程，形成所谓稠密的无限栅格。在这种情况下，从燃料块内逸出的中子有可能不经任何碰撞地穿过慢化剂，而进入到邻近的燃料棒内发生碰撞(见图 6-11)。这将增大中子和燃料核碰撞与被共振吸收的概率。这种实际栅格中相邻燃料棒间的相互影响，通常叫做**互屏效应或丹可夫(Dancoff)效应**。计算实际栅格的有效共振积分时显然必须考虑到这种效应。

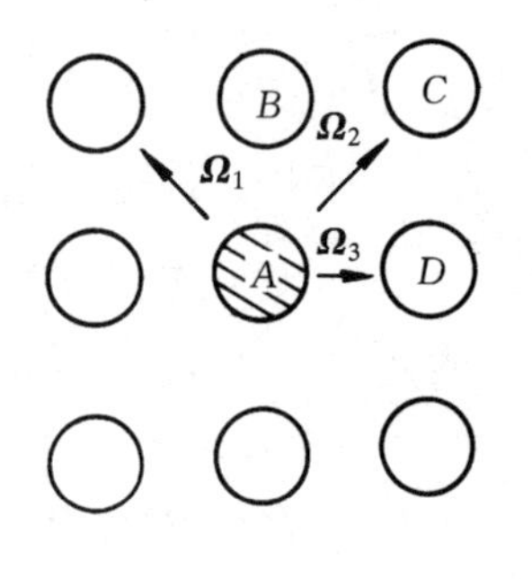

图 6-11 丹可夫效应示意图

前面我们以 P_{F0} 表示孤立棒的首次飞行逃脱概率，因而在孤立棒内均匀各向同性产生的中子在燃料棒内被吸收的概率 P_a 等于 $1-P_{F0}$。在稠密的无限栅格情况下，由于丹可夫效应，显然燃料棒的 P_a 增大，首次飞行逃脱概率减小。这无异于在一定体积下，燃料棒的表面积 S_F 减小或平均弦长 $\bar{l}(4V/S)$ 增大了，就减少了逃脱截面和逃脱的概率。设以 P_F^* 表示栅格中考虑丹可夫效应后燃料棒的首次飞行逃脱概率，显然 $P_F^*<P_{F0}$。丹可夫效应的另一种情况是由于组件之间水隙及一些水洞(测量导向管)之类栅元的存在，使一些栅元(例如组件周边的以及水洞四周的栅元)的逃脱概率 P_F^* 发生变化，与栅格内其它栅元的不同。

因此，考虑到丹可夫效应，对于实际栅格，式(6-37)中的 P_{F0} 应该用 P_F^* 来代替。P_F^* 的计算显然是非常复杂的，实际上除非应用数值方法，否则是不能够精确计算的。丹可夫效应通

常引进一个丹可夫修正因子 Γ 来加以考虑，其物理意义相当于实际栅格中燃料棒的中子首次飞行逃脱概率较孤立棒的减小。通过分析（由于这种分析过于复杂，不在这里详述，可参看文献[5]）能够证明，在有理近似的条件下，P_F^* 可由下式近似给出

$$P_F^* = \frac{1}{1+\Sigma_{t,F}\bar{l}/\Gamma}, \quad 或 \quad P_F^* = \frac{\Gamma\Sigma_e}{\Gamma\Sigma_e+\Sigma_{t,F}} \tag{6-45}$$

式中：Γ 称为丹可夫修正因子；$\bar{l}$ 为燃料棒的平均弦长。比较式(6-45)和式(6-41)可以看出，在采用有理近似条件下，实际栅格内，由于栅元之间的相互屏蔽影响相当于燃料块平均弦长 $\bar{l}$ 改变，增大为原来的 $1/\Gamma$ 倍，或者相当于把燃料棒面积减少为原来的 Γ 倍。因此实际栅格的有效共振积分的计算就很简单了，只须用式(6-45)代替式(6-41)，或是在式(6-42)和式(6-43)中用 $\Gamma\sigma_e$ 来代替 σ_e，便可得到实际栅格的有效共振积分了。

丹可夫修正因子 Γ 的计算可以采用碰撞概率法、蒙特卡罗法等。这些内容都超出了教科书范围，但是在许多组件均匀化计算程序中都有专门的模块（子程序）来计算[6]。

6.5.4　温度对共振吸收的影响

在第 1 章曾讨论到随着温度升高，由于多普勒效应将使吸收核共振峰的宽度展宽，而共振峰的峰值截面降低，从而使非均匀堆的共振吸收随温度而改变。其原因可以从两个方面来解释，一是在第 2 章中所讨论的“能量自屏”现象（见图 2-7），另一方面则是由于非均匀堆的空间自屏效应，这两方面的自屏效应都使共振吸收随燃料棒温度升高而降低。

为了从物理上说明这个问题，我们采用一个简化的共振峰模型（见图 6-12）。这里，我们把共振截面的变化曲线简化成一个矩形的共振峰，使矩形面积和原共振峰曲线下的面积保持相等。当介质温度由 T_1 升高到 T_2 时，由于多普勒效应，共振宽度由 ΔE_1 展宽至 ΔE_2，共振峰截面值由 σ_{01} 降至 σ_{02}，但由式(1-66)可知，多普勒效应共振曲线下的面积应保持不变，即 $\sigma_{01}\Delta E_1=\sigma_{02}\Delta E_2$。根据式(6-43)，考虑到共振峰的狭窄，用 $1/E_i$ 代替 $1/E$ 并取到积分号外并不会造成太大的误差，并注意到矩形共振峰 $\sigma_{a,F}(E)=\sigma_0$，若认为 $\sigma_{S,F}=\sigma_{P,F}$，则

$$\begin{aligned} I_i &= \int_{\Delta E_i}\sigma_{a,F}(E)\frac{\lambda\sigma_{p,F}+\sigma_e}{\lambda\sigma_{p,F}+\sigma_e+\sigma_{a,F}(E)}\frac{dE}{E} \\ &= \frac{1}{E_i}\int_{\Delta E_i}\frac{\sigma_{a,F}(E)}{1+\dfrac{\sigma_{a,F}(E)}{\lambda\sigma_{p,F}+\sigma_e}}dE = \frac{\sigma_{01}\Delta E_1}{E_i\left(1+\dfrac{\sigma_{01}}{\sigma_{p,F}+\sigma_e}\right)} \end{aligned} \tag{6-46}$$

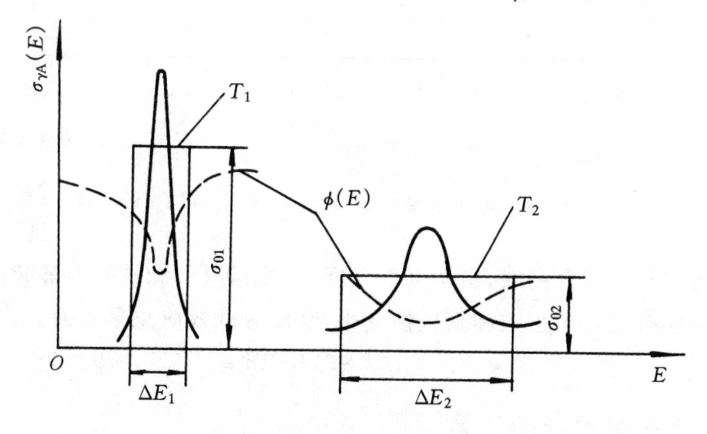

图 6-12　温度对共振吸收的影响

而由于多普勒效应共振展宽后的有效共振积分为

$$I_{\mathrm{D}} = \frac{\sigma_{02}\Delta E_2}{E_i\left(1+\dfrac{\sigma_{02}}{\sigma_{\mathrm{p,F}}+\sigma_{\mathrm{e}}}\right)} \tag{6-47}$$

比较这两式可以看出，两式的分子相等，但温度升高后，由于多普勒展宽，截面峰值下降，$\sigma_{02}<\sigma_{01}$，使分母减小，从而使有效共振积分增加，即 $I_{\mathrm{D}}>I_i$。这现象从物理上可以解释如下：根据式(6-42)知道，当温度升高时，由于多普勒展宽导致截面的峰值降低，分母将减小，因而共振峰内中子通量密度将增大。这样，虽然多普勒效应使截面峰值降低了，但却因能量自屏效应减弱了，总的结果是使共振吸收增加了。

多普勒效应对空间自屏影响同样使非均匀堆的共振吸收增加。现观察在某一个共振峰能量附近 ΔE 区间的共振中子。对于处于共振能 E_0 附近的中子，由于其共振吸收截面极大，绝大部分中子在进入燃料块表面后就被吸收，不会到达燃料内层。而对于高于或低于共振能的中子，由于截面陡降得很快，它的截面较小，有可能有少数中子不发生核反应而穿过燃料。这种由于表层燃料对某种能量中子所产生的屏蔽作用称为空间自屏效应。当温度升高，多普勒展宽，使共振峰截面减小了，对于共振能 E_0 附近中子，由于共振截面足够大(一般展宽后仍有数千巴)，虽然使部分中子在被吸收之前将进一步穿入芯块，但是吸收核仍足以吸收所有的共振能量中子。对于能量高于或低于共振能的中子，由于共振峰的展宽，截面较之前增大了，就有较大的可能被燃料所吸收(见图 6-13)。因此温度升高时，空间自屏效应减弱，有更多的中子被吸收。

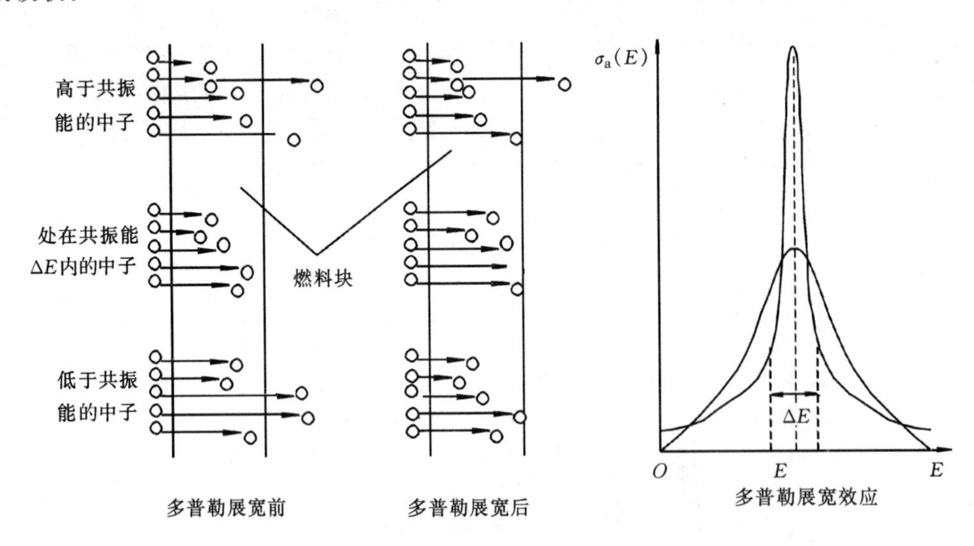

图 6-13　多普勒效应对空间自屏效应的影响

由此可见，当燃料温度升高时，由于多普勒展宽，能量自屏和空间自屏效应减弱，都将使共振吸收增大，从而使有效增殖系数和反应性变小，其反应性效应总是负的。这一现象对反应堆的动态过程和安全运行来说是很重要的，在第 8 章中我们还将进一步讨论这一问题。

6.5.5　共振区群常数的计算

有效共振积分的一个非常重要的应用是多群常数的计算。在共振区，宏观吸收截面可以

分成两个部分，即

$$\Sigma_{\mathrm{a},g}=\Sigma_{\mathrm{a},g}\left(\frac{1}{v}\right)+\Sigma_{\mathrm{r},g} \tag{6-48}$$

式中：$\Sigma_{\mathrm{a},g}\left(\frac{1}{v}\right)$为截面随能量缓慢变化（例如 $1/v$ 律）的弱吸收部分，一般它在多群常数库给出；$\Sigma_{\mathrm{r},g}$是表征吸收剂的共振吸收的强吸收部分。根据共振吸收群截面的定义(6－30)，若燃料中只含单一吸收剂，则有

$$\Sigma_{\mathrm{r},g}=\frac{N_{\mathrm{F}}\sum\limits_{i\in g}I_i}{\int_{\Delta E_g}\phi_{\mathrm{F}}(E)\mathrm{d}E} \tag{6-49}$$

式中：N_{F} 为吸收剂的核子密度；I_i 为 i 个共振峰的有效共振积分；$\phi_{\mathrm{F}}(E)$为燃料棒内平均中子通量密度。将式(6－42)代入上式，经过整理，可以求得[6]

$$\Sigma_{\mathrm{r},g}=\frac{N_{\mathrm{F}}I_g}{\Delta u_g-\dfrac{I_g}{\lambda\sigma_{\mathrm{p,F}}+\sigma'_{\mathrm{e}}}} \tag{6-50}$$

这里，Δu_g 为第 g 群的对数能降，式(6－50)便是共振能区吸收剂的 g 能群共振吸收群截面的计算公式。实际计算中，只要输入吸收剂的核密度、能群宽度、栅格的几何尺寸和程序便可依照上述介绍方法，根据燃料温度 T 和$\sigma_{\mathrm{b}}=\lambda\sigma_{\mathrm{p,F}}+\sigma'_{\mathrm{e}}$ 从多群常数库中查到 I_i 值，从而算出 $\Sigma_{\mathrm{r},g}$。一切计算都将在程序中自动完成。

6.6　栅格几何参数的选择

栅格几何参数主要是指燃料块的厚度、半径和栅距。对于给定的燃料和富集度，改变栅格的几何参数将使增殖系数发生变化。现以压水堆为例来讨论它们之间的变化关系。固定二氧化铀燃料棒的直径，改变栅距；或固定栅距，改变棒径，都将改变燃料和慢化剂的体积比 $V_{\mathrm{H_2O}}/V_{\mathrm{UO_2}}$。由于水中的氢核对中子慢化起主要作用，因此还常用单位栅元体积内核子数比 $N_{\mathrm{H}}/N_{\mathrm{U}}$ 或 $N_{\mathrm{H_2O}}/N_{\mathrm{U}}$ 来代替 $V_{\mathrm{H_2O}}/V_{\mathrm{UO_2}}$，其中 $N_{\mathrm{U}}=N_{235}+N_{238}$。$N_{\mathrm{H}}/N_{\mathrm{U}}$ 不仅是栅格几何参数的函数，而且与水和燃料的密度有关。当 $V_{\mathrm{H_2O}}/V_{\mathrm{UO_2}}$ 变化时，栅格的无限增殖系数 k_∞ 将随之发生变化。一般讲，这主要是由于共振吸收（逃脱共振俘获概率）和热中子的利用系数发生变化的缘故。

为讨论方便，不妨假设几何曲率 B^2 以及徙动面积 M^2 和 $V_{\mathrm{H_2O}}/V_{\mathrm{UO_2}}$ 的变化关系不大。当 $V_{\mathrm{H_2O}}/V_{\mathrm{UO_2}}$ 增加时，一方面由于栅元的慢化能力增大，慢化过程中的共振吸收减少，即逃脱共振俘获概率增加，因而，将使有效增殖系数 k_∞ 增加。然而，在另一方面，$V_{\mathrm{H_2O}}/V_{\mathrm{UO_2}}$ 的增加表示栅元中慢化剂的含量增大，使热中子被慢化剂吸收的份额增加，因而，热中子利用系数下降而使 k_∞ 下降（见图 6－14(a)）。在低的 $V_{\mathrm{H_2O}}/V_{\mathrm{UO_2}}$ 值时，前一种效应是主要的，因此 $V_{\mathrm{H_2O}}/V_{\mathrm{UO_2}}$ 增加使栅格无限增殖系数 k_∞ 增加。但是当 $V_{\mathrm{H_2O}}/V_{\mathrm{UO_2}}$ 增加至某个值时，由于共振吸收的减少所带来的 k 的增益恰好被慢化剂中有害吸收增大所引起的 k 下降所抵消。若再进一步增加 $V_{\mathrm{H_2O}}/V_{\mathrm{UO_2}}$，则慢化剂内的热中子吸收进一步增加，将导致 k 下降。这两个效应相互作用的结果使 k 随 $V_{\mathrm{H_2O}}/V_{\mathrm{UO_2}}$ 的变化如图 6－14(b)所示。即存在着一个($V_{\mathrm{H_2O}}/V_{\mathrm{UO_2}}$)比值，它使 k_∞ 达到极大值。

这就是说，在给定燃料富集度和慢化剂材料的情况下，存在着使栅格的无限增殖系数达到极大值或临界体积为极小的栅格几何参数，有时把这样的栅格叫做**最佳栅格**。但是，应该指

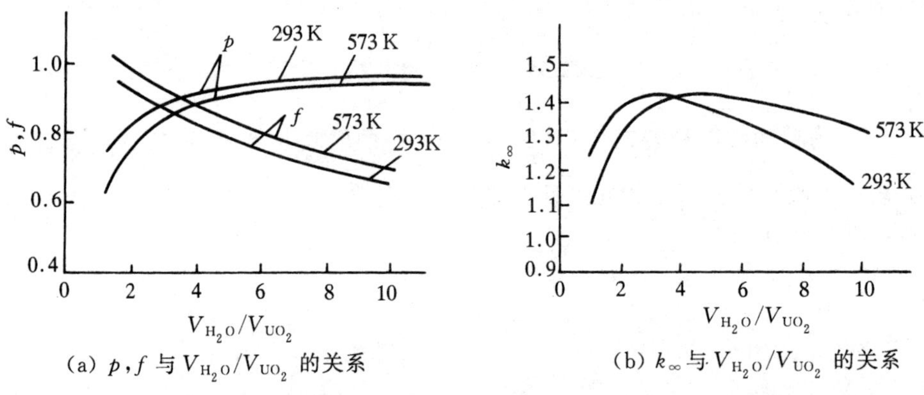

(a) p,f 与 V_{H_2O}/V_{UO_2} 的关系　　(b) k_∞ 与 V_{H_2O}/V_{UO_2} 的关系

图 6 - 14　铀-水栅格增殖系数 k_∞ 与 V_{H_2O}/V_{UO_2} (N_H/N_U)的关系

出,这是从反应堆物理方面来看,而且仅仅是从增殖系数极大的角度来看是最佳的。在 k_∞ 的极大值左侧的栅格通常称之为慢化不足(或欠慢化)栅格,在右侧的称之为过分慢化栅格。从安全角度要求,实际压水反应堆的栅格的 V_{H_2O}/V_{UO_2} 或 N_H/N_U 的设计和运行的值必须选在图 6 - 14(b)中 k 的极大值的左边,即欠慢化区。只有这样,当温度升高,水的密度下降时,N_H/N_U 减小,相当于 V_{H_2O}/V_{UO_2} 减小,k_∞ 值下降,反应堆才是安全的。至于选在 k_∞ 的极大值左边的哪一点上,需根据热工-水力、结构设计和经济性等因素综合考虑来确定。目前所有的压水堆的栅格在运行条件下都是慢化不足的,这主要就是从安全角度出发的。因为,慢化不足的压水堆具有如第 8 章所讨论的负的反应性温度系数。关于燃料棒直径的确定,主要是考虑其结构、力学及热工-水力等因素。

压水堆都采用改变溶解在水中的硼(^{10}B)酸的浓度的方法来补偿由于燃料的燃耗和裂变产物中毒所引起的反应性损失。从图 6 - 15 中可以看出,当硼的浓度增加时,最佳的 V_{H_2O}/V_{UO_2} 值变小,这时由于慢化剂中中子吸收剂(^{10}B)的存在增强了慢化剂的寄生吸收。一个慢化剂中含硼浓度较低的慢化不足的栅格,当可溶硼浓度增加时,有可能成为一个过分慢化的栅格,也就是有可能成为具有正反应性温度系数的反应堆。为避免出现这种情况,对于给定结构

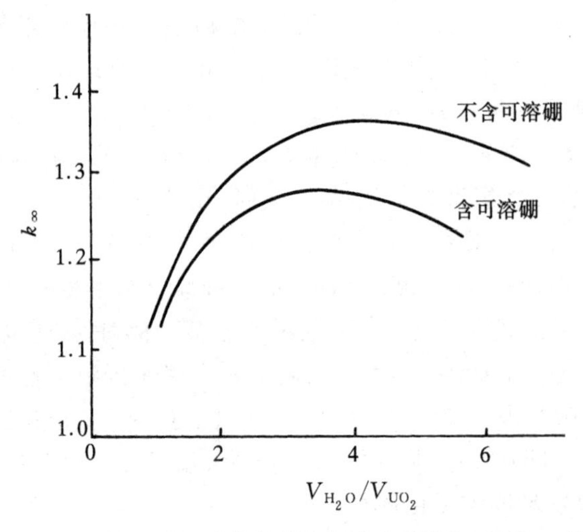

图 6 - 15　不同硼浓度时铀水栅格的增殖系数 k_∞ 与 V_{H_2O}/V_{UO_2} 的关系

的堆芯，通常有一个最大允许硼浓度的限值，要求在最大的可溶硼浓度下，反应堆仍保持为慢化不足的栅格。

参考文献

[1] 谢仲生，张少泓. 核反应堆物理理论与计算方法[M]. 西安：西安交通大学出版社，2000.
[2] 拉马什. 核反应堆理论导论[M]. 洪流，译. 北京：原子能出版社，1977.
[3] 杜德斯塔特，汉密尔顿. 核反应堆分析[M]. 吕应中，等译. 北京：原子能出版社，1980.
[4] STAMM'LER R J J，ABBATE M J. Methods of Steady-State Reactor Physics in Nuclear Design [M]. London：Academic Press，1983.
[5] 曹良志，谢仲生，李云召. 近代核反应堆物理分析[M]. 北京：原子能出版社，2017.
[6] 谢仲生. 压水堆核电厂堆芯燃料管理计算及优化[M]. 北京：原子能出版社，2001.

习　题

1. 设有燃料和慢化剂两种材料组成的一维圆柱栅元，已知栅元的半径为 b，燃料棒的半径为 a，并假定扩散理论适用。试用单群扩散理论推导出燃料棒表面热中子通量密度值与燃料棒内热中子通量密度平均值的比值，即栅元的“屏蔽系数”。
2. 在习题1的假设下，试计算：
   (1)燃料片厚度为 a，栅元宽度为 b 的一维平板栅元的屏蔽系数；
   (2)中子被燃料吸收的份额。
3. 试根据定义推导在均匀各向同性入射的条件下 P_{is} 的表达式。
4. 试证明互易关系式

$$V_j \Sigma_{t,j} P_{ij} = V_i \Sigma_{t,i} P_{ji}$$

5. 设有 UO_2 燃料棒圆柱栅元，燃料棒直径为 0.9 cm，UO_2 密度为 10.42 g/cm^3，试用半经验公式计算燃料温度分别为 20 ℃和 300 ℃时的有效共振积分。
6. 试利用有效共振积分的半经验公式导出当燃料温度瞬间变化 1 K 时，反应堆反应性的变化率。这里假设温度瞬间变化时，仅引起四因子中的逃脱共振俘获概率发生变化。该变化值称为燃料温度系数。

第 7 章

核燃料燃耗与增殖

前面各章主要是分析稳态情况下的反应堆物理问题，有关的物理量不随时间变化。但是，运行中的核反应堆由于易裂变核素的裂变和新的易裂变核素的产生、裂变产物的积累、冷却剂温度的变化和控制棒的移动等原因，反应堆的许多物理量，例如反应性、燃料的同位素成分和中子通量密度等，将不断地随时间而变化。从本章开始将分析在动态条件下的反应堆物理问题和一些参量的变化，这时有关的物理量将要涉及到时间变量。

与时间相关的物理问题按其时间特性可分为两类：其一是研究核燃料同位素和裂变产物同位素成分随时间的变化以及它们对反应性和中子通量密度分布的影响等，这些量随时间的变化速率是很缓慢的（一般以小时或日为单位来度量）；其二是研究在反应堆的启动、停堆和功率调节过程中，中子通量密度和功率随时间的变化，这种变化是很迅速的（一般以秒为单位来度量），这一类问题通常称为中子动力学问题。

关于中子动力学问题将在第 9 章中详细地研究。本章主要研究前一类问题，其中包括：核燃料同位素成分的变化和燃耗；裂变产物同位素的生成与消耗；反应堆启动和停堆后^{135}Xe 和^{149}Sm 中毒随时间的变化；反应性随时间的变化；堆芯寿期、燃耗深度以及核燃料的转换与循环等问题。

7.1 核燃料中重同位素成分随时间的变化

7.1.1 重同位素燃耗链及裂变产物链

在反应堆的运行中，核燃料中易裂变同位素不断地燃耗。根据粗略的估计，一个电功率为 1 000 MW 的核电厂每天大约要消耗 3 kg 左右的^{235}U。另一方面可转换材料（如^{238}U 或^{232}Th）俘获中子后又转换成易裂变同位素（如^{239}Pu 或^{233}U）。同时由于裂变将产生 300 多种裂变产物，因此，核燃料中各种重同位素的成分及其核密度将随反应堆的运行时间不断地变化。核燃料的燃耗链与所采用燃料循环类型有关。图 7－1 给出目前热中子反应堆铀-钚燃料循环过程中的燃耗链图。

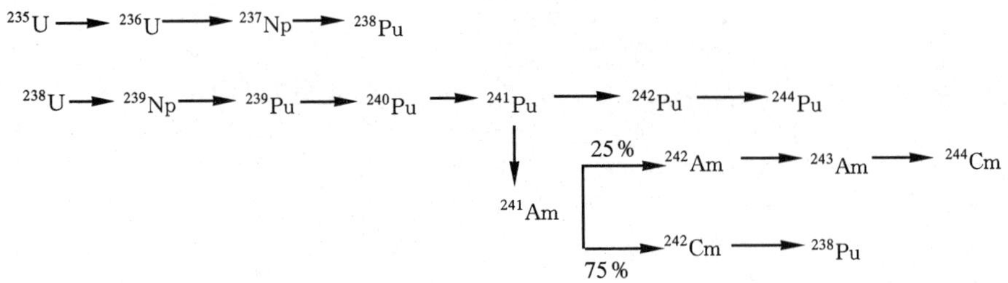

$^{235}U \rightarrow {}^{236}U \rightarrow {}^{237}Np \rightarrow {}^{238}Pu$

$^{238}U \rightarrow {}^{239}Np \rightarrow {}^{239}Pu \rightarrow {}^{240}Pu \rightarrow {}^{241}Pu \rightarrow {}^{242}Pu \rightarrow {}^{244}Pu$

$^{241}Pu \rightarrow {}^{241}Am$

$^{241}Am \xrightarrow{25\%} {}^{242}Am \rightarrow {}^{243}Am \rightarrow {}^{244}Cm$

$^{241}Am \xrightarrow{75\%} {}^{242}Cm \rightarrow {}^{238}Pu$

图 7－1　铀-钚燃料循环中重同位素燃耗链

应该指出，图7-1中所列出的燃耗链是经过简化了的，只是保留了工程计算中有重要意义的一些核素，略去了一些半衰期比较短或吸收截面比较小的中间元素的作用。例如图7-1中从^{238}U到^{240}Pu的实际链如图7-2所示，这里我们略去了^{239}U、^{240}U和^{240}Np的作用。这是因为^{239}U的吸收截面很小(22 b)，而且半衰期又很短，绝大部分的^{239}U都通过β^-衰变成了^{239}Np，而生成的^{240}U是极少数。同理，从^{239}Np变成^{240}Np也是极少数。因而^{240}Np的核密度很小，它对^{240}Pu的贡献更小，所以可以忽略不计。对其它的一些核素链也作了类似的简化，这就简化成了图7-1中的链。^{242}Pu本身的核密度已经比较低，而它的吸收截面又很小，所以在反应堆的燃耗计算中，对质量数大于242的重同位素一般都不予考虑，但在超钚元素的生产中则应予以仔细考虑。

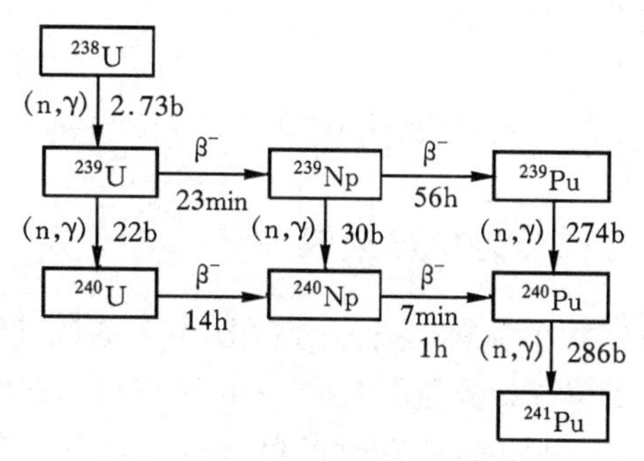

图7-2　^{238}U—^{240}Pu燃耗链

对于裂变产物链，情况更为复杂。我们把由裂变反应直接产生的裂变碎片以及随后这些碎片经过放射性衰变形成的各种同位素统称为**裂变产物**，它大约包括有300多种放射性及稳定同位素。因此，要分别计算它们的浓度变化及其对反应性的影响是一件极其复杂而且计算量巨大的工作。在工程中，计算时一般只需选其中**吸收截面大**或**裂变产额较大**的一些主要同位素，如^{135}Xe，^{149}Sm，^{103}Rh，^{155}Eu，…(它们的吸收截面都大于10^4 b)，单独进行计算。把其它的裂变产物按其截面大小及浓度随时间的变化特性归并成两组"假想的集总裂变产物"(FP)：一组是吸收截面相对大一点，其浓度随运行时间的增加而缓慢地趋于饱和的，称之为**慢饱和裂变产物**(SSFP)；另一组是截面很小的**非饱和裂变产物**(NSFP)。对这两组假想的裂变产物的产额及截面作如下处理：令其裂变产额$\gamma=\sum_i \gamma_i$，而假想吸收截面则可根据经验数据或用该组裂变产物的吸收截面对其裂变产额进行加权平均而近似求得。例如，对于SSFP

$$\sigma_a^{SSFP}=\frac{\sum_i \gamma_i \sigma_a^i}{\sum_i \gamma_i} \tag{7-1}$$

式中：σ_a^i和γ_i分别为第i种慢饱和裂变产物同位素的热中子吸收截面和裂变产额；求和是对并入SSFP组的所有裂变产物求和。

裂变产物考虑的个数与工程设计的目的与要求有关。图7-3列出了常见的组件计算程序进行热中子堆一般燃料管理的燃耗计算中考虑的主要裂变产物链和核素种类。图中垂直箭头表示由裂变反应产生，它包括裂变直接产生和由短寿命先驱裂变产物衰变而来两部分。水平箭头表示由于俘获中子及可能继发的β^-衰变。在图中一共考虑了14个独立的线性链，其中包括22个单独的裂变产物和2种假想集总裂变产物。所考虑的22个单独裂变产物占总的裂变产物吸收的 90%以上。所有这些裂变产物产额和截面数据在程序的多群常数库中都可提供。

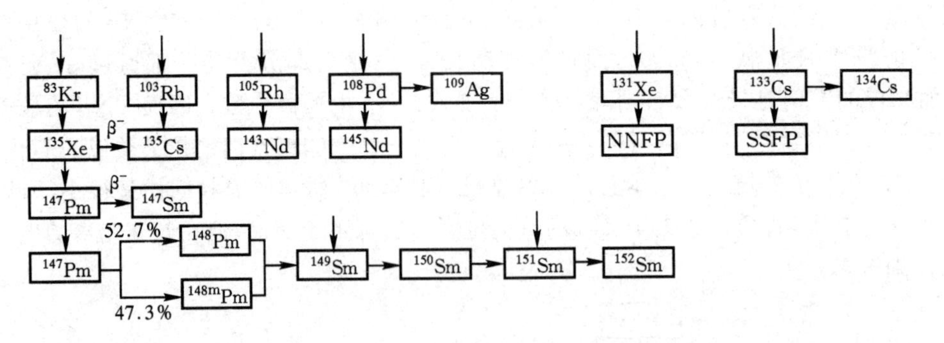

图 7-3　燃耗计算中主要裂变产物链

7.1.2　核燃料中重同位素的燃耗方程

要准确计算反应堆运行过程中燃料内成分的变化，首先必须建立这些同位素的燃耗方程，在燃耗链中，除了图 7-1 中的^{241}Am 链和图 7-3 中的Pm—Sm链外，其它大部分都按单独裂变产物处理。^{241}Am 或Pm—Sm—Eu链，计算时可以予以线性化处理以简化计算。如图 7-4 所示，同位素 E 的产生可转化成由右边两个路径获得，计算时分别当作两个独立的链和核素处理，计算后再把结果相加，即

$$A\to B\to\begin{Bmatrix}C\\D\end{Bmatrix}\to E\quad 转化为\quad \begin{matrix}A\to B\to C\to E\to\\A\to B\to D\to E\to\end{matrix}$$

图 7-4　链的线性化

经过这样线性化后，可以对图 7-1 和图 7-3 中的每个核写出其浓度的燃耗方程。为此我们对图中的核素依序给予一个编号，如表 7-1 所示。

表 7-1　核素的编号表

编号	1	2	3	4	5	6	7	8	…
核素	^{235}U	^{236}U	^{237}Np	^{238}Pu	^{238}U	^{238}Np	^{239}Pu	^{240}Pu	…

这样，对其中每个核素可以写出其燃耗方程如下

$$\frac{\mathrm{d}N_i(\boldsymbol{r},t)}{\mathrm{d}t}=\beta_{i-1}N_{i-1}(\boldsymbol{r},t)-(\lambda_i+\sum_{g=1}^{G}\sigma_{\mathrm{a},g,i}\phi_g(\boldsymbol{r},t))N_i(\boldsymbol{r},t)+F_i \tag{7-2}$$

其中

$$\beta_{i-1}=\lambda_{i-1}\quad 或\quad \sum_{g=1}^{G}\sigma_{\gamma,g,i-1}\phi_g(\boldsymbol{r},t) \tag{7-3}$$

$$F_i=\sum_{g'=1}^{G}\sum_{i'}\gamma_{i,i'}\sigma_{\mathrm{f},g',i'}\phi_{g'}(\boldsymbol{r},t),N_{i'}(\boldsymbol{r},t) \tag{7-4}$$

式中：λ 是衰变常数；$\gamma_{i,i'}$ 为 i' 易裂变核裂变时对 i 核素的产额。式中右边第一项表示由于同位素 $i-1$ 的吸收中子或由于衰变而导致同位素 i 的产生率，第二项为同位素 i 由于吸收中子和

衰变而引起的总消失率,第三项为由于裂变反应引起的产生率。

由于在反应堆内中子通量密度和核密度都是空间 $\boldsymbol{r}$ 和时间 t 的函数,因而方程式(7-2)是一个变系数的偏微分方程,计算比较困难。同时更复杂的是,不仅燃料的同位素成分 $N_i(\boldsymbol{r},t)$ 与中子通量密度 $\phi(\boldsymbol{r},t)$ 有关,而且反过来中子通量密度的分布又取决于燃料成分的核子密度及其空间分布,因而严格地讲,方程(7-2)是一个非线性问题。中子通量密度与燃料成分二者之间的这种相关性给燃耗方程的求解带来了更大的困难。

在实际计算中,通常采用一些近似方法来解决上述的困难。首先,把堆芯划分成若干个子区,称为**燃耗区**。例如,可以把一个组件作为一个燃耗区,也可以把处于一个同心圆上的一些组件作为一个燃耗区。显然在每个燃耗区内,中子通量密度和核子密度随空间位置变化不大,可以认为等于常数,或可以用它们在该区的平均值近似地代替。这样,在给定的燃耗区内中子通量密度和核子密度就不再是自变量 $\boldsymbol{r}$ 的函数;其次,把运行时间 t 也分成许多时间间隔,每一时间间隔 (t_{n-1},t_n) 称为**燃耗时间步长**。由于运行的反应堆内堆芯成分的变化并不很快,中子通量密度的空间分布形状随时间的变化也很缓慢,所以时间步长可以取到长达几个星期或更长,而在每个时间步长中,可以近似认为中子通量密度不随时间变化而等于常数。这样,就在每个燃耗步长内消去了中子通量密度函数 ϕ 对自变量 t 的依赖关系。

做了上述这些假设之后,对于**给定的燃耗区**,在**给定的燃耗步长内**,燃耗方程(7-2)便可简化成常系数的常微分方程组

$$\frac{\mathrm{d}N_i(t)}{\mathrm{d}t} = -\sigma_i N_i(t) + \beta_{i-1}N_{i-1} + F_i \tag{7-5}$$

式中

$$\sigma_i = I_{\mathrm{a},i} + \lambda_i \tag{7-6}$$

$$I_{\mathrm{a},i} = \sum_{g=1}^{G}\sigma_{\mathrm{a},g,i}\phi_g \tag{7-7}$$

$$\beta_{i-1} = \lambda_{i-1} \quad \text{或} \quad I_{\gamma,i-1} \tag{7-8}$$

同时,注意到方程(7-2)为一耦合方程组,有时为了解析求解的方便,可以进一步加以线性化。为此把式(7-4)中 $N_{i'}(t)$ 以该步长内的平均核子数 $\overline{N}_{i'}$ 来代替

$$\overline{N}_{i'} = \frac{1}{\Delta t}\int_{t_n}^{t_n+\Delta t} N_{i'}(t)\mathrm{d}t \tag{7-9}$$

式中:Δt 为燃耗步长。经过这样线性化后,方程(7-2)和(7-5)的产生项 F_i 便等于常数。在燃耗步长 Δt 内,σ_i、β_i 和 F_i 都与时间无关,而且对非裂变产物即图 7-1 中燃耗链核素,$F_i=0$。

7.1.3　燃耗方程的求解

在上述线性化近似下,方程(7-5)为一常系数的一阶微分方程,它可以很方便地用常规数值方法或解析方法求解。

1. 解析方法

设在燃耗时间步长 $\Delta t = t_{n+1} - t_n$ 内,令 $\tau = t - t_n$,t_n 为该燃耗步长的起始时刻。对常微分方程组,自 $i=1$ 开始依次求解。对 $i=1$ 方程可以直接写出其解的形式为

$$N_1(\tau) = C_{11}\mathrm{e}^{-\sigma_1\tau} + D_1$$

其中

$$D_1 = \frac{F_1}{\sigma_1}$$

式中：C_{11}为由初始条件确定的常数。对 $i=2$ 的方程，$N_2(\tau)$的解将由方程的齐次部分的通解 $e^{-\sigma_2\tau}$和特解$(e^{-\sigma_1\tau}+D_2)$两部分组成，即

$$N_2(\tau) = C_{21}e^{-\sigma_1\tau} + C_{22}e^{-\sigma_2\tau} + D_2$$

式中：C_{21}、C_{22}和 D_2 为待定常数。这样，顺推下去，可以写出式(7-5)的解的通式如下

$$N_i(\tau) = \sum_{j=1}^{i} C_{ij}e^{-\sigma_j\tau} + D_i \tag{7-10}$$

为了确定系数 C_{ij}，可将式(7-10)代入方程式(7-5)，得到

$$-\sum_{j=1}^{i} C_{ij}\sigma_j e^{-\sigma_j\tau} = \beta_{i-1}\Big[\sum_{j=1}^{i-1} C_{i-1,j}e^{-\sigma_j\tau} + D_{i-1}\Big] - \sigma_i\Big[\sum_{j=1}^{i} C_{ij}e^{-\sigma_j\tau} + D_i\Big] + F_i$$

根据方程两端对应阶次项的系数相等原则，可得

$$-C_{ij}\sigma_j = \beta_{i-1}C_{i-1,j} - \sigma_i C_{ij} \tag{7-11}$$

$$-\sigma_i D_i + \beta_{i-1}D_{i-1} + F_i = 0 \tag{7-12}$$

因而

$$C_{ij} = \frac{\beta_{i-1}C_{i-1,j}}{\sigma_i - \sigma_j}, \quad j < i \tag{7-13}$$

$$D_i = \frac{1}{\sigma_i}(F_i + \beta_{i-1}D_{i-1}) \tag{7-14}$$

对于 $i=j$，式(7-11)为恒等式，因此 C_{ii}必须用初始条件来确定它。令 $t=t_n$(即$\tau=0$)时刻同位素 i 的核密度为 $N_i(0)$，从式(7-10)得

$$N_i(0) = \sum_{j=1}^{i} C_{ij} + D_i$$

因而

$$C_{11} = N_1(0) - \frac{F_1}{\sigma_1} \tag{7-15}$$

$$C_{ii} = N_i(0) - \sum_{j=1}^{i-1} C_{ij} - D_i \tag{7-16}$$

这样，我们便求出了线性化后燃耗方程组(7-5)在 $0<\tau<\Delta t$ 区间的解析解式(7-10)，其中系数 C_{ij}及 D_i 由式(7-13)、式(7-14)和式(7-16)决定。式(7-10)为普遍解，它对重核素及裂变产物都适用，不过对重核素(见图 7-1 中核素)，裂变产物项 $F_i=0$。

文献[4]用拉氏变换方法对方程(7-5)求解，经过繁杂的推导后也得到与式(7-10)等同的解析解的显式表达式

$$N_i(\tau) = \frac{1}{\beta_i}\sum_{k=1}^{i}\left\{N_k(0)\Big[\sum_{j=k}^{i} C_{jk}^{i}\exp(-\sigma_j\tau)\Big] + F_k\Big[\alpha_k^i - \sum_{j=k}^{i}\frac{C_{jk}^{i}}{\sigma_j}\exp(-\sigma_j\tau)\Big]\right\} \tag{7-17}$$

其中

$$C_{jk}^{i} = \prod_{l=k}^{i}\beta_l \Big/ \prod_{\substack{l=k\\ l\neq j}}^{i}(\sigma_l - \sigma_j) \text{ 和 } \alpha_k^i = \prod_{l=k}^{i-1}\beta_l \Big/ \prod_{l=k}^{i}\sigma_l \tag{7-18}$$

同样地式(7-17)为普遍解，不过对于非裂变产物的重核素，右端第二项中$F_k=0$，利用式(7-17)对燃耗步长积分便可求得式(7-9)中的 $\overline{N}_i$ 为

$$\overline{N}_i = \frac{1}{\Delta t}\int_0^{\Delta t} N_i(\tau)\mathrm{d}\tau = \frac{1}{\beta_i \Delta t}\sum_{k=1}^{i} N_k(0)\left[\sum_{j=k}^{i} C_{jk}^{i} \frac{1}{\sigma_j}[1-\exp(-\sigma_j \Delta t)]\right] \tag{7-19}$$

2. 数值方法

方程组(7-5)也可以用数值方法求解，例如改进欧拉折线法，或可以用常微分方程组初值问题的其它一般数值解法进行求解。方程(7-5)可以用向量形式简单表示如下

$$\frac{\mathrm{d}\boldsymbol{N}}{\mathrm{d}t} = \boldsymbol{f}(\boldsymbol{N},t) \tag{7-20}$$

式中：$\boldsymbol{N}$ 为所有核素的核密度向量；$\boldsymbol{f}(\boldsymbol{N},t)$ 为燃耗方程右端函数向量。从计算方法中知道，可以有许多方法写出其差分格式。下面给出其比较简单和常用的一种格式为

$$\boldsymbol{N}_{j+1} - \boldsymbol{N}_j = \frac{\delta t}{2}(\boldsymbol{f}_j + \boldsymbol{f}_{j+1}) \tag{7-21}$$

式中：j 为在燃耗步长 $\Delta t = t_{n+1} - t_n$ 中用更小的步长 δt 再细分的小步长序号，$t_{j+1} = t_j + \delta t$；$\boldsymbol{N}_j$ 表示第 j 个小步长末的核密度向量。

式(7-21)为隐式差分格式，必须用迭代法求解，迭代格式如下

$$\boldsymbol{N}_{j+1}^{(l+1)} = \boldsymbol{N}_j + \frac{\delta t}{2}(\boldsymbol{f}_j + \boldsymbol{f}_{j+1}^{(l)}) \tag{7-22}$$

式中：l 为迭代序号。燃耗方程按上面格式迭代求解下去，直至得到该燃耗步长末的核密度。可以看到，数值方法比较简单，特别是近年来随着计算机技术的发展，数值方法的应用愈来愈广泛。

这样，我们可以应用解析或数值方法求得在本燃耗时间步长末核燃料中各种重同位素的核子密度，然后把求出的这些数值作为下一个燃耗时间步长的初始值，并对下一个燃耗时间步长重复进行计算。这些步骤重复下去，便可得到核燃料中各种重同位素核密度随反应堆运行时间的变化(见图 7-5)。当然，应该注意到，燃料同位素核密度的变化，会引起反应堆中子通量密度和功率密度分布的变化。所以，在实际的反应堆燃耗计算中，在每个燃耗步长之后，应根据新求得的易裂变同位素的核密度对中子通量密度的数值进行修正。必要时要重新求解多群扩散方程，进行临界计算，以求出堆内新的中子通量密度或功率分布，具体的计算步骤和解法将在 7.3 节中加以讨论。

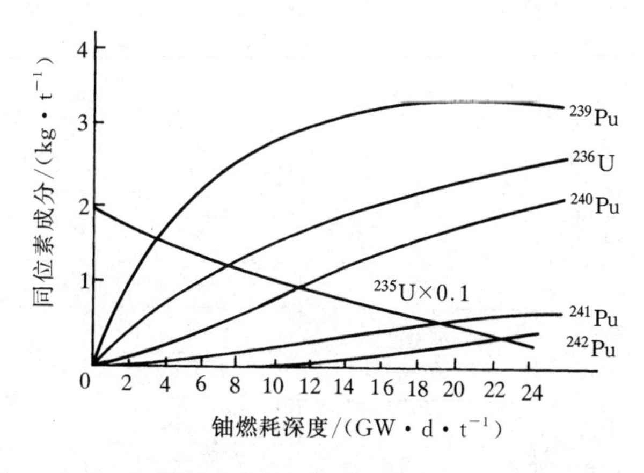

图 7-5　燃料中的主要同位素核密度随时间的变化

图 7-5 给出低富集铀反应堆的燃料中除^{238}U 以外各主要重同位素的核密度随中子注量或燃耗深度(表示成 GW·d/t)的变化。从图中可以看到^{235}U 核密度随燃耗不断地减少,而同时新的易裂变同位素^{239}Pu 随运行时间在初始阶段迅速积累,但由于^{239}Pu 具有很大的热中子吸收截面,因而其核密度很快便达到饱和而趋近于一个常数;钚的其它同位素由^{239}Pu 逐级俘获中子而形成,所以它们的产生率要慢得多。由于^{239}Pu 是易裂变同位素,这一转换过程扩大了对核燃料的利用。这样,从反应堆卸出的乏燃料中,除了含有少量的裂变材料^{235}U 外,还有一部分^{239}Pu,将这一部分^{235}U 和^{239}Pu 重新加以回收利用,就可以大大提高铀资源的利用率。

以卸料燃耗深度为 33 GW·d/t 的压水堆乏燃料为例,其重同位素成分如表 7-2 所示。

表 7-2　燃耗深度为 33 GW·d/t U 的乏燃料中重同位素成分

序号	核素名称	含量/(kg·t^{-1})
1	^{238}U	8.251E+02
2	^{235}U	8.103E+00
3	^{239}Pu	6.341E+00
4	^{236}U	3.461E+00
5	^{240}Pu	2.155E+00
6	^{241}Pu	1.484E+00
7	^{242}Pu	4.428E-01
8	^{237}Np	4.178E-01
9	^{238}Pu	1.496E-01
10	^{234}U	1.286E-01
11	^{243}Am	1.022E-01
12	^{239}Np	9.521E-02
13	^{241}Am	4.004E-02
14	^{244}Cm	3.584E-02
15	^{242}Cm	1.276E-02
16	^{237}U	9.864E-03
17	^{245}Cm	2.170E-03
18	^{238}Np	1.410E-03
19	^{242m}Am	7.550E-04
20	^{239}U	6.597E-04
21	^{243}Cm	3.015E-04
22	^{243}Pu	1.545E-04
23	^{246}Cm	1.441E-04
24	^{242}Am	1.043E-04
25	^{244}Pu	2.970E-05
26	^{244}Am	6.022E-06
27	^{244m}Am	4.737E-06

另外，从图7-5中可以看出，随着中子注量的增加或燃耗加深，裂变产物不断地积累，因而使反应堆的过剩反应性逐渐下降，这就是堆芯寿期的主要限制。

7.2 裂变产物^{135}Xe和^{149}Sm的中毒

下面我们从简单的单群四因子模型来粗略地讨论一下裂变产物对反应性的影响，为此，写出在单群近似下的有效增殖系数表达式为

$$k=\frac{\nu\Sigma_f^F}{\Sigma_a^F+\Sigma_a^M}p\Lambda$$

式中：上标F、M分别表示燃料和慢化剂。假定裂变产物对逃脱共振俘获概率 p 和不泄漏概率 Λ 不产生重大的影响，那么有裂变产物积累时的有效增殖系数将为

$$k'=\frac{\nu\Sigma_f^F}{\Sigma_a^F+\Sigma_a^M+\Sigma_a^P}p\Lambda$$

式中：Σ_a^P 为裂变产物的热中子宏观吸收截面。根据反应性的定义，可以导出裂变产物所引起的反应性变化为

$$\Delta\rho=\frac{k'-k}{k'}\approx\frac{-\Sigma_a^P}{\Sigma_a^F+\Sigma_a^M}=-\frac{\Sigma_a^P}{\Sigma_a} \tag{7-23}$$

式中：Σ_a 为不存在裂变产物时芯部的热中子宏观吸收截面。这种由于裂变产物的存在，吸收中子而引起的反应性变化称裂变产物**中毒**。

应该指出，式(7-23)仅仅是一个近似的算式，在反应堆的实际设计中，一般都是采用数值方法直接对裂变产物中毒进行计算。

在裂变产物中，对热中子反应堆来讲，有两种同位素显得特别重要：^{135}Xe和^{149}Sm。一方面是因为它们具有非常大的热中子吸收截面和裂变产额，因而其浓度在反应堆启动后便迅速增长，不久便趋近于饱和，对反应性有较大的影响；另一方面，由于放射性的衰变使它们的浓度在工况变化时发生迅速的变化。这些将使在反应堆的启动、停堆及功率升降时反应性在较短时间内发生较大的变化，给运行造成困难。因此，对于热中子反应堆来讲，有必要对这两个同位素的中毒情况进行单独的研究和计算。

7.2.1 ^{135}Xe中毒

在热中子反应堆中，^{135}Xe是所有裂变产物中最重要的一种同位素，这一方面是因为它的热中子吸收截面非常大，如图7-6所示，在中子能量为0.025 eV时，^{135}Xe的微观吸收截面达2.7×10^6 b左右。在热能范围内它的平均吸收截面大约为3×10^6 b，因此在热中子反应堆中，必须认真考虑^{135}Xe中毒所带来的影响。但由于在高能区，^{135}Xe的吸收截面随中子能量的增加而显著地下降，因此在快中子反应堆中，氙中毒的影响是比较小的。

另一方面，^{135}Xe的裂变产额比较大，虽然^{235}U核裂变时，^{135}Xe的直接产额仅为0.002 28，但是它的先驱核的直接裂变产额却很高，它们经过β^-衰变后就形成了^{135}Xe，这样^{135}Xe的总体产额，可达到6%以上。图7-7给出了质量数为135的裂变产物的衰变链。

由图7-7可知，^{135}Sb和^{135}Te的半衰期都非常短，因此可以忽略它们在中间过程中的作用，把^{135}Sb和^{135}Te的裂变产额与^{135}I的直接裂变产额之和作为^{135}I的裂变产额，即 $\gamma_I=\gamma_{Sb}+$

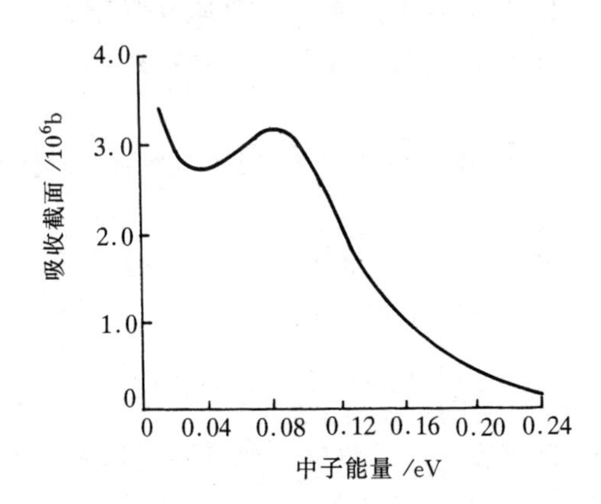

图 7-6　^{135}Xe 的吸收截面与中子能量的关系

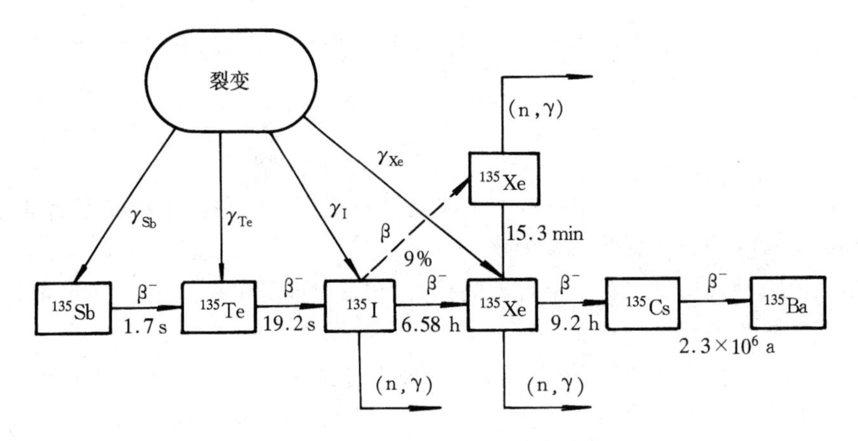

图 7-7　质量数为 135 的裂变产物的衰变链

$\gamma_{Te}+\gamma'_I$(其中 γ'_I 为^{135}I 的直接裂变产额)。由于^{135}I 的热中子吸收截面仅为 8 b，它的半衰期也只有 6.7 h，在热中子通量密度为10^{14} $cm^{-2}\cdot s^{-1}$的时候，$\sigma_a^I\phi/\lambda_I\approx10^{-4}$，即^{135}I 由吸收中子引起的损失项远小于它衰变引起的损失项，因此可以忽略^{135}I 对热中子的吸收，认为^{135}I 全部都衰变成^{135}Xe。这样就可以得到简化后的^{135}Xe 衰变图，如图 7-8 所示。

以单群为例，根据图 7-8，可以写出^{135}I 和^{135}Xe 的浓度①随时间变化的方程式

$$\frac{dN_I(t)}{dt}=\gamma_I\Sigma_f\phi-\lambda_I N_I(t) \tag{7-24}$$

$$\frac{dN_{Xe}(t)}{dt}=\gamma_{Xe}\Sigma_f\phi+\lambda_I N_I(t)-(\lambda_{Xe}+\sigma_a^{Xe}\phi)N_{Xe}(t) \tag{7-25}$$

式中:γ_I、γ_{Xe}、λ_I 和 λ_{Xe}的数值在表 7-3 中给出。

由于^{135}Xe 具有很大的吸收截面和短的半衰期，因而在反应堆启动后，^{135}Xe 浓度将很快增加并趋近饱和，而停堆后又将很快地衰变，这些将使反应性在较短时间内发生较大的变化，给反应堆的运行带来许多问题。下面我们将分别讨论反应堆在启动、停堆以及功率变化时的氙中毒。

① 这里所说的浓度就是指原子核密度。

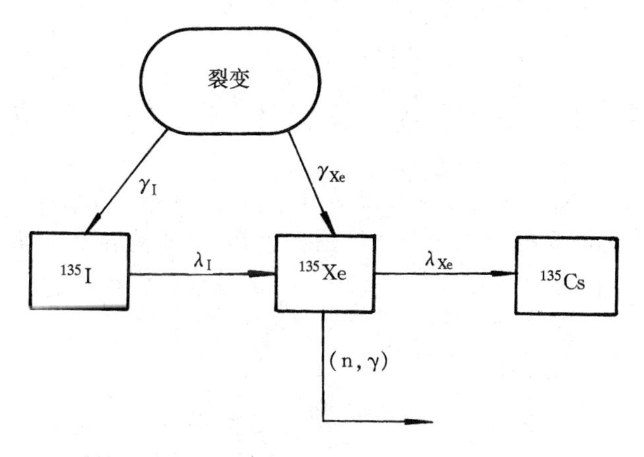

图 7-8　简化后的^{135}Xe 衰变图

表 7-3　^{135}I、^{135}Xe 和^{149}Pm 的裂变产额和衰变常数

裂变产物	裂变产额 γ/%				衰变常数 λ /s^{-1}
	^{233}U	^{235}U	^{239}Pu	^{241}Pu	
^{135}I	4.884	6.386	6.100	7.694	2.87×10^{-5}
^{135}Xe	1.363	0.228	1.087	0.255	2.09×10^{-5}
^{149}Pm	0.660	1.130	1.190		3.58×10^{-6}

1. 反应堆启动时^{135}Xe 中毒

对一个新的堆芯，^{135}I 和^{135}Xe 的初始浓度都等于零。若反应堆在 $t=0$ 时刻开始启动，并且很快就达到了满功率，那么，就可以近似地认为在 $t=0$ 时刻中子通量密度瞬时地达到了额定值，并且一直保持不变。利用式(7-24)和式(7-25)，并采用下列的初始条件：

$$N_{\mathrm{I}}(0)=N_{\mathrm{Xe}}(0)=0$$

设反应堆内的平均中子通量密度为 ϕ，可以解得在反应堆启动后，^{135}I 和^{135}Xe 的浓度随时间的变化为

$$N_{\mathrm{I}}(t)=\frac{\gamma_{\mathrm{I}}\Sigma_{\mathrm{f}}\phi}{\lambda_{\mathrm{I}}}[1-\exp(-\lambda_{\mathrm{I}}t)] \tag{7-26}$$

$$N_{\mathrm{Xe}}(t)=\frac{(\gamma_{\mathrm{I}}+\gamma_{\mathrm{Xe}})\Sigma_{\mathrm{f}}\phi}{\lambda_{\mathrm{Xe}}+\sigma_{\mathrm{a}}^{\mathrm{Xe}}\phi}\{1-\exp[-(\lambda_{\mathrm{Xe}}+\sigma_{\mathrm{a}}^{\mathrm{Xe}}\phi)t]\}+\frac{\gamma_{\mathrm{I}}\Sigma_{\mathrm{f}}\phi}{\sigma_{\mathrm{a}}^{\mathrm{Xe}}\phi+\lambda_{\mathrm{Xe}}-\lambda_{\mathrm{I}}}\{\exp[-(\lambda_{\mathrm{Xe}}+\sigma_{\mathrm{a}}^{\mathrm{Xe}}\phi)t]-\exp(-\lambda_{\mathrm{I}}t)\} \tag{7-27}$$

由此可知，反应堆启动后，^{135}I 和^{135}Xe 的浓度都随着运行时间的增加而增加。当 t 足够大后，上述两式中的指数项都趋近于零，这时，^{135}I 和^{135}Xe 都达到了平衡(或饱和)浓度，即^{135}I 或^{135}Xe 核的产生率正好等于其消失率，因而它们的浓度将保持不变。若以 $N_{\mathrm{I}}(\infty)$ 和 $N_{\mathrm{Xe}}(\infty)$ 分别表示^{135}I 和^{135}Xe 的平衡浓度，在式(7-26)和式(7-27)中令 $t\to\infty$，则有

$$N_{\mathrm{I}}(\infty)=\frac{\gamma_{\mathrm{I}}\Sigma_{\mathrm{f}}\phi}{\lambda_{\mathrm{I}}} \tag{7-28}$$

$$N_{\mathrm{Xe}}(\infty)=\frac{\gamma\Sigma_{\mathrm{f}}\phi}{\lambda_{\mathrm{Xe}}+\sigma_{\mathrm{a}}^{\mathrm{Xe}}\phi} \tag{7-29}$$

其中

$$\gamma = \gamma_{I} + \gamma_{Xe} \tag{7-30}$$

另外,也可以在方程式(7-24)和式(7-25)中令 $dN_{I}(t)/dt = dN_{Xe}(t)/dt = 0$ 直接地求出它们的平衡浓度。

在图7-9中给出了当热中子通量密度为 10^{14} $cm^{-2} \cdot s^{-1}$ 和宏观裂变截面为0.10 m^{-1} 时,^{135}I 和 ^{135}Xe 的浓度随时间的变化曲线。从图上可知,反应堆在稳定功率状态下,正如所预期的那样,运行很短时间(约40 h)之后,^{135}I 和 ^{135}Xe 的浓度已经很接近它们的平衡值了。

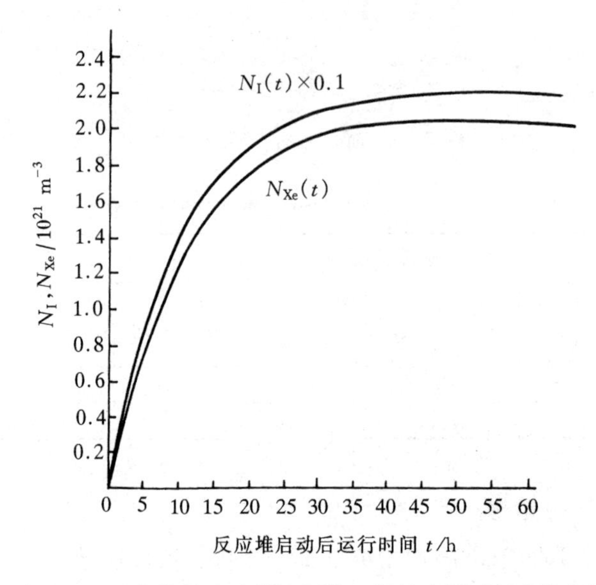

图7-9 反应堆启动后,^{135}I 和 ^{135}Xe 的浓度随时间变化曲线

下面我们将计算由平衡氙浓度所引起的反应性变化值,即**平衡氙中毒**,将式(7-29)代入式(7-23)就可以近似地求得平衡氙中毒,以 $\Delta\rho_{Xe}(\infty)$ 表示

$$\Delta\rho_{Xe}(\infty) \approx -\frac{\Sigma_{Xe}}{\Sigma_{a}} = -\frac{\gamma\Sigma_{f}}{\Sigma_{a}} \frac{\phi}{\frac{\lambda_{Xe}}{\sigma_{a}^{Xe}} + \phi} \tag{7-31}$$

由此可知,$\Delta\rho_{Xe}(\infty)$ 与热中子通量密度水平有关,当反应堆内热中子通量密度值很小时,平衡氙中毒也很小。例如当 ϕ 的数量级为 10^{10} $cm^{-2} \cdot s^{-1}$ 时,则 $\Delta\rho_{Xe}(\infty)$ 的数量级约为 10^{-5},这说明在低功率或低的热中子通量密度下,平衡氙中毒可以忽略不计。由于 $\lambda_{Xe}/\sigma_{a}^{Xe} = 0.756 \times 10^{13}$ $cm^{-2} \cdot s^{-1}$,所以当 $\phi > 10^{14}$ $cm^{-2} \cdot s^{-1}$ 时,$\lambda_{Xe}/\sigma_{a}^{Xe}$ 与 ϕ 相比可忽略不计,则由式(7-31)可得

$$\Delta\rho_{Xe}(\infty) \approx -\frac{\gamma\Sigma_{f}}{\Sigma_{a}} \tag{7-32}$$

因此,在高的热中子通量密度下运行的反应堆中,可近似地认为平衡氙中毒与热中子通量密度值无关,而只与堆芯的宏观裂变截面和宏观吸收截面的比值有关。例如,当 Σ_{f}/Σ_{a} 为0.6~0.8时,$\Delta\rho_{Xe}(\infty)$ 为0.04~0.05,这已是一个可观的数值,因而平衡氙的中毒对于满功率运行的反应堆来讲,是不可忽视的。

动力反应堆在额定功率运行时的热中子通量密度一般都比较高,因此可采用式(7-32)来

近似地计算平衡氙中毒。但若反应堆在低于额定功率下运行，则平衡氙中毒就与运行的功率大小有关，图 7－10 表示在某反应堆运行过程中，平衡氙中毒与反应堆中子通量密度水平或运行功率的关系。

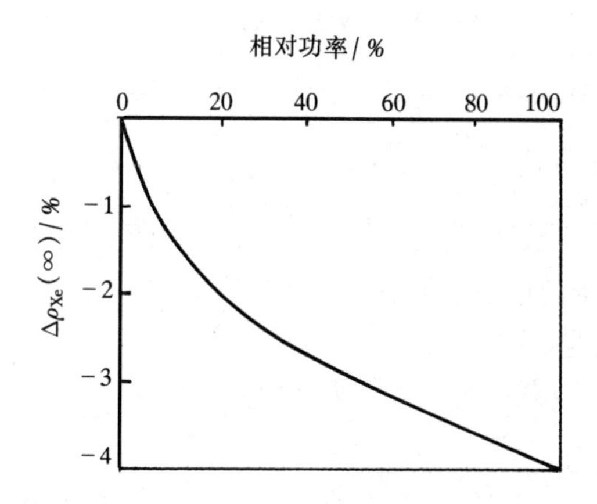

图 7－10　反应堆运行过程中平衡氙中毒与中子通量密度水平的关系

2. 停堆后 ^{135}Xe 中毒

从图 7－8 中可知，在反应堆运行时，^{135}Xe 的产生有两条途径，即由燃料核裂变直接产生和由 ^{135}I 的 β^- 衰变而产生，前者与反应堆的中子通量密度值有关。由于 ^{135}Xe 的裂变产额比较小，而且只要反应堆运行两天以后，^{135}I 已达到饱和浓度，这时 ^{135}Xe 主要是由 ^{135}I 的 β^- 衰变产生的。^{135}Xe 的消失也有两条途径，即由于 ^{135}Xe吸收中子和 ^{135}Xe 的 β^- 衰变而消失，前者也与反应堆的中子通量密度有关。当反应堆中平均热中子通量密度值为 $0.756\times10^{13}\ \mathrm{cm^{-2}\cdot s^{-1}}$ 时，由 ^{135}Xe 吸收中子和由 ^{135}I的 β^- 衰变所引起的消亡率两者刚好相等。但在动力热中子反应堆中，平均热中子通量密度一般都大于这个值，因此在正常功率运行时，^{135}Xe 主要是靠吸收中子而消失。

在反应堆停堆后，中子通量密度可以近似认为突然降为零，裂变对 ^{135}Xe 的直接产生率也近似等于零。但堆内存在的 ^{135}I 继续衰变成 ^{135}Xe，而 ^{135}Xe 却不再由于吸收中子而消失，它只能通过 β^- 衰变而消失，同时由于 ^{135}Xe 的半衰期大于 ^{135}I 的半衰期，因而在停堆后的一段时间内，^{135}Xe 的浓度反而要增加。但是，由于在停堆后没有新的 ^{135}I 产生，^{135}I 的浓度将由于衰变而逐渐地减小，因此，^{135}Xe 的浓度不会无限地增加下去，当它达到某一极值后，^{135}Xe 的浓度将逐渐地减小。

假设反应堆在恒定中子通量密度 ϕ 情况下已经运行两天以上，堆内已经建立了平衡氙浓度，然后突然停堆。因为停堆后中子通量密度近似地降为零，所以，根据式(7－24)和式(7－25)可写出停堆后 ^{135}I 和 ^{135}Xe 的浓度随时间变化的微分方程

$$\frac{\mathrm{d}N_{\mathrm{I}}(t)}{\mathrm{d}t}=-\lambda_{\mathrm{I}}N_{\mathrm{I}}(t) \tag{7-33}$$

$$\frac{\mathrm{d}N_{\mathrm{Xe}}(t)}{\mathrm{d}t}=\lambda_{\mathrm{I}}N_{\mathrm{I}}(t)-\lambda_{\mathrm{Xe}}N_{\mathrm{Xe}}(t) \tag{7-34}$$

令停堆时刻 $t=0$，则方程组(7－33)和(7－34)的初始条件为

$$N_{\rm I}(0)=N_{\rm I}(\infty);N_{\rm Xe}(0)=N_{\rm Xe}(\infty)$$

其中，$N_{\rm I}(0)$和 $N_{\rm Xe}(0)$分别为停堆前堆内的^{135}I 和^{135}Xe 平衡浓度。

这样微分方程组(7－33)和(7－34)的解为

$$N_{\rm I}(t)=N_{\rm I}(\infty)\exp(-\lambda_{\rm I}t) \tag{7-35}$$

$$N_{\rm Xe}(t)=N_{\rm Xe}(\infty)\exp(-\lambda_{\rm Xe}t)+\frac{\lambda_{\rm I}N_{\rm I}(\infty)}{\lambda_{\rm I}-\lambda_{\rm Xe}}[\exp(-\lambda_{\rm Xe}t)-\exp(-\lambda_{\rm I}t)] \tag{7-36}$$

将 $N_{\rm I}(\infty)$及 $N_{\rm Xe}(\infty)$代入式(7－36)，有

$$N_{\rm Xe}(t)=\frac{\gamma\Sigma_{\rm f}\phi_0}{\sigma_{\rm a}^{\rm Xe}\phi+\lambda_{\rm Xe}}\exp(-\lambda_{\rm Xe}t)+\frac{\gamma_{\rm I}\Sigma_{\rm f}\phi_0}{\lambda_{\rm I}-\lambda_{\rm Xe}}[\exp(-\lambda_{\rm Xe}t)-\exp(-\lambda_{\rm I}t)] \tag{7-37}$$

这里 ϕ_0 是停堆前 $t=0$ 时刻的中子通量密度值。为了分析停堆后^{135}Xe 的浓度和中毒的变化规律，首先将式(7－37)对 t 求导，然后令 $t=0$，得

$$\left.\frac{{\rm d}N_{\rm Xe}(t)}{{\rm d}t}\right|_{t=0}=\left(\frac{\sigma_{\rm a}^{\rm Xe}\gamma_{\rm I}\phi_0-\gamma_{\rm Xe}\lambda_{\rm Xe}}{\sigma_{\rm a}^{\rm Xe}\phi_0+\lambda_{\rm Xe}}\right)\Sigma_{\rm f}\phi_0 \tag{7-38}$$

因为

$$\frac{\Sigma_{\rm f}\phi_0}{\sigma_{\rm a}^{\rm Xe}\phi_0+\lambda_{\rm Xe}}>0$$

所以只要

$$\phi_0<\frac{\gamma_{\rm Xe}\lambda_{\rm Xe}}{\gamma_{\rm I}\sigma_{\rm a}^{\rm Xe}}=2.76\times10^{11}\quad{\rm cm^{-2}\cdot s^{-1}}$$

则

$$\left.\frac{{\rm d}N_{\rm Xe}(t)}{{\rm d}t}\right|_{t=0}<0$$

在这种情况下，停堆后^{135}Xe 的浓度是下降的，不可能出现最大氙中毒的现象。

反之，当停堆时中子通量密度 $\phi_0>2.76\times10^{11}\ {\rm cm^{-2}\cdot s^{-1}}$时，停堆后^{135}Xe 的浓度是上升的。一般动力反应堆在额定功率下运行时，$\phi\approx10^{14}\ {\rm cm^{-2}\cdot s^{-1}}$，总是满足这个条件，所以在刚停堆后的一段时间内，^{135}Xe 的中毒总是增加的。

停堆后，^{135}Xe 浓度从平衡值上升到最大值所需的时间称为最大氙浓度发生的时间，用 $t_{\max}$ 表示，它可由式(7－36)令 ${\rm d}N_{\rm Xe}(t)/{\rm d}t=0$ 求得

$$t_{\max}=\frac{1}{\lambda_{\rm I}-\lambda_{\rm Xe}}\ln\left[\frac{\lambda_{\rm I}/\lambda_{\rm Xe}}{1+\dfrac{\lambda_{\rm Xe}}{\lambda_{\rm I}}\left(\dfrac{\lambda_{\rm I}}{\lambda_{\rm Xe}}-1\right)\dfrac{N_{\rm Xe}(\infty)}{N_{\rm I}(\infty)}}\right]$$

$$\approx\frac{1}{\lambda_{\rm I}-\lambda_{\rm Xe}}\ln\left[\frac{1+\phi_0\sigma_{\rm a}^{\rm Xe}/\lambda_{\rm Xe}}{1+\phi_0\sigma_{\rm a}^{\rm Xe}/\lambda_{\rm I}}\right] \tag{7-39}$$

由此可知，$t_{\max}$与停堆前的 ϕ_0 有关，也就是说与停堆前运行的功率有关。但若 $\phi_0\gg\lambda_{\rm Xe}/\sigma_{\rm a}^{\rm Xe}\approx10^{13}\ {\rm cm^{-2}\cdot s^{-1}}$，则停堆后达到最大氙浓度的时间就与中子通量密度无关。这时

$$t_{\max}=\frac{1}{\lambda_{\rm I}-\lambda_{\rm Xe}}\ln\left[\frac{\lambda_{\rm I}}{\lambda_{\rm Xe}}\right]\approx11.3\quad{\rm h} \tag{7-40}$$

这表明在高的热中子通量密度或满功率下运行的反应堆内，停堆后大约 11 h 左右出现最大氙浓度。

把 $t_{\max}$的值代入式(7－37)可以求得停堆后最大氙浓度，以 $N_{\rm Xe,max}$表示。再将 $N_{\rm Xe,max}$值代入式(7－23)，可近似地求出停堆后最大氙中毒 $\Delta\rho_{\max}$。

图 7－11 是停堆前后 ^{135}Xe 浓度和剩余反应性①随时间变化的示意图。从图中可知，停堆后 ^{135}Xe 的浓度先是增加到最大值，然后逐渐地减小；剩余反应性随时间变化则与 ^{135}Xe 浓度的变化刚好相反，先是减小到最小值，然后又逐渐地增大，通常把这一现象称为**“碘坑”**，因为这一现象主要是由于停堆后 ^{135}I 继续衰变成 ^{135}Xe，使 ^{135}Xe 浓度增大所引起的。从停堆时刻开始直到剩余反应性又回升到停堆时刻的值时所经历的时间称为碘坑时间，以 t_I 表示。在碘坑时间内，若剩余反应性还大于零，则反应堆还能靠移动控制棒来启动，这段时间称为允许停堆时间，以 t_p 表示；若剩余反应性小于或等于零，则反应堆无法启动，这段时间称为强迫停堆时间，以 t_f 表示。

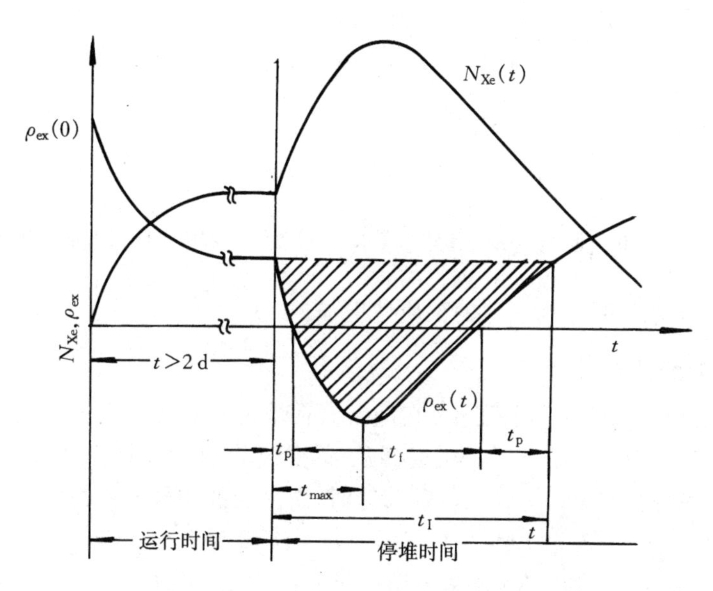

图 7－11　停堆前后，^{135}Xe 浓度和剩余反应性随时间变化的示意图[3]

停堆后反应堆剩余反应性下降到最小值的程度称为碘坑深度。碘坑深度与反应堆停堆前运行的热中子通量密度（或运行功率）值密切有关，热中子通量密度愈大，碘坑深度愈深。图 7－12表示了在不同热中子通量密度水平下运行的反应堆，在停堆后氙中毒随时间的变化曲线。从图中可知，若热中子通量密度水平低于1×10^{13} $cm^{-2}\cdot s^{-1}$，则停堆后氙中毒变化很微小，但若热中子通量密度大于1×10^{14} $cm^{-2}\cdot s^{-1}$，则停堆后氙中毒变化很显著（也即碘坑深度很深）。假使停堆前反应堆的剩余反应性不足以补偿其氙中毒，那就会出现强迫停堆现象。

停堆后氙中毒变化还与停堆方式有关。如果不是采取突然停堆的方式而是采取用逐渐地降低功率的方式来停堆，那么，因为有一部分 ^{135}Xe 和 ^{135}I 在停堆过程中因吸收中子和衰变而消耗掉了，相当于在较低的功率下停堆，所以停堆后的碘坑深度要比突然停堆方式所引起的碘坑深度浅得多。

如果在停堆后不久还存在有大量 ^{135}Xe 的情况下又重新启动反应堆，那么，由于中子通量密度突然增加，^{135}Xe 将大量被吸收，它的浓度很快地下降，因而氙中毒迅速地减小，这时将出现正的反应性效应，堆内的剩余反应性很快地增加，为启动而提起的控制棒又要插到足够的深

① 反应堆在无控制毒物情况下超临界的反应性称为剩余反应性（见第 8 章）。

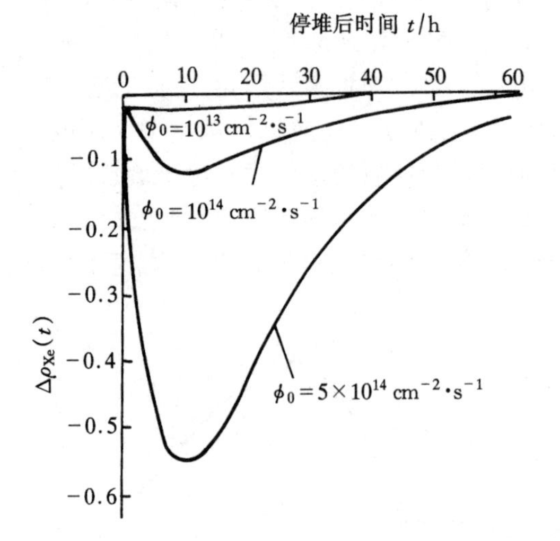

图 7-12　在不同的热中子通量密度水平下，停堆后氙中毒随时间变化曲线

度，以补偿由于^{135}Xe 浓度减小而引起的反应性增加。

3. 功率过渡时的^{135}Xe 中毒

假设反应堆在稳定功率下运行了一段时间，已在堆内建立了平衡氙浓度，而在 $t=0$ 时刻突然改变它的功率，则相应热中子通量密度要从 ϕ_1 变成 ϕ_2，堆芯内的^{135}I 和^{135}Xe 的浓度也要发生改变。这里，在解方程组(7-24)和(7-25)时，所采用的初始条件为

$$N_{\mathrm{I}}(0)=N_{\mathrm{I}}(\infty);\quad N_{\mathrm{Xe}}(0)=N_{\mathrm{Xe}}(\infty)$$

$N_{\mathrm{I}}(0)$和 $N_{\mathrm{Xe}}(0)$分别为^{135}I 和^{135}Xe 在热中子通量密度为 ϕ_1 时的平衡浓度。在满足以上初始条件的情况下，方程式(7-24)和(7-25)的解分别为

$$N_{\mathrm{I}}(t)=\frac{\gamma_{\mathrm{I}}\Sigma_{\mathrm{f}}\phi_1}{\lambda_{\mathrm{I}}}\left[1-\left(\frac{\phi_2-\phi_1}{\phi_2}\right)\exp(-\lambda_{\mathrm{I}}t)\right] \tag{7-41}$$

$$N_{\mathrm{Xe}}=\frac{\gamma_{\mathrm{I}}\Sigma_{\mathrm{f}}\phi_1}{\lambda_{\mathrm{Xe}}+\sigma_{\mathrm{a}}^{\mathrm{Xe}}\phi_1}\left\{1-\left(\frac{\phi_2-\phi_1}{\phi_2}\right)\left[\frac{\lambda_{\mathrm{Xe}}}{\lambda_{\mathrm{Xe}}+\sigma_{\mathrm{a}}^{\mathrm{Xe}}\phi_1}\exp(-(\lambda_{\mathrm{Xe}}+\sigma_{\mathrm{a}}^{\mathrm{Xe}}\phi_2)t)\right]+\right.$$

$$\left.\frac{\gamma_{\mathrm{I}}}{\gamma}\left(\frac{\lambda_{\mathrm{Xe}}+\sigma_{\mathrm{a}}^{\mathrm{Xe}}\phi_2}{\lambda_{\mathrm{Xe}}+\sigma_{\mathrm{a}}^{\mathrm{Xe}}\phi_2-\lambda_{\mathrm{I}}}\right)\left[\exp(-\lambda_{\mathrm{I}}t)-\exp(-(\lambda_{\mathrm{Xe}}+\sigma_{\mathrm{a}}^{\mathrm{Xe}}\phi_2)t)\right]\right\} \tag{7-42}$$

由此可知，当反应堆功率改变后，^{135}I 和^{135}Xe 的浓度与功率变化前后的中子通量密度值有关。图 7-13 表示反应堆功率变化前后，^{135}I 浓度、^{135}Xe 浓度和剩余反应性随时间的变化。从图中可知，当功率突然降低时，^{135}Xe 浓度和剩余反应性随时间变化的曲线形状与突然停堆的情况很相似，只是在变化程度上有差别。但当功率突然升高时，^{135}I 浓度、^{135}Xe 浓度和剩余反应性随时间变化与功率突然下降的情况刚好相反。这时在功率升高的开始时刻将引入正的反应性。

***4. 氙振荡**

在大型热中子反应堆中，局部区域内中子通量密度的变化会引起局部区域^{135}Xe浓度和局部区域中子平衡关系的变化。反过来，后者的变化也要引起前者的变化。这两者之间的相互反馈作用就有可能使堆芯中^{135}Xe 浓度和热中子通量密度分布产生空间振荡现象。

为了定性地解释这个现象，考虑一个初始功率密度分布比较平坦的大型热中子反应堆，堆

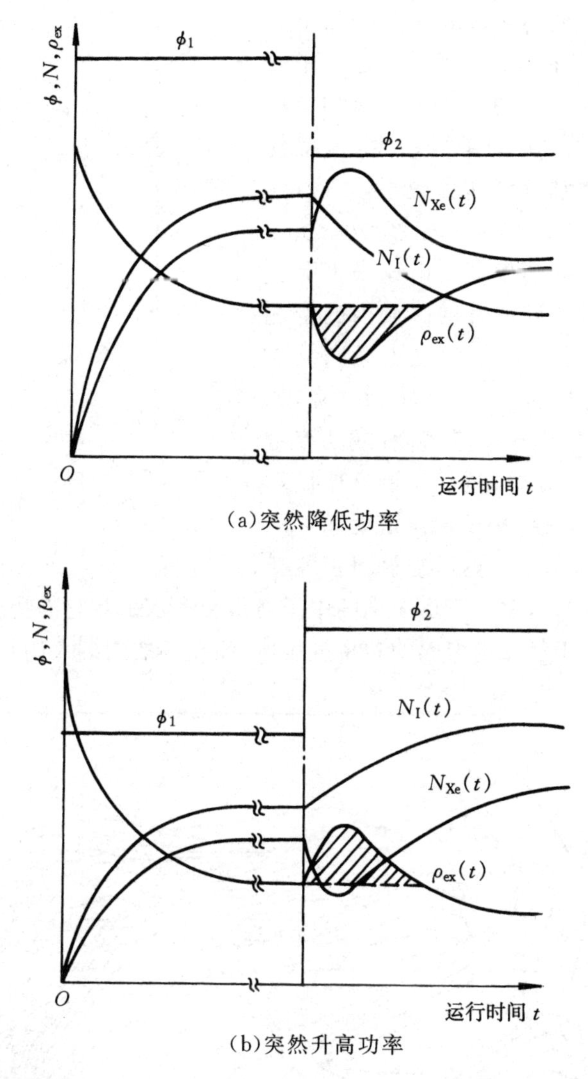

图 7－13　功率变化前后，^{135}I、^{135}Xe 浓度和剩余反应性随时间变化示意图[3]

内已建立了平衡氙浓度。在反应堆总输出功率不变的情况下，在堆芯某一区域中由于某种扰动，例如移动控制材料，使功率密度降低，那么要保持反应堆的总功率不变，堆芯的另一区域的功率密度必然要升高。这就使堆内中子通量密度分布或功率密度分布发生变化，如图 7－14(a)所示。

在功率密度降低的区域中，中子通量密度也相应地降低，因而^{135}Xe 的消耗也随之减小，但是原来在高中子通量密度情况下生成的^{135}I 仍在继续地衰变成^{135}Xe，所以^{135}Xe 的浓度便逐渐地增加，这就使该区的中子吸收增加，从而使中子通量密度和功率密度又进一步地降低……。与此同时，在功率密度升高的区域中中子通量密度也相应的升高，^{135}Xe 的消耗变大。因此^{135}Xe的浓度开始减小，这就导致该区的中子吸收减少，从而使功率密度和中子通量密度进一步地升高……。

但是必须注意到，以上的过程并不会单向地无限制地发展下去。有两个因素限制着它的变化：一是在中子通量密度分布进一步倾斜后，形成了中子通量密度的梯度，中子通量密度高的区域向中子通量密度低的区域有一个净的中子流，这使中子通量密度趋向平坦一些；二是在中子通量密度下降的区域内，^{135}I 的产生量也会相应地减少，因而由它衰变成^{135}Xe 的量也减少，这就使^{135}Xe的浓度由原来的增加逐渐转为减小，相应地，该区的中子吸收由原来的增加逐渐转为减少，从而使该区的中子通量密度和功率密度由原来下降转为上升。而在中子通量密度上升的区域内的情况与上述的刚好相反，该区^{135}Xe 的浓度由原来减小转为增加，中子通量密度由原来上升转为下降，如图 7-14(b)所示。这样，中子通量密度(或功率密度)变化将沿着原来相反方向进行，并重复地循环下去。这就形成了功率密度、中子通量密度和^{135}Xe浓度的空间振荡，简称氙振荡。这种振荡可能是稳定的，也可能是不稳定的，这取决于反应堆的中子通量密度水平和它的物理特性。图 7-15 形象地给出了反应堆内由于氙振荡引起的功率振荡图，氙振荡的周期大约是 15～30 h。

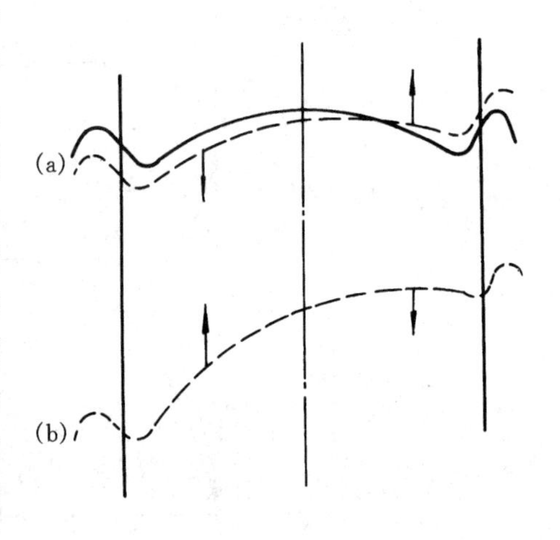

图 7-14　氙振荡示意图

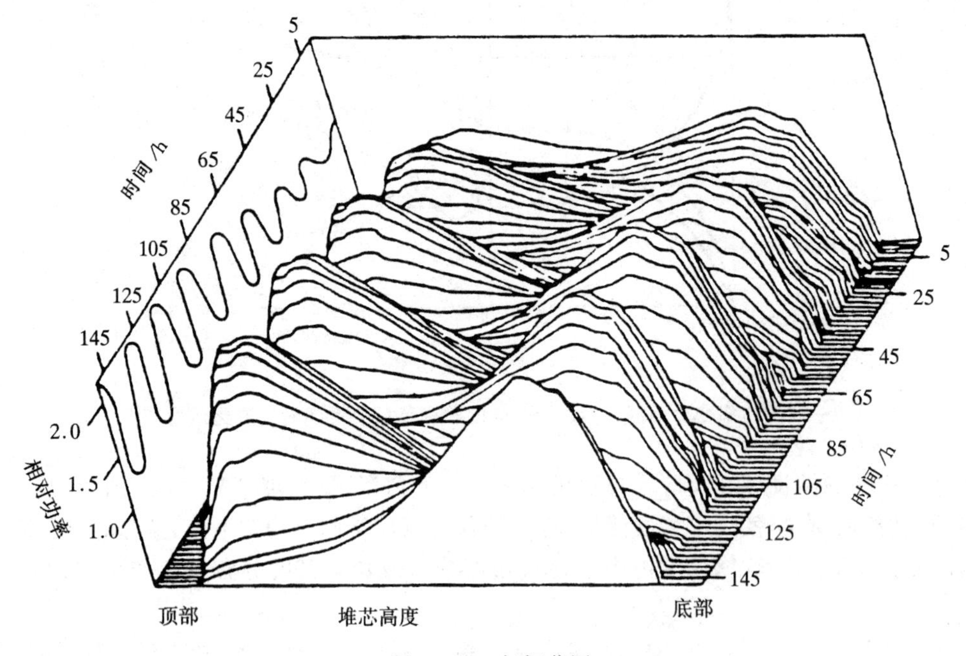

图 7-15　氙振荡图

只有在大型的和高中子通量密度的热中子反应堆中才可能发生氙振荡。一般当堆芯的尺寸超过 30 倍徙动长度和热中子通量密度大于 10^{14} cm^{-2} · s^{-1}时，氙振荡才成为一个值得认真考虑的问题。对于天然铀或低富集铀气冷堆和大多数大型压水反应堆，它们堆芯的尺寸都超过 30 倍徙动长度，都必须要认真地考虑氙振荡问题。在沸水反应堆中，当局部区域功率密度(或中子通量密度)升高时，该区的水立刻产生更多的沸腾，负的空泡反应性效应使该区的增殖系数很快地减小，因而使功率密度和中子通量密度很快地恢复到初始值。所以，在沸水反应堆中，产生氙振荡的可能性很小，在快中子反应堆中，由于氙中毒效应本来就不重要，因此也不会产生氙振荡。

氙振荡时，有的区域氙浓度减小，有的区域氙浓度增加，但是在整个堆芯中，氙的总量变化是不大的，因此它对整个反应堆有效增殖系数的影响也是不显著的，并不构成严重的超临界危险性。所以要想从总的反应性测量中来发现氙振荡是很困难的，只有从测量局部的功率密度或局部中子通量密度的变化中才能发现氙振荡。例如用分布在堆芯各处测量功率（或中子通量密度）的探测器可以及时地监测出氙振荡。

氙振荡的危险性在于使反应堆热管位置转移和功率密度峰因子改变，并使局部区域的温度升高，若不加控制甚至会使燃料元件熔化；氙振荡还使堆芯中温度场发生交替地变化，加剧堆芯材料温度应力的变化，使材料过早地损坏。因此在设计中必须认真地考虑氙振荡的问题。

由于氙振荡的周期比较长，因而它是可以被控制的。例如采用部分长度控制棒可以抑制压水反应堆中轴向的氙振荡。

7.2.2　^{149}Sm 中毒

在所有的裂变产物中，^{149}Sm 对热中子反应堆的影响仅次于^{135}Xe。对能量为0.025 eV 的中子，^{149}Sm 的吸收截面为40 800 b。^{149}Sm 的无限稀释共振积分为3 400 b。图 7-16 表示了^{149}Sm的裂变产物链，由图可知，^{149}Sm 是从^{149}Nd 经过两次 β^- 衰变而来的。^{149}Nd 的裂变产额为0.011 3，半衰期为 2 h。^{149}Nd 的半衰期与^{149}Pm 的半衰期(54 h)相比可忽略不计，所以可以认为^{149}Pm 是在裂变时直接产生的，因而略去^{149}Nd 的中间作用。令 $\gamma_{Pm}=\gamma_{Nd}=0.011\ 3$，根据图 7-16，可以写出^{149}Pm 和^{149}Sm 的浓度随时间变化方程为

$$\frac{dN_{Pm}(t)}{dt}=\gamma_{Pm}\Sigma_f\phi-\lambda_{Pm}N_{Pm}(t) \tag{7-43}$$

$$\frac{dN_{Sm}(t)}{dt}=\lambda_{Pm}N_{Pm}(t)-\sigma_a^{Sm}\phi N_{Sm}(t) \tag{7-44}$$

下面将分别分析反应堆启动和停堆后^{149}Sm 浓度及中毒随时间变化的情况。

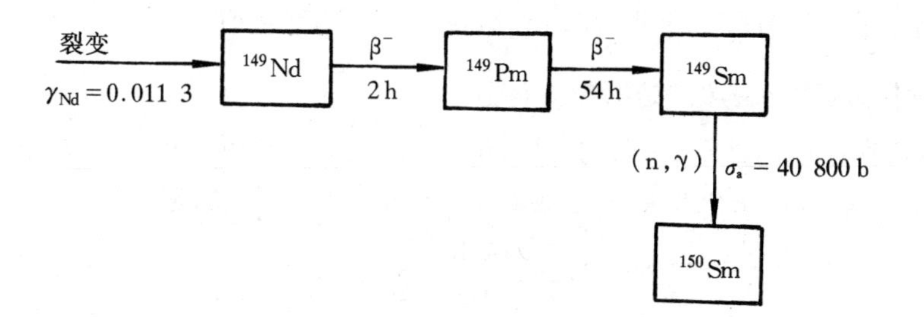

图 7-16　^{149}Sm 裂变产物链

1. 反应堆启动时^{149}Sm 的中毒

反应堆在刚启动时，$N_{Pm}(0)=N_{Sm}(0)=0$。以此为初始条件解方程式(7-43)和(7-44)，可以得到^{149}Pm 和^{149}Sm 随时间变化关系式

$$N_{Pm}(t)=\frac{\gamma_{Pm}\Sigma_f\phi}{\lambda_{Pm}}[1-\exp(-\lambda_{Pm}t)] \tag{7-45}$$

$$N_{Sm}(t)=\frac{\gamma_{Pm}\Sigma_f}{\sigma_a^{Sm}}[1-\exp(-\sigma_a^{Sm}\phi t)]-\frac{\gamma_{Pm}\Sigma_f\phi}{\lambda_{Pm}-\sigma_a^{Sm}\phi}[\exp(-\sigma_a^{Sm}\phi t)-\exp(-\lambda_{Pm}t)] \tag{7-46}$$

当 t 足够大时，上述两式中的指数项都趋近于零，这样就可得 ^{149}Pm 和 ^{149}Sm 的平衡浓度，分别以 $N_{Pm}(\infty)$ 和 $N_{Sm}(\infty)$ 来表示

$$N_{Pm}(\infty)=\frac{\gamma_{Pm}\Sigma_f\phi}{\lambda_{Pm}} \tag{7-47}$$

$$N_{Sm}(\infty)=\frac{\gamma_{Pm}\Sigma_f}{\sigma_a^{Sm}} \tag{7-48}$$

由此可知，^{149}Pm 的平衡浓度与反应堆的热中子通量密度有关，而 ^{149}Sm 的平衡浓度与热中子通量密度无关（即与功率无关）。把式（7－48）代入式（7－23），可近似地求得平衡 ^{149}Sm 浓度所引起的反应性变化值，称为平衡**钐中毒**$[\Delta\rho_{Sm}(\infty)]$。例如，假设 Σ_f/Σ_a 近似等于 0.6，则

$$\Delta\rho_{Sm}(\infty)\approx-\frac{N_{Sm}(\infty)\sigma_a^{Sm}}{\Sigma_a}=-\frac{\gamma_{Pm}\Sigma_f}{\Sigma_a}\approx-0.007 \tag{7-49}$$

它的毒性仅为 ^{135}Xe 毒性的几分之一。虽然平衡钐浓度与热中子通量密度无关，但是达到平衡钐浓度所需要的时间却与中子通量密度有密切的关系。当式（7－46）中所有指数项全为零或接近于零时，就达到了平衡钐浓度。为此要求 t 至少应满足下列两个条件

$$t\gg\frac{1}{\sigma_a^{Sm}\phi} \tag{7-50}$$

$$t\gg\frac{1}{\lambda_{Pm}} \tag{7-51}$$

其中：λ_{Pm} 和 σ_a^{Sm} 的值分别列在表 7－2 和图 7－16 中。从式（7－51）可以得到 t 应远远大于 0.28×10^6 s；从式（7－50）可知，t 与热中子通量密度有关，对于一般动力堆的热中子通量密度（例如 $\phi=5\times10^{13}\ \mathrm{cm^{-2}\cdot s^{-1}}$），从式（7－50）求得 t 要远大于 0.5×10^6 s。由此可知，即使对于运行在高中子通量密度情况下的反应堆，到达平衡钐的时间至少也要百小时以上，这与到达平衡氙的时间相比要大得多。其主要原因是由于 ^{135}Xe 的吸收截面远远大于 ^{149}Sm 的吸收截面，而且 ^{135}Xe还由于放射性衰变而消失，所以它很快就达到了饱和值。

2. 反应堆停堆后^{149}Sm 浓度随时间变化

假设反应堆在停堆前已经运行了相当长的时间，堆内的 ^{149}Pm 和 ^{149}Sm 的浓度都已经达到了平衡值，然后在 $t=0$ 时突然停堆。停堆后 ^{149}Pm 和 ^{149}Sm 的浓度随时间变化为

$$N_{Pm}(t)=\frac{\gamma_{Pm}\Sigma_f\phi}{\lambda_{Pm}}\exp(-\lambda_{Pm}t) \tag{7-52}$$

$$N_{Sm}(t)=\frac{\gamma_{Pm}\Sigma_f}{\sigma_a^{Sm}}+\frac{\gamma_{Pm}\Sigma_f\phi}{\lambda_{Pm}}\cdot[1-\exp(-\lambda_{Pm}t)] \tag{7-53}$$

式中：ϕ 为停堆前稳态运行时的热中子通量密度；t 为由停堆时刻开始计算的时间。

由式（7－53）可以看出，停堆后 ^{149}Sm 的浓度将随时间而增加。式中第一项为停堆前 ^{149}Sm 的浓度。若停堆前 $\phi=\lambda_{Pm}/\sigma_a^{Sm}\approx0.87\times10^{14}\ \mathrm{cm^{-2}\cdot s^{-1}}$，则停堆后 ^{149}Sm 的最大浓度可达停堆前平衡浓度的两倍左右。当反应堆再次启动后，这些多余的 ^{149}Sm 很快就被消耗，平衡钐状态又将恢复。若停堆前中子通量密度比较低，则第二项值也比较小，这时停堆后的 ^{149}Sm 浓度基本上保持不变。图 7－17 中给出了在不同运行通量密度 ϕ 下，停堆后 ^{149}Sm 的积累以及重新开

堆后^{149}Sm的烧损。

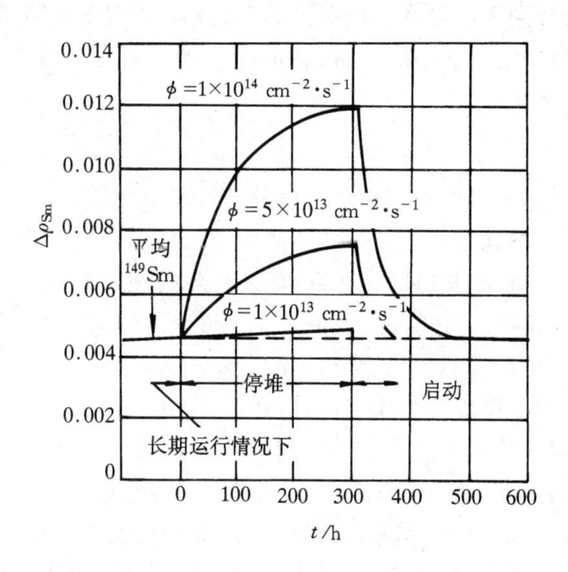

图 7-17　运行在不同中子通量密度情况下，停堆后^{149}Sm的积累及重新开堆后的烧损

7.3　反应性随时间的变化与燃耗深度

7.3.1　反应性随时间的变化与堆芯寿期

一个新的堆芯（或换料后的堆芯），它的燃料装载量比临界时燃料装载量多，初始有效增殖系数（或剩余反应性）比较大，因此必须用控制毒物来补偿这些剩余反应性。随着反应堆运行时间的增加，堆内裂变材料的消耗和裂变产物的积累，有效增殖系数将逐渐地减小。一个新装料堆芯从开始运行到有效增殖系数降到 1 时，反应堆满功率运行的时间就称为**堆芯寿期**。

为了确定堆芯寿期，需要进行燃耗计算，即计算在无控制毒物的情况下，堆芯有效增殖系数随时间的变化关系。这主要是进行前面所介绍的核燃料中重同位素成分的变化，中毒和裂变产物随运行时间的积累等计算。

在实际计算中，通常采用数值方法进行计算。首先把时间分成许多时间间隔（(t_{n-1}, t_n) $n=1,\cdots,N$），称为燃耗步长。在每个燃耗步长中认为堆芯内中子通量密度或功率分布不变，在每个燃耗区内均保持常数。与此同时，把堆芯分成若干个燃耗区，例如，对轻水堆每个组件为一个燃耗区。在每区内，认为中子通量密度和核密度与空间无关而等于常数，即用该区的平均值来近似代替它们。这样，我们便可以根据初始条件，对每个步长和各个燃耗区依次进行燃耗计算。初始条件是指初始装载时或每个燃耗步长起始时的中子通量密度或功率分布及各燃耗区的各种核素的成分。

燃耗计算的主要内容和步骤如下。

1. 空间扩散计算

空间扩散计算是在初始时刻（t_0）给定的或由上一燃耗时间步长末（t_{n-1}）求出的堆芯材料

成分和各同位素核密度的空间分布的条件(初始条件)下,进行堆芯各燃耗区的宏观截面和少群群常数的计算,根据这些求出的群常数应用扩散理论作堆芯的临界计算,求出反应堆的有效增殖系数和堆芯的中子通量密度的空间分布;确定出各燃耗区的新的中子通量密度或功率的数值。

2. 燃耗计算

根据前面空间扩散计算求得的中子通量密度分布及以上一燃耗步长末求出的各元素的核子密度作为初始条件,对各燃耗区在给定的燃耗时间步长内进行下列内容的计算:①求解方程组(方程(7-5)),求出燃耗步长末燃料中各种重同位素的核子密度;②计算平衡^{135}Xe及最大^{135}Xe浓度及其对反应性的影响;③求出步长末其它裂变产物的核子密度。这些计算结果又作为下一个燃耗步长空间扩散计算的依据。

这样,我们可以求出每个燃耗步长末反应堆的有效增殖系数、中子通量密度和功率分布以及每个燃耗区内各同位素成分的浓度。上述空间扩散和燃耗计算需要反复交替进行下去,直到反应堆的有效增殖系数小于1,该计算才告结束。最后得到有效增殖系数随运行时间的变化曲线。严格地讲,上述两部分的计算是不能分离的,而是互相耦合的。因为任何原子核密度的变化都会立刻引起中子通量密度的变化,反之亦然。但是为了计算方便,采用前面介绍的空间分区和时间分段的方法来近似计算,当空间分区不太大和时间步长取得不太长时,这样的计算是可以满足工程设计要求的。为了提高计算的精度,还需将反应堆的核特性计算与热工-水力计算结合起来。图7-18表示了典型燃耗计算的主要步骤。目前,在反应堆核设计中已有专门的燃料管理计算程序可用来进行以上的空间扩散和燃耗计算。

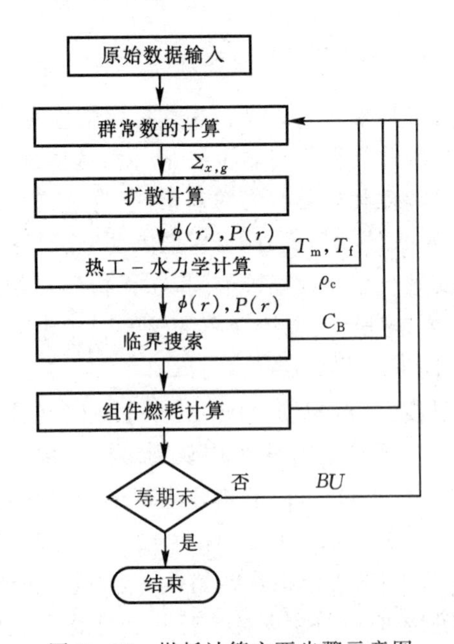

图7-18　燃耗计算主要步骤示意图

在图7-19中给出某压水堆的考虑平衡氙中毒和最大氙中毒后的有效增殖系数随燃耗深度变化的计算曲线。注意,这里的运行时间是指有效满功率天(EFPD),它相当于反应堆在名义功率下运行的天数,为

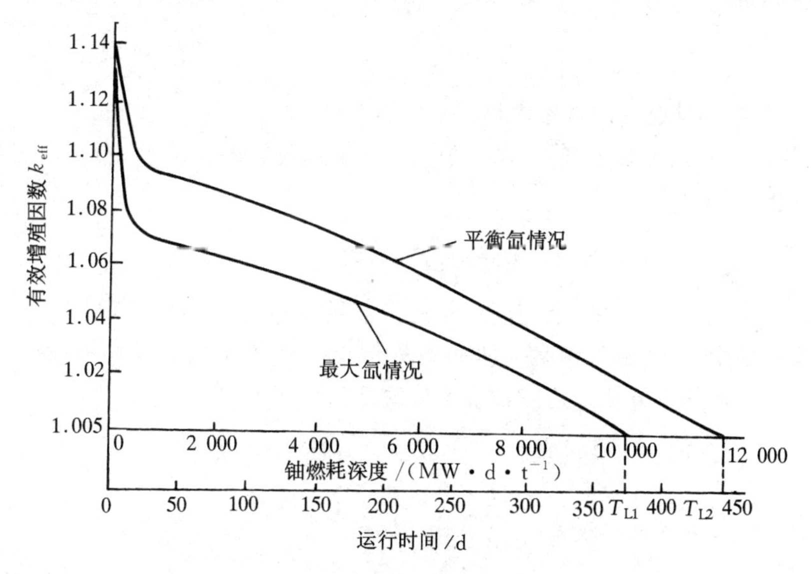

图 7 - 19　有效增殖系数随燃耗深度变化曲线

$$\text{EFPD} = \int_0^T \frac{P(t)}{P_0}\mathrm{d}t = C \cdot T \quad (天) \tag{7-54}$$

式中：P_0 为核电厂的名义功率；$P(t)$和 T 分别为实际运行的功率和天数；C 称为该循环的容量因子。考虑到在堆芯寿期末，反应堆运行时控制调节需要一定的反应性，因此堆芯寿期末的有效增殖系数应稍大于 1，例如图中取 $k=1.005$，由此便可确定出堆芯的寿期。

从图 7 - 19 中可知，在最大氙浓度的情况下的堆芯寿期(T_{L1})要比在平衡氙浓度情况下的堆芯寿期(T_{L2})短。当 $t \leqslant T_{L1}$ 时，反应堆在停堆后随时都可以启动。但在 $T_{L1} < t \leqslant T_{L2}$ 期间，反应堆在停堆后某一段时间(强迫停堆期间)内不能启动。船用反应堆为了保证随时都可以启动，必须按照最大氙浓度条件来确定堆芯寿期。有时，在反应堆设计中预先给出堆芯寿期而要求用倒推法求出堆芯所需要的初始剩余反应性或燃料富集度。

7.3.2　燃耗深度

核燃料在反应堆内的停留时间和使用寿命，通常还用**燃耗深度**来表示。燃耗深度是装入堆芯的单位重量核燃料所产生的总能量的一种度量，也是燃料贫化程度的一种度量。最常见的燃耗深度有以下几种表示方法。

(1)通常把装入堆芯的单位质量燃料所发出的能量作为燃耗深度的单位，即 J/kg。但在核工程中，习惯上常以装入堆内每吨铀所发出的热能作为燃耗深度单位，即 MW · d/t，1 MW · d/t=86.4 MJ/kg。这样，燃耗深度常以 BU 表示为

$$BU = \int_0^T P(t)\mathrm{d}t / W_U \qquad (\text{MW} \cdot \text{d/t}) \tag{7-55}$$

式中：W_U 为核燃料的质量(t)；分子表示它所发出的能量(MW · d)。若以铀为燃料，则它的单位为 MW · d/t。在计算核燃料质量时应该注意：它是指燃料中含有重元素(铀、钚和钍)的质量，例如以二氧化铀为燃料时，在计算 W_U 时，必须把燃料中氧所占的份额扣除。

(2)燃耗深度的第二种表示形式为燃耗掉的易裂变同位素质量(W_B)和装载的易裂变同位

素质量(W_F)的比值

$$\alpha_F = \frac{W_B}{W_F} \times 100\% \tag{7-56}$$

显然 α_F 表示在装载的易裂变同位素中燃耗掉的百分数。

(3)燃耗深度的第三种表示形式:燃耗掉的易裂变同位素的质量 W_B(kg)与装载的燃料质量 W_U(t)的比值,以 α_U 表示,为

$$\alpha_U = \frac{W_B}{W_U} \quad (\text{kg/t}) \tag{7-57}$$

式中:α_U 表示在每吨燃料(U)中,裂变同位素的消耗量(kg)。

在动力反应堆中,通常都采用第一种方式表示,但在生产堆或试验堆中,有时采用第二种或第三种方式来表示比较方便。这三种表示方式之间存在下列关系:

$$BU = \frac{c_5 \times 10^3}{B}\alpha_F \qquad BU = \frac{1}{B}\alpha_U$$
$$\alpha_F = \frac{1}{c_5 \times 10^3}\alpha_U \tag{7-58}$$

式中:B 为每发出 1 MW·d 的能量所消耗易裂变同位素的质量(kg);c_5 为核燃料中易裂变同位素的初始富集度。对于热中子反应堆,$B \approx 1.23 \times 10^{-3}$ kg/(MW·d)。

从堆芯中卸出的燃料所达到的燃耗深度称为卸料燃耗深度。从提高运行的经济性角度出发,希望卸料燃耗深度数值愈大愈好。从物理上讲,反应堆初始剩余反应性越大,燃料元件在堆内燃烧的时间越长,燃耗深度愈大。但实际上,最大的允许卸料燃耗深度主要受燃料元件的材料性能的限制。燃料元件的材料性能主要是指燃料元件在辐照与高温工况下的稳定性。例如,在用金属铀作为核燃料时,由于它在高温下要发生相变,在高中子通量密度和 γ 射线的辐照下要发生肿胀,它的稳定性远不如二氧化铀,因此金属铀不能达到较高的燃耗深度。

从反应堆卸下的一批燃料中,每个燃料组件的燃耗深度都不同,通常用它们的平均值——**平均卸料燃耗深度**来表示该批燃料的燃耗状态。平均卸料燃耗深度直接关系到核电厂的经济性,它是动力反应堆设计的重要指标之一。提高平均卸料燃耗深度可有各种措施,例如:采用不同富集度的核燃料进行分区装料;采用化学补偿液和可燃毒物以提高过剩反应性和展平功率分布;选用在高温、高辐照条件下稳定性较好的二氧化铀和碳化铀来做燃料元件芯块;选取适当的芯块密度,以利于裂变气体的释放和防止密集化效应;选用稳定性较好,吸收截面较小的材料(如锆合金)做燃料元件的包壳材料;改进燃料元件的加工工艺,提高加工精度等。由于采用以上这些措施,目前压水堆的卸料燃耗深度可达45 000 MW·d/t 以上。

7.4 核燃料的转换与增殖

随着电力需要量的迅速增长和由此而引起的能源不足,目前,核能已经发展成为一种重要的替代能源。从第 1 章中知道,可以作为反应堆核燃料的易裂变同位素有^{235}U、^{239}Pu 和^{233}U 三种。其中只有^{235}U 是在自然界中天然存在的。然而遗憾的是,在天然铀中只含 0.71%的^{235}U,而 99.28%是^{238}U。因而,单纯以^{235}U 作为燃料的核动力,很快就使天然铀的资源耗尽,它并不能显著地扩大现有的能源。同时,再考虑受到铀矿开采经济价值的限制,它很快就可能无法满足核动力发展的需要。幸而,正如前面一章所提到的,我们可以把天然铀中 99%以上

的^{238}U或^{232}Th转换成人工易裂变同位素^{239}Pu或^{233}U。假如我们能够通过转换把^{238}U和^{232}Th充分地利用起来，那么，核能的资源将扩大几十倍甚至近百倍，从而可以在较长的时间内满足人类对能源的需要。

在反应堆中，主要的核燃料转换过程有两类。一是把^{238}U转换成^{239}Pu，其反应过程如下：

$$^{238}U \xrightarrow{(n,\gamma)} {}^{239}U \xrightarrow[23\ \text{min}]{\beta^-} {}^{239}Np \xrightarrow[2.3\ \text{d}]{\beta^-} {}^{239}Pu \tag{7-59}$$

通常我们把可用以生产裂变同位素的核素，如上式中的^{238}U，称为可转换同位素，而把这种通过转换物质产生易裂变同位素的过程叫做**转换**。例如，在一个轻水反应堆中，新装的燃料一般是^{238}U占97%左右的低富集铀，经过一年左右的中子辐照后，卸下的燃料中大约含0.6%~0.8%左右的^{239}Pu。如果把产生的^{239}Pu从卸下的燃料中提取出来，加工成新燃料再装入堆芯或新的反应堆中加以利用，这样的燃料循环过程便称为**铀-钚循环**。

另一类转换过程是在反应堆中装入可转换同位素^{232}Th，经过中子辐照后转换为^{233}U，其转换过程为

$$^{232}Th \xrightarrow{(n,\gamma)} {}^{233}Th \xrightarrow[22\ \text{min}]{\beta^-} {}^{233}Pa \xrightarrow[27\ \text{d}]{\beta^-} {}^{233}U \tag{7-60}$$

如果把新产生的^{233}U提取出来再用于反应堆中作为燃料，这种循环便称为**钍-铀循环**。钍在自然界中蕴藏量相当丰富。目前，关于钍-铀循环的利用问题，已在一些国家中引起了重视。

通常用**转换比** CR 来描述转换过程。它的定义是：反应堆中每消耗一个易裂变材料原子所产生新的易裂变材料的原子数，即

$$CR = \frac{\text{易裂变核的生成率}}{\text{易裂变核的消耗率}} = \frac{\text{堆内可转换物质的辐射俘获率}}{\text{堆内所有易裂变物质的吸收率}} \tag{7-61}$$

从上式可知，转换比是空间和时间的函数。但是我们感兴趣的主要是堆芯或某个区域的平均转换比，因此，必须将式(7-61)对整个堆芯或区域进行体积积分。根据转换比的定义，对于铀-钚循环的反应堆有

$$\overline{CR}(t) = \frac{\int_V \left[\sum_g \sigma_{\gamma,g}^8 \phi_g N_8(\boldsymbol{r},t) + \sum_g \sigma_{\gamma,g}^0 \phi_g N_0(\boldsymbol{r},t)\right] \mathrm{d}V}{\int_V \left[\sum_g \sigma_{a,g}^5 \phi_g N_5(\boldsymbol{r},t) + \sum_g \sigma_{a,g}^9 \phi_g N_9(\boldsymbol{r},t) + \sum_g \sigma_{a,g}^1 \phi_g N_1(\boldsymbol{r},t)\right] \mathrm{d}V} \tag{7-62}$$

式中：角标5、8、9、0和1分别代表^{235}U、^{238}U、^{239}Pu、^{240}Pu和^{241}Pu。式中已经假设^{238}U俘获中子后全部都变成了^{239}Pu，^{240}Pu俘获中子后全部都变成^{241}Pu，这两种假设在实际上还是比较合理的。这样，平均转换比只与时间有关。在$t=0$时的转换比称为初始转换比，以$CR(0)$表示。

假设有N个易裂变同位素的原子核消耗掉，则会产生$N \cdot CR$个新的易裂变物质的核。不妨假设新产生的易裂变同位素与原来的易裂变同位素相同，这些新的易裂变核又将参与转换过程而生成$N \cdot CR \cdot CR = N \cdot CR^2$个新的易裂变核。如此继续下去，可以得出在$CR<1$的情况下，最后实际被利用的易裂变同位素的总数量为

$$N + N \cdot CR + N \cdot CR^2 + N \cdot CR^3 + \cdots = N/(1-CR) \tag{7-63}$$

例如，对于轻水反应堆，$CR \approx 0.6$，于是，最终被利用的易裂变核约为原来的2.5倍，因而轻水堆对天然铀资源的利用率仅为1.8%左右。若$CR=1$，则每消耗一个易裂变元素的原子核，便可以产生一个新的易裂变核。在这种情况下，可转换物质可以在反应堆内不断地转换而无须给系统添加新的易裂变物质。然而，最吸引人的是$CR>1$的情况。这时，反应堆内产生的易

裂变元素比消耗掉的多，除了维护反应堆本身的需要外，还可以增殖出一些易裂变材料供给其它新反应堆使用，这种反应堆称为**增殖堆**。把这时的转换比($CR>1$)称为**增殖比**，并以 BR 表示加以区别。通常把 $CR<1$ 的生产堆称为转换堆。增殖堆的出现，为实现铀和钍资源的充分利用开辟了现实的途径。

现在让我们进一步考察一下转换(或增殖)过程的物理特征和实现增殖的条件。设易裂变核每吸收一个中子的中子产额为 η，显然，为维持链式反应必须有一个中子被易裂变核吸收，余下的再扣除被其它材料所吸收和泄漏损失后剩余的中子，加上可转换材料(如 ^{238}U)的快裂变中子数才是被可转换材料吸收而用于转换过程的。因此，根据中子平衡和 CR 的定义有

$$CR=(\eta-1)-A-L+F \tag{7-64}$$

式中：η 即第 1 章中式(1-38)所定义的有效裂变中子数；A、L 和 F 分别是相对于易裂变核每吸收一个中子时其它材料吸收的中子数、泄漏的中子数和可转换材料的快裂变的倍增中子数。

从式(7-64)可以看出，转换比或增殖比与 η、A、L 和 F 等有关，其中最重要的数值是 η。显然，只有当 $\eta>1$ 时，反应堆才有可能发生转换。而要实现增殖过程($CR>1$)，则必须要求 $\eta>2$，这是因为还要考虑有吸收损失 A 和泄漏损失 L 的缘故。在图 7-20 中给出 ^{235}U、^{239}Pu 和 ^{233}U 三种常用易裂变核的 η 值随中子能量的变化曲线(同样可参阅图 1-8)。

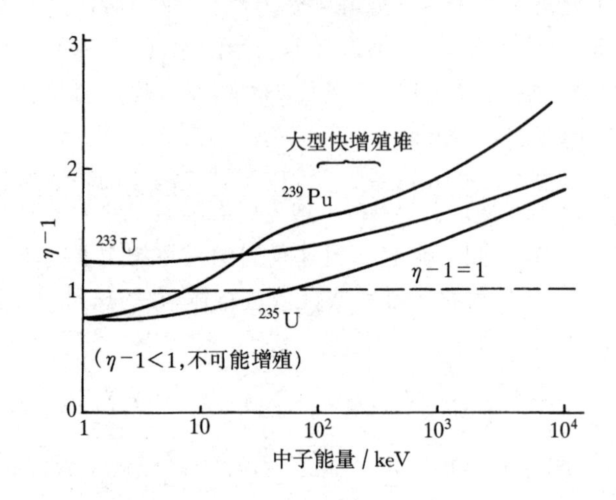

图 7-20 $\eta-1$ 值与中子能量的关系

显然，只有当 $\eta-1>1$ 时才有可能实现增殖。图 7-20 和表 7-4 中给出 ^{235}U、^{239}Pu 和 ^{233}U 在不同能区的 $\eta-1$ 值。从表中可见对于 ^{235}U 和 ^{239}Pu，只有在能量相当高($E>0.1$ MeV)的能区内，$\eta-1$ 值才比 1 大得多，因而对于热中子堆利用 ^{235}U 和 ^{239}Pu 作燃料不可能实现增殖。

表 7-4 ^{235}U、^{239}Pu 和 ^{233}U 的增殖能力($\eta-1$)

核素	中子能量				
	热中子	1～3 keV	3～10 keV	0.1～0.4 MeV	0.4～1 MeV
^{239}Pu	1.09	0.75	0.9	1.6	1.9
^{235}U	1.07	0.75	0.8	1.2	1.3
^{233}U	1.20	1.25	1.3	1.4	1.5

所以，对于以^{235}U或^{239}Pu作燃料的反应堆，只有当裂变主要是在快中子能谱($E>0.1$ MeV)区内发生时才能增殖，这种反应堆通常称为快中子增殖堆。可以看到，快堆内中子能谱愈硬(即中子平均能量愈高)，增殖性能愈好。以^{239}Pu作燃料的快堆具有非常优越的增殖性能。

对于^{233}U，情况有些不同。从理论上讲，通过^{232}Th增殖^{233}U，不仅在快堆中可以实现，而且也有可能实现以^{233}U为燃料的热中子增殖堆，但其效率较低。

现在讨论一下影响增殖的一些因素。首先，核燃料和可转换材料以外的其它物质(冷却剂、结构材料和裂变产物等)的吸收(A)将使转换比(或增殖比)降低。由于在热能区域内这些材料的中子吸收截面(尤其是裂变产物氙)比较大，因而它们对热中子反应堆的影响最为严重，并使转换比显著降低。对于快中子反应堆，结构材料以及裂变产物的有害吸收就比较小，影响增殖较小。这从表 7-5 中 A 的数值也可以看出。泄漏损失同样使转换比(或增殖比)降低。对于热中子反应堆来说，这个数值并不太大。但是对于快中子反应堆，由于芯部体积较小，L 的数值相当可观，因此为了减少中子的泄漏损失，通常在快中子反应堆的芯部外面围上一层由可转换材料如^{238}U构成的"再生区"，用来吸收泄漏出堆芯的中子，以提高增殖比。再生区通常很厚，因而采用了再生区以后，快堆的泄漏损失便可减小到极小的程度。^{238}U和^{232}Th的快裂变份额 F 对于热中子反应堆来说是很小的，而对于快中子堆则可以达到 0.20 左右。表 7-4 中列出了典型的热中子堆和快中子堆的一些数据。综上所述，可以看到快堆具有作为增殖堆的许多有利的条件。

表 7-5　影响反应堆增殖特性的有关参数

参数	^{235}U 钠冷快堆	^{235}U 压水堆
η	2.12	2.07
A	0.133	0.58
L	0.016 7(0.4)①	0.050 5
F	0.232	0.080 5
BR 或 CR	1.2	0.53

注：①0.4 为芯部向再生区的泄漏。

反应堆内核燃料的增殖特性可以用增殖增益 G 来度量，它等于系统中每消耗一个易裂变同位素的原子核所得到的净增加的易裂变同位素核数。它可以表示成

$$G = BR - 1 \tag{7-65}$$

另外，易裂变物质增殖的速率可以用**倍增时间**来描述。它的定义是：由于增殖，反应堆内易裂变同位素的数量比初始装载量增加一倍所需的时间，通常以年为单位。它比增殖比能更好地反映出增殖堆的增殖效率。燃料倍增时间愈短愈好，因为这意味着可以迅速生产出足够的剩余易裂变材料来用作另一反应堆的装料。然而，即使对于已给定的反应堆系统，燃料倍增时间的确定也是很复杂的，因为它与许多因素有关，包括对新增殖的易裂变物质的使用方式等。现在考虑两种极端情况。

1. 简单倍增时间

假定把增殖过程中所生产的易裂变同位素不断地从反应堆中取出并贮存起来不加以利用，直到累积了足够多的数量之后，再用作另一反应堆的初装料。那么，在这种情况下，当反应

堆内由增殖而产生的易裂变同位素的数量等于其初始裂变材料的装载量时，所需的时间便称为**简单倍增时间**，又称**线性倍增时间**，以 T_{Dl} 表示。

为了计算倍增时间，不妨假定反应堆在恒定热功率 P_0(MW)下运行，因而反应堆每天消耗的易裂变同位素数量便等于 BP_0。这里，B 是每单位功率每天消耗的易裂变同位素数量(例如，对于 ^{235}U，$B\approx 1.23\times 10^{-3}$ kg/(MW·d))。如果近似地假设产生的易裂变元素和消耗的易裂变元素具有相同的原子量，那么，在反应堆内每天净增加的易裂变同位素数量便等于 GBP_0，于是根据倍增时间的定义有

$$GBP_0CT_{Dl} = M_0 \tag{7-66}$$

或

$$T_{Dl} = M_0/GBP_0C \tag{7-67}$$

式中：M_0 为反应堆内易裂变材料的初始装载量；C 为反应堆的容量(负荷)因子。可以看到，这时易裂变同位素数量的增长和时间成线性关系。这类似于储蓄或投资的单利增益。

2. 指数(复)倍增时间

不难看出，在上述的推导过程中，假定增殖过程产生出来的易裂材料一直贮存着，并没有加以利用，这样显然是不经济的。现在考虑另一种极端情况，假定有许多相同类型的反应堆同时在运行，它们所生产出来的易裂变材料可以连续不断地从反应堆中取出，及时地装入新的反应堆中加以利用，并使其继续增殖。这时易裂变材料的增长类似于复利的方式增长。这种情况，无疑会增加易裂变材料的增殖速度和发出的功率。也就是说，这时实际发出的功率将与该易裂变材料的质量 $M(t)$ 成正比，即

$$P(t) = \beta M(t) \tag{7-68}$$

式中：β 为比例常数。不妨假设 $\beta = P_0/M_0$，这样易裂变同位素的增加率为

$$\frac{\mathrm{d}M}{\mathrm{d}t} = GBPC = GB\beta CM(t) \tag{7-69}$$

解之得到

$$M(t) = M_0 e^{GB\beta Ct} = M_0 \exp[GP_0BC/M_0] \tag{7-70}$$

从上式可以看出，易裂变材料的数量是按指数规律增长的。令 $M=2M_0$，便得出指数倍增时间 T_{De} 为

$$T_{De} = M_0 \ln 2/GBP_0C = 0.693T_{Dl} \tag{7-71}$$

它是理想情况下可能达到的倍增时间的下限。当考虑到可转换材料的快裂变影响时，则

$$T_{Dl} = \frac{M_0}{GBP_0C(1-F')} \tag{7-72}$$

式中：F' 为可转换材料的裂变数占总裂变数的份额。例如对于快中子反应堆，设 $BR=1.25$，$M_0/P_0=0.84$ kg/MW，$C=0.8$，$F'=0.16$，$B=1.23\times 10^{-3}$ kg/(MW·d)，则理论上 $T_{Dl}\approx 12$ a 左右。最后应该指出，上述的倍增时间，并没有考虑到增殖的裂变材料在反应堆内的停留时间、燃料元件后处理和元件制造所需的时间以及燃料运输所需的时间。实际的倍增时间显然要比式(7-67)算出的大得多。

倍增时间是增殖堆增殖特性的一个重要指标。从式(7-72)可以看出，如果要缩短倍增时间，则必须提高增殖比和反应堆的单位质量易裂变材料的功率(重量比功率)输出。

参考文献

[1]　谢仲生,张少泓.核反应堆物理理论与计算方法[M].西安:西安交通大学出版社,2000.

[2]　杜德斯塔特,汉密尔顿.核反应堆分析[M].吕应中,等译.北京:原子能出版社,1980:567-577.

[3]　拉马什.核反应堆理论导论[M].洪流,译.北京:原子能出版社,1977.

[4]　STAMNI'LER R J J,ABBATE M J. Methods of Steady-State Reactor Physics in Nuclear Design[M]. London:Academic Press,1983.

习　题

1. 求两个体积、功率密度相同的超热堆($\phi_{超热}=1\times10^{15}$ $cm^{-2}\cdot s^{-1}$;$\sigma_{Xe}^{超}=10$ b)和热中子反应堆($\phi=5\times10^{13}$ $cm^{-2}\cdot s^{-1}$,$\sigma_{Xe}^{热}=3\times10^{5}$ b)中氙平衡浓度的比值?
2. 试求:当反应堆的功率增加时,碘和氙的平衡浓度之间关系如何变化?
3. 编写计算燃料中核同位素成分随时间变化的计算机程序。
4. 设在某动力反应堆中,已知平均热中子通量密度为 2.93×10^{13} $cm^{-2}\cdot s^{-1}$,燃料的宏观裂变截面 $\Sigma_f^{UO_2}=6.6$ m^{-1},栅元中宏观吸收截面 $\Sigma_a^{栅}=8.295$ m^{-1},燃料与栅元的体积比 $V_{UO_2}/V=0.3155$,试求 ^{135}I、^{135}Xe、^{149}Pm 和 ^{149}Sm 的平衡浓度和平衡氙中毒。
5. 试求当热中子通量密度分别为 10^{10}、10^{11}、10^{12}、10^{13}、10^{14}、10^{15} $cm^{-2}\cdot s^{-1}$ 时习题 4 情况的平衡氙中毒。
6. 某一动力反应堆,热中子通量密度和宏观截面值如习题 4 所示,试求从启动一直到建立平衡氙时(大约 2 d),堆内 ^{135}I 和 ^{135}Xe 浓度及氙中毒随时间变化。
7. 设反应堆在平均热中子通量密度分别为 10^{15}、10^{14}、10^{13}、10^{12} $cm^{-2}\cdot s^{-1}$ 下运行了足够长时间,并建立平衡氙中毒后突然停堆,设反应堆启动前的初始剩余反应性均为 6%,试画出四种情况下的碘坑曲线以及允许停堆时间、强迫停堆时间和碘坑时间。
8. 反应堆在满功率(相应的热中子通量密度为 2.93×10^{13} $cm^{-2}\cdot s^{-1}$)下运行了 2 d 以上,突然将其功率分别降低到额定功率的 20%、40%、60%、80%,试画出它们的碘坑曲线(假设反应堆启动前初始的剩余反应性为 3.5%)。
9. 反应堆在额定功率(相应的热中子通量密度为 2.93×10^{13} $cm^{-2}\cdot s^{-1}$)下运行了足够长时间,堆内 ^{149}Pm 和 ^{149}Sm 的浓度都已达到平衡值,然后突然停堆,试求停堆后 ^{149}Pm、^{149}Sm 浓度及 ^{149}Sm 中毒随时间变化(设 $\sigma_a^{Sm}=48\,510$ b,其它数据见习题 4)。
10. 试编写计算裂变产物中 ^{135}I、^{149}Pm、^{149}Sm 浓度及中毒随时间变化的计算机程序(包括启动、停堆和功率变化等情况)。
11. 已知某反应堆采用 3% 富集度的二氧化铀为燃料,它的四群微观截面和中子通量密度,试求在满功率运行下燃料中 ^{235}U、^{238}U、^{239}Pu、^{240}Pu 的核密度随时间的变化(假设在运行过程中,中子通量密度值不变,^{239}Np 的中间过程可以不考虑)。
12. 试证明在恒定中子通量密度 ϕ_0 下运行的反应堆,停堆以后出现最大 ^{135}Xe 值的时间 t_{max} 为

$$t_{max} \approx \frac{1}{\lambda_I - \lambda_{Xe}} \ln\left(\frac{1 + \phi_0 \sigma_a^{Xe}/\lambda_{Xe}}{1 + \phi_0 \sigma_a^{Xe}/\lambda_I}\right)$$

13. 试比较在以^{233}U、^{235}U 和^{239}Pu 作为燃料的热中子反应堆中的平衡^{135}Xe 和^{149}Sm 浓度(假设其它条件都相同)。
14. 在以^{235}U 为燃料的反应堆中,试求平衡^{135}Xe 和^{149}Sm 中毒相等时的中子通量密度值。
15. 一座反应堆在 1×10^{14} $cm^{-2}\cdot s^{-1}$热中子通量密度下运行了很长时间,然后完全停堆。试问氙浓度升到最大值需要多少时间？此时氙中毒的数值为多少？(设 $\Sigma_f/\Sigma_a=0.6$)
16. 对于 1×10^{14} $cm^{-2}\cdot s^{-1}$热中子通量密度下运行的反应堆($\Sigma_f/\Sigma_a=0.6$),(1)试计算启动后下列时刻的氙中毒:20 h、30 h、50 h;(2)再计算完全停堆后下列时刻的氙中毒:5 h、15 h、25 h、50 h。利用本题的结果画出停堆 50 h 内氙中毒变化曲线。
17. 对于 1×10^{14} $cm^{-2}\cdot s^{-1}$热中子通量密度下运行的反应堆($\Sigma_f/\Sigma_a=0.6$)还有0.1的剩余反应性,反应堆在运行了相当长时间(>2 d)后完全停堆。试问反应堆在多长时间内可以重新启动？如果超出这个时间,问需要等待多久才能再启动(利用习题 16 的结果)。
18. 设满功率运行压水堆的剩余反应性与运行时间具有线性关系 $\rho(t)=\rho_0-at$;设满功率时热中子通量密度为 3×10^{13} $cm^{-2}\cdot s^{-1}$,$\Sigma_f/\Sigma_a=0.65$。若在最后 2 d 内运行在 4%的额定功率直到剩余反应性耗尽停堆。试问它比满负荷停堆能使反应堆多得多少的能量。
19. 设反应堆在恒定中子通量密度下运行,试应用单群理论推导^{235}U 和^{239}Pu 的浓度随时间的变化函数(设^{238}U 的共振吸收、^{239}U 和^{239}Np 的中间过程可以略去)。
20. 设反应堆初始时刻富集度为 3%,热中子通量密度 $\phi=5\times10^{13}$ $cm^{-2}\cdot s^{-1}$,利用习题 19 结果计算运行一个月后^{235}U 和^{239}Pu 的浓度($\sigma_a^8=1.0$ b,$\sigma_a^5=476$ b,$\sigma_a^9=707$ b,$\sigma_f^5=400$ b)和热中子通量密度。
21. 试求习题 20 中反应堆运行一年后,^{235}U 和^{239}Pu 的含量及中子通量密度(计算时把一年分成 12 个月时间间隔,在每个时间间隔内认为中子通量密度保持常数)。

第 8 章

温度效应与反应性控制

核反应堆在运行过程中，它的一些物理参数以及反应性都在不断地发生变化。前面一章讨论了核反应堆在运行期间核燃料的燃耗和裂变产物的积累及其所引起的反应性变化。另一方面，在运行过程中堆芯的温度也在不断变化。例如，压水堆由冷态到热态，堆芯温度要变化200～300 K。当反应堆功率改变时，堆芯的温度也要发生变化，而由于堆芯温度及其分布的变化将引起下列一些因素发生变化。

(1)燃料温度变化。从第 6 章中我们知道，当燃料温度升高时，由于多普勒效应，燃料核的共振吸收峰将展宽，核燃料对中子的共振吸收增加。

(2)慢化剂密度变化。慢化剂的密度发生变化，单位体积内慢化剂的核子数目将发生改变，这将引起慢化剂慢化能力和吸收性能的改变。

(3)中子截面变化。由于中子截面是温度的函数，因此堆芯温度变化时，堆内各种材料的中子截面都将随之而改变。

(4)可溶硼溶解度的变化。目前的压水堆控制中，一般都在一回路冷却剂中加入可溶性化学毒物(如硼酸)来控制反应性。当堆芯温度变化时，将导致硼在冷却剂中的溶解度发生变化。

以上这些因素的变化都将导致堆芯有效增殖系数的变化，从而引起反应性的变化。这种物理现象称为反应堆的“温度效应”。

基于上述原因，核反应堆在运行初期必需具有足够的剩余反应性。反应堆启动后，必须随时克服由于温度效应、中毒和燃耗所引起的反应性变化；另一方面，为使反应堆启动、停闭、提升或降低功率，都必须采用外部控制的方法来控制反应性。由于不同的物理过程所引起的反应性变化的大小和速率不同，所采用的反应性控制的方式和要求也就不同。表 8－1 给出了压水堆内几个主要过程引起的反应性变化值和所要求的反应性控制变化率。

表 8－1　压水堆的反应性控制要求

反应性效应	数值/%	要求变化率
温度亏损①	2～5	0.5/h
功率亏损②	1～2	0.05/min
氙和钐中毒	5～25	0.004/min
燃耗	5～8	0.017/d
功率调节	0.1～0.2	0.1/min
紧急停堆	2～4	<1.5～2 s

注：①指反应堆从零功率运行温度(T_1)变化到满功率运行温度(T_2)时由负温度效应所引入的反应性变化值。

②指反应堆从零功率变化到满功率时由负功率系数所引入的反应性变化。

本章首先定性地讨论温度效应和反应性温度系数，然后简单地介绍反应性控制的任务和方式，最后分析目前压水堆常采用的三种控制方式——控制棒控制、可燃毒物控制和化学补偿控制。

8.1 反应性系数

反应堆的反应性相对于反应堆的某一个参数的变化率称为该参数的**反应性系数**。如反应性相对于温度的变化率称为反应性温度系数，相对于功率的变化率称为功率系数等等。参数变化引起的反应性变化将造成反应堆中子密度和功率变化，该变化又会引起参数的进一步变化，这就造成了一种反馈效应。反应性系数的大小决定了反馈的强弱。为了保证反应堆的安全运行，要求反应性系数为负值，以便形成负反馈效应。

8.1.1 反应性温度系数及其对核反应堆稳定性的影响

堆芯内温度变化时，中子能谱、微观截面等都将相应地发生变化。所以，与反应性有关的许多参数，如热中子利用系数、逃脱共振俘获概率等都是温度的函数。因而，当反应堆中各种成分的温度发生变化时，将引起反应性的变化。单位温度变化所引起的反应性变化称为反应性温度系数，简称温度系数，以 α_T 表示，为

$$\alpha_T = \frac{\partial \rho}{\partial T} \tag{8-1}$$

式中：ρ 是反应性；T 是堆芯内的温度。根据反应性定义，可以求得

$$\alpha_T = \frac{\partial \rho}{\partial T} = \frac{1}{k_{\text{eff}}}\frac{\partial k_{\text{eff}}}{\partial T} - \frac{k_{\text{eff}}-1}{k_{\text{eff}}^2}\frac{\partial k_{\text{eff}}}{\partial T} \tag{8-2}$$

式中：k_{eff}为反应堆的有效增殖系数。因为 k_{eff}接近于1，上式右边第二项近似地等于零，所以

$$\alpha_T \approx \frac{1}{k_{\text{eff}}}\frac{\partial k_{\text{eff}}}{\partial T} \tag{8-3}$$

这里讨论时，假定了温度与反应堆内的位置无关。这样便认为当温度变化时，整个系统的温度均匀发生变化。在这种情况下定义或导出的温度系数称为等温温度系数。

应该指出，反应堆内的温度是随空间变化的。堆芯中各种成分（燃料、慢化剂等）的温度及其温度系数都是不同的。反应堆总的温度系数等于各成分的温度系数的总和，即

$$\alpha_T = \sum_i \frac{\partial \rho}{\partial T_i} = \sum_i \alpha_T^i \tag{8-4}$$

式中：T_i 和 α_T^i 分别为堆芯中第 i 种成分的温度和温度系数。其中起主要作用的是燃料温度系数和慢化剂温度系数。

从式(8-3)可知，若温度系数是正的，那么，当由于微扰使堆芯温度升高时，有效增殖系数增大，反应堆的功率也随之增加，而功率的增加又将导致堆芯温度的升高和有效增殖系数进一步增大。这样，反应堆的功率又将继续不断地增加。若不采取措施，就会造成堆芯的损坏。反之，当反应堆的温度下降时，有效增殖系数将减小，反应堆的功率随之降低，这又将导致温度下降和有效增殖系数更进一步的减小。这样，反应堆的功率将继续下降，直至反应堆自行关闭。显然，反应性温度效应的正反馈将使反应堆具有内在的不稳定性。因此，在反应堆设计时不希望出现正的温度系数。

具有负温度系数的反应堆，与上述情况刚好相反。这时，温度的升高将导致有效增殖系数的减小，反应堆的功率也随之减小，反应堆的温度也就逐渐回到它的初始值。同理，当反应堆的温度下降时，将导致有效增殖系数的增大，反应堆的功率也随之增加，反应堆的温度也逐渐地回到它的初始值。这种由于温度变化引起反应性变化的负反馈效应，将使反应堆具有内在的稳定性。

为了进一步说明温度系数对反应堆稳定性的影响，图 8-1 表示在不同温度系数的情况下，当反应堆内引入一个阶跃正反应性之后，反应堆的功率随时间变化的情况。从图上可以看出，在温度系数大于零的情况下，反应堆的功率将很快地升高。当温度系数小于零且它的绝对值很小时，同时热量导出又足够快的情况下，反应堆的功率在开始时也较快地上升。但功率上升使反应堆的温度逐渐地升高，反应堆的反应性逐渐地减小。当反应堆的功率上升到某一水平，温度效应所引起的负反应性刚好等于引入的正反应性时，反应堆就在这一功率水平下稳定运行。在温度系数小于零且它的绝对值又很大，同时热量的导出不够快的情况下，反应堆的功率开始时也较快地上升。由于导热不快，所以反应堆的温度增加很快，反应堆的正反应性很快地就下降到零以下。这时，反应堆就处于次临界状态，反应堆的功率开始下降，温度也随之下降。温度下降所引起的正反应性使反应堆的反应性开始上升。当功率下降到某一值时，反应堆的反应性刚好为零，这时，反应堆就在这一功率下稳定地运行。

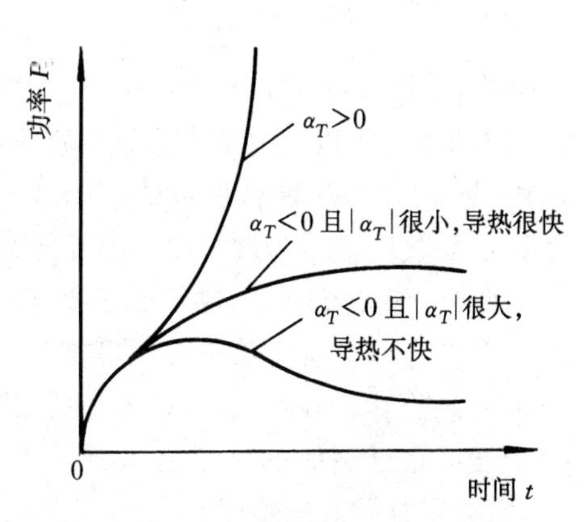

图 8-1　在不同温度系数情况下，反应堆功率随时间的变化[3]

由此可见，负温度系数对反应堆的调节和安全运行都具有重要的意义。**压水堆物理设计的基本准则之一，便是要保证温度系数必须为负值。**

8.1.2　燃料温度系数

由单位燃料温度变化所引起的反应性变化称为燃料温度系数。

反应堆的热量主要是在燃料中产生的。当功率升高时，燃料温度立即升高，燃料的温度效应就立即表现出来，或者说效应是瞬发的，所以燃料温度系数属于瞬发温度系数。瞬发温度系数对功率的变化响应很快，它对抑制功率增长和反应堆的安全运行起着十分重要的作用。

燃料温度系数主要是由燃料核共振吸收的多普勒效应所引起的。燃料温度升高时由于多普勒效应，将使共振峰展宽。在第 2 章中所述的共振吸收中的“能量自屏现象”(见图 2-6)和第 6 章所述非均匀效应中的“空间自屏”效应都将减弱，从而使有效共振积分增加。因而，温度升高多普勒效应的结果使有效共振吸收增加，逃脱共振俘获概率减小，有效增殖系数下降，这就产生了负温度效应。这样，燃料温度系数 α_T^{F} 可以表示成

$$\alpha_T^{\mathrm{F}} = \frac{1}{k}\frac{\partial k}{\partial T_{\mathrm{F}}} = \frac{1}{p}\frac{\partial p}{\partial T_{\mathrm{F}}} \tag{8-5}$$

式中：T_{F} 为燃料温度；p 为逃脱共振俘获概率。由式(2-69)可知，非均匀堆中逃脱共振俘获概率 p 为

$$p \approx \exp\left[-\frac{N_A}{\xi\Sigma_s}I\right] \tag{8-6}$$

式中：I 为有效共振积分；N_A 为单位栅元体积内共振吸收剂的核子数。当反应堆的功率发生变化时，燃料温度立即发生变化，而慢化剂温度还来不及发生变化。这时，在式(8-6)中只有 I 随燃料温度变化而变化。把式(8-6)代入式(8-5)便得到

$$\alpha_T^F = -\frac{N_A}{\xi\Sigma_s}\frac{dI}{dT_F} \tag{8-7}$$

当燃料温度升高时，有效共振积分增加，即 $dI/dT_F>0$。所以在以低富集铀为燃料的反应堆中，燃料温度系数总是负的。图 8-2 给出某压水堆燃料温度系数与燃料温度的关系。

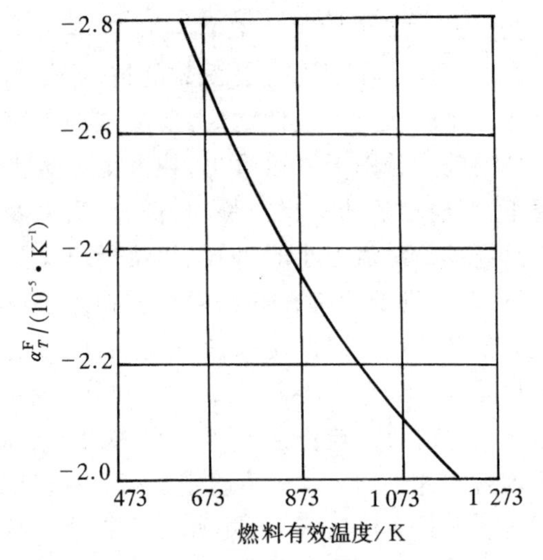

图 8-2　燃料温度系数与燃料温度的关系

此外，燃料温度系数与燃料燃耗也有关系。在以低富集铀为燃料的反应堆中，随着反应堆的运行，^{239}Pu 和 ^{240}Pu 不断地积累。^{240}Pu 对于能量靠近热能的中子有很强的共振吸收峰，它的多普勒效应使燃料负温度系数的绝对值增大。在核反应堆物理设计时，通常必须计算堆芯运行初期和运行末期在不同功率负荷情况下的燃料温度系数。

8.1.3　慢化剂温度系数

由单位慢化剂温度变化所引起的反应性变化称为慢化剂温度系数。由于热量在燃料棒内产生，热量从燃料棒通过包壳传递到慢化剂需要一段时间，因而功率变化时慢化剂的温度变化要比燃料的温度变化滞后一段时间。所以，慢化剂温度效应滞后于功率的变化，故慢化剂温度系数属于缓发温度系数。

当反应堆采用固体慢化剂时，由于固体的膨胀系数很小，可以近似地认为它的密度不随温度变化。因此，慢化剂温度的变化只引起中子能谱的改变。这样，固体慢化剂的温度系数是很小的，所以我们对它不作详细讨论。下面主要讨论液体慢化剂的情况。

慢化剂的温度系数 α_T^M 可表示为

$$\alpha_T^M = \frac{1}{k}\frac{\partial k}{\partial T_M} \tag{8-8}$$

式中：T_M 是慢化剂温度。当慢化剂温度增加时，将对反应性引起两个相反的效应。首先，慢化剂温度增加时，慢化剂密度减小，慢化剂相对于燃料的有害吸收将减小，这使有效增殖系数增加，所以该效应对 α_T^M 的贡献是正的效应。尤其是当慢化剂中含有化学补偿毒物(如硼酸)时，温度的升高导致溶解度的减小，这种正效应更为显著。在寿期初当慢化剂中硼浓度比较大时，有可能出现正的慢化剂温度系数。因此，在压水堆(PWR)运行设计规范中往往规定初始硼浓度必须小于1 400 μg/g。但是，另一方面由于慢化剂密度减小，使慢化剂的慢化能力减小，因而共振吸收增加，所以该效应对 α_T^M 的贡献是负的。另外慢化剂温度增加，使中子能谱硬化，引起^{238}U、^{240}Pu 低能部分共振吸收增加，同时也使^{235}U 和^{239}Pu 的 α 比值下降，对反应性也引起负的效应。

温度升高时慢化剂温度系数究竟是正值或负值主要是由这两方面效应的综合结果来决定的，在轻水堆中它与栅格的 V_{H_2O}/V_{UO_2} 比值密切相关。在第 6 章的图 6 - 14(b)中表示出有效增殖系数 k_{eff} 与 V_{H_2O}/V_{UO_2} 的关系曲线。在欠慢化区，当慢化剂温度升高时，V_{H_2O}/V_{UO_2} 的比值下降，k 值减小，因而 $\alpha_T^M<0$；在过慢化区，情况则相反，$\alpha_T^M>0$，这是不希望的。因此，安全性要求压水堆运行在欠慢化区，同时在设计时，要求选取 $V_{H_2O}/V_{UO_2}<(V_{H_2O}/V_{UO_2})_{k_{max}}$，以保证 α_T^M 为负值。由曲线可以看到，随着温度的增加，慢化剂温度系数的负值增大，这不仅添加了负反应性，而且负反应性的添加率也随着温度的增加而增加。

慢化剂负温度系数有利于反应堆功率的自动调节。例如在压水动力堆中，当外界负荷减小时，汽轮机的控制阀就自动关小一些，这就使进入堆芯的水温度升高。当慢化剂温度系数为负值时，反应堆的反应性减小，功率也随之降低，反应堆在较低功率的情况下又达到平衡。同理，当外界负荷增加时，汽轮机的控制阀自动开大一些，这就使进入堆芯的水温下降，反应堆的反应性增大，功率也随之升高，反应堆在较高的功率下又达到平衡。

8.1.4　其它反应性系数

1. 空泡系数

在液体冷却剂的反应堆中，冷却剂的沸腾(包括局部沸腾)将产生蒸汽泡，它的密度远小于液体的密度。在冷却剂中所包含的蒸汽泡的体积百分数称为空泡份额，以 x 表示。空泡系数是指在反应堆中，冷却剂的空泡份额变化百分之一所引起的反应性变化，以 α_V^M 表示，即

$$\alpha_V^M=\frac{\partial\rho}{\partial x} \tag{8-9}$$

当出现空泡或空泡份额增大情况时，有如下 3 种效应：①冷却剂的有害中子吸收减小，这是正效应；②中子泄漏增加，这是负效应；③慢化能力变小，能谱变硬。这可以是正效应，也可以是负效应，这与反应堆的类型和核特性有关。总的净效应是上述各因素的叠加。显然各个效应及相应的净效应与空泡出现位置有关。一般来说，当出现空泡或空泡份额增大时，对轻水堆来说是负效应，而对大型快中子堆，可能出现正效应，特别是当空泡出现在芯部中心区域时。

几种典型反应堆的反应性系数如表 8 - 2 所示。

表 8 - 2　几种堆型的反应性系数

反应性系数	沸水堆	压水堆	重水堆	高温气冷堆	钠冷快堆
燃料温度系数/(10^{-5} K^{-1})	−4～−1	−4～−1	−2～−1	−7	−0.1～0.25
慢化剂温度系数/(10^{-5} K^{-1})	−50～−8	−50～−8	−7～−3	1.0	
空泡系数/(10^{-5} ·(%功率)$^{-1}$)	−200～100	0	0	0	−12～20

2. 功率系数

由于反应堆内燃料温度及其变化都是不能测量的，因此，实际运行中通常以功率作为观测量。定义单位功率变化所引起的反应性变化称为功率反应性系数，简称为功率系数。原则上讲，用反应堆功率系数来表示反应性系数比用温度系数、空泡系数等来表示更为直接。因为当反应堆功率发生变化时，堆内核燃料温度、慢化剂温度和空泡份额都将发生变化，这些变化又引起反应性的变化。根据功率系数的定义有

$$\alpha^{P}=\frac{\mathrm{d}\rho}{\mathrm{d}P}=\sum_{i}\left(\frac{\partial\rho}{\partial T_{i}}\right)\left(\frac{\partial T_{i}}{\partial P}\right)+\frac{\partial\rho}{\partial x}\frac{\partial x}{\partial P}\approx\alpha_{T}^{F}\frac{\partial T_{F}}{\partial P}+\alpha_{T}^{M}\frac{\partial T_{M}}{\partial P}+\alpha_{V}^{M}\frac{\partial x}{\partial P}\tag{8-10}$$

从式(8-10)可知,功率系数不仅与反应堆的核特性有关,而且还与它的热工-水力特性有关,它是所有反应性系数变化的综合。它比温度系数含义更广泛,计算也更复杂。图8-3表示了某一压水堆的第一燃料循环中,堆芯寿期初和寿期末时的功率系数。可以看到,寿期末的功率系数要比寿期初的小许多,这主要是因为寿期末硼浓度要比寿期初小得多,同时也由于钚的积累的缘故,其中^{240}Pu在1 eV处,有一个强吸收的共振峰。为了保证反应堆安全、稳定地运行,功率系数在整个寿期内一般应保持为负值。

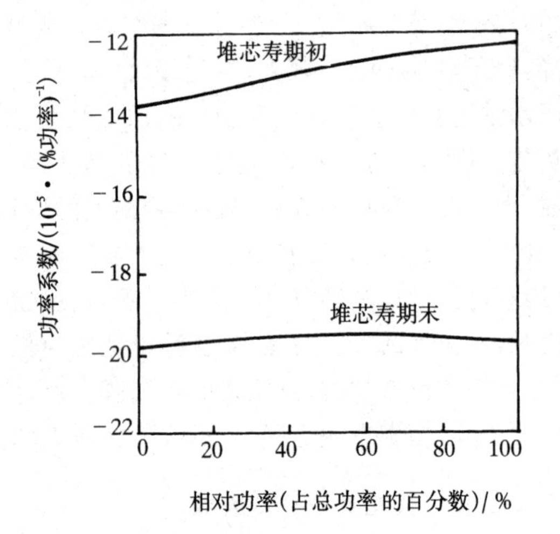

图8-3　压水反应堆功率系数与相对功率关系

从核电厂运行的角度看,更有意义的是功率系数的积分效应,即功率亏损。需要注意的是“亏损”两字并非指功率的亏损,而是指当反应堆功率升高时,向堆芯引入了负的反应性效应,指反应性“亏损”了。功率亏损$\Delta\rho_{PD}$指从零功率变化到满功率时反应性的变化,即

$$\Delta\rho_{PD}=\int_{0}^{P_0}\frac{\mathrm{d}\rho}{\mathrm{d}P}\mathrm{d}P\tag{8-11}$$

式中:P_0为满负荷功率。由上式可以看到,如果反应堆从某一功率水平升高到另一功率水平,$\frac{\mathrm{d}\rho}{\mathrm{d}P}$一般为负。由于功率亏损一定得向堆芯引入一定量的正反应性来补偿由于功率亏损引入的负反应性,才能维持反应堆在新的功率水平下稳定运行,这是非常重要的一点。

8.1.5　温度系数的计算

上面定性地分析了影响反应堆温度系数的各种因素,但温度系数的具体计算是比较复杂的,实际上需要对反应堆作不同温度T下的临界计算。在计算时,首先计算在不同的燃料或慢化剂温度条件下堆芯的群常数,然后利用堆芯扩散计算程序,对反应堆进行临界计算,直接计算出在不同的燃料或慢化剂温度下的有效增殖系数$k_{eff}(T)$,求出Δk和ΔT的比值,从而求得温度系数。

以这种方法所计算出的结果是指在所计算的温差范围内的平均温度系数。计算的准确度与所取的温差大小有关。一般说来,所取的温差越小,计算所得的温度系数精度越高。但是,当温差很小时,有可能在这个温差下计算的Δk与k本身的计算误差相当,反而影响计算的准确度。虽然采用提高临界计算精度的方法能改善Δk计算的准确度,但由于在有效增殖系数的计算中存在着固有的计算误差,这样就限制了温度系数计算的准确度。在这种情况下,采用微扰理论方法[2]来计算温度系数是比较合适的。

8.2　反应性控制的任务和方式

8.2.1　反应性控制中所用的几个物理量

在讨论反应性控制之前，先引入几个与反应性控制有关的物理量。

1. 剩余反应性

堆芯中没有任何控制毒物时的反应性称为剩余反应性，以 ρ_{ex} 来表示。控制毒物是指反应堆中用于反应性控制的各种中子吸收体，例如控制棒、可燃毒物和化学补偿毒物等。反应堆剩余反应性的大小与反应堆的运行时间和状态有关。一般说来，一个新的堆芯，在冷态无中毒情况下，它的初始剩余反应性最大。

2. 控制毒物价值

某一控制毒物投入堆芯所引起的反应性变化量称为该控制毒物的反应性或价值，以 $\Delta\rho_i$ 表示。

3. 停堆深度

当全部控制毒物都投入堆芯时，反应堆所达到的负反应性称为停堆深度，以 ρ_s 来表示。很显然，停堆深度也与反应堆运行时间和状态有关。为了保证反应堆的安全，要求在热态、平衡氙中毒的工况下，应有足够大的停堆深度。否则，当堆芯逐渐冷却和 ^{135}Xe 逐渐地衰变后，反应堆的反应性将逐渐地增加，而停堆深度就逐渐地减小，这样堆芯有可能又重新恢复到临界或超临界的危险情况。所以在反应堆物理设计准则中必须要对停堆深度作出规定。例如在压水堆中，一般规定：在一束具有最大反应性的控制棒被卡在堆外的情况下，冷态无中毒时的停堆深度必须大于 2～3 \$[①]。

4. 总的被控反应性

总的被控反应性等于剩余反应性与停堆深度之和，以 $\Delta\rho$ 表示，即

$$\Delta\rho = \rho_{ex} + \rho_s \tag{8-12}$$

表 8 - 3 列举了几种主要堆型的各种反应性值。从表 8 - 3 中可知，热中子反应堆的剩余反应性和总的被控反应性都远大于快中子反应堆中对应的反应性，这是因为快中子反应堆的增殖比大，增殖的燃料将补偿燃料的燃耗；同时，温度系数和裂变产物对快中了反应堆的影响也比它们对热中子反应堆的影响小。从上表还可知，轻水反应堆的剩余反应性和总的被控价值相对比较大。这是因为轻水反应堆的慢化剂负温度系数比较大且它的转换比比较小。

8.2.2　反应性控制的任务

反应性控制设计的主要任务是：采取各种切实有效的控制方式，在确保安全的前提下，控制反应堆的剩余反应性，以满足反应堆长期运行的需要；通过控制毒物适当的空间布置和最佳的提棒程序，使反应堆在整个堆芯寿期内保持较平坦的功率分布，使功率峰因子尽可能地小；

① \$是反应性单位，当反应性数值等于缓发中子有效份额时，称为 1 \$(见第 9 章)。

表 8-3　几种主要堆型的各种反应值[4]

反应性		沸水堆	压水堆	重水堆	高温气冷堆	钠冷快堆
清洁堆芯的剩余反应性 ρ_{ex}	在 20 ℃时	0.25	0.293	0.075	0.128	0.050
	在运行温度时		0.248	0.065		0.037
	在平衡氙和钐时		0.181	0.035	0.073	
控制毒物价值	总的被控制价值 $\Delta\rho$	0.29	0.32	0.125	0.210	0.074
	控制棒总价值	0.17	0.07	0.035	0.11	0.074
	可燃毒物总价值	0.12	0.08	0.09	0.10	
	化学补偿总价值		0.17			
停堆深度 ρ_s	冷态和清洁堆芯	0.04	0.03	0.05	0.082	0.024
	热态和平衡氙、钐时		0.14		0.137	0.037

在外界负荷变化时，能调节反应堆功率，使它能适应外界负荷变化；在反应堆出现事故时，能迅速安全地停堆，并保持适当的停堆深度。

按控制毒物在调节过程中的作用和要求，可以把反应堆的控制分成以下 3 类。

1. 紧急控制

当反应堆需要紧急停堆时，要求反应堆的控制系统能迅速地引入一个大的负反应性，快速停堆，并达到一定的停堆深度。要求紧急停堆系统有极高的可靠性。

2. 功率调节

当外界负荷或堆芯温度发生变化时，反应堆的控制系统必须引入一个适当的反应性，以满足反应堆功率调节的需要。在操作上它要求既简单又灵活。

3. 补偿控制

正如前述，反应堆的初始剩余反应性比较大，因而在堆芯寿期初，堆芯中必须引入较多的控制毒物。但随着反应堆运行，剩余反应性不断减小。为了保持反应堆临界，必须逐渐地从堆芯中移出控制毒物。由于这些反应性的变化是很缓慢的，所以相应的控制毒物的变化也是很缓慢的。

8.2.3　反应性控制的方式

凡是能够有效地影响反应性的任何装置、机构和过程都可以用作反应性的控制。归纳起来有下列几种方法。

1. 改变堆内中子吸收

在堆芯中加入或提出控制毒物以改变堆内中子的吸收。目前广泛采用的控制毒物有：可移动式控制棒、固体可燃毒物和在液体冷却剂中加入可溶性毒物（如硼酸等）。

2. 改变中子慢化性能

在谱移反应堆（重水-轻水混合慢化反应堆）中，通过改变重水与轻水的比例，以改变中子能谱，从而改变反应性。

3. 改变燃料的含量

在用燃料来作控制棒或作控制棒的跟随体的情况下，当控制棒移动时，除了改变堆内中子吸收之外，还改变堆内燃料含量，从而改变反应性。

4. 改变中子泄漏

小型快中子反应堆中，可用移动反射层的方法，改变中子的泄漏，从而改变反应性。

根据上述控制方法，目前反应堆采用的反应性控制方式主要有如下3种：①控制棒控制；②固体可燃毒物控制，主要用于补偿部分初始过剩反应性；③化学补偿控制，主要是在冷却剂中加入可溶性硼酸溶液来补偿过剩的反应性。选择哪种控制方式是与堆型有关的。在石墨慢化的反应堆和重水慢化的反应堆中，由于初始剩余反应性比较小，控制棒的效率又比较高，所以大部分都采用控制棒控制方式。但在轻水反应堆中，初始剩余反应性很大，控制棒的效率又比较低，如全部都采用控制棒来控制，则需要控制棒的数目就很多。而轻水反应堆的栅格较稠密，反应堆体积较小，安排这么多的控制棒是很困难的，同时也使压力壳顶盖开孔增加，大大影响压力壳的强度。所以，目前在压水反应堆中，都是采用控制棒、固体可燃毒物和冷却剂中加硼酸溶液三种控制方式来联合控制，以减少控制棒的数目。从表8-3可以看到PWR的被控制反应性的分配情况：在总的被控制反应性(约0.32)中，化学补偿控制的价值约占53%以上，余下的为可燃毒物和控制棒所控制。下面将分别对这三种控制方式进行讨论。

8.3 控制棒控制

8.3.1 控制棒的作用和一般考虑

控制棒是强吸收体，它的移动速度快，操作可靠，使用灵活，控制反应性的准确度高。它是各种类型反应堆中紧急控制和功率调节所不可缺少的控制部件。它主要是用来控制反应性的快速变化。具体地讲，主要是用它来控制下列一些因素所引起的反应性变化：

(1)燃料的多普勒效应；

(2)慢化剂的温度效应和空泡效应；

(3)变工况时，瞬态氙效应；

(4)硼冲稀效应；

(5)热态停堆深度。

根据反应堆的反应性分析，就可以确定出控制棒和其它控制方式之间的反应性分配(见表8-3)。例如，压水反应堆中控制棒所必须控制的反应性一般在0.07～0.1左右。

不同类型的反应堆，其控制棒形状与尺寸也不同。在石墨反应堆和重水反应堆中，一般都采用粗棒或套管形式的控制棒。在轻水反应堆中，早期多数采用十字形控制棒，目前除了沸水反应堆仍采用十字形控制棒外，一般都采用束棒式的控制棒。例如，在压水反应堆中，在一个燃料组件中插入20～24根很细的控制棒。由于控制棒的直径很细，分布又较均匀，因此它引起的功率畸变也比较小。

对控制棒材料的要求：首先要求它具有很大的中子吸收截面(不但要求它具有很大的热中子吸收截面，而且还要具有较大的超热中子吸收截面，特别是对于中子能谱比较硬的反应堆更应如此)。例如,在压水反应堆中,一般采用 Ag(80%)- In(15%)- Cd(5%)合金作为控制棒材料。这是因为镉的热中子吸收截面很大,银和铟对于能量在超热能区的中子又具有较大的共振吸收峰。因此,Ag - In - Cd 合金控制棒在比较宽的能量范围内是很好的中子吸收体。另外还要求控制棒材料有较长的寿命,这就要求它在单位体积中含吸收体核子数要多,而且要求它吸收中子后形成的子核也具有较大的吸收截面。这样,它吸收中子的能力不会受自身"燃耗"的影响。例如,^{177}Hf 是较理想的控制材料,它俘获中子后形成^{178}Hf,后者形成^{179}Hf 等,它们都具有很大的共振吸收截面,因而作为中子吸收剂具有很长的使用寿命。表8 - 4给出控制棒用材料的核特性。最后,要求控制棒材料具有抗辐照、抗腐蚀和良好的机械性能,同时价格要便宜等。

表 8 - 4 控制棒用材料核特性

同位素	丰度/%	$(\sigma_a)_{热}$/b	$(\sigma_a)_{共振}$/b	E_r/eV
^{107}Ag	51.8	45	630	6.6
^{109}Ag	48.2	92	12 500	5.1
^{113}Cd	12.3	20 000	7 200	0.18
^{113}In	4.2	12	—	—
^{115}In	95.8	203	30 000	1.46
^{174}Hf	0.18	390	—	—
^{176}Hf	5.2	<30	—	—
^{177}Hf	18.5	380	6 000	2.36
^{178}Hf	27.14	75	10 000	7.80
^{179}Hf	13.75	65	1 100	5.69
^{180}Hf	35.24	14	130	74.0

8.3.2 控制棒价值的计算

控制棒价值的计算是比较复杂的,实质上需要进行反应堆的临界计算,即分别计算有控制棒存在时和没有控制棒存在时反应堆的反应性,两种情况下的反应性之差就是所要求的控制棒的反应性价值,简称控制棒价值。通常很难用解析法计算获得,解析法一般只能近似计算在简单几何配置下的控制棒价值。

目前,在工程设计中,多采用数值方法进行计算。首先是对控制棒区进行均匀化,求出其所在栅元的均匀化有效吸收截面,然后把它输入到少群扩散计算程序中进行临界计算。对有棒和无棒或不同棒位情况下的堆芯进行临界计算,求出这些情况下的有效增殖系数以确定出控制棒的价值。

现在以压水堆为例,说明控制棒栅元均匀化截面的计算。压水堆的控制棒一般做成细棒束形式布置在燃料组件中,每个组件有 20~24 根控制棒,如图 8 - 4 所示。因为控制棒的数目很多,并且比较均匀地分布在燃料栅元之中,我们可以设想每根细棒与周围的水组成一个与燃料栅元一样的"控制棒"栅元。我们可用与第 6 章介绍的分析"燃料棒-水"栅元类似的方法来进行计算。首先把它等效成圆柱形栅元，为了模拟组件内的中子能谱，计算时在控制棒等效栅元外面再包上一层由周围 8 个燃料栅元均匀混合构成的附加层，形成所谓“超栅元”(见图 8-4)。然后再把等效超栅元分成许多同心圆区，用第 6 章中积分输运理论(碰撞概率)方法，像计算燃料栅元一样进行计算(见 6.3 节)。计算出各区的中子通量密度分布 $\phi_{i,n}$。一般可以直接使用计算燃料栅元所用的同样的程序进行计算。最后，控制棒栅元的有效均匀化截面 $\Sigma_{x,g}$(参阅式(6-19))为

$$\Sigma_{x,g}=\frac{\sum_{i}\sum_{n\in g}\Sigma_{x,n}\phi_{i,n}V_i}{\sum_{i}\sum_{n\in g}\phi_{i,n}V_i} \qquad (8-13)$$

式中：V_i 为第 i 区的体积；$\phi_{i,n}$ 为栅元多群计算所求得的第 i 区的 n 群平均中子通量密度，注意，这里对体积的求和仅对控制棒栅元区进行，不包括附加层区。这样就求出了控制棒栅元的有效截面，把它和燃料栅元一样均匀化了。根据求出的控制棒栅元的有效均匀化截面，便可进行组件均匀化参数和堆芯的扩散计算，以求出不同位置和不同棒位时控制棒的价值。

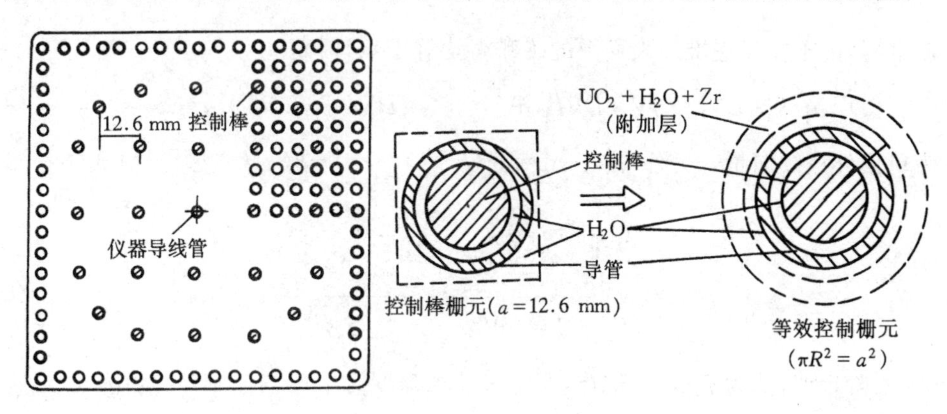

图 8-4　压水堆控制棒束和控制棒超栅元

8.3.3　控制棒插入深度对控制棒价值的影响

在反应堆设计和运行时不仅要知道控制棒完全插入时的价值，而且还需要知道控制棒插入堆芯不同深度时的价值。这当然可以通过上节介绍的方法来加以计算，为了定性了解，本节通过一个简单的例子来加以讨论。设在裸圆柱形均匀反应堆的中心轴处插入一根控制棒，如图 8-5 所示，下面用微扰理论来进行计算。当然，对于强吸收棒，严格地讲，微扰理论不能适用，仅能用它对其相对价值进行近似的估计。

在将棒插入前，堆芯的单群方程为

$$\nabla\cdot D\nabla\phi-\Sigma_a\phi+\frac{1}{k}\nu\Sigma_f\phi=0 \qquad (8-14)$$

式中：k 为有效增殖系数。将控制棒插入芯部，其效应可看作是芯部产生了微扰。在插入棒的局部体积 V_P 内，宏观吸

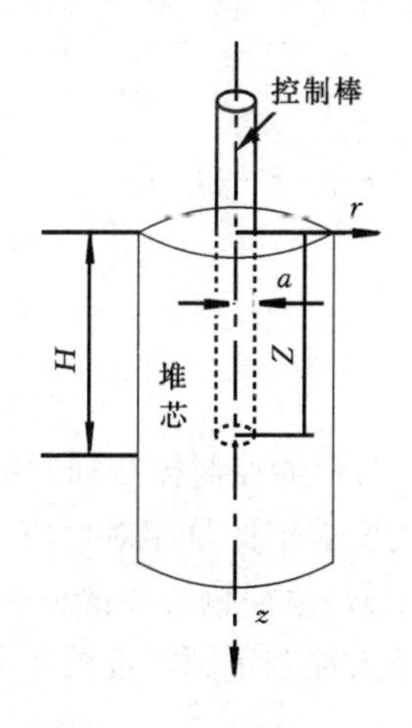

图 8-5　在反应堆中心处，部分插入的控制棒

收截面由 Σ_a 变为 $\Sigma'_a=\Sigma_a+\delta\Sigma_a$，

$$\delta\Sigma_a=\begin{cases}\Sigma_{a,p}, & 0\leqslant z\leqslant Z,\quad 0<r\leqslant a\\ 0, & \text{其它区域}\end{cases} \tag{8-15}$$

式中：a 和 Z 分别是控制棒的半径和插入深度；$\Sigma_{a,p}$ 为其有效宏观吸收截面。受扰动后，反应堆的有效增殖系数 k 相应地由 k 变为 $k+\delta k$，因而将棒插入后芯部中子通量密度 ϕ' 的单群方程为

$$\nabla\cdot D\nabla\phi'-(\Sigma_a+\delta\Sigma_a)\phi'+\frac{1}{k+\delta k}\nu\Sigma_f\phi'=0 \tag{8-16}$$

用 ϕ' 和 ϕ 分别乘式(8-14)和式(8-16)，并对堆芯体积积分，同时注意到

$$\frac{1}{k+\delta k}=\frac{1}{k(1+\delta k/k)}\approx\frac{1}{k}\left(1-\frac{\delta k}{k}\right)=\frac{1}{k}+\delta\left(\frac{1}{k}\right) \tag{8-17}$$

把积分后的结果相减便得到

$$\int_V(\phi'\,\nabla\cdot D\nabla\phi-\phi\nabla\cdot D\nabla\phi')\mathrm{d}V-\int_{V_P}\delta\Sigma_a\phi'\phi\mathrm{d}V+\delta\left(\frac{1}{k}\right)\int_V\Sigma_f\phi\phi'\mathrm{d}V=0 \tag{8-18}$$

根据高斯定理，由于在反应堆外表面上的 ϕ 和 ϕ' 均等于零，因而

$$\int_V(\phi'\,\nabla\cdot D\nabla\phi-\phi\nabla\cdot D\nabla\phi')\mathrm{d}V=\int_S(\phi' D\,\nabla\phi-\phi D\,\nabla\phi')\cdot\boldsymbol{n}\mathrm{d}S=0 \tag{8-19}$$

这里 $\boldsymbol{n}$ 为单位外法线向量。另外，由于 $\Delta\rho=\delta((k-1)/k)=-\delta(1/k)$，这样，由式(8-18)便得到

$$\Delta\rho=\frac{-\int_{V_P}\delta\Sigma_a\phi\phi'\mathrm{d}V}{\int_V\nu\Sigma_f\phi\phi'\mathrm{d}V}\approx\frac{-\int_{V_P}\delta\Sigma_a\phi^2\mathrm{d}V}{\int_V\nu\Sigma_f\phi^2\mathrm{d}V} \tag{8-20}$$

这里，作为一阶近似，认为 $\phi'\approx\phi$。这样，便求得插入深度为 Z 时的控制棒价值为

$$\rho(Z)=-\frac{\Sigma_{a,p}\int_0^a\int_0^Z 2\pi r\phi^2(r,z)\mathrm{d}r\mathrm{d}z}{\int_V\nu\Sigma_f\phi^2(r,z)\mathrm{d}V} \tag{8-21}$$

裸圆柱体反应堆内中子通量密度分布为

$$\phi(r,z)=A\mathrm{J}_0\left(\frac{2.405r}{R}\right)\sin\left(\frac{\pi z}{H}\right) \tag{8-22}$$

把它代入式(8-20)得

$$\begin{aligned}\frac{\rho(Z)}{\rho(H)}&=\int_0^Z\sin^2\left(\frac{\pi z}{H}\right)\mathrm{d}z\Big/\int_0^H\sin^2\left(\frac{\pi z}{H}\right)\mathrm{d}z\\&=\left[\frac{Z}{H}-\frac{1}{2\pi}\sin\frac{2\pi Z}{H}\right]\end{aligned} \tag{8-23}$$

式中：$\rho(H)$ 为控制棒全插时的控制棒价值，可应用上节所述方法计算求得或由实验确定。由于上式所表示的是相对价值，所以它对强吸收剂的控制棒也是适用的。对于偏心棒，只要把式中的 $\rho(H)$ 改用偏心棒的适当值，它也就近似地给出部分插入的偏心棒的相对价值。

插入堆芯不同深度的控制棒价值通常用控制棒的积分价值和微分价值来表示。

1. 控制棒的积分价值

当控制棒从一初始参考位置插入到某一高度时，所引入的反应性称为这个高度上的控制

棒积分价值。参考位置选择堆芯顶部，则插棒向堆芯引入负反应性。随着棒不断插入，所引入的负反应性也越来越大。积分价值在棒位处于顶部时等于零。式(8－23)给出不同插入深度控制棒的积分价值的近似表达式。图 8－6 给出了典型的控制棒积分价值曲线，图中 pcm 为压水堆工程上常用的反应性单位，1 pcm=10^{-5}。

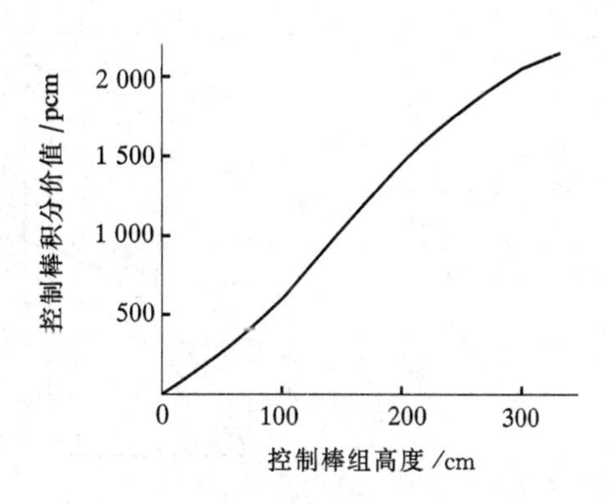

图 8－6　典型的控制棒积分价值曲线

2. 控制棒的微分价值

在反应堆设计和运行时，不仅需要知道控制棒不同插入深度时的价值，还需要知道控制棒在堆芯不同高度处移动单位距离所引起的反应性变化，即控制棒的微分价值，其单位常采用 pcm/cm。它的表示形式如下

$$\alpha_c = \frac{d\rho}{dz} \approx \frac{\Delta\rho}{\Delta H} \tag{8-24}$$

式中：$\Delta\rho$ 为反应性变化；ΔH 为棒位变化量。

控制棒的微分价值是随控制棒在堆芯内的移动位置而变化的。图 8－7 给出了典型的 PWR 反应堆中控制棒组的微分价值与其高度的关系。这里棒组是指一起移动的一组控制棒。棒微分价值是积分价值曲线上相应点的切线斜率。

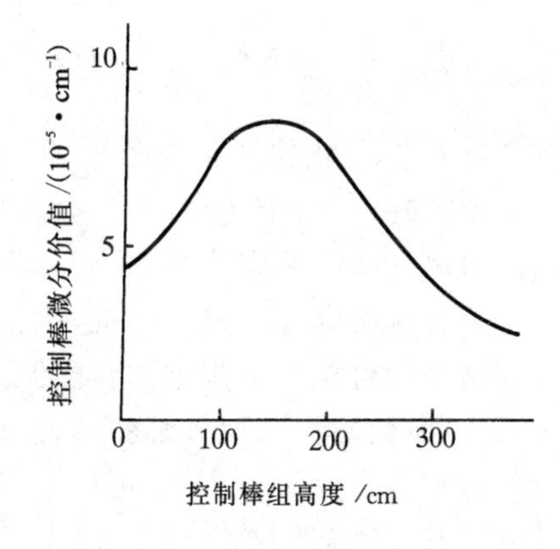

图 8－7　典型的控制棒微分价值曲线

从图 8－6 和图 8－7 中可知，当控制棒位于靠近堆芯顶部和底部时，控制棒的微分价值很小并且与控制棒的移动距离呈非线性关系；当控制棒插入到中间一段区间时，控制棒的微分价值比较大并且与控制棒的移动距离基本上呈线性关系。根据这一原理，反应堆中调节棒的调节带一般都选择在堆芯的轴向中间区段。这样，调节棒移动时所引起的价值与它的插入深度呈线性关系。

8.3.4　控制棒间的干涉效应

一般情况下，反应堆有较多的控制棒，这些控制棒同时插入堆芯时，总的价值并不等于各根控制棒单独插入堆芯时的价值的总和。这是因为控制棒的价值和它插入处的中子通量密度大小密切相关。而当一根控制棒插入堆芯后将引起堆芯中中子通量密度分布的畸变，势必会影响其它控制棒的价值，这种现象称之为控制棒间的相互干涉效应。

为了定性地说明相互干涉效应，我们考虑堆芯中只有两根控制棒的情况，如图 8－8 所示。

堆芯中没有控制棒插入时，径向中子通量密度分布如图 8－8 中虚线所示。当第一根控制棒完全插入堆芯时，径向中子通量密度分布如图中实线所示。控制棒的价值与其所在处中子通量密度平方成正比。假如把第二根控制棒插在第一根控制棒附近的 d_1 处，由于该处的中子通量密度比原来无控制棒时的中子通量密度下降了，因此第二根控制棒的价值比它单独插入堆芯时的价值低。如果把第二根控制棒插在离第一根控制棒较远的 d_2 处，这时该处的中子通

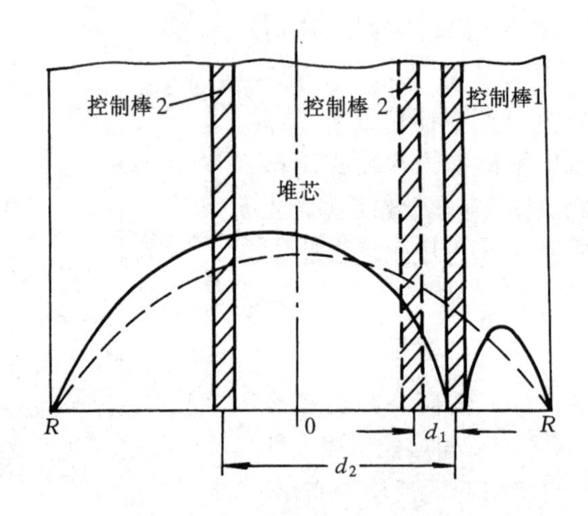

------无控制棒时中子通量密度的分布；
——控制棒插入堆芯后中子通量密度的分布
图 8-8　控制棒插入堆芯后对径向中子通量密度分布的影响

量密度比原来(没有第一根控制棒时)高,因此,第二根控制棒的价值比它单独插入堆芯时的价值高。同理,当第二根控制棒插入堆芯时,它也会使中子通量密度分布发生畸变,因而影响到周围控制棒的价值。事实上,这样的影响是相互的,每一根控制棒的插入都将引起其它控制棒价值的变化。从图 8-9 上可以清晰地看出这种相互干涉效应的结果。图中虚线表示单根偏心控制棒价值的两倍,实线表示两根偏心控制棒同时插入堆芯时的价值。从图中可知,在两根控制棒相距较近时,两根同时插入堆芯时的总价值比它们单独插入时价值的总和要小;在两根控制棒相距较远时,两根棒同时插入所得的价值比单独插入所得到的价值的总和要大。考虑到控制棒的相互干涉效应,通常在设计堆芯时,应使控制棒的间距大于热中子扩散长度。

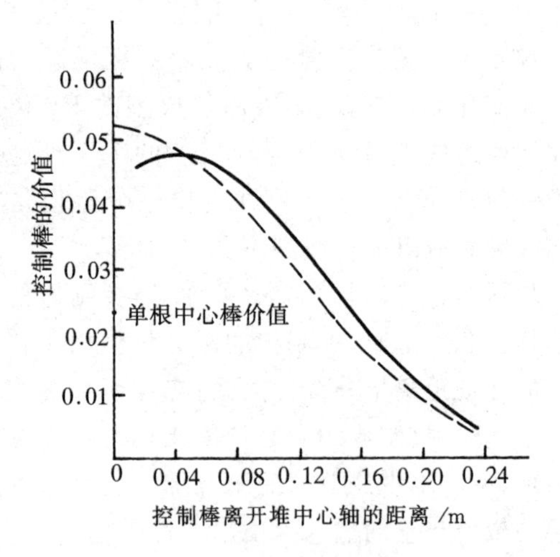

——两根偏心控制棒同时插入时的价值;
------单根偏心控制棒插入时价值的两倍
图 8-9　两根对称偏心控制棒的干涉效应

8.3.5　控制棒插入不同深度对堆芯功率分布的影响

控制棒插入不同深度不仅影响控制棒的价值,而且也影响堆芯中的功率分布。控制棒是强吸收体,它的插入将使中子通量密度分布和功率分布都产生畸变。在反应堆设计中,要求功率峰值因子不超过设计准则所规定的数值,这就需要认真地考虑控制棒插入不同深度时所引起功率分布的变化,使它能符合设计准则的要求。

另一方面我们又可以利用这个性质,采用部分长度控制棒和控制棒的合理布置使堆芯中的功率分布得到展平。在主要靠控制棒来控制的反应堆中，在堆芯寿期的初期，有较大的剩余反应性，控制棒插入比较深。在有控制棒的区域，中子通量密度比较低，但在没有控制棒的底部，将形成一个中子通量密度的峰值，如图 8-10 所示。在中子通量密度高的区域，燃料的燃耗很快。随着反应堆的运行，控制棒不断地向外移动，到堆芯寿期末时，控制棒都已提到堆芯的顶部，中子通量密度的峰值和功率的峰值也逐渐地向顶部方向偏移，如图 8-10 所示。

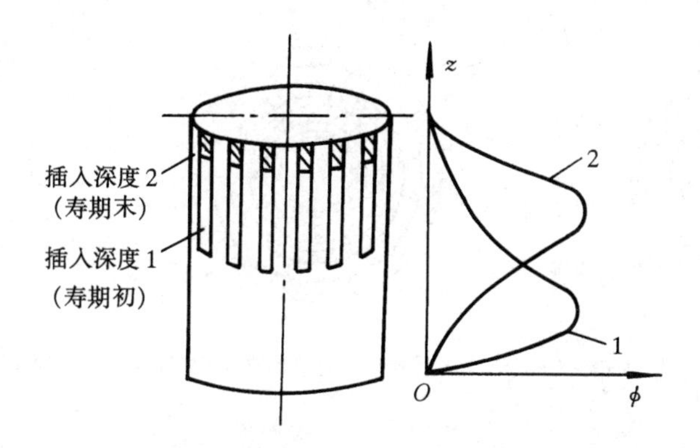

图 8-10 控制棒的插入深度对轴向中子通量密度分布的影响

图 8-10 给出了控制棒束插入不同深度时的轴向中子通量密度分布。从图中可知，当控制棒未插入时，堆内轴向中子通量密度呈正弦对称分布；随着控制棒逐渐插入，中子通量密度的峰值逐渐向底部偏移，且峰值也变大。

8.4 可燃毒物控制

8.4.1 可燃毒物的作用

在动力反应堆中，通常，新堆芯的初始剩余反应性都比较大。特别是在第一个换料周期的初期，堆芯中全部核燃料都是新的，这时的剩余反应性最大。如果全部靠控制棒来补偿这些剩余反应性，那么就需要很多控制棒，而每一控制棒(或棒束)都需要一套复杂的驱动机构。这非但不经济，而且在压力容器封头上要开许多孔，结构强度也不许可。如果全部依靠增加化学补偿毒物(如硼酸)浓度来满足要求，那么硼浓度可能超过限值，从而使慢化剂温度系数出现正值。尤其是在轻水反应堆中，这个问题更为突出。为了解决这个问题，可以采用控制棒、可燃毒物与化学补偿毒物三种方式联合控制，以减少控制棒的数目。

可燃毒物材料要求具有比较大的吸收截面，同时也要求由于消耗了可燃毒物而释放出来的反应性基本上要与堆芯中由于燃料燃耗所减少的剩余反应性相等。另外，还要求可燃毒物在吸收中子后，它的产物的吸收截面要尽可能地小；要求在堆芯寿期末，可燃毒物的残余量应尽可能少，以免影响堆芯的寿期；最后要求可燃毒物及其结构材料应具有良好的机械性能。

根据以上的要求，目前作为可燃毒物使用的主要元素有硼和钆。它们既可以掺加到燃料棒中和燃料混合在一起，也可以集中起来单独做成管状、棒状或板状元件，插入到燃料组件中。在压水反应堆中应用最广泛的是硼玻璃。到堆芯寿期末，硼基本上被烧尽。残留下的玻璃吸收截面比较小，因此对堆芯寿期影响不大。可燃毒物部件通常做成环状(见图 8-11(a))。为了提高硼的燃耗程度，最近西屋公司采用了湿式环状可燃毒物棒(WABA)[①](见图 8-11(b))和涂硼燃料元件(IFBA)[②]，即在二氧化铀芯块的外表面上涂上一层薄的硼化锆。目前在压水堆中还采用在二氧化铀燃料棒中掺加氧化钆(Gd_2O_3，含量可达 10%)作为可燃毒物，钆是一种非常良好的可燃毒物材料。通过控制含可燃毒物的新燃料组件的数量及其所含可燃毒物的燃料元件的数目以及含可燃毒物组件在堆芯内的布置可以用来控制堆芯功率的分布。

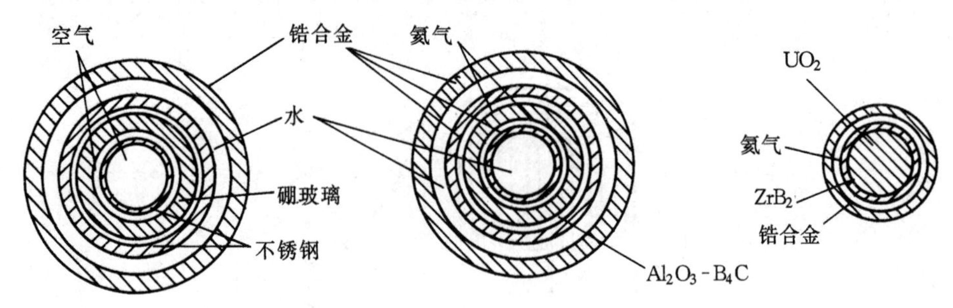

(a) 硼玻璃可燃毒物棒(PYREX)　(b) 湿式环状可燃毒物棒(WABA)　(c) 涂硼燃料元件(IFBA)

图 8-11　可燃毒物棒

20 世纪 80 年代以前，在压水堆中，可燃毒物一般只用于第一个堆芯寿期中，因为从第二个堆芯寿期开始，堆芯中大部分的燃料是已燃耗过的燃料，这时，堆芯的初始剩余反应性已显著地减小，没有必要再用可燃毒物了。但是，80 年代以后，普遍发展了低泄漏装料方案。由于新燃料组件被放在堆芯内区，使堆芯的功率峰增大，这样，在每个堆芯寿期中都必须采用相当数量的可燃毒物棒来抑制功率峰以满足设计的要求。

8.4.2　可燃毒物的布置及其对反应性的影响

1. 均匀布置情况

可燃毒物在堆芯中可以采用均匀或非均匀的布置。为了了解可燃毒物在堆芯中的分布对反应性的影响，首先分析可燃毒物与慢化剂-燃料均匀混合的情况。为了简化起见，假设堆芯中没有中子泄漏，这时燃料和可燃毒物的核密度随时间变化的方程分别为

$$\frac{dN_F(t)}{dt} = -\sigma_{a,F}\phi(t)N_F(t) \tag{8-25}$$

$$\frac{dN_P(t)}{dt} = -\sigma_{a,P}\phi(t)N_P(t) \tag{8-26}$$

$$\frac{dN_{FP}}{dt} = \gamma_{FP}\Sigma_f\phi(t) - \sigma_{a,FP}\phi(t)N_{FP}(t) \tag{8-27}$$

式中：N_F、N_P 和 N_{FP} 分别为燃料、可燃毒物和裂变产物的核密度。把式(8-25)～式(8-27)对 t 积分后得

$$N_F(t) = N_F(0)\exp[-\sigma_{a,F}F(t)] \tag{8-28}$$

$$N_P(t) = N_P(0)\exp[-\sigma_{a,P}F(t)] \tag{8-29}$$

---

① WABA 的英文全称为 Wet Annular Burnable Absorber。

② IFBA 的英文全称为 Integral Fuel Burnable Absorber。

$$N_{FP}(t) = \frac{\gamma_{FP}\Sigma_f}{\sigma_{a,FP}}[1 - \exp(-\sigma_{a,FP}F(t))] \tag{8-30}$$

式中：$F(t)$是中子注量，它的定义为

$$F(t) = \int_0^t \phi(t')\mathrm{d}t'$$

假设堆芯中没有中子泄漏，而且慢化剂、冷却剂和结构材料等宏观吸收截面 Σ_a^K 与 t 无关，这样，堆芯中的有效增殖系数可用下式近似表示

$$k(t) = \nu\sigma_f^F \frac{N_F(t)}{N_F(t)\sigma_{a,F} + N_P(t)\sigma_{a,P} + \Sigma_a^K + N_{FP}(t)\sigma_{a,FP}} \tag{8-31}$$

将式(8－28)～式(8－30)代入式(8－31)便可求出在不同的可燃毒物吸收截面情况下有效增殖系数随时间的变化曲线(假设初始时刻的有效增殖系数都相等并等于 k_{ex})，如图 8－12 所示。

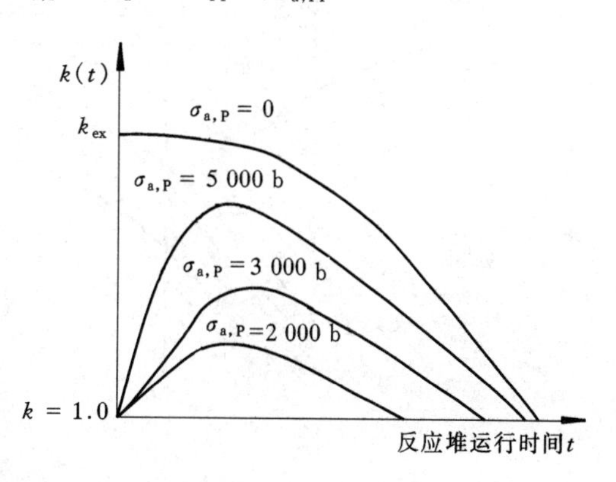

图 8－12　在不同 $\sigma_{a,P}$ 的情况下，$k(t)$ 与 t 的关系

从图中可知，在反应堆运行刚开始的一段时间内，随着时间的增加，可燃毒物消耗所引起反应性的释放率比燃料燃耗所引起反应性的下降率要快得多，因此有效增殖系数上升很快。但是，当可燃毒物大量消耗后，每单位体积中含可燃毒物的核子数减少，这时可燃毒物消耗所引起反应性的释放率小于燃料燃耗所引起反应性的下降率，因此，有效增殖系数上升到某一最大值后又开始下降。从图中可知，有效增殖系数偏离初始值的程度与可燃毒物的吸收截面 $\sigma_{a,P}$ 有关，$\sigma_{a,P}$ 值越大，有效增殖系数偏离初始值也越大。这说明可燃毒物的消耗与堆芯中剩余反应性的减小不匹配。我们希望随着可燃毒物的消耗，在整个堆芯寿期内，有效增殖系数的变化尽可能地小，这样对反应堆的控制有利。从这个角度看，希望采用吸收截面比较小的可燃毒物。但是 $\sigma_{a,P}$ 值小，可燃毒物消耗慢，则在堆芯寿期末将仍有较多的毒物残留在堆内，它们对中子的有害吸收将使堆芯寿期缩短(见图 8－12)，称为寿期亏损。这是应用可燃毒物带来的缺点，这样就产生了矛盾。最理想的情况是：在堆芯寿期初，可燃毒物的吸收截面不要太大，以减小有效增殖系数偏离初始值的程度，但随着可燃毒物的消耗，要求它的吸收截面逐渐增大，以减小在堆芯寿期末堆内可燃毒物的残留量。研究表明，采用非均匀结构的可燃毒物布置可以基本上解决这个矛盾。

2. 可燃毒物的非均匀布置

把可燃毒物集中做成棒状、管状或板状元件，插入堆芯中，这就形成了可燃毒物的非均匀布置。它的主要特点是在可燃毒物中形成了强的自屏效应，使可燃毒物的有效吸收截面减小。为了说明自屏效应对有效增殖系数的影响，考虑在非均匀结构下，可燃毒物的燃耗方程为

$$\frac{\mathrm{d}N_P(t)}{\mathrm{d}t} = -f_s(t)\sigma_{a,P}\phi(t)N_P(t) \tag{8-32}$$

式中：$f_s(t)$为可燃毒物的自屏因子，它的定义为

$$f_s = \frac{\text{可燃毒物中的平均中子通量密度}}{\text{燃料-慢化剂中的平均中子通量密度}}$$

由此可见,可燃毒物有效吸收截面为

$$\sigma_{a,eff}^{P} = f_s(t)\sigma_{a,P} \tag{8-33}$$

图 8-13 表示可燃毒物的自屏效应随反应堆运行时间的变化。其中图 8-13(a)表示在几个不同的运行时刻,慢化剂和可燃毒物中的中子通量密度分布。由于可燃毒物核密度随着燃耗的加深而不断消耗,因而可燃毒物棒内中子通量密度分布渐趋平坦。图 8-13(b)表示可燃毒物的有效微观吸收截面、宏观吸收截面和可燃毒物的核密度随反应堆运行时间的变化。

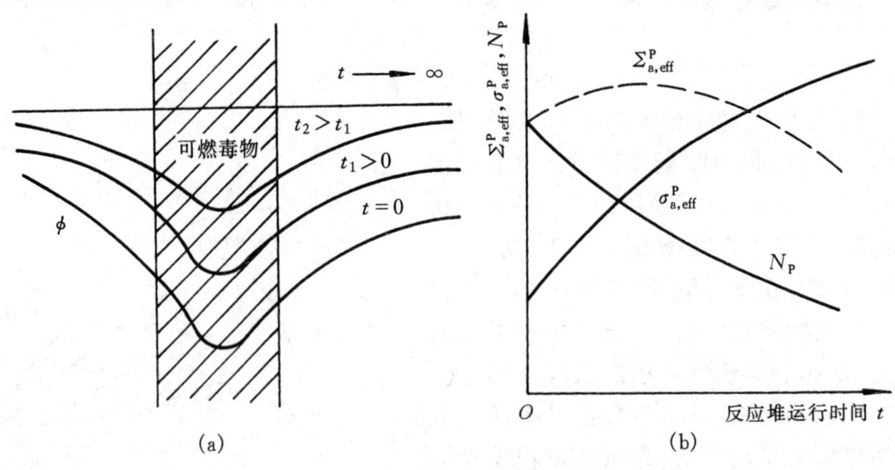

图 8-13　可燃毒物的自屏效应随时间变化

从图中可知,在堆芯寿期初,可燃毒物中的中子通量密度大大低于燃料-慢化剂中的中子通量密度。这时可燃毒物的自屏效应很强,f_s 值很小,可燃毒物的有效微观吸收截面也很小,因此有效增殖系数偏离初始值的程度也较小。但是随着反应堆的运行,可燃毒物不断地燃耗,自屏效应逐渐地减弱,f_s 值逐渐地增大而趋近于 1,可燃毒物的有效微观吸收截面也逐渐地增大,可燃毒物的燃耗也就更快。在堆芯寿期末时,堆芯内可燃毒物核的残留量很小,因而对堆芯寿期并没有显著的影响。

图 8-14 表示可燃毒物不同布置对有效增殖系数 k 的影响。从图中可以清楚地看出:在相同的堆芯寿期的条件下,有可燃毒物时的初始 k 值比无可燃毒物时的初始 k 值要小,所以控制棒所需控制的反应性也相应地减小。其中当可燃毒物非均匀布置时,在整个堆芯寿期内,k 的最大值可以做到不超过初始值;而当可燃毒物均匀布置时,k 的最大值要大大超过其初始值。因此,在这 3 种情况中,可燃毒物非均匀布置时,反应堆所需的控制棒数目为最少。同时基本上可以做到可燃毒物反应性的释放和燃料燃耗引起的反应性的损失互相匹配。

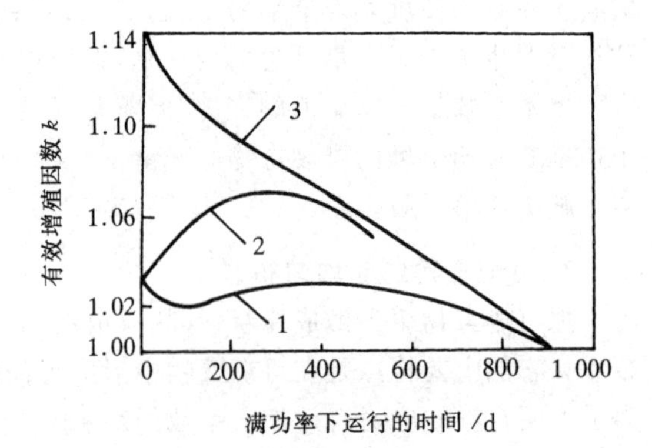

1—可燃毒物非均匀布置;
2—可燃毒物均匀布置;
3—无可燃毒物

图 8-14　可燃毒物对有效增殖系数的影响

另外,可燃毒物非均匀布置不仅可以补

偿剩余反应性，而且使之合理地分布于堆芯内，还可起到展平径向中子功率分布的作用。

从以上分析可知，可燃毒物非均匀布置是很有利的，它是目前反应堆中常采用的一种方式。

8.4.3　可燃毒物的计算

可燃毒物栅元和控制棒栅元一样，可以用“超栅元”模型来计算，即按实际结构、尺寸把可燃毒物栅元等效成圆柱形栅元，外面再包上一层由周围八个均匀化燃料栅元组成的包层（见图 8-15）。然后对超栅元进行输运计算，例如应用碰撞概率方法或 S_N 方法计算，求出可燃毒物栅元的中子通量密度空间-能量分布。利用所求出的中子能谱分布便可求得均匀可燃毒物棒栅元的少群截面。计算方法与过程和燃料栅元或控制棒栅元类似。所要注意的是，由于可燃毒物具有大的吸收截面，空间自屏效应强烈，因而沿着栅元 r 方向，核素的燃耗不均匀。因此，计算时，在可燃毒物体内，要划分更多更薄的区，以提高计算的精度。

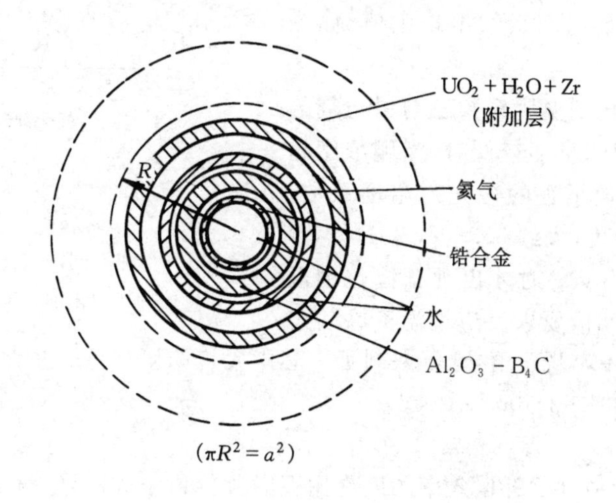

图 8-15　可燃毒物超栅元示意图

8.5　化学补偿控制

在目前的压水反应堆中，一般都采用了化学补偿控制，即在一回路冷却剂中加入可溶性化学毒物，以代替补偿棒的作用，因此称为化学补偿控制，简称化控。对化学毒物的要求是：能溶解于冷却剂中，化学性质和物理性质稳定；具有较大的吸收截面；对堆芯结构部件无腐蚀性且不吸附在部件上。实践证明，在压水反应堆中采用硼酸作为化学毒物能符合这些要求。化控主要是用来补偿下列一些慢变化的反应性：

（1）反应堆从冷态到热态（零功率）时，慢化剂温度效应所引起的反应性变化；

（2）裂变同位素燃耗和长寿命裂变产物积累所引起的反应性变化；

（3）平衡氙和平衡钐所引起的反应性变化。

从表 8-3 可知，对于压水堆，在三种控制方式所控制的反应性分配中，以化控的反应性为最大。这是因为化控与其它两种控制方式相比有很多的优点：化学补偿毒物在堆芯中分布比较均匀；化控不但不引起堆芯功率分布的畸变，而且与燃料分区相配合，能降低功率峰因子，提高平均功率密度；化控中的硼浓度[①]可以根据运行需要来调节，而固体可燃毒物是不可调节的；化控不占栅格位置，不需要驱动机构，从而可以简化反应堆的结构，提高反应堆的经济性等。

但是，化控也有一些缺点，例如由于硼的加浓或稀释需要一定时间，所以它只能控制慢变化反应性；并且它需要加硼和稀释硼的一套附加设备系统等等。化控的另一个最主要缺点是水中硼浓度的大小对慢化剂温度系数有显著的影响。随着硼浓度的增加，慢化剂负温度系数的绝对值越来越小，这是因为当水的温度升高时，水的密度减小，单位体积水中含硼的核数也相应地减小，因而反应性增加。当水中的硼浓度超过某一值时，有可能使慢化剂温度系数出现正值，如图8－16所示。

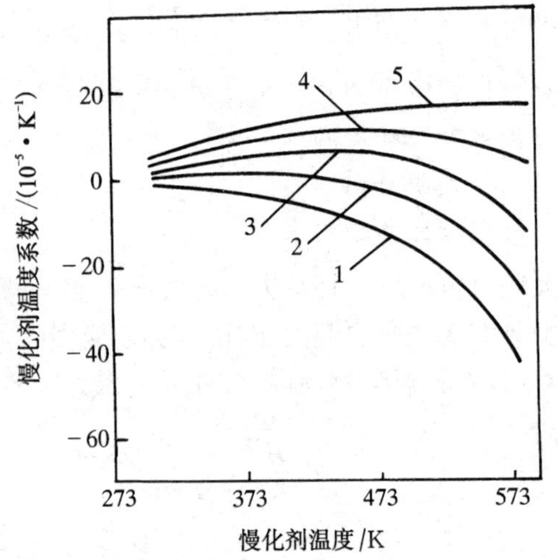

1—0 μg/g；2—500 μg/g；3—1 000 μg/g；4—1 500 μg/g；5—2 000 μg/g

图 8－16 在不同硼浓度下，慢化剂温度系数与慢化剂温度的关系

从图上可知，慢化剂温度系数还与慢化剂的温度有关。在慢化剂的温度较低时，当硼浓度超过 500 μg/g 时就出现了正的慢化剂温度系数。但在反应堆的工作温度(大约 553～573 K)下，当硼的浓度大于 1 300 μg/g 时才出现正慢化剂温度系数。在堆芯设计时，要求反应堆温度在热态时，慢化剂温度系数不出现正值，这就限制了堆芯中允许的硼浓度。目前在压水堆设计中，一般把硼浓度取在(1 300～1 400) μg/g 以下。

硼微分价值

硼浓度对堆芯反应性的补偿效率的度量用硼微分价值来表示，它等于堆芯冷却剂中单位硼浓度变化所引起的堆芯反应性变化量，可表示为

$$\alpha_{\mathrm{H}} = \frac{\Delta\rho}{\Delta C_{\mathrm{B}}} \tag{8-34}$$

式中：$\Delta\rho$ 为堆芯反应性变化；ΔC_{B} 为堆芯硼浓度变化；α_{H} 的单位为 PCM/ppm。硼微分价值总是负值，其大小(绝对值)与堆芯硼浓度、冷却剂温度(密度)和燃耗深度有关，一般随着硼浓度的增加、冷却剂温度的升高和燃耗的增加而减小。

在反应堆运行过程中由于燃耗的加深，负荷的变化或平衡氙的变化导致堆芯反应性的变化，这时需要向冷却剂系统注入高浓度硼溶液或纯水以提高或稀释硼浓度，达到减小或增加堆芯反应性的目的(见图 8－17)。

现讨论系统中硼浓度的变化速率。设系统的硼浓度为 C_{B}，注入的高浓硼溶液的硼浓度为 C_{H}，注入速度为 w(取决于注射泵的容量)，为保持容积不变，在注入的同时必须从系统中抽取同样体积的冷却剂(浓度为 C_{B})，因而浓度变化为

$$\frac{\mathrm{d}C_{\mathrm{B}}}{\mathrm{d}t} = (C_{\mathrm{H}} - C_{\mathrm{B}})\,\frac{w}{V} \tag{8-35}$$

---

① 硼浓度是习惯名称，按国家标准的规定应为硼的质量分数。其单位为 μg/g 或 mg/kg。但在核电厂的运行中，习惯上常用 ppm 作为单位，1 ppm＝1 μg/g。

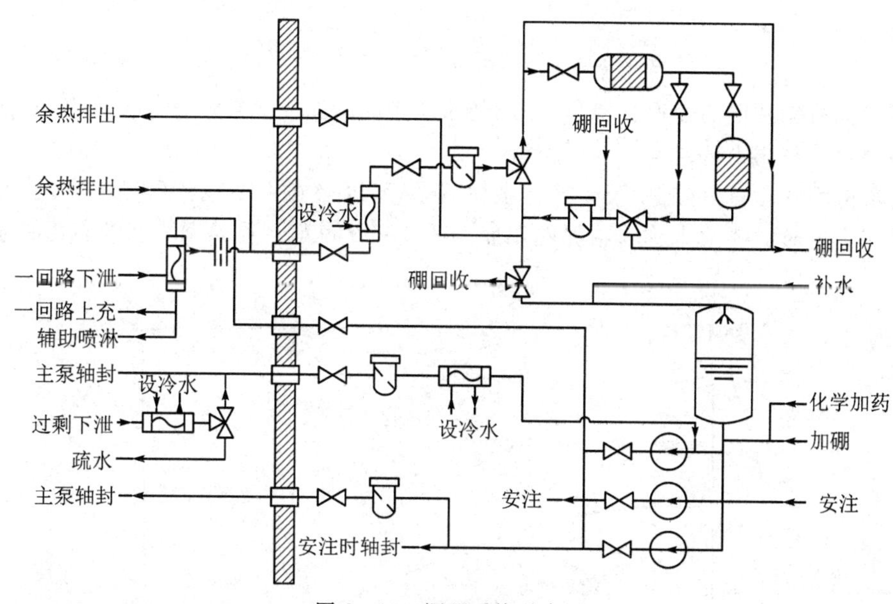

图 8-17　调硼系统示意图

当系统稀释时，$C_H=0$，因而有

$$\frac{dC_B}{dt}=-C_B\frac{w}{V} \tag{8-36}$$

硼浓度的变化率正比于冷却剂中硼的浓度。这样，在同样注入速率下，由于硼浓度在寿期末比寿期初要小得多，因此其变化率就要小得多。因而硼浓度同样降低 1 ppm 在寿期末比寿期初需要更大量的水（数倍乃至十余倍）来稀释，这限制了寿期末功率增长的速率。

现在观察加硼和稀释硼时反应性的变化，对于硼浓度的微小的变化，可以认为并不引起功率空间分布和中子能谱的显著变化，因此可以认为反应堆的增殖系数或反应性随硼浓度作线性变化

$$\rho=\rho_0+\alpha_H C_B \tag{8-37}$$

式中：α_H 为硼的微分反应性价值，上式对 t 微分有

$$\frac{d\rho}{dt}=\alpha_H\frac{dC_B}{dt}$$

注意到式(8-35)，有

$$\frac{d\rho}{dt}=\alpha_H(C_H-C_B)\frac{w}{V} \tag{8-38}$$

式(8-38)便是加硼或硼稀释（$C_H=0$）时所引入的反应性变化。由于硼溶液的注入和抽出的速率有限，因而所补偿反应性的速率也受到限制（一般最大为3×10^{-10}/s），所以化学补偿控制主要用于补偿反应性的缓慢变化，如燃耗、裂变产物的积累和慢化剂温度的变化等等。观察一个具体事例，一般硼的注入速率$\frac{w}{V}$为 10^{-3}/min。设寿期末硼浓度 $C_B=300$ ppm，硼的微分价值为 12×10^{-5}/ppm。因而由硼的稀释所引进的反应性速率约为 6×10^{-7}/s。假设运行中负荷以 1%/min 速率下降，反应性功率系数近似为 15×10^{-5}/%功率，则所需补偿反应性速率大约为

$$\left(\frac{d\rho}{dt}\right)=\left(\frac{d\rho}{dP}\right)\left(\frac{dP}{dt}\right)\approx 2.5\times 10^{-6}/s$$

超过了硼稀释所能补偿的速率。所以,一般初始功率的瞬变先靠控制棒结合来调节,而随后的反应性借助化学控制来补偿。

随着反应堆的运行,堆芯中反应性逐渐地减小,所以必须不断地降低硼浓度,使堆芯保持在临界状态。这时的硼浓度称为**临界硼浓度**。图 8-18 表示了临界硼浓度随燃耗深度变化的曲线。

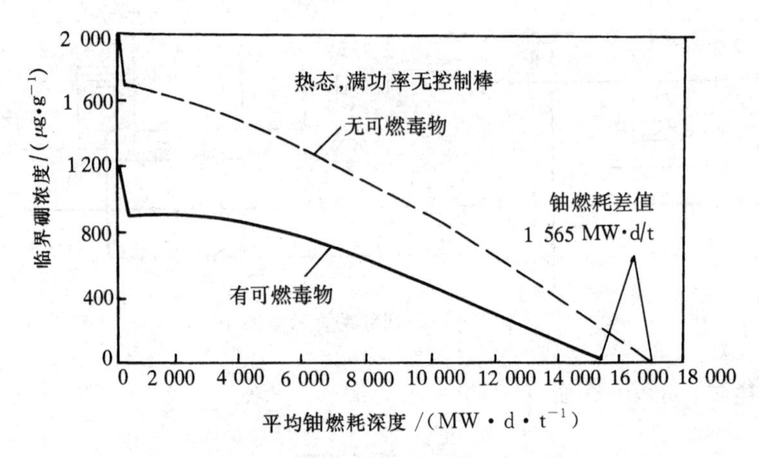

图 8-18 临界硼浓度随燃耗深度变化曲线

临界硼浓度随燃耗增加而逐渐减小,它对慢化剂温度系数的影响也逐渐减小,慢化剂的负温度系数的绝对值随燃耗深度增加而逐渐地增大。图 8-19 表示某压水反应堆慢化剂温度系数随燃耗深度变化曲线。从图上可知,慢化剂温度系数随燃耗深度变化规律与临界硼浓度随燃耗深度变化规律很相似。

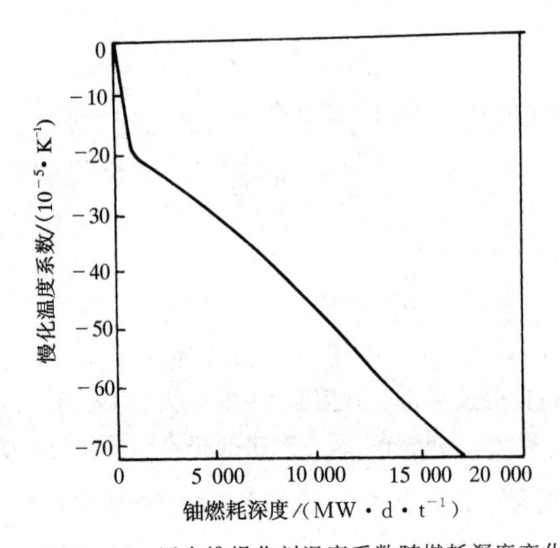

图 8-19 压水堆慢化剂温度系数随燃耗深度变化

8.6 其它堆型的反应性控制

前文主要介绍了压水堆的反应性控制方法。事实上,不同反应堆类型采用的反应性控制方式差别较大,这里仅简单介绍一些常见堆型的反应性控制方法。

8.6.1 快堆反应性控制

快中子反应堆(简称快堆)是利用高能中子引起链式裂变反应的堆型。为了保证堆芯内足够硬的中子能谱以增殖核燃料或者处理核废料,堆内没有类似于热中子反应堆内的慢化剂,因此也就无法使用硼酸等可溶性毒物来控制反应性,一般采取控制棒来控制反应性。

与传统的压水堆控制系统相比,快堆控制系统主要存在以下几个方面的不同。

(1)由于快中子反应堆具有核燃料转化与增殖能力,在整个寿期内反应性变化通常比较小,需要控制的剩余反应性比热中子堆要小,通常采用 B_4C 或者不锈钢作为吸收体材料。

(2)由于堆芯反应性仅依靠控制棒来控制,为了保证反应堆的安全性,必须设置两套独立的控制棒停堆系统,以保证冗余和安全。

(3)由于快中子平均自由程较热中子平均自由程长,快堆的控制棒通常设计为独立的控制组件,如图 8-20 所示。

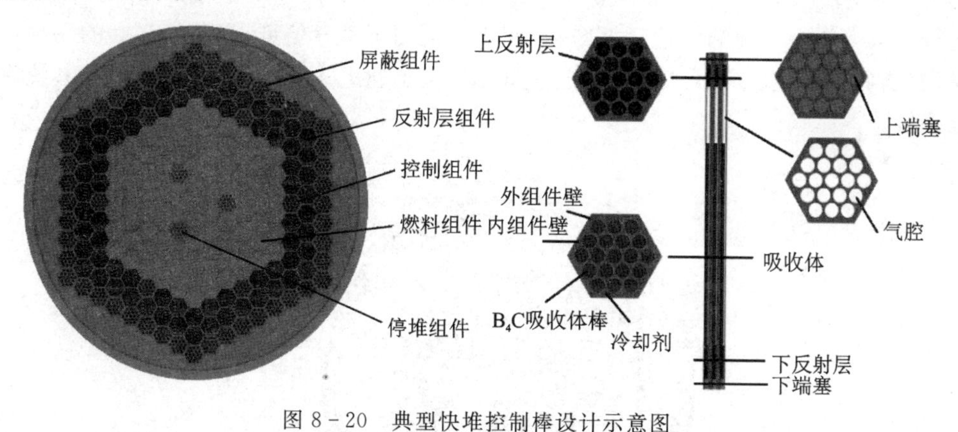

图 8-20 典型快堆控制棒设计示意图

8.6.2 CANDU 堆反应性控制

CANDU(CANada Deuterium Uranium)堆是一种采用重水作为冷却剂和慢化剂的热中子反应堆,最早由加拿大原子能公司(AECL)设计。由于重水具有较大的慢化比,CANDU 堆可以利用天然铀作为燃料,同时 CANDU 堆通常采用在线换料,所以堆芯剩余反应性也很小,反应性控制策略与传统压水堆相比也有较大的区别。

(1)由于 CANDU 堆通常采用水平布置的燃料通道,控制棒则采用垂直于水平通道的方向插入,如图 8-21 所示。

(2)对于重水冷却、重水慢化的 CANDU 堆,轻水也是一种中子吸收体(毒物)。因此堆内设计了轻水区域控制系统(Liquid Zone Control,LZC),用于提供短期总体和空间分布的反应性控制,构成反应堆功率调节系统的一个组成部分。

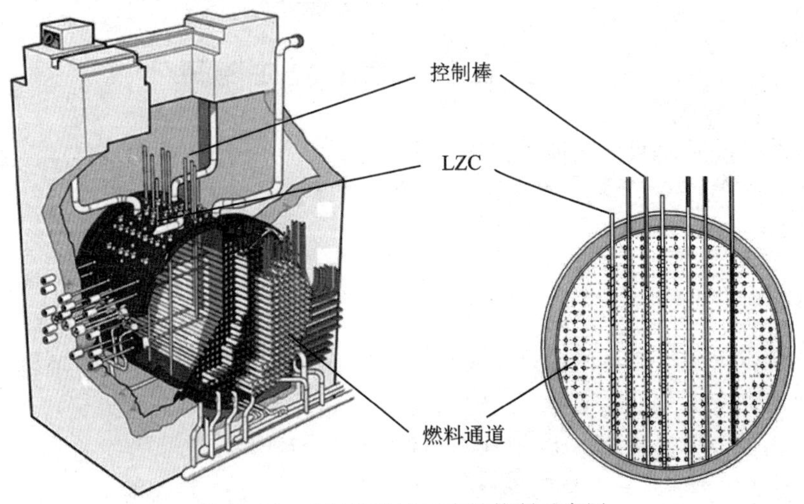

图 8-21　CANDU 堆反应性控制示意图

8.6.3　球床式高温气冷堆反应性控制

球床式高温气冷堆通常设置两套独立的反应性控制系统，包括控制棒系统和吸收球停堆系统，如图 8-22 所示。控制棒孔道位于球床燃料区的外围，用于反应堆启动、升降功率、正常功率运行调节等运行工况的反应性调节；控制棒系统用于紧急停堆，当价值最大的一根控制棒卡棒时，控制棒组可使反应堆从运行工况和事故工况迅速进入次临界；吸收球停堆系统作为辅助停堆手段。

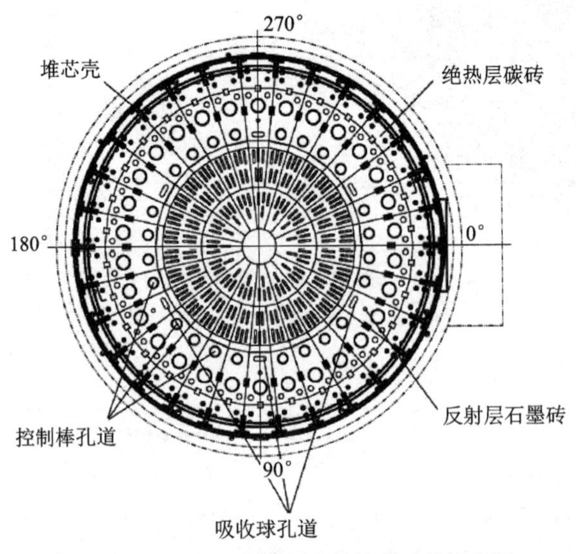

图 8-22　球床式高温气冷堆控制系统示意图

参 考 文 献

[1]　谢仲生.核反应堆物理分析(上册)[M].3 版.北京：原子能出版社，1994.

[2] 谢仲生,张少泓.核反应堆物理理论与计算方法[M].西安:西安交通大学出版社,2000.
[3] 拉马什.核反应堆理论导论[M].洪流,译.北京:原子能出版社,1977.
[4] 杜德斯塔特,汉密尔顿.核反应堆分析[M].吕应中,等译.北京:原子能出版社,1980:537-563.

习　题

1. 设有一反应堆温度系数为-4×10^{-5}/K,并等于常数。试求:
   (1)堆内平均温度从 323 K 升到 423 K 和从 523 K 降到 423 K 时,剩余反应性的变化值;
   (2)若堆内平均温度的变化率为 50 K/h,上述两种情况下的反应性变化率。
2. 设反应堆已掉入碘坑状态,为了较快地启动反应堆,即减小强迫停堆时间,试问堆内应维持怎样的温度为宜?
3. 在具有负温度系数自调节状态下,试问反应堆的功率在下列情况下如何变化?
   (1)堆芯的冷却剂流量下降;
   (2)蒸汽发生器二回路进口水的温度降低;
   (3)汽轮机冷凝器中的真空度下降;
   (4)蒸汽发生器的出口蒸汽压力下降。
4. 设有两座反应堆,其冷态初始剩余反应性相同。功率和燃耗速率(产生单位能量所减小的反应性)也相同。其中有一个堆的负温度系数的绝对值比较大,试问哪个反应堆的工作期较长?为什么?
5. 一个高中子通量密度反应堆,在额定功率运行时已完全耗尽了全部剩余反应性,试问它在停堆后是否还能再启动?为什么?若要再运行一段时间,要在什么条件下才允许?
6. 试述反应性控制的任务和方式,并比较各种反应性控制方式的特点。
7. 设核电厂初始运行工况为 50%额定功率,硼浓度 $C_B=875$ ppm,如果负荷以变化率 1%/min,提升至 100%额定功率,若保持控制棒不动,靠改变硼浓度来跟踪负荷变化,试计算硼的稀释率(设硼微分价值为-11 PCM/ppm)。
8. 设某低功率研究堆的控制棒表面的中子通量密度近似等于 $3\times10^{16}\ \mathrm{cm^{-2}\cdot s^{-1}}$,控制棒为重量比为 20%的硼不锈钢棒。试求经过多长时间棒表面的硼将燃耗掉 90%。
9. 设净水的注入速率$\frac{w}{V}$为 10^{-3}/min,临界硼浓度为 $C_B=150$ ppm,试比较硼稀释系统的反应性补偿能力与系统负荷变化要求反应性补偿的速率。设负荷以 2%/min 速率变化,功率系数为 12×10^{-5}/%功率。
10. 设控制棒的积分价值可由式(8-23)表示,试求出微分价值与插入深度的关系式及微分价值的平均值和最大值。

第 9 章

核反应堆动力学

核反应堆安全运行的基础在于成功地控制中子通量密度或反应堆功率在各种情况下随时间的变化。在第 7 章中,我们介绍了燃料同位素成分和裂变产物同位素成分随时间的变化以及它们对堆芯反应性的影响。由于这些量随时间的变化是很缓慢的,一般以小时或日为单位来度量,所以很容易加以控制,使反应堆维持在某一功率水平下运行。但是,除此之外,尚有一些其它因素,如反应堆启动、停堆或功率调节时控制棒的移动等,将使反应堆的有效增殖系数发生迅速的变化。此时反应堆将变成超临界或者次临界,而中子通量密度或反应堆功率将随时间急剧地变化。这种变化是很迅速的,一般以秒为单位来度量。了解这种中子通量密度或功率在反应堆显著偏离临界状态下的瞬态变化特性,对反应堆的控制和安全运行是极其重要的。不仅反应堆运行过程中的启动、停堆和功率调节等典型的操作过程涉及到上述瞬态过程,而且在设计核电厂时,对一些极低概率情况下可能发生的事故,例如,冷却剂管道的破裂,控制棒从堆芯中失控弹出等,进行事故分析时也都必须考虑偏离临界状态时中子通量密度或功率的瞬态特性。本章讨论由于有效增殖系数或反应性的迅速变化所引起的反应堆内中子数密度或中子通量密度随时间的瞬态变化特性。

9.1 中子动力学问题及其物理基础

由前面第 1 章和第 4 章有关内容的介绍可知,当反应堆显著偏离临界状态时,堆内的中子数密度或中子通量密度将无法维持恒定,会随时间快速变化。而这样的变化又会通过反应堆内在的物理机制引起反应堆总功率水平以及堆内功率分布和温度分布等的变化。由于温度等参数的变化会通过反应性温度效应引起堆芯反应性的变化,从而又影响堆内中子数密度和中子通量密度的变化。因此,要准确研究反应堆在显著偏离临界状态时的瞬态变化特性,就必须将堆内的链式裂变反应过程和各种内在的反馈机制综合起来加以考虑,即需要开展反应堆物理学和反应堆热工水力学相耦合的分析。显然,这样的分析是比较复杂的,已远远超出本教材的范畴。一般仅在开展反应堆瞬态或动态学研究时,需要开展这样的物理热工耦合分析,而本章重点介绍的核反应堆中子动力学一般特指在不考虑各种反应性反馈效应的前提下,对反应堆瞬态特性的研究。

9.1.1 缓发中子的重要作用

在第 1 章中曾指出,在重核发生核裂变反应时,占每次裂变中子产额不到 1%的中子是裂变碎片在衰变过程中释放出来的,因此这部分中子的释放和裂变瞬间相比有一定的延时,称为缓发中子。由于迄今我们所讨论的问题,要不重点关注反应堆中子的产生率和消失率之间是否平衡,如反应堆临界理论,要不所讨论的问题时间常数远大于缓发中子的平均寿命,如核燃料中同位素成分的变化,因此,我们都没有特别强调缓发中子和瞬发中子在时间常数上的差异。然而，由于反应堆中子动力学问题研究的是功率或中子通量密度在反应堆显著偏离临界时的瞬态时间特性(例如研究毫秒范围内的变化)，这时就必须考虑缓发中子的产生相对于裂变时刻有一定延迟的事实。接下来，我们将通过直观的数量演示来说明尽管缓发中子占总裂变中子的份额很小(对于^{235}U 裂变只占 0.65%)，但由于这些中子的缓发时间很长(可达数十秒)，因此它们对核反应堆的瞬态特性有着至关重要的影响。

在用直观的例子演示缓发中子对中子动力学问题的重要作用之前，让我们先来思考临界反应堆的情形。众所周知，在一个临界反应堆内，业已开始的链式裂变反应将以一个恒定的速率自持下去，或者从中子代循环的角度，临界反应堆内一代旧的中子在经历一个寿命循环后将产生相同数目的新一代中子。若考虑新的一代中子中一部分是瞬发中子，而另一部分是缓发中子，临界反应堆内中子的代际循环过程应如图 9-1 所示。

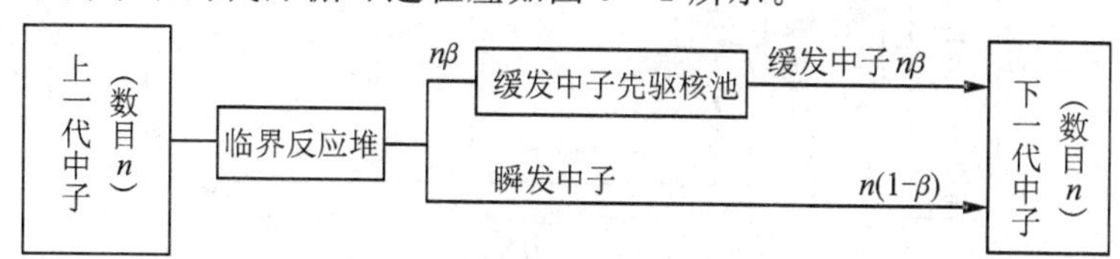

图 9-1　临界反应堆内中子的代际循环过程

值得指出的是，图 9-1 中虽然上一代中子诱发原子核裂变总共产生了 $n\beta$ 个缓发中子先驱核，但由于这些先驱核发生衰变会有一个延时，因此进入图中下一代中子的 $n\beta$ 个缓发中子是由早先进入缓发中子先驱核池的先驱核衰变形成的。这样一来，不但上下两代之间的中子数目保持守恒，反应堆内积累的缓发中子先驱核数目也始终保持恒定，图中所示的中子代际循环过程可以始终恒定地维持下去。

接下来考虑反应堆偏离临界时的情形，为了清晰地呈现这时反应堆内的物理图像，我们将用具体的数值来演示。为了演示的方便，不妨假设反应堆在有效增殖系数从 1 阶跃至 1.05 之前，反应堆内中子的总数为 2 000 个，缓发中子先驱核的总数为 1.3×10^6 个，反应堆的缓发中子份额 β 假设为 8%，则在有效增殖系数发生阶跃之后的很短时间内，反应堆内中子数目的变化情况可以很好地用图 9-2 来展示。

从图 9-2 的数值演示中可以看出，在反应性阶跃提升后，反应堆内的瞬发中子数和缓发中子先驱核数目即刻便开始增长，但由于缓发中子先驱核池中已积累的核数巨大，且其衰变存在着延时效应，因此缓发中子的产生数不会同步增长，其产生仍然暂时由当前时刻很多代之前产生的缓发中子先驱核数目决定。由于这样的缘故，从图 9-2 可看到，虽然在反应性阶跃提升后，随后的每一代瞬发中子寿命内反应堆内的中子数目都在增多，但每经历一代的中子净增加数却在减小。如经第一代增加 92 个，经第二代增加 89 个，经第三代增加 86 个，这些数字的变化，清晰地说明了图 9-2 所示的情况，在单纯依靠瞬发中子还不能维持每代中子数目平衡(即仅靠瞬发中子还不足以维持反应堆临界)的情况下，堆内数目增长迅速的瞬发中子不得不“等待”为数不多的瞬发中子产生出来，才能使链式裂变反应得以维持。也就是说，缓发中子起到了延缓反应堆内中子数目以及反应堆功率变化的作用。

从考虑和不考虑缓发中子两种情况下反应堆内中子平均寿命的差异，可进一步来直观地说明缓发中子的重要作用。

当不考虑缓发中子时，堆内中子的平均寿命 l 就等于瞬发中子的寿命，如果不考虑泄漏的

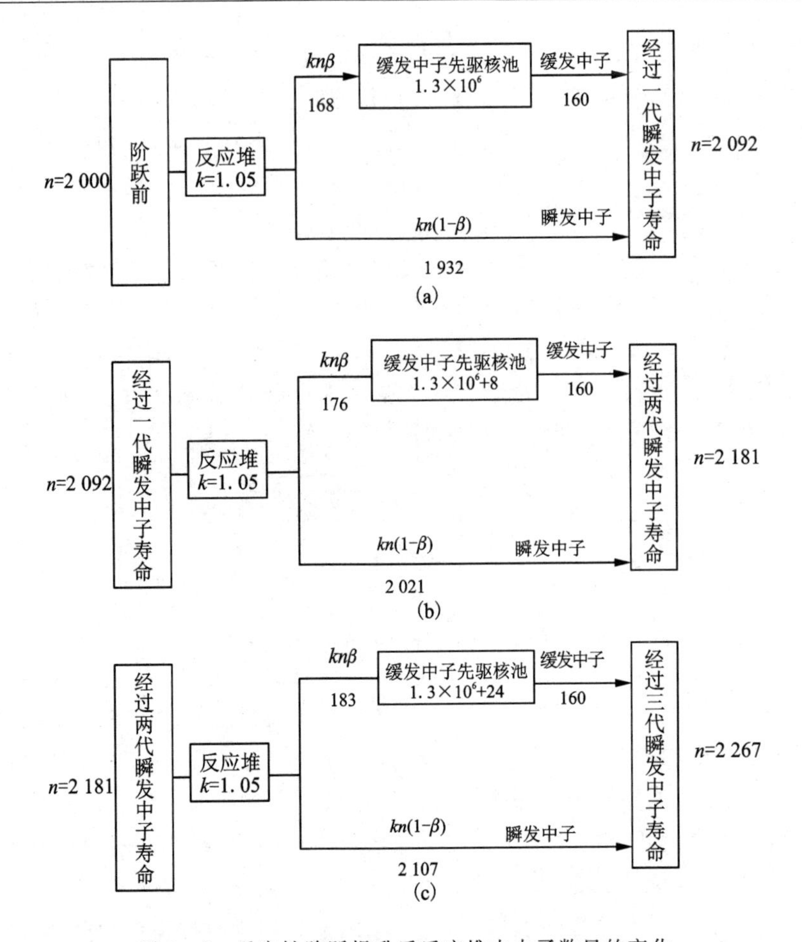

图 9-2　反应性阶跃提升后反应堆内中子数目的变化

影响，它便等于瞬发中子的慢化时间 t_s 和热中子扩散时间 t_d 之和，即 $l=t_s+t_d$，通常 $t_s \ll t_d$（对于水堆 $t_s \approx 10^{-6}$ s，$t_d \approx 10^{-4}$ s）。这是一个极短的时间，对于热中子堆 l 一般在 $10^{-3} \sim 10^{-4}$ s。而当考虑反应堆内除了有瞬发中子外，还存在缓发中子这一情况时，显然反应堆内中子的平均寿命 $\bar{l}$ 应当是两者的加权平均，即有

$$\bar{l} = (1-\beta)l + \sum_{i=1}^{6}\beta_i(t_i + l) = l + \sum_{i=1}^{6}\beta_i t_i \tag{9-1}$$

式中：l 为瞬发中子寿命；β_i 为第 i 组缓发中子的份额；$t_i + l$ 为第 i 组缓发中子的寿命，其中 t_i 是第 i 组缓发中子先驱核的平均寿命。利用表 1-6 中给出的数据可以求出压水堆的 $\bar{l}$ 值约为 0.1 s。它远大于相应的瞬发中子寿命 l（10^{-4} s）。

上述两种情况下中子平均寿命之间几个数量级的差别说明，在探讨反应堆在显著偏离临界条件下的瞬态特性时，绝不可以仅仅因为缓发中子仅占所有裂变中子很小的份额这一事实，而将其忽略，而是需要认识到缓发中子具有较长的缓发时间（可以长达几十秒），其寿命比起瞬发中子来要大得多，因而可显著延长反应堆内中子的平均寿命，从而滞缓瞬态下反应堆内中子数目或反应堆功率的变化。

事实上正是由于缓发中子的存在，才使得反应堆这一装置能够做到可控，人类也才有可能

实现核能的和平利用。这一点，可继续利用图 9-2 来说明。假设图 9-2 中反应堆的 $\beta=0$，其瞬发中子寿命为 10^{-4} s。则很容易推算，即使发生比图中小得多的反应性阶跃，如 k 从 1 跃升至 1.001，则在随后短短的 1 s 时间内，反应堆内的中子数或功率也将增长为原先的 2 万多倍，且不说这么巨大的功率增加在实际中反应堆早已烧毁，就算不烧毁，对这么快速的功率增长在实际工程上也不可能设计出相应的控制系统来实现反应堆的安全控制。

9.1.2　瞬态过程中子通量密度的时-空变化

在 4.1 节讨论反应堆临界理论时，曾以一维均匀平板反应堆为例，获得了在给定的边界条件和初始条件下反应堆内中子通量密度随时间和空间的变化规律(见式(4-16))。虽然由于当时关注的重点是反应堆内业已开始的链式裂变反应在什么样的条件下能够自续地进行下去，因此并未将反应堆内的中子区分为瞬发中子和缓发中子。但在 4.1 节针对最简单情况得出的规律，尤其是中子通量密度随时间和空间分布变化的总体规律，对理解真实反应堆在偏离临界时的瞬态特性也大有帮助。

从式(4-16)给出的一维均匀平板反应堆内与时间和空间相关的中子通量密度的解可知，当有效增殖系数不等于 1 时，一方面原本反应堆内稳定的基波中子通量密度分布将随时间呈指数规律变化；另一方面，原本在反应堆长时间临界状况下已衰减殆尽的各阶次谐波中子通量密度也将重新被激振起来，并随时间按各自与基波中子通量密度分布不同的指数规律变化。虽然由于谐波所对应的系统特征值，即式(4-16)中的 k_n，$n>1$，都要比基波本征值 k_1 小，因此，无论系统是超临界还是次临界，当扰动后的时间足够长之后，系统内都将呈现由基波占主导的空间分布规律，且空间每一位置处的中子通量密度都将基本按相同的指数规律随时间变化。但显然，在反应堆反应性阶跃变化后的一段时间内，各阶次谐波，尤其是衰减相对较慢的阶次比较低的谐波，必然会在总的中子通量密度分布中占有不少的份额，从而导致在这段时间内，反应堆内中子通量密度的空间分布形状显著偏离基波分布。相应地，在这段瞬变时间内，反应堆内不同位置处中子通量密度随时间变化的规律也将很难同步。

以上的变化规律虽然是基于一维均匀平板反应堆这一简化模型而总结出来的，但该物理规律对更复杂的反应堆也是适用的。当然一个真实反应堆在瞬态条件下其中子通量密度的时间-空间变化会比式(4-16)所给出的更为复杂。因为实际的反应堆往往是非均匀的，且引起反应堆反应性发生变化的扰动来源也往往是限于局部区域的，如反应堆内某个位置处控制棒的抽插等。再加上如前一小节所述，在研究中子动力学问题时，必须将瞬发中子和缓发中子分别加以考虑。而一旦将缓发中子和瞬发中子分别加以考虑，就势必又会引入缓发中子先驱核的空间分布和时间变化特性与中子通量密度的空间分布和时间变化特性不完全相同的效应。这样综合起来，一个真实反应堆在显著偏离临界时，尤其是在反应堆刚刚受到扰动后的一段较短时间内，反应堆内中子通量密度的变化将呈现出十分复杂的时间和空间耦合效应。要准确获得这样的变化规律，往往需建立描述瞬态条件下反应堆内中子通量密度时间-空间耦合变化规律的方程，并采用数值方法加以求解。

作为一个例子，图 9-3 给出了由数值计算方法获得的一个三区平板反应堆内在发生局部的反应性扰动后中子通量密度随时间-空间变化的规律。设在 $t=0$ 时刻之前，反应堆处于临界状态，堆内稳定的中子通量密度分布如图中曲线(a)所示，在 $t=0$ 时刻，Ⅰ区内阶跃地引入一正反应性 $\Delta\rho$(其数值相当于阶跃增加 9.5%)，使反应堆超临界；随后在 0.01 s 的时间内反应性线性地下降到$-\Delta\rho$。因此，瞬变开始后中子通量密度在活性区左侧迅速翘起，整个活性区内通量密度有显著的“倾斜”(见图 9-3 中曲线(b))。随后由于反应性下降，通量密度分布曲线向相反方向倾斜(见图 9-3 中曲线(e))。

注意图中给出的时间都是以毫秒为单位的。从该例子可看出，在反应堆由于受到局部的扰动而导致其显著偏离临界时，反应堆内的中子通量密度不但其幅值可以有很快的变化，其空间分布形状也可以发生快速而显著的变化。

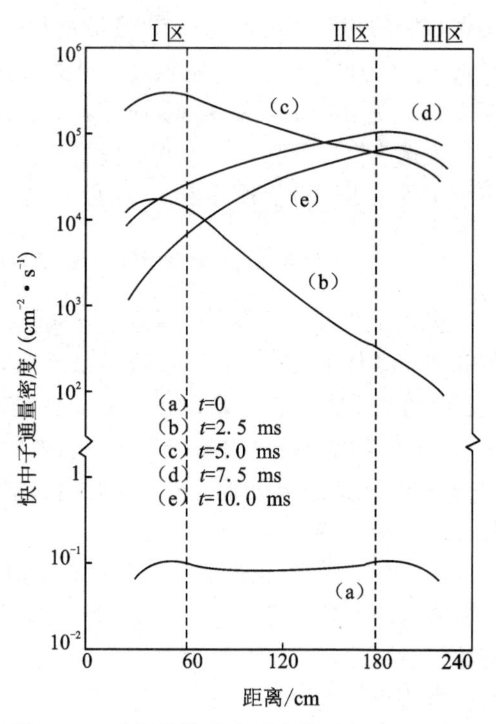

图 9-3　平板状堆芯当反应性局部阶跃变化时快中子通量密度空间分布的计算结果

9.2　反应堆中子动力学方程

9.2.1　反应堆时-空中子动力学方程组

要获得前一小节所指出的反应堆在显著偏离临界状态时，反应堆内中子通量密度复杂的随时间-空间变化的规律，首先需建立起此时中子通量密度所需满足的方程。回顾 5.1.1 节与能量相关的中子扩散方程的建立过程，以及 5.1.2 节所引入的分群近似，不难写出描述瞬态情况下反应堆内中子运动规律的多群中子扩散方程具有如下的形式：

$$\frac{1}{v_g}\frac{\partial\phi_g}{\partial t}=\nabla D_g\nabla\phi_g-\Sigma_{t,g}\phi_g+\sum_{g'=1}^{G}\Sigma_{g'\to g}\phi_{g'}+\chi_g\sum_{g'=1}^{G}\nu\Sigma_{f,g'}\phi_{g'}\qquad(9-2)$$

这里除了新引入符号 v_g 用于表示第 g 群中子的平均速率外，其余符号均表示其通常的含义。为了表达简便起见，已略去了方程中出现的群常数和多群中子通量密度的时间和空间变量。

考虑到前一小节所指出的缓发中子对研究反应堆中子动力学问题的重要性，必须在上述方程中将缓发中子和瞬发中子加以区分。同时再考虑到每组缓发中子的产生，其时间特性或者说缓发时间各不相同，因此，还必须在方程中体现每组缓发中子各自不同的效应。由于缓发中子是由其先驱核在衰变过程中释放出来的，设 $C_i(\boldsymbol{r},t)$是 t 时刻单位时间内空间 $\boldsymbol{r}$ 处单位体积内的第 i 组缓发中子先驱核的浓度，λ_i 是该组的衰变常数，则在空间 $\boldsymbol{r}$ 处 t 时刻每秒、每单位体积内有 $\lambda_i C_i(\boldsymbol{r},t)$个原子核衰变。由于每一个先驱核衰变时放出一个中子，因而 $\lambda_i C_i(\boldsymbol{r},t)$就等于在空间 $\boldsymbol{r}$ 处 t 时刻每秒、每单位体积内由第 i 组缓发中子先驱核所产生的缓发中子源强，假设用$\chi_{i,g}$代表这些缓发中子落在第 g 能群间隔内的份额，则容易理解，$\sum_{i=1}^{I}\chi_{i,g}\lambda_i C_i(\boldsymbol{r},t)$ 就是落在相空间内总的缓发中子源强，其中 I 代表缓发中子总的分组数目。考虑到方程(9-2)中最右端求和项给出的是裂变中子(瞬发中子和缓发中子)总的源强，因此其中瞬发中子将占到$(1-\beta)$的份额，其中 β 为 I 组缓发中子的总份额。将上述瞬发中子源强和缓发中子源强分别代入方程(9-2)，就可以得到多群近似条件下描述瞬态过程中子通量密度变化规律的方程

如下

$$\frac{1}{v_g}\frac{\partial \phi_g}{\partial t} = \nabla D_g \nabla \phi_g - \Sigma_{t,g}\phi_g + \sum_{g'=1}^{G}\Sigma_{g'\to g}\phi_{g'} + \chi_g(1-\beta)\sum_{g'=1}^{G}\nu\Sigma_{f,g'}\phi_{g'} + \sum_{i=1}^{I}\chi_{i,g}\lambda_i C_i$$

$$g = 1,2,\cdots,G \tag{9-3}$$

显然,仅有上述方程组是无法解出其中未知的中子通量密度函数的,因为方程组中出现了新的未知函数 C_i,即缓发中子先驱核浓度函数。为了构造封闭的方程组系统,必须再补充用于反应瞬态过程 C_i 变化规律的方程。

和第 7 章中有关裂变产物核素燃耗方程的建立相类似,空间 $\boldsymbol{r}$ 处单位体积内 t 时刻单位时间间隔内第 i 组缓发中子先驱核浓度的变化率应等于其产生率和消失率的差。虽然要通过对核裂变过程的显式模拟来追踪缓发中子先驱核的产生过程十分困难,但我们知道,$\beta_i\sum_{g'=1}^{G}\nu\Sigma_{f,g'}\phi_{g'}$ 可表示在空间 $\boldsymbol{r}$ 处单位体积内 t 时刻单位时间间隔内由所有能群的中子诱发原子核裂变将产生的第 i 组缓发中子的数目(虽然这些中子并不在 t 时刻单位时间间隔内产生,而是在随后的缓发中子先驱核衰变过程才产生),且每一个先驱核衰变只释放出一个中子。因此,$\beta_i\sum_{g'=1}^{G}\nu\Sigma_{f,g'}\phi_{g'}$ 在数值上就完全等同于 $\boldsymbol{r}$ 处 t 时刻缓发中子先驱核的产生率。另外,缓发中子先驱核通过原子核衰变而消失,因此,其消失率就等于其衰变率,即 $\lambda_i C_i$。这样一来,对绝大多数缓发中子先驱核不会在反应堆内流动的反应堆而言(即核燃料呈可流动的溶液或高温熔融物状态以外的反应堆)用于描述其缓发中子先驱核浓度变化规律的方程为

$$\frac{\partial C_i}{\partial t} = \beta_i\sum_{g=1}^{G}\nu\Sigma_{f,g'}\phi_{g'} - \lambda_i C_i,\quad i = 1,2,\cdots,I \tag{9-4}$$

这样,方程组(9-3)和(9-4)就构成了完整的用于描述反应堆偏离临界条件下,反应堆内中子通量密度变化规律的联立方程组。该方程组通常被称为反应堆时-空中子动力学方程组。

反应堆时-空中子动力学方程组是一个比第 5 章中给出的稳态多群中子扩散方程更为复杂的含时多维偏微分方程,其求解一般只能依靠数值计算方法才能完成。当前,随着反应堆工程上对反应堆安全性和运行经济性的不断追求,以及计算机性能和计算方法的发展,反应堆时-空中子动力学方程组,甚至是考虑各种反应性反馈效应的反应堆物理/热工耦合分析问题,都越来越多地被求解。但鉴于相关内容已超出本教材的定位范畴,这里不对具体的数值方法加以介绍,有兴趣的读者可参考相关文献。

9.2.2　点堆近似和点堆中子动力学方程组

如前一小节所述,通过数值求解反应堆时-空中子动力学方程组可以获得反应堆在偏离临界时,反应堆内中子通量密度复杂的随时间和空间耦合变化的规律,进而也获得对反应堆安全十分重要的反应堆总功率和功率密度(或体积释热率)空间分布随时间变化的关系,然而由于反应堆时-空中子动力学方程组的求解相当复杂且计算开销巨大,因此,其真正在反应堆工程上获得应用的时间还不长。在过去相当长的时间里,人们对反应堆瞬态问题的研究和分析,主要都依靠对前一小节时-空中子动力学方程组作了大幅度简化的所谓“点堆”模型。本节将重点对点堆中子动力学方程组的建立过程加以简介,并指出点堆模型背后所引入的近似和假设。

点堆中子动力学方程组是从单群形式的中子时-空动力学方程组出发,再通过引入其它的近似而导出的。为了完整演示该方程组的建立过程,首先根据方程组(9-3)和(9-4)给出的

多群中子时-空动力学方程组，写出如下单群形式的方程组

$$\frac{1}{v}\frac{\partial \phi}{\partial t}=\nabla \cdot D\nabla \phi-\Sigma_{a}\phi+(1-\beta)\nu\Sigma_{f}\phi+\sum_{i=1}^{I}\lambda_{i}C_{i} \tag{9-5}$$

$$\frac{\partial C_{i}}{\partial t}=\beta_{i}\Sigma_{f}\phi-\lambda_{i}C_{i},\ i=1,2,\cdots,I \tag{9-6}$$

接下来，假定上述方程组中原本同时是空间位置变量 $\boldsymbol{r}$ 和时间变量 t 函数的中子通量密度 $\phi(\boldsymbol{r},t)$ 和缓发中子先驱核浓度 $C_i(\boldsymbol{r},t)$ 可以写成如下可分离变量的形式

$$\phi(\boldsymbol{r},t)=n(\boldsymbol{r},t)\cdot v=n(t)\varphi(\boldsymbol{r})\cdot v \tag{9-7}$$

$$C_{i}(\boldsymbol{r},t)=C_{i}(t)g_{i}(\boldsymbol{r}) \tag{9-8}$$

即反应堆内的中子数密度函数 $n(\boldsymbol{r},t)$ 和缓发中子先驱核浓度 $C_i(\boldsymbol{r},t)$ 可以用只与空间位置变量 $\boldsymbol{r}$ 相关的空间形状函数 $\varphi(\boldsymbol{r})$ 和 $g_i(\boldsymbol{r})$ 与只与时间变量 t 相关的幅度函数 $n(t)$ 和 $C_i(t)$ 的乘积来表示。

接下来，为了使方程(9-5)等号右端的中子泄漏项得到简便的处理，需利用第4章针对均匀反应堆所导出的一个重要结论，即一个临界反应堆内中子通量密度的空间分布满足以系统几何曲率为特征值的波动方程，即式(4-18)

$$\nabla^{2}\varphi(\boldsymbol{r})+B_{g}^{2}\varphi(\boldsymbol{r})=0 \tag{9-9}$$

如果假设整个瞬态过程反应堆偏离临界状态不远，则作为一个近似，可认为式(9-7)中的空间形状函数 $\varphi(\boldsymbol{r})$ 同样满足上述波动方程。这样，对于一个均匀反应堆系统而言，就有

$$\nabla \cdot D\nabla \phi=D\nabla^{2}\phi=-DB_{g}^{2}\phi \tag{9-10}$$

将式(9-7)、(9-8)和(9-10)代入方程(9-5)中，就可得到

$$\frac{\mathrm{d}n}{\mathrm{d}t}=[(1-\beta)k_{\infty}-1-L^{2}B^{2}]\Sigma_{a}vn(t)+\sum_{i=1}^{I}\lambda_{i}\frac{g_{i}(\boldsymbol{r})}{\varphi(\boldsymbol{r})}C_{i}(t) \tag{9-11}$$

若再假设缓发中子先驱核浓度具有与中子通量密度相同的空间分布形状，即 $g_i(\boldsymbol{r})/\varphi(\boldsymbol{r})=1$，则经过和4.1.1节求解中子扩散方程时相似的整理过程，方程(9-11)便可写成

$$\frac{\mathrm{d}n}{\mathrm{d}t}=\frac{k_{\mathrm{eff}}(1-\beta)-1}{l}n(t)+\sum_{i=1}^{I}\lambda_{i}C_{i}(t) \tag{9-12}$$

式中：k_{eff} 和 l 分别为4.1.1节中定义的有效增殖系数和考虑泄漏后的中子寿命。类似地，把式(9-7)和式(9-8)代入方程(9-6)，可以得到

$$\frac{\mathrm{d}C_{i}}{\mathrm{d}t}=\beta_{i}\frac{k_{\mathrm{eff}}}{l}n(t)-\lambda_{i}C_{i}(t),\ i=1,2,\cdots,I \tag{9-13}$$

方程(9-12)和(9-13)构成了一个封闭的常微分方程组，该方程组给出了在前面所引入的一系列近似条件下，反应堆内中子数或任何与中子数成比例的物理量在反应堆偏离临界时，随时间变化的规律。由于该方程组中不再出现任何和空间位置相关的物理量，从形式上反应堆被简化成了一个没有空间尺度的点，因此，该方程组被称为“点堆”中子动力学方程组，相应的近似模型被称为“点堆”模型。

若引入中子代时间 Λ 的概念，即

$$\Lambda=l/k_{\mathrm{eff}} \tag{9-14}$$

则上述点堆中子动力学方程组可改写成如下另一种常见的形式

$$\frac{\mathrm{d}n(t)}{\mathrm{d}t}=\frac{\rho(t)-\beta}{\Lambda}n(t)+\sum_{i=1}^{I}\lambda_{i}C_{i}(t) \tag{9-15}$$

$$\frac{\mathrm{d}C_i(t)}{\mathrm{d}t}=\frac{\beta_i}{\Lambda}n(t)-\lambda_iC_i(t),\ i=1,2,\cdots,I \tag{9-16}$$

实际上,从堆内中子和缓发中子先驱核产生和消亡之间的平衡关系也可以直接导出方程(9-12)和(9-13)。若在式(9-7)和式(9-8)两端同时对反应堆芯部体积积分。可以看到,$n(t)$和$C_i(t)$正比于t时刻堆芯内的总中子通量密度和总的先驱核数。由中子寿命l的定义,n/l就是堆内中子的总消失率,由反应堆有效增殖系数k_{eff}的定义可知$k_{\mathrm{eff}}n/l$就是反应堆内中子总的产生率,相应的瞬发中子的产生率为$(1-\beta)k_{\mathrm{eff}}n/l$,而缓发中子的产生率为$\sum_{i=1}^{I}\lambda_iC_i(t)$,因此,反应堆内中子数目随时间的变化率应为瞬发中子和缓发中子产生率之和与中子消失率的差值,即

$$\frac{\mathrm{d}n}{\mathrm{d}t}=(1-\beta)k_{\mathrm{eff}}\frac{n}{l}+\sum_{i=1}^{I}\lambda_iC_i-\frac{n}{l} \tag{9-17}$$

上式稍作简化就可以得到方程(9-12)的形式。和常见的式(9-12)的方程形式相比,上式虽说不够简练,但方程中的每一项都具有非常明确的物理含义,是更适合初学者学习、记忆的方程形式。

有了上述的基础,就不难应用类似的物理量来直接表示缓发中子先驱核的产生率和消失率,并获得式(9-13)的平衡关系。

由于求解反应堆时-空中子动力学方程组的难度要远大于求解反应堆点堆中子动力学方程组的难度,且从计算开销来说,和求解时-空中子动力学问题高维偏微分方程组高昂的计算代价相比,求解点堆中子动力学问题一组常微分方程组的计算代价几乎可以忽略不计,因此,从实际应用的角度,点堆模型始终具有其独特的吸引力。早期由于高性能计算资源不但昂贵且稀缺,点堆模型几乎是开展反应堆和核电厂瞬态分析和事故安全分析唯一可用的堆芯物理模型;即使在高性能计算资源已可大量廉价获得的今天,点堆模型仍然在核反应堆工程中有不少的应用。从前面点堆中子动力学方程的建立过程已经可以看出,点堆模型是不严格的,它是在引入一系列近似和假设条件下才获得的。因此,在应用点堆模型或分析理解由点堆模型给出的计算结果前,必须对该模型的适用范围或局限性有清晰的认识。以下将简要回顾该模型导出过程所引入的近似和假设,并讨论这些近似和假设背后真正的物理含义。

除单群近似外,前面给出的点堆中子动力学方程组建立过程主要包含下列假设:

(1)反应堆内中子数密度和缓发中子先驱核浓度在反应堆偏离临界时,其随空间和时间的变化规律相互独立,即可变量分离;

(2)在由某种扰动使反应堆偏离临界后,反应堆内中子通量密度的空间分布形状依然维持原临界时的基波特征函数不变;

(3)反应堆是均匀的;

(4)在瞬态过程中子数密度和缓发中子先驱核浓度始终具有相同的空间分布形状。

回顾9.1.2节有关反应堆瞬态过程中子通量密度时-空变化规律的介绍,不难理解,对一个实际反应堆而言,上述假设都不是严格成立的。例如,当反应堆偏离临界时,即使诱发这种偏离的外加扰动是均匀的,如由于慢化剂中可溶硼浓度的变化而导致的反应堆反应性变化,反应堆内也会由于各阶次谐波中子通量密度函数的激发,使得中子通量密度的空间分布偏离临界时的基波函数分布,且在一段时间内在空间不同位置上呈现出不同的随时间变化的规律,即

时-空不可分离。那么点堆模型是不是完全不可用?

实际上,我们也知道,无论是在超临界还是次临界情况下,由于构成中子通量密度的基波分量和谐波分量具有不同的时间常数,因此在扰动后的一段时间之后,基波分量就会在中子通量密度函数中占绝对的主导地位,此时,前述的时-空可分离的假设就变成和实际情况相当接近的一个假设。如果说外加的扰动不大或者扰动是均匀的,则此时的中子通量密度空间分布形状也不会和扰动前临界反应堆内的中子通量密度分布形状存在显著差异,即前面的第(2)条假设也变成可接受的了。最后,有关上述第(4)条假设,显然该假设所描述的状态,在一个长时间处于稳定状态的反应堆系统内是严格满足的,但在反应堆受到扰动后,则需要经过一段时间后,才会重新达到比较接近该假设的状态。总之,通过以上的分析可以看到,点堆模型只是真实反应堆内瞬态情况下中子通量密度变化规律的一个近似模型,应当说对均匀反应堆由较小的扰动所引起的瞬态,尤其是中子通量密度函数中由扰动激发的谐波分量的影响已基本结束的时间点之后,点堆模型是适用的,由其给出的时-空可分离的中子通量密度变化规律与实际情况是比较符合的,但对那些由反应堆内局部位置强烈的扰动所引起的瞬态(如压水堆中原本插入堆芯的一组控制棒突然从堆内弹出),尤其是瞬态开始后在谐波分量等的影响还不可忽略的一段快速的瞬变时间内,点堆模型是不适用的,此时,应用点堆模型所得的解会和真实情况存在显著的差异。

9.3 阶跃扰动时点堆模型动态方程的解

下面讨论,在临界状态下的反应堆,其有效增殖系数或反应性发生阶跃变化时,中子密度或功率水平随时间的变化。令 $t=0$ 以前的$\rho=0$,而在 $t=0$ 时引入一 ρ 为常数的反应性(见图 9-4)。若 ρ 为正时,反应堆引入正反应性,反应堆超临界;若 ρ 为负时,反应堆引入负反应性,反应堆是次临界的。在运行过程中,反应堆的提升功率、降低功率和停堆过程分别对应于反应堆引入正和负反应性的操作。

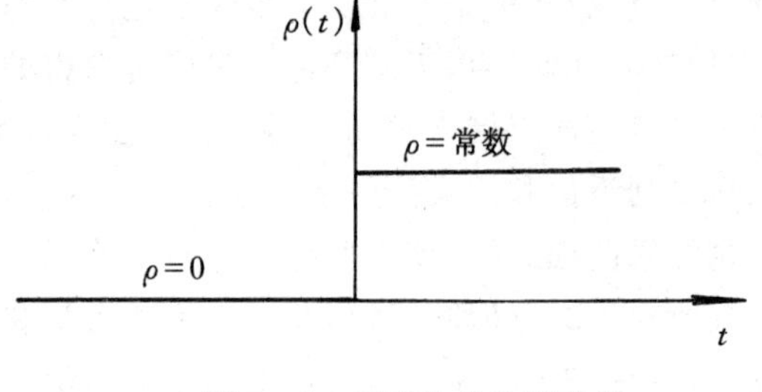

图 9-4 反应性的阶跃变化

在不考虑反馈效应,ρ 为常数的情况下,方程(9-15)和(9-16)是一个一阶线性常系数微分方程组,它可以用尝试函数法求解,即假定其解的形式为

$$n(t) = A\mathrm{e}^{\omega t} \tag{9-18}$$

和

$$C_i(t) = C_i\mathrm{e}^{\omega t} \tag{9-19}$$

式中:A、C_i 和 ω 是待定常数。

将式(9-18)和式(9-19)代入方程式(9-15)和式(9-16),先由式(9-16)对 C_i 求解,得到

$$C_i = \frac{\beta_i}{\Lambda(\omega+\lambda_i)}A \tag{9-20}$$

将式(9-18)和式(9-19)代入方程(9-15),并利用上式消去常数 A,整理后得到

$$\rho = \Lambda\omega + \sum_{i=1}^{I}\frac{\omega\beta_i}{\omega+\lambda_i} \tag{9-21}$$

由于 $\Lambda = l/k, k=1/(1-\rho)$,式(9-21)亦可写成

$$\rho = \frac{l\omega}{1+l\omega} + \frac{1}{1+l\omega}\sum_{i=1}^{I}\frac{\beta_i\omega}{\omega+\lambda_i} \tag{9-22}$$

方程(9-21)或(9-22)是一个特征方程,它表征参数 ω 和反应堆特性参数 ρ、l、,k、β_i 和 λ_i 之间的关系,这个方程称为**反应性方程**。可以看出,它是一个关于 ω 的 $I+1$ 次代数方程,在给定的反应堆特性参数下,由它可确定出 $I+1$ 个可能的 ω 值。

对任何 $I>1$ 的情形,要由上述反应性方程直接解析求解出方程所有的根是很困难的,但是应用图解法研究反应性方程的根的分布却是非常方便的。图 9-5 是在六组缓发中子情况下($I=6$),将式(9-22)右端作为 ω 的函数而绘出的以(ω,ρ)为坐标的曲线图形。可以看出,当 $\omega=0$ 时,右端等于零,随着 ω 的正值的逐渐增加,右端单调地增大并趋近于 1。但是,当 ω 为负值时,对于 6 个 $\omega=-\lambda_i$ 以及 $\omega=-1/l$ 处,$\rho\to\infty$,右端有奇点。此外,在 $\omega\to-\infty$ 的情况下,右端趋近于 1。

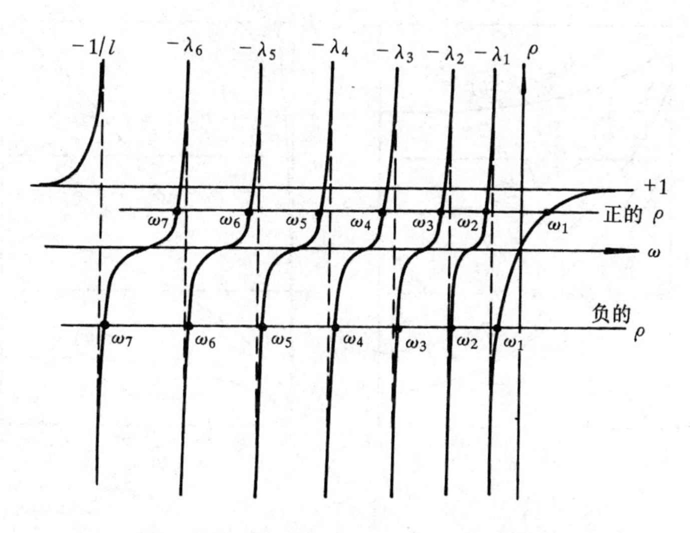

图 9-5　用图解法确定反应性方程的根

在有反应性阶跃引入时,式(9-22)的根由 $\rho=\Delta\rho$ 的水平线与曲线的交点给出。如图所示:当 $\Delta\rho$ 为正时,有 6 个负根和 1 个正根;当 $\Delta\rho$ 为负时,7 个都是负根。在反应堆阶跃变化的情况下,方程组(9-15)和(9-16)是线性的,所以问题的一般解将由 ω 的所有 7 个根所形成解的线性组合给出,即

$$n(t) = n_0(A_1 e^{\omega_1 t} + A_2 e^{\omega_2 t} + \cdots + A_7 e^{\omega_7 t}) = n_0\sum_{j=1}^{7}A_j e^{\omega_j t} \tag{9-23}$$

式中:n_0 是常数,它是 $t=0$ 时刻的中子密度;$\omega_1,\omega_2,\cdots,\omega_7$ 是反应性方程的 7 个根;$A_1,A_2,\cdots,A_7$ 为待定的常数。

同样,第 i 组先驱核的浓度也可写成

$$C_i(t) = C_i(0)\sum_{j=1}^{7}C_{ij}e^{\omega_j t} \tag{9-24}$$

式中：$C_i(0)$是 $t=0$ 时第 i 组先驱核的浓度；C_{ij} 为待定常数。

在反应性阶跃扰动情况下，式(9-23)和式(9-24)中的待定常数 A_j 和 C_{ij} 都可通过解析方法确定。

图 9-6 表示反应性正的和负的阶跃变化时的中子密度随时间变化的曲线。从这些曲线上可以看到，在临界反应堆中引入阶跃反应性扰动后，中子密度开始时迅速变化，其变化比较复杂，但经过一小段时间后，开始以一稳定的速度较缓慢地变化。这是因为当引入 $\rho_0>0$ 的扰动时，方程(9-23)中只有 ω_1 是正的，亦即只有第一项是指数增加项，其余 6 个 ω_j 均为负值(且多数$|\omega_j|>\omega_1$)，因而其所对应的方程(9-23)中其余 6 项都是指数衰减项(瞬变项)。因此这些项在开始时对中子密度有短暂的影响，经过一段很短的时间后，这些瞬变项便先后衰减趋于消失。最后只剩下唯一的第一项指数，这时中子密度将按稳定周期$\left(T_1=\dfrac{1}{\omega_1}\right)$增长。对于 $\rho_0<0$的负反应性扰动，所有的 ω 均为负值，7 项都是指数衰减项，但$|\omega_1|<|\omega_2|<\cdots<|\omega_7|$，各项衰减的速度不同，经过一段时间后，衰减较快的后 6 项(瞬态项)先后趋于消失，最后只剩下衰减最慢的第一项，这时中子密度将按$T_1=1/|\omega_1|$的渐近周期指数衰减。

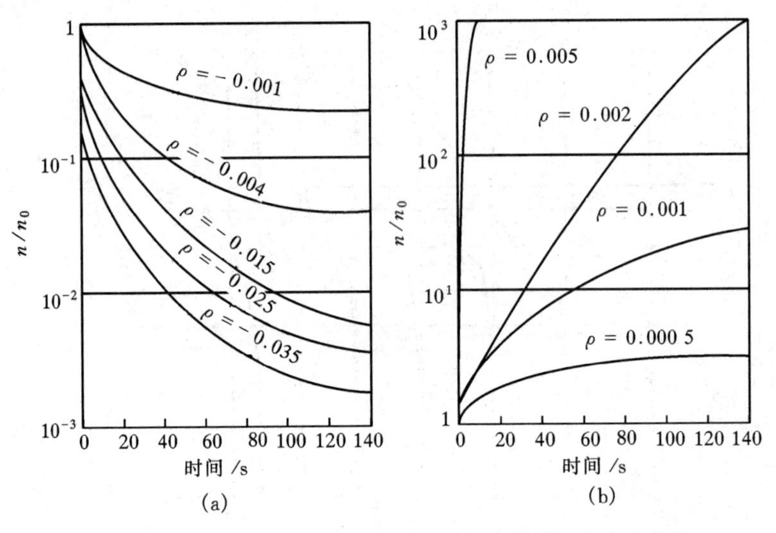

图 9-6　阶跃扰动下相对中子密度水平随时间变化的曲线

9.4　反应堆周期

9.4.1　反应堆周期

从前面一节讨论中知道，在引入反应性的阶跃变化后，中子密度立即发生变化(增长或衰减)。当引入 ρ 为正值时，反应性方程有唯一正根 ω_1。式(9-23)中除第一项外，其余的 ω_j 均为负值，对应指数项都是随时间而衰减的，因而经过一个很短时间后反应堆内的中子密度便按照第一个指数给出的规律变化，随时间增长。另外，当引入 ρ 为负值时，ω 所有的根都是负的，从而所有指数项都是随时间衰减的。但是，第一个指数项比其它各指数项衰减得慢($|\omega_1|<|\omega_2|<\cdots<|\omega_7|$)，因而中子密度最终仍由式(9-23)中第一项起主要作用。

这样，不论引入 ρ 是正的还是负的，中子密度都将发生变化，但经过一段时间各瞬变项消失后其时间特性最终都表现为

$$n(t) \sim e^{\omega_1 t} \tag{9-25}$$

或

$$n(t) \sim e^{t/T} \tag{9-26}$$

通常将中子数密度按指数规律变化 e 倍所需的时间称为反应堆周期，记作 T，由下式确定

$$T = \frac{1}{\omega_1} \tag{9-27}$$

当引入反应性为正时，T 为正值，表示中子数密度随时间按指数增长，当引入负反应性时，反应堆周期 T 为负值，表示中子数密度随时间而衰减。式(9－27)定义的周期通常称为反应堆的**稳定周期**或**渐近周期**(简称**反应堆周期**)，因为它是当各瞬变项作用衰减以后的反应堆周期。参数 $1/\omega_2, 1/\omega_3, \cdots$ 有时叫作瞬变周期，但它并不具有与反应堆周期 $1/\omega_1$ 同样的物理意义。

可以看出，反应堆周期是一个动态参量，当反应堆的功率水平不变(临界)时，周期为无穷大，只有当功率水平变化时，周期才是一个可测量的有限值。

显然，反应堆周期的正负和大小直接反映堆内中子增减变化速率，所以在反应堆运行中，特别是在启动或功率提升过程中，必须对反应堆周期加以监测。为避免由于意外的反应性引入而导致短周期事故，反应堆上一般还装有短周期保护系统。当因操作失误或控制失灵而出现短周期时，保护系统会自动动作，闭锁控制棒提升，甚至直接触发保护停堆。

值得指出的是，周期表对反应堆周期的监测预演是用周期的另一种定义方式来实现的。根据式(9－25)给出的中子数密度稳定增长的规律，不难导出

$$\omega_1 = \frac{1}{n(t)} \frac{dn(t)}{dt} \tag{9-28}$$

或

$$T = \frac{n(t)}{\frac{dn(t)}{dt}} \tag{9-29}$$

即周期为中子数密度相对其自身变化率的倒数。在实际工程上，由于有核测量仪表可以连续地给出 $n(t)$ 的数值，因此，方程(9－28)右端的数值可以从连续的测量信号中轻易地获得，从而实现对瞬态过程反应堆周期的连续监测。

另外，还值得一提的是，在实际工程上，为方便起见，常常使用“倍周期”或“倍增周期”这个物理量，它的定义是堆内中子通量密度增长一倍所需的时间，常用 T_d 或 T_2 表示。按照倍增周期的定义有

$$n(T_d)/n_0 = \exp(T_d/T) = 2$$

所以倍增周期 T_d 和周期 T 之间有如下简单的换算关系

$$T_d = T\ln 2 = 0.693T \tag{9-30}$$

9.4.2　不同反应性引入时反应堆的响应特性

下面我们研究几种不同的反应性 ρ_0 引入的情况下反应堆的响应特性。

(1)当引入的反应性很小($\rho_0 \ll \beta$)时，从图 9－5 可以看出 ω_1 很小

$$\omega_1 \ll \lambda_1 < \lambda_2 < \cdots < l^{-1} \tag{9-31}$$

因此由式(9-22)可得

$$\rho_0 \approx \omega_1 l + \omega_1 \sum_{i=1}^{6} \beta_i / \lambda_i \tag{9-32}$$

于是

$$T = \frac{1}{\omega_1} \approx \frac{1}{\rho_0}\left(l + \sum_{i=1}^{6} \frac{\beta_i}{\lambda_i}\right) = \frac{\bar{l}}{\rho_0} \tag{9-33}$$

上式中括号部分就是考虑缓发中子效应后的中子平均寿命 $\bar{l}$。因而这时周期 T 便和简单考虑缓发中子效应后的周期相等。一般 l 是一个很小的量，例如对于热堆 l 约为 $10^{-4} \sim 10^{-3}$ s，对于快堆 l 约为 10^{-5} s，而 $\sum_i \beta_i/\lambda_i$ 之值在 0.03 以上；对于 ^{235}U，$\sum_i \beta_i/\lambda_i$ 约为0.084 7 s≈0.1 s。因而式(9-33)可以简化为

$$T \approx \frac{1}{\rho_0} \sum_{i}^{6} \beta_i / \lambda_i = \frac{1}{\rho_0} \sum_i \beta_i t_i \tag{9-34}$$

因而当引入很小的正反应性时(满足 $\rho_0 \ll \beta$ 的条件)，反应堆周期与瞬发中子寿命 l 无关，而与引入的反应性成反比，且取决于缓发中子寿命 $t = \sum_i \beta_i t_i$，它要比 l 的值大得多。当 $\rho_0 = 0.01$ 时，由式(9-34)求得 $T=10$ s，功率以这样速率增长的反应堆的控制问题，相对就简单了。

(2)当引入的反应性很大($\rho_0 \gg \beta$)时，ω_1 比较大，可以认为 $\omega_1 \gg \lambda_i$。由式(9-21)得

$$\rho_0 \approx \Lambda \omega_1 + \beta \tag{9-35}$$

或

$$T = \frac{1}{\omega_1} \approx \frac{\Lambda}{\rho_0 - \beta} \approx \frac{\Lambda}{\rho_0} \tag{9-36}$$

可以看出，如果引入的反应性很大，则反应堆的响应特性主要决定于瞬发中子的寿命，这时的情况与 9.1.1 节所讨论的全部忽略缓发中子的结果是一样的。

(3)当 $\rho_0 = \beta$ 时，这时仅依靠瞬发中子即可使反应堆保持临界，称为**瞬发临界**。当 $\rho_0 < \beta$ 时，反应堆要达到临界尚需缓发中子作出贡献，因而反应堆的时间特性在很大程度上由缓发中子先驱核β衰变的时间决定。当 $0 < \rho < \beta$ 时，称为**缓发临界**；而当 $\rho > \beta$ 时，称为**瞬发超临界**，此时即使完全不考虑缓发中子，有效增殖系数也会大于 1，只靠瞬发中子就能使链式反应不断地进行下去，缓发中子在决定周期方面不起作用，反应堆功率以瞬发中子决定的极短周期危险地增长。显然，对任何反应堆都应避免发生瞬发临界现象，否则，将造成反应堆失控。

利用图 9-1 给出的图像，很容易理解瞬发临界的条件为

$$(1-\beta) k_{\text{eff}} = 1 \tag{9-37}$$

上式说明去除缓发中子部分后的有效增殖系数已等于 1 了。由于 $k_{\text{eff}} = 1/(1-\rho)$，将它代入上式，便得到**瞬发临界条件**

$$\rho = \beta \tag{9-38}$$

由于瞬发临界条件的特殊重要性，有时将它用作反应性的基本单位。这种单位称为“元”($)，其定义为

$$\text{反应性}(\$) = \frac{\rho}{\beta} \tag{9-39}$$

即把等于缓发中子份额 β 的反应性数值定义为 1 $反应性。1 $的 1%(0.01$\beta$)定义为一“分”。当反应堆正好具有 1 $反应性时，反应堆达到瞬发临界。

上面讨论的三种情况可以在图 9-7 中清楚地看出，图中的曲线表示用^{235}U作燃料的反应堆的正反应性与渐近周期之间的关系。可以看出：当引入的正反应性增加时，周期单调地减小；当引入的反应性较小($\rho \ll \beta$)时，所有的曲线重合，瞬发中子寿命对反应堆周期没有影响。这时，周期主要由缓发中子决定(见式(9-34))。当反应性较大时，瞬发中子的寿命所产生的影响就显得很重要，特别是瞬发临界附近 $\rho_0=\beta$ 时，反应性微小的增加，对于具有不同瞬发中子寿命的反应堆，其周期的差别很大，此时，缓发中子的影响已可以忽略；当反应性继续增大，$\rho \gg \beta$时，则反应堆周期将主要决定于瞬发中子的每代时间(见式(9-36))。

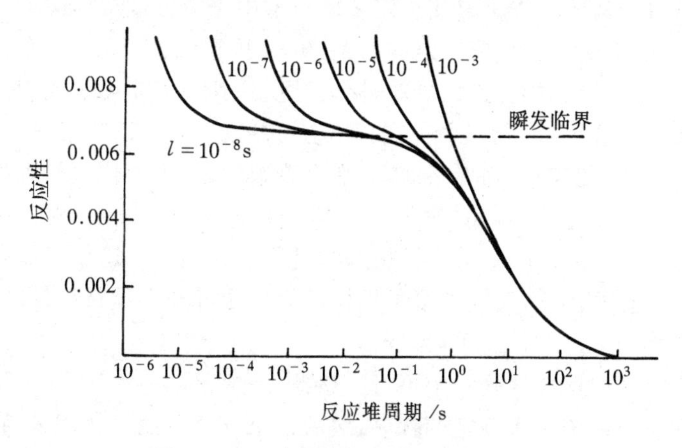

图 9-7　反应堆周期与反应性的关系

(4)当 ρ_0 为很大的负反应性时，由图 9-5 可以看出稳定周期 T 将接近于$1/\lambda_1$，即约等于 80 s。如果由于引入大的负反应性而突然停堆，则中子通量密度迅速下降，而在短时间内瞬变项衰减之后，中子通量密度将按指数规律下降，其周期约为 80 s。即大约每 184 s 中子通量密度下降一个量级。这就是当负反应性引入时所能达到的最短的稳定周期。这个周期决定了反应堆中子通量密度下降，也就是反应堆关闭的最大速度，不可能比它更快了。某些反应堆关闭时，中子通量密度需要降低 10 个数量级以上，其关闭时间要求最少达 30 min。这样，我们对“停堆”就有了正确的理解，即使是“紧急停堆”，全部控制毒物都投入堆芯，引入巨大(即使是负无穷大)的负反应性，由于缓发中子的继续发射，中子密度也不可能在瞬间降到零，而是极快地瞬降到大约为稳态值的 6%左右，然后以周期约 80 s 的速率缓慢下降。因此在反应堆设计(例如，对停堆后冷却问题的考虑)时，尤其是运行在高中子通量密度的反应堆设计，对这种情况必须予以考虑。

在有些反应堆(如重水堆)中，即使停堆以后很长的时间，还会由积累的裂变产物衰变放出 γ 射线，然后通过(γ,n)反应继续产生中子，这样的过程会延长停堆所需要的时间。在含有大量的氘、铍或其它具有低光中子阈物质的反应堆中，这种效应特别重要。

9.5　点堆模型在反应性测量中的应用

前面在介绍中子动力学方程时曾经指出，点堆中子动力学模型由于受其自身假设条件的限制，在实际应用中有较大的局限性。当前，随着计算机硬件性能和计算方法的发展，时-空中子动力学模型的应用正日益广泛。然而，在实际反应性测量这一领域，由于受测量条件的限制，能够获得的往往是布置在极少数位置上中子探测器所给出的信号，因此点堆模型在这一领域有着绝对主导的地位。本节将专门介绍目前在实际工程上，尤其是核电领域，有着广泛应用的两类反应性测量方法，目的是使读者了解点堆模型是如何在反应性“测量”中得到应用的。

在第 4 章 4.1.1 节我们给出了反应性的定义，即

$$\rho=\frac{k_{\text{eff}}-1}{k_{\text{eff}}}$$

毋庸置疑，反应性是反应堆最重要的物理量。这一方面是因为它是反应堆偏离临界程度的度量，与核安全直接相关，其数值大小直接决定了反应堆中子数密度或反应堆功率瞬态变化的特性（如反应堆周期和阶跃引入的反应性之间有式(9-33)和式(9-36)的关系）。另一方面，由于 k_{eff} 是反应堆堆芯核设计的首要目标参数，核设计所采用的堆芯物理分析模型、计算方法以及所采用的基本核数据恰当与否都会体现在 k_{eff} 这一参数上。所以在工程中，对堆芯核设计的校验是通过比较反应堆上实测的临界条件，如临界硼浓度、临界棒位等与理论预测的是否一致来进行的。但是从实验反应堆物理的观点，寻找静态参数 $k_{\text{eff}}=1$ 这一状态的过程是一个逐步逼近的动态过程，是一个寻找 $\rho=0$ 的运行状态的过程。因此说上述反应性的定义式是反应堆物理中连接静态和动态的桥梁，反应性测量不仅可为反应堆安全运行提供动态参数，也是检验静态堆芯核设计计算的不可替代的手段。

显然由上式所定义的反应性是一个不可直接测量的无量纲物理量。因此，在实际中往往是通过对待测的反应堆系统引入一定的扰动，然后记录某个可测量物理量随时间的变化，再通过测量信号的运算，来最终获得反应堆的反应性数值。以下所介绍的两种反应性测量方法均体现了这样的思想。

9.5.1 周期法

在 9.3 节中，我们从点堆模型出发，导出了决定堆内中子密度变化速率的 ω 和反应堆引入的反应性及点堆中子动力学参数之间的关系，即式(9-21)和式(9-22)的反应性方程。在此基础上，根据式(9-27)给出的反应堆周期和 ω 之间的倒数关系，容易获得如下形式的反应性方程：

$$\rho=\frac{\Lambda}{T}+\sum_{i}\frac{\beta_i}{1+\lambda_i T} \tag{9-40}$$

或

$$\rho=\frac{l}{k_{\text{eff}}T}+\sum_{i}\frac{\beta_i}{1+\lambda_i T} \tag{9-41}$$

上述反应性方程给出了反应堆反应性和反应堆周期之间的关系，显然，利用上述关系，在给定的点堆中子动力学参数（即 λ_i 和 β_i 等）条件下，由给定的反应性 ρ 便可求出反应堆的稳定周期，或者，反过来，由测量所得的反应堆中子密度按指数规律增长的周期 T，也就可以由该公式计算出引起反应堆中子通量密度或中子密度这样增长的反应性的数值（在完全没有反应性反馈效应的前提下）。这就是在实际中通过对反应堆稳定周期的测量来间接“测量”反应堆反应性的理论原理。

显然，用周期法来测量反应性，唯一需要测量的量是反应堆中子密度（或任何正比于中子密度的物理量）随时间变化的稳定周期。由于这种方法应用简便且有较高的准确度，因此在实际工程上有着广泛的应用。

为了获得较高精度的稳定周期的测量值，在实际中并不直接利用 9.4.1 节中提到的周期表，因为其读数精度较差，大多数都只能作为监督仪表，而不能作为准确测量用仪器使用。目前工程上在用周期法来测反应性时，周期是按如下方式获得的：待核测仪表的读数指示反应堆中子密度已进入稳定增长后，开始采集测量信号 $n(t)$。根据反应堆稳定周期的定义，容易导出周期 T 和信号的对数之间有如下的关系：

$$\ln n(t) - \ln n_0 = \frac{t}{T} \tag{9-42}$$

这里 n_0 为信号采集起始时刻的信号，上式可改写成

$$T = \frac{t}{\ln n(t) - \ln n_0} \tag{9-43}$$

即只要记录不同时刻 t 的核测仪表读数 n，并将记录的结果画在半对数坐标纸上（其横坐标为时间 t，而纵坐标为 $\ln n$），就能画出 $\ln n(t)-t$ 的一条直线，如图 9-8 所示。该直线斜率的倒数就是反应堆的周期，即 $T=(\tan\alpha)^{-1}$。

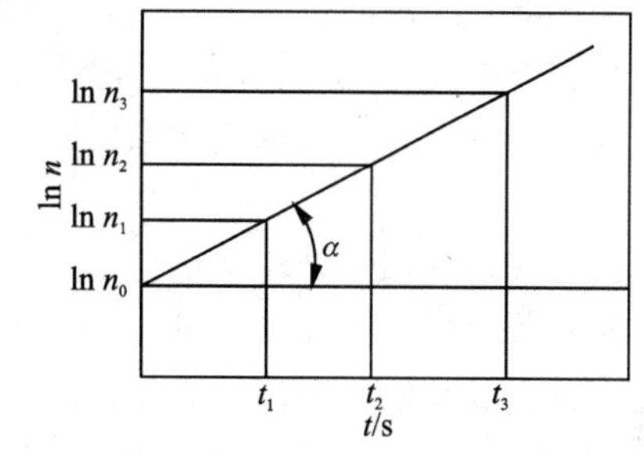

图 9-8　$\ln n$ 与时间 t 的关系

在获得反应堆周期后，再将其代入式(9-40)或式(9-41)的反应性方程就可计算出反应堆的反应性数值。

9.5.2　点堆逆动态法

前一小节介绍的周期法虽然简便，也具有较高的精度，但在实际应用中，存在一定的局限性。如该方法仅适用于恒定的正反应性测量，且待测的反应性量既不能太大，也不能太小。容易理解，若待测的正反应性过大，则反应堆周期就容易过短，从而造成大的核安全风险；另外，若正反应性过大，也容易引入各种反应性反馈效应，从而影响测量结果的精度。相反，若待测的反应性过小，则稳定周期就很长，要得到较高的测量精度所需等待的时间也很长。而本小节即将介绍的点堆逆动态方法，它不但同时适用于正反应性和负反应性的测量，还具有较宽的测量范围，且对反应性的引入形式也没有特别的限制。另外，该方法还可以实时测量变化过程中的反应性，从而来确保核反应堆安全。因此，该方法在实际工程上有着非常广泛的应用。目前在各核电厂启动物理试验阶段广泛应用的专门用于反应性测量的反应性仪（或反应性计），就是根据该原理设计制造的。下面对该原理进行介绍。

前面第 3 节和第 4 节我们都是正向去求解点堆中子动力学方程组(9-15)和(9-16)，即由已知的反应性 ρ 的变化来求解中子密度 n 和缓发中子先驱核 C_i 随时间的变化。而所谓的点堆逆动态方法则正好相反，它是试图从已知的（一般是测量获得的）n 随时间 t 的变化，来逆向导出反应性 ρ 随时间的变化。为了实现这一目的，需先将方程(9-15)改写成如下形式

$$\rho(t) = \beta + \frac{\Lambda}{n(t)}\left[\frac{\mathrm{d}n(t)}{\mathrm{d}t} - \sum_{i=1}^{I}\lambda_i C_i(t)\right] \tag{9-44}$$

针对某一点堆中子动力学参数已给定的反应堆，若认为上式 $n-t$ 的变化为已知，则方程右端唯一未知的就是缓发中子先驱核浓度随时间的变化规律，而这一规律我们知道可以通过缓发中子先驱核浓度方程(9-16)的求解来获得。根据常微分方程理论，可求得方程(9-16)的解为

$$C_i(t)=C_{i0}\mathrm{e}^{-\lambda_i t}+\frac{\beta_i}{\Lambda}\int_0^t n(\tau)\mathrm{e}^{-\lambda_i(t-\tau)}\mathrm{d}\tau \tag{9-45}$$

式中：C_{i0}为 $t=0$ 时刻第 i 组缓发中子先驱核的浓度。

将上式代入式(9-44)，有

$$\rho(t)=\beta+\frac{\Lambda}{n(t)}\frac{\mathrm{d}n(t)}{\mathrm{d}t}-\frac{\Lambda}{n(t)}\sum_{i=1}^{I}\lambda_i\left[C_{i0}\mathrm{e}^{-\lambda_i t}+\frac{\beta_i}{\Lambda}\int_0^t n(\tau)\mathrm{e}^{-\lambda_i(t-\tau)}\mathrm{d}t\right] \tag{9-46}$$

式中：所有与 $n(t)$相关的量，要么直接由测量获得，要么可经测量信号的微分和积分运算后获得。其中唯一无法测量的量 C_{i0}，要么可直接认为是零，如反应堆刚启动时的情形；对其它不能认为是零的情况，从上式可看出，随着测量时间的推移，C_{i0}的数值大小对最终计算出的反应性的影响越来越小。一般认为在测量开始 300 s 后，C_{i0}的不同取值就不会对测量的反应性有任何影响了。

以上就是利用点堆逆动态方法来“测量”反应性的基本原理。由于实际测量所获得的信号不可能是数学意义上连续的信号，只能是一定采样频率下离散的信号，因此，式(9-46)的微分和积分运算都需依靠数值计算方法来实现。而目前工程上所使用的反应性仪这一专用测量设备，其中必定就有一个算法模块专门来解点堆逆动态方程，即根据测得的信号，按照式(9-46)来计算出反应性 ρ 随时间 t 的变化。

需要强调指出的是，在实际应用中，由于反应性的数值是由反应性仪这一专用硬件设备给出的，因此，不少工程师往往会被误导认为反应性是像温度、压力这样的过程参数由一次仪表真正测量出来的。而从本节的介绍可清楚地看出，无论是用周期法还是用点堆逆动态法“测量”反应性，最终的结果都不是直接测量出来的，而是经数学运算后获得的。简言之，反应性是算出来的。

既然反应性是算出来的，其精度必然会受计算方法和计算参数的影响。其中计算方法是否可靠及精度如何较容易检验，在实践中最难评估的就是点堆中子动力学参数对具体反应堆的适用性。无论是前述哪种方法，显然计算反应性时所用到的 l、λ_i 和 β 对最终结果都有直接的影响，而这些参数在实践中又往往是由堆芯核设计软件计算给出的，因此就不难理解，核设计软件计算的点堆中子动力学参数的精度在很大程度上决定了实际中反应性“测量”的精度。

另外，还需要指出的是，既然前述反应性测量方法的理论基础是点堆模型，那么前面 9.2.2 节所指出的点堆模型的局限性必然也会传导到这些测量方法中，譬如，我们已经知道点堆模型在由于大的反应性扰动使反应堆显著偏离临界时，严格讲是不适用的。因此，这时由反应性仪给出的反应性测量值必然会存在较大的误差。尽管在这样的情况下，依据点堆逆动态方程，反应性仪仍然能够给出一个反应性的“测量值”。

9.6　点堆动力学方程的数值解法

1. 点堆动力学方程的矩阵表示

点堆动力学方程是由式(9-15)和式(9-16)所描述的一组常微分方程

$$\frac{\mathrm{d}n(t)}{\mathrm{d}t}=\frac{\rho(t)-\beta}{\Lambda}n(t)+\sum_{i=1}^{I}\lambda_i C_i(t) \tag{9-47}$$

$$\frac{\mathrm{d}C_i(t)}{\mathrm{d}t}=\frac{\beta_i}{\Lambda}n(t)-\lambda_i C_i(t)\qquad i=1,\cdots,I \tag{9-48}$$

满足的初始条件为

$$n(t)\big|_{t=0} = n_0 \qquad C_i(t)\big|_{t=0} = C_i(0) \qquad i = 1,\cdots,I$$

为了讨论方便起见,将上式用矩阵形式表示

$$\frac{\mathrm{d}\boldsymbol{y}(t)}{\mathrm{d}t} = \boldsymbol{F}(t)\boldsymbol{y}(t) \tag{9-49}$$

$$\boldsymbol{y}(t)\big|_{t=0} = \boldsymbol{y}_0 \tag{9-50}$$

其中:$\boldsymbol{y}(t)=[n(t),C_1(t),\cdots,C_I(t)]^{\mathrm{T}}$ 及 $\boldsymbol{y}_0=[n_0,C_1(0),\cdots,C_I(0)]^{\mathrm{T}}$ 是列向量,$\boldsymbol{F}(t)$为如下$(I+1)\times(I+1)$的矩阵

$$\boldsymbol{F}(t) = \begin{bmatrix} \dfrac{\rho(t)-\beta}{\Lambda} & \lambda_1 & \cdots & \lambda_I \\ \beta_i/\Lambda & -\lambda_1 & \cdots & 0 \\ \vdots & \vdots & & \vdots \\ \beta_I/\Lambda & 0 & \cdots & -\lambda_I \end{bmatrix} \tag{9-51}$$

方程(9-49)便是点堆动力学方程的矩阵表示。下面讨论它的数值解法。

2. 方程的刚性

下面我们简单地讨论一下点堆动力学方程数值求解中的刚性问题。

数值求解时把时间区间 $t\in[0,T]$ 自 $t_0=0$ 开始划分成若干个小区间(t_{n-1},t_n),$t_n=t_0+nh$,$n=1,2,\cdots,N$,h 称为步长。然后从初始值 $\boldsymbol{y}_0$ 开始逐步求出解在各个时刻的离散值 $\boldsymbol{y}_n=\boldsymbol{y}(t_n)$。这时,时间步长 h 的选择首先应当满足收敛性和精度的要求,由计算方法的截断误差确定。从提高计算效率角度出发,自然希望能够适当地增大步长 h,但是从计算方法中知道,为了满足收敛性,要求截断误差不能太大,因而步长 h 要充分小,以保证需要的精度。这是选取步长时所必需满足的基本要求。

另一方面,对于初值问题步长 h 的选择还要考虑到计算的稳定性。在实际计算中,一方面初始值不一定完全精确,带有一定的误差,另一方面在数值运算过程中总会产生舍入误差。如果某步计算产生的误差在以后各步的计算中不能逐步得到减弱,同时每步又产生新的计算误差,这样误差积累起来,势必给结果造成很大影响。一般来说,这种方法不宜采用。我们采用的方法,应当是对计算过程中任何一步产生的误差都能在以后各步计算中逐步减少,以至最后可以忽略,这样的数值方法是稳定的。计算的稳定性不仅和所选取的计算方法有关,还和步长 h 密切相关,有时步长小时是稳定的,但步长稍大一点就不稳定了。只有既收敛又稳定的数值方法才可能在实际计算中使用。不同的数值方法,都有其各自的稳定区域,例如欧拉方法要求 $|\omega h|<2$,显式四阶龙格-库塔方法要求 $|\omega h|<2.78$。这里 ω 是方程组雅可比(Jacobi)矩阵的特征值,因而为保证计算稳定性,将要求选取非常小的步长。

下面讨论点堆动力学方程组求解中的稳定性问题,从前面 9.3 节的讨论可以知道,在阶跃扰动($\boldsymbol{F}$ 为常量)下,方程(9-49)具有下列形式的解

$$n(t) = \sum_{j=1}^{7} A_j \mathrm{e}^{\omega_j t} \tag{9-52}$$

式中:ω_j 是满足下列反应性方程的根,也是方程(9-49)的雅可比矩阵 $\boldsymbol{F}(t)$的特征值

$$\rho = \Lambda\omega + \sum_{i=1}^{6} \frac{\omega\beta_i}{\omega+\lambda_i} = \Lambda\omega + \beta - \sum_{i=1}^{6} \frac{\beta_i\lambda_i}{\omega+\lambda_i} \tag{9-53}$$

且有

$$\omega_1 > -\lambda_1 > \omega_2 > -\lambda_2 > \cdots > \omega_7 > -1/l$$

通常把$\frac{1}{|\omega|}$称为时间常数，$|\omega|$愈大表示解的变化愈快。从前面讨论知道，在开始的一个短暂的瞬变过程中，方程(9-52)的解变化异常剧烈，这主要是由于$i>1$的各项(称为瞬变项)所引起的，但当t增大后，$i>1$各项便很快地衰减到可以忽略了，系统进入较平稳的变化状态，这时方程的解主要由ω_1项决定。

首先，我们讨论负反应性，即$\rho<0$引入时的情况，这时ω_i是负数，因为$\min_i|\omega_i|=|\omega_1|$，$\max_i|\omega_i|=|\omega_7|$，$|\omega_1|$与$\lambda_1$同阶，大约为$10^{-2}$，而$|\omega_7|$则在$\lambda_6$与$l^{-1}$之间($l$为中子寿命，对于热堆，$l$约为$10^{-3}$ s，对于快堆l为$10^{-4}\sim10^{-6}$ s，一般$|\omega_7|$在$10^2\sim10^4$量级。因而，特征值$|\omega_i|$之间大小相差几个数量级。为了保证解的稳定性，步长h的选择根据方法的稳定性要求，例如前述对于欧拉法要求$|\omega_h|<2$。从而在$t>0$的初始很短的瞬变过程时间内，步长h的选择要根据$|\omega|$值最大的特征值$|\omega_7|$来决定，这样，就不可避免地要取非常小的步长，例如对所讨论例子，h在$10^{-3}\sim10^{-4}$量级。但是从前面知道，当$t<\frac{1}{|\omega_1|}\approx80$ s后，解已进入平稳状态，$i>1$的快速变化的瞬变项的贡献已经可以忽略，变得没有什么实际影响了。此时，从截断误差角度看，为保证精度，步长完全可以选择大一些，然而从数值稳定性角度出发，仍然必须采用由贡献最小的解分量的$|\omega_{\max}|=|\omega_7|$所规定的很小的时间步长，从而导致不必要的计算时间的浪费。这就是所谓"刚性"(Stiffness)问题。通常我们称$\max_i|\mathrm{Re}\,\omega_i|/\min_i|\mathrm{Re}\,\omega_i|$(因为在一般情况下，$\omega$是复数)为微分方程组的刚性比。刚性比愈大，则数值求解愈困难。对于$\rho<0$的本例，刚性比达10^4以上。

对于正反应性($\rho>0$)的引入，情况有所不同，这时ω_1为正值，其余的6个特征值ω_i为负值，其绝对值最大的为$|\omega_7|\to\lambda_6$，约为3 s^{-1}。理论研究发现，当$\rho<\beta$，引入反应性很小时，步长h应满足下列要求，则求解过程是稳定的

$$h<\frac{1}{\omega_1} \tag{9-54}$$

3. 隐式差分格式

现在我们讨论方程(9-49)的数值解法。它是一个一阶常微分方程组，原则上说可以应用计算方法中一些标准的算法来求解。但是，实践证明，由于问题本身的参数决定了该方程组具有很强的"刚性"，使得在应用一些常规的数值方法，例如通常的欧拉法、龙格-库塔法等求解该方程组时会遇到上述刚性的困难，这种情况将会被迫要求采用非常小的时间步长，从而使计算时间增大并且其结果可能还包含相当大的累积误差。因此讨论该问题的数值解法时，必须充分考虑刚性，采用稳定性好的方法。

在数值求解类似(9-49)的常微分初值问题时，差分格式可以分为显式差分格式和隐式差分格式两大类。显式差分格式简单，可以直接求解，例如显式欧拉公式，其缺点是对于刚性比较强的问题它往往是不稳定或条件稳定的，必须采用很小的时间步长，所以在点堆动力学数值解中应用很少，在点堆动力学数值解中多采用隐式格式。

隐式差分格式可以表示为

$$\frac{\mathrm{d}\boldsymbol{y}(t)}{\mathrm{d}t} \approx \frac{\boldsymbol{y}(t) - \boldsymbol{y}(t-h)}{h} \tag{9-55}$$

这样便得到方程(9-49)隐式数值计算公式为

$$\boldsymbol{y}_{n+1} = \boldsymbol{y}_n + h\boldsymbol{F}_{n+1}\boldsymbol{y}_{n+1} \tag{9-56}$$

上式中由于等号右端也有 t_{n+1} 时刻待求的物理量，因此求解时必须采用迭代方法来求解，这就是隐式格式的主要缺点。隐式格式的最主要优点是它的求解过程是稳定的。为说明这点，把式(9-56)改写成以下形式，这里为简便起见，讨论反应性阶跃引入的情况，此时问题(9-49)的系数矩阵 $\boldsymbol{F}$ 为常数

$$\boldsymbol{y}_{n+1} = [\boldsymbol{I} - h\boldsymbol{F}]^{-1}\boldsymbol{y}_n \tag{9-57}$$

设由于计算及舍入等误差的影响，使解 $\boldsymbol{y}_n$ 变为 $\tilde{\boldsymbol{y}}_n$，由式(9-57)有

$$\tilde{\boldsymbol{y}}_{n+1} = [\boldsymbol{I} - h\boldsymbol{F}]^{-1}\tilde{\boldsymbol{y}}_n \tag{9-58}$$

用上式减去式(9-57)，可以得到误差 $\boldsymbol{\varepsilon}$ 的传递关系为

$$\boldsymbol{\varepsilon}_{n+1} = (\boldsymbol{I} - h\boldsymbol{F})^{-1}\boldsymbol{\varepsilon}_n = [(\boldsymbol{I} - h\boldsymbol{F})^{-1}]^n\boldsymbol{\varepsilon}_0 \tag{9-59}$$

设 $\boldsymbol{u}_i$ 为矩阵 $\boldsymbol{F}$ 的特征向量函数，ω_i 为其对应特征值，由于

$$[\boldsymbol{I} - h\boldsymbol{F}]\boldsymbol{u}_i = (1 - h\omega_i)\boldsymbol{u}_i \tag{9-60}$$

因而

$$[\boldsymbol{I} - h\boldsymbol{F}]^{-1}\boldsymbol{u}_i = \frac{1}{1 - h\omega_i}\boldsymbol{u}_i \tag{9-61}$$

注意式(9-59)，这样便求得解的稳定条件为

$$\max_i \left| \frac{1}{1 - h\omega_i} \right| < 1 \tag{9-62}$$

可以看到，在负反应性($\rho<0$)引入情况下，由于所有 ω_i 均为负值，因而从式(9-62)可知隐式方法是无条件稳定的(即稳定性对步长 h 没有任何限制)。对于正反应性引入情况，ω_1 大于零，研究表明计算步长必须满足式(9-54)的限制，计算就是稳定的。

前面讨论的是当方程式(9-49)是线性的情况，也就是说矩阵 $\boldsymbol{F}$ 中的元素在求解区间内为常数。若考虑到反馈效应，以及反应性 ρ 随时间的变化，则方程(9-49)将是非线性的，这时问题要复杂得多。但是一般说，隐式差分方法具有更好的稳定性，允许采用更大的时间步长。

另一方面，自然可以用高阶的微分公式来代替式(9-55)以减少截断误差，增大时间步长。同时希望能够在计算过程中根据解的变化特性自动地调整步长 h，以在保证精度的同时增大步长 h，减小计算时间。这些方法在计算方法和常微分方程组数值解法的专著中都可以找到，但应采用那些经过验证的成熟方法。对于点堆动力学方程，值得推荐的是变步长具有预测-校正的吉尔(Gear)方法[5]，它是隐式线性多步法。对于刚性常微分方程组，它被认为是最有效的方法。另外，高阶的广义龙格-库塔法，在点堆动力学问题中也获得了成功的应用。

参考文献

[1]　杜德斯塔特，汉密尔顿. 核反应堆分析[M]. 吕应中，等译. 北京：原子能出版社，1980.
[2]　拉马什. 核反应堆理论导论[M]. 洪流，译. 北京：原子能出版社，1977.
[3]　谢仲生. 核反应堆物理数值计算[M]. 北京：原子能出版社，1997.
[4]　袁兆鼎. 刚性常微分方程初值问题的数值解法[M]. 北京：科学出版社，1987.

[5] 吉尔.常微分方程初值问题的数值解法[M].费景高,译.北京:科学出版社,1987.

习 题

1. 对用 ^{235}U 作燃料而用水作慢化剂的无限热堆引入 1 $正反应性之后,试估算其周期。
2. 某天然铀反应堆的热中子寿命为 10^{-3} s,假定突然引入的正反应性等于0.002 5。试绘出单组缓发中子情况下中子密度随时间的变化曲线。
3. 估算在紧急停堆情况下,将反应堆的功率下降到其初始值的 10^{-10} 时所需最短关闭时间。
4. 设 $\lambda=0.1$ s,$l=0.866\ 6\times10^{-3}$ s,$N_0=1$,$\rho=\beta/3$,试计算周期。
5. “倒时”是早期反应堆物理采用的反应性单位。1“倒时”相当于使反应堆功率增长的稳定周期为 1 h 时所加入的正反应性的量。试求 1 倒时的反应性。
6. 试求用显式差分格式数值求解点堆动力学方程时稳定性的条件。

*第 10 章

压水堆堆芯燃料管理

在常规火电厂中，化石燃料需频繁地更换，燃料价格相对比较便宜。而在核电厂中，一批核燃料往往要在反应堆内停留 3 年或更长的时间，且价格昂贵。因此，如何在满足电力系统能量需求的前提下，以及在核电厂安全运行的设计规范和技术要求限制内，尽可能地提高核燃料的利用率，降低核电厂的单位能量成本，是一个关系到核电厂经济性的重要研究课题。这也是本章核燃料管理所要讨论的内容。

核燃料管理的涉及面很广，一个合理的燃料管理方案的确定，除了要进行核电厂经济性分析外，还需要综合考虑核反应堆物理、热工、安全以及运行等各方面的要求，是一项十分复杂的任务。这里我们仅限于着重讨论直接和反应堆物理有关的堆芯燃料管理理论和计算模型。讨论主要是针对压水堆核电厂进行的。

10.1 核燃料管理的主要任务

10.1.1 核燃料管理中的基本物理量

1. 换料周期与循环长度

在每个堆芯寿期末，反应堆必须停堆换料。反应堆两次停堆换料之间的时间间隔称为一个换料周期 T。反应堆每经历一个换料周期，就称反应堆经历了一个运行循环。一个运行循环所经历的相当于满负荷运行的时间，以等效满功率天(EFPD)表示，称为该运行循环的循环长度。

循环长度的选取直接影响到电厂的经济性。循环长度若比较短，固然反应堆的初始剩余反应性可以比较小，核燃料的比装量(即发出单位功率所需的核燃料装载量)也可以减小，从而有利于核电厂的经济性；但另一方面，循环长度缩短将导致循环燃耗和燃料卸料燃耗深度下降，并且还将导致频繁的停堆，从而使电厂的容量因子减小，经济性下降。因此，目前设计的趋势是缩短停堆换料的时间和次数，延长运行的循环长度。目前，世界上绝大多数压水堆核电厂都取 18 个月或 1 年为一个换料周期，有的已采用 24 个月或更长的换料周期。

2. 批料数 n 和一批换料量 N

由于反应堆内中子通量密度分布的不均匀性，堆芯内各个燃料组件的燃耗程度都不相同。一般而言，堆芯中心区域的组件燃耗较深，而靠近堆芯边缘的组件燃耗较浅。因此，为了提高核燃料的利用率，反应堆内的燃料组件是分批卸出堆芯的。在每次换料时，往往只将燃耗较深的那部分燃料卸出堆芯，而其余燃耗较浅的燃料则继续停留在堆内进入下一循环的运行，这就是所谓的**分批换料**。

设反应堆内燃料组件的总数为 N_T，每次换料更换的燃料组件数量为 N，则定义 $N_T/N=$

n 为**批料数**，称 N 为一批换料量。如秦山一期核电厂，其堆芯共有 121 个燃料组件，则批料量为 40 或 41 的换料方案都是 3 批换料方案。显然，批料数 n 或一批换料量 N 是核燃料管理中十分重要的决策变量。如在循环长度固定不变的情况下，提高批料数 n 就可以加深燃料的平均卸料燃耗深度，但同时也必须提高新燃料的富集度。

3. 循环燃耗 BU_c 和卸料燃耗 BU_d

全堆芯核燃料在经历一个运行循环后所净增的平均燃耗深度称为该循环的循环燃耗，用 BU_c 表示。新料从进入堆芯开始，经过若干个循环，最后卸出堆芯时所达到的燃耗深度称为卸料燃耗深度，用 BU_d 表示。

10.1.2　核燃料管理的主要任务

概括地说，核电厂燃料管理的主要任务就是要在满足电力系统的能量需求和在电厂设计规范和安全的要求的限制下，为核电厂一系列的运行循环作出其经济安全运行的全部决策。其核心问题就是如何在保证电厂安全运行的条件下，使核电厂的单位能量成本最低。

堆芯燃料管理策略以及换料方案的确定主要包括下列决策变量的确定：

(1)新燃料的富集度 ε；

(2)批料数 n 或一批换料量 N；

(3)循环长度 T；

(4)循环功率水平 P；

(5)燃料组件在堆芯的装载方案 $\boldsymbol{X}(i,j)$，(i,j)为燃料组件的坐标位置；

(6)控制毒物在堆芯的布置 $BP(i,j)$和控制方案。

应该指出，这些决策变量之间存在着密切的互相影响和相互耦合的关系，同时在分批换料方案下，一个燃料组件往往要在堆内停留三个循环以上才卸出堆芯，因而上一循环决策变量的确定势必会影响下一循环的结果。也就是说各运行循环之间存在着强烈的耦合关系。一个变量的确定必须考虑其对后续几个循环结果的影响，特别是上面(1)～(4) 4 个变量与各循环之间的耦合关系更为强烈。因此，为了优化上述变量的决策必须进行多循环(至少 3 个循环)的分析。此外，由于燃料组件和控制毒物布置在堆芯的不同位置上，承受不同的燃耗，因而在对前述(5)～(6)变量进行分析或决策时，必须考虑空间位置的影响，进行二维或三维的计算。

这样，严格地讲，核燃料管理是一个多变量、多级(循环)和空间上多维的决策过程，即使应用数值方法来计算，也是一个难以解决的问题。目前在实际工程计算中，为了减少决策变量的数目，降低问题求解的困难，一般都采用脱耦的方法，即把变量(1)～(6)的决策问题分解为分别对变量(1)～(4)和(5)～(6)进行决策这样两个相对独立的步骤。

(1)多循环参数的确定。它主要是要确定新料富集度 ε、批料数 n 或一批换料量 N 以及循环长度 T 等决策变量。这些变量对前后各运行循环之间有比较强烈的相互影响和耦合关系，但相对地来说受燃料在堆内的空间分布影响较小，因而可以采用所谓的“点堆”模型来进行多循环的分析研究，因此它也称为多循环燃料管理决策。在点堆模型中，空间效应通过堆芯或燃料组件的“批”平均特性给予简单的表示，而不具体研究燃料在堆内的布置问题。

(2)单循环或堆芯换料方案的确定。它是在上述多循环燃料管理计算的基础上，根据已确定出的 ε、n 和 T 等条件来确定燃料组件和毒物在堆芯内的空间布置，以获得最佳的换料方案。这时空间变量的决策是主要的，暂时不考虑循环之间的相互影响，因此，习惯上称之为单循环堆芯燃料管理。该燃料管理一般要进行二维或三维堆芯的分析计算。

经过上述两个步骤就可以实现整个燃料管理方案的初步决策。实际的燃料管理过程往往需要在上述两个步骤之间进行迭代。图 10-1 给出了燃料管理计算的流程图。

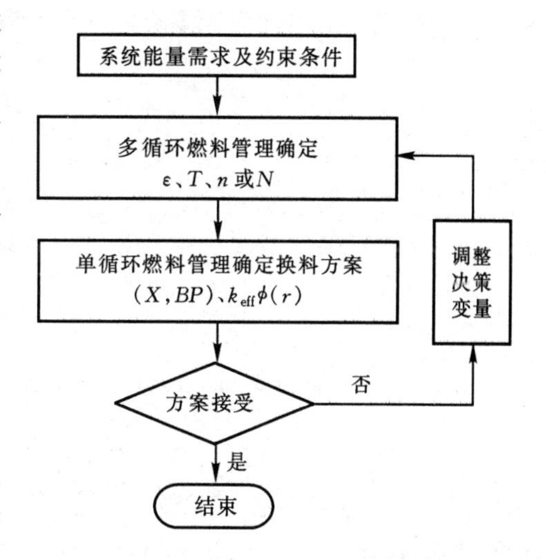

图 10-1　燃料管理计算示意图

10.2　多循环燃料管理

一座核电厂从建成到退役大约经历 40～60 年的时间，这其间它要经历几十个运行循环，形成所谓的运行循环系列。按照各运行循环的特性，可将它们分为初始循环(或启动循环)、过渡循环、平衡循环和受扰动循环序列。其中，初始循环是反应堆启动运行时的第一个循环，也是整个反应堆运行寿命中唯一一个全部由新燃料组成堆芯的循环。过渡循环序列是指从第 2 循环开始一直延续到平衡循环序列第一个循环为止的多循环序列。在工程实际中，通常也把从第 2 循环开始一直到初始循环堆芯内的燃料组件被全部卸出堆芯为止的运行循环称作过渡循环。往后即认为进入平衡循环，受扰动的平衡循环到平衡循环重新建立之间的循环也称作过渡循环。平衡循环序列在理想情况下是一个无限的循环序列，在这个循环序列中，每个循环的性能参数(如循环长度、新料富集度、一批换料量及平均卸料燃耗等)都保持相同，运行循环进入一个平衡状态。虽然由于实际的运行总要受到各种因素的扰动，反应堆不可能真正地建立起稳态的平衡循环序列，但平衡循环的概念依然具有重要的理论价值。一般认为平衡循环是性能指标最佳的循环方案，并被燃料管理人员定为目标运行循环。

多循环燃料管理的任务是要确定最佳的各循环的装料策略，它包括循环长度、新料富集度、换料批数和一批换料量等，从而使燃料循环成本最小。

通常在进行多循环分析时并不需要了解燃料组件在堆芯内的详细布置，而采用零维堆芯模型，常称作点堆模型，来进行分析。

10.2.1　平衡循环及各参数之间的关系

本节先讨论最简单也最重要的“平衡循环”，通过点堆模型分析讨论循环长度、新料富集度、批料数和卸料燃耗深度等物理量之间的关系。

1. 点堆模型堆芯物理状态的描述[1]

点堆模型中反应性 ρ 是常用来表示堆芯物理状态的参数。若用 F_i 和 A_i 分别表示堆芯第 i 个组件中裂变产生的中子数和被吸收的中子数，根据反应性的定义，第 i 个组件的反应性 ρ_i 可表示为

$$\rho_i = \frac{F_i - A_i}{F_i} = \frac{k_{\infty,i} - 1}{k_{\infty,i}} \tag{10-1}$$

式中：$k_{\infty,i}$是第 i 个组件的无限介质增殖系数，同样可以获得堆芯的反应性 ρ 为

$$\rho=\frac{\sum_{i=1}^{N_T}(F_i-A_i)-A_R}{\sum_{i=1}^{N_T}F_i} \tag{10-2}$$

式中：A_R 是由反射层泄漏的中子数；N_T 为堆芯的组件个数。上式可改写成

$$\rho=\sum_{i=1}^{N_T}f_i\rho_i-\Delta\rho_L \tag{10-3}$$

式中：$\Delta\rho_L$ 为反应堆的泄漏反应性损失，为

$$\Delta\rho_L=\frac{A_R}{\sum_{i=1}^{N_T}F_i} \tag{10-4}$$

而 f_i 则定义为

$$f_i=\frac{F_i}{\sum_i F_i} \tag{10-5}$$

在实际的处理中，往往用组件 i 所产生的功率 q_i 占堆芯总功率的份额来表示 f_i，即

$$f_i\approx\frac{q_i}{\sum_i q_i} \tag{10-6}$$

式中：$\sum_i q_i$ 为堆芯的总功率。因此 f_i 为组件 i 所产生的功率占堆芯总功率的份额，称为组件 i 的相对功率份额。显然

$$\sum_{i=1}^{N_T}f_i=1 \tag{10-7}$$

若令式(10-3)右端的 ρ_i、f_i 分别为批料 n 的反应性和相对功率份额，则该等式同样成立，这时求和是对所有批料 n 进行的，即堆芯的反应性 ρ 为

$$\rho=\sum_{i=1}^{n}f_i\rho_i-\Delta\rho_L \tag{10-8}$$

式(10-3)和式(10-8)便是点堆模型多循环分析的基本公式。

从式(10-3)可以看出，点堆反应性模型并不考虑每个燃料组件在堆芯内的具体位置，而是采用相对功率份额 f_i 来考虑堆芯内各批料的功率分布的影响。因此相对功率份额 f_i 是点堆模型中一个十分重要的参量。为了计算堆芯的反应性，必须知道该时刻堆芯内各批料的相对功率份额。在点堆模型中常采用半经验的方法来确定相对功率份额，人们根据核电厂的运行数据和设计经验提出了多种具体计算各批料相对功率份额的数学表达式。当然，f_i 的确定也可以由堆芯中子扩散方程出发，通过采用简化的节块或粗网格方法来近似求得[2]。对于某一批料，其相对功率份额 f_i 在整个循环内变化不大。

2. 反应性与燃耗的关系

在燃料管理计算中，我们需要知道各种不同富集度的燃料组件的反应性随燃料燃耗深度的变化关系。从反应堆物理知道，随着燃耗的加深，^{235}U 不断消耗，裂变产物的不断积累，组件反应性将不断地下降，其关系是比较复杂的。但是从实践中我们观察到，对于典型的轻水堆燃

料组件，其反应性 ρ 近似地是燃料燃耗深度的线性函数（见图 10-2，图中百分比表示 ^{235}U 的重量百分比的富集度），因此，可将 ρ_i 随燃耗的关系近似表示成[1]

$$\rho_i(BU) = \rho_{0,i} - \alpha_i BU_i \qquad (10-9)$$

式中：$\rho_{0,i}$ 是在考虑了满功率平衡裂变产物中毒后，燃料组件 i 的初始反应性；BU_i 是燃料组件 i 的燃耗深度；α_i 是组件 i 的反应性随燃耗变化的斜率。其中，$\rho_{0,i}$ 和 α_i 都跟燃料的富集度、组件的类型和栅格形状和尺寸有关，可由组件程序计算求得。

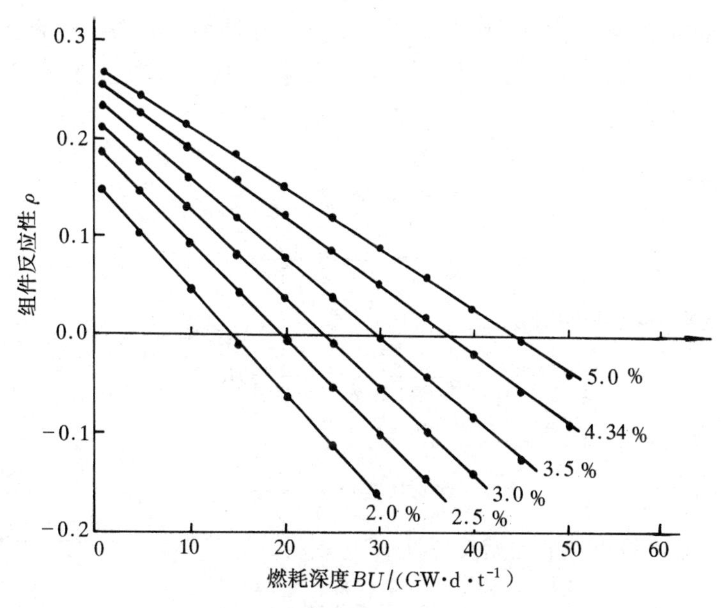

图 10-2　压水堆燃料组件的反应性随燃料富集度和燃耗的变化关系

式(10-9)通常称为“线性反应性模型”(LRM)，它在压水堆燃料管理的多循环分析中有着广泛的应用。对于大多数轻水堆组件来说线性反应性模型具有很好的精度。但是，对于那些含有可燃毒物的组件，尤其是当可燃毒物棒根数较多时，组件反应性随燃耗的变化关系就较为复杂。此时，一般可采用高阶多项式或通过列表插值方法来表示一定燃耗深度下组件的反应性；也可以跟泄漏反应性 $\Delta\rho_L$ 的处理相类似，用毒物反应性 $\Delta\rho_{BP}$ 来综合体现可燃毒物对堆芯反应性的影响，这时在式(10-3)或式(10-8)中应扣除 $\Delta\rho_{BP}$。$\Delta\rho_{BP}$ 需专门进行计算处理[3]。

泄漏反应性 $\Delta\rho_L$ 是点堆模型中另外一个需要处理的物理量。对一座1 000 MW级电站的反应堆来说，其泄漏反应性损失约为 4%。在实际中，一般将 $\Delta\rho_L$ 分为轴向泄漏反应性损失 $\Delta\rho_{L,A}$ 和径向泄漏反应性损失 $\Delta\rho_{L,R}$ 两项来进行处理。其中，$\Delta\rho_{L,A}$ 随反应堆的燃耗变化较小，它可由堆芯轴向中子通量密度近似成余弦分布加以估算出，一般约为 1%。$\Delta\rho_{L,R}$ 的处理则相对较为复杂，实际中，通常根据具体的堆芯布料方案来确定。例如，对于外-内装料方案，可在最外面一批燃料的组件反应性中扣除 $\Delta\rho_{L,R}$；而对纯粹的棋盘式布置，则可以在所有批料中均匀分配径向泄漏反应性损失。

从上面讨论可以看出，相对功率份额 f_i、组件反应性 ρ_i 及其随燃耗深度 BU_i 的变化关系以及泄漏反应性损失 $\Delta\rho_L$ 的确定是用点堆模型分析多循环燃料管理的三个重要问题。

3. 平衡循环特性分析

下面我们利用前面介绍的**点堆、线性反应性模型**，在假设各批料的相对功率份额相等的近似条件下来讨论平衡循环时燃料组件初始富集度 ε、循环长度和卸料燃耗深度等参量之间的关系。

考虑一个由 N_T 个燃料组件组成的 n 批换料堆芯运行在平衡循环序列。在此不妨先假设 N_T/n 恰好等于整数 N。在此情况下，每一循环从堆芯卸出的组件数都是 N 个。假设堆芯内各批料以相同的功率密度运行，即 $f_i=1/n$。此时堆芯反应性 ρ 按式(10-8)可以写成

$$\rho = \frac{1}{n}\sum_{i=1}^{n}\rho_i \tag{10-10}$$

式中：ρ_i 为批料 i 的反应性。此处 ρ_i 已考虑了泄漏反应性损失的效应。设每一循环的循环燃耗为 BU_c，令运行循环的满功率寿期末堆芯反应性为零，根据式(10-3)和式(10-9)，有

$$\rho_0 - \frac{1}{n}\sum_{i=1}^{n} i\alpha BU_c^n = 0 \tag{10-11}$$

利用

$$\sum_{i=1}^{n} i = \frac{n(n+1)}{2} \tag{10-12}$$

可得 n 批换料时的循环燃耗 BU_c^n 为

$$BU_c^n = \frac{2\rho_0}{(n+1)\alpha} = \frac{2}{n+1}BU_c^1 \tag{10-13}$$

而卸料燃耗 BU_d^n 为

$$BU_d^n = nBU_c^n = \frac{2n\rho_0}{(n+1)\alpha} \tag{10-14}$$

由上式和式(10-13)可得组件的初始反应性 ρ_0 与燃料的卸料燃耗深度之间的关系为

$$\rho_0 = \frac{n+1}{2n}\alpha BU_d^n \tag{10-15}$$

若知道燃料组件的初始反应性与初始富集度之间的关系(通常这可由组件程序计算求出)，则式(10-14)和式(10-15)便给出了平衡循环时循环能量需求、批料数和燃料组件初始富集度三者之间的关系。现分三种情况讨论如下。

(1)给定燃料组件的初始富集度(即固定燃料组件的初始反应性 ρ_0)。

当 $n=1$ 时，即堆芯由一批料构成，如船用反应堆的堆芯，此时循环燃耗深度和卸料燃耗深度相等，用 BU_d^1 表示，设批料的初始反应性为 ρ_0，则

$$BU_d^1 = \frac{\rho_0}{\alpha} \tag{10-16}$$

对于 n 批换料，由式(10-13)和式(10-14)可得

$$BU_d^n/BU_d^1 = \frac{2n}{n+1} \tag{10-17}$$

$$BU_c^n/BU_c^1 = \frac{2}{n+1} \tag{10-18}$$

图 10-3 给出了循环燃耗、卸料燃耗随批料数的变化关系。该图说明在保持新料富集度不变的情况下，循环燃耗 BU_c 随批料数 n 的增加而减小，而卸料燃耗 BU_d 却随批料数 n 的增加而增加。这个结论容易从物理上给予解释。在保持新料富集度不变的情况下，增加批料数就减少了循环初进入堆芯的新燃料组件个数，从而减少了堆内易裂变物质的数量，因而自然使循环长度缩短，循环燃耗降低。而另一方面，由于增加批料数将使燃料组件在堆内的停留时间

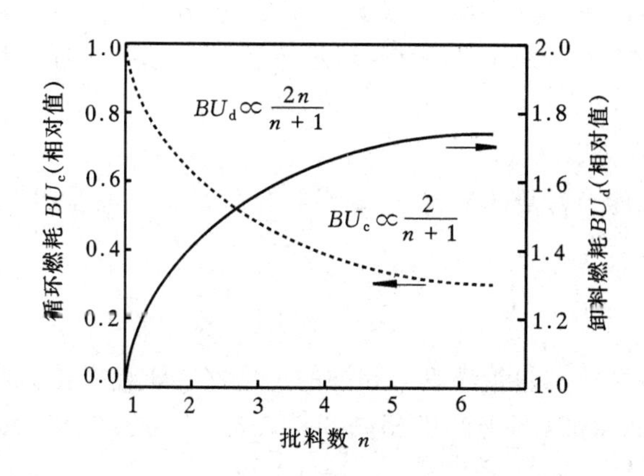

图 10－3　循环燃耗和卸料燃耗与批料数之间的关系

延长，因而卸料燃耗加深。

当 $n \to \infty$ 时，卸料燃耗 BU_d^∞，由式(10－17)为

$$BU_d^\infty = 2\frac{\rho_0}{\alpha} = 2BU_d^1 \tag{10-19}$$

实际上，最小的换料量是每次装/卸一个燃料组件，通常称为连续在线换料，如 CANDU 型反应堆和球床型高温气冷堆。这种装换料方式提高了卸料燃耗深度。

商用轻水堆一般选择 n 在 $2 \leqslant n \leqslant 5$ 范围内。如压水堆，常采用 3 批换料方式。在给定初始富集度的情况下，由式(10－17)知，3 批换料将使卸料燃耗深度比 1 批换料提高 50%。

在保持新料富集度不变的情况下，增加批料数除了可提高燃料的卸料燃耗外，还可降低循环初的堆芯剩余反应性，从而降低对反应性控制系统的要求。这对提高反应堆的安全性是十分有利的。设用 $\rho_{1,n}$ 表示批料数为 n 时堆芯循环初期堆芯的反应性，则有

$$\rho_{1,n} = \rho_0 - \frac{1}{n}\sum_{i=1}^{n-1} i\alpha BU_c^n = \rho_0 - \left(\frac{n-1}{2}\right)\alpha BU_c^n \tag{10-20}$$

因此在 n 批换料和 1 批换料情况下，式(10－20)和式(10－13)两者循环初的剩余反应性比值为

$$\frac{\rho_{1,n}}{\rho_{1,1}} = \frac{\rho_{1,n}}{\rho_0} = \frac{2}{n+1} \tag{10-21}$$

在 3 批换料情况下，可使循环初堆芯剩余反应性减小 50%。

(2)给定循环燃耗 BU_c。

许多核电厂在制订运行计划时，一般换料周期往往是固定的，如为 1 年或 18 个月。在这种保持循环燃耗或循环长度恒定的情况下，n 批换料堆芯所需的新料反应性可由式(10－15)导出，为

$$\rho_{0,n} = \frac{n+1}{2}\rho_{0,1} \tag{10-22}$$

式中：$\rho_{0,n}$ 表示 n 批换料情况下为获得某一循环燃耗所必需的新料初始反应性。

对于典型的压水堆燃料组件，其初始反应性与富集度有下列近似关系

$$\rho_0 \approx 0.1(\varepsilon - 1.0) \tag{10-23}$$

式中：ε 为以 ^{235}U 的重量百分比所表示的燃料的富集度。利用此关系式和式(10－22)，就可估

算出核电厂由 3 批换料改成 4 批换料时，为保持平衡循环的循环燃耗不变，必须将新料的富集度由 3 批时的 3%提高到 3.5%。而与此同时，根据式(10-14)，4 批换料情况下的卸料燃耗深度却为 3 批换料时的 4/3 倍。

(3)给定卸料燃耗深度。

在保持卸料燃耗深度为常数的情况下，新燃料组件的初始反应性(或富集度)随批料数的变化关系可由式(10-15)导出

$$\rho_{0,n}=\frac{n+1}{2n}\alpha BU_{\mathrm{d}}^{n}=\frac{n+1}{2n}\rho_{0,1} \tag{10-24}$$

此处假设不同初始富集度的燃料组件具有相同的反应性随燃耗变化的斜率。从式(10-24)可以看出，随着批料数 n 的增加，用于产生相同卸料燃耗所需的燃料组件的初始反应性可以降低，相对于 1 批装料方式，反应性减少量 $\Delta\rho_n$ 为

$$\Delta\rho_n=\frac{n-1}{2n}\rho_{0,1} \tag{10-25}$$

在连续换料($n\to\infty$)的情况下，新料初始反应性可降低至 1 批换料时的 1/2。降低了燃料组件的初始反应性就是降低了对新燃料组件的富集度要求，这也是采用连续换料的加拿大 CANDU 反应堆可以采用天然铀作为核燃料的一个原因。

虽然以上描述燃料初始反应性、批料数和循环燃耗或卸料燃耗之间关系的解析式是在一些近似条件下导出的，但是由它得出的定性结果是正确的、有用的。综上所述，可以看出一批换料量 N 或批料数 n 对循环特性有很重要的影响，如批料数 n 不变，通过提高新料富集度便可延长循环长度、加深循环燃耗，达到提高卸料燃耗的目的。例如对于压水堆，过去普遍采用 3 批年换料，20 世纪 80 年代以后逐步都改用提高燃料富集度延长循环长度到 18 个月的先进燃料管理策略，以提高卸料燃耗深度，降低燃料循环成本。但是应该注意卸料燃耗深度 BU_{d} 不能超过燃料允许的限值。

10.2.2 初始循环与过渡循环

平衡循环序列是性能指标最佳的循环序列，也是电厂运行过程中力图达到的目标运行循环序列。本节讨论如何从初始循环过渡到平衡循环。

初始循环是核电厂所有运行循环中唯一全部由新料组成堆芯的循环。在实际电厂运行过程中，由初始装载堆芯出发，可以通过多种方式逐步地向平衡循环过渡。下面我们讨论在给定循环燃耗或循环的能量生产，并给定换料批量 N，调节逐个循环的新料富集度的情况下，初始堆芯的燃料富集度的确定以及向平衡循环的过渡过程。

考虑一采用 n 批换料方式的初始堆芯，各批料的富集度为 $\varepsilon_1,\varepsilon_2,\cdots,\varepsilon_n$。在电厂的实际运行中，常常从第二循环开始就让新料采用平衡循环的富集度 ε，这时第一批料卸出堆芯，换进富集度为 ε 的新料，往后的循环序列依此类推，直到初始堆芯所有新料卸出为止，就认为堆芯开始进入“平衡”循环系列。

为使问题简化，并更清楚地定性地说明问题，仍采用前面分析所作的假设：线性反应性模型(LRM)，其斜率与富集度无关；各批料以相同功率运行，初始循环堆芯通常含有一定数量的可燃毒物，在此假设它对循环燃耗 BU_{c} 的影响很小。

设以 ρ_{0i} 表示各批料的初始反应性，堆芯的反应性 $\rho=\frac{1}{n}\sum_{i=1}^{n}\rho_{0i}$，根据在循环末堆芯反应性

等于零的条件,对前 n 个循环可分别列出下列方程:

$$\left.\begin{array}{ll}\text{第一循环末} & \sum_{i=1}^{n}\rho_{0i}-n\alpha BU_{c}=0 \\ \text{第二循环末} & \sum_{i=2}^{n}\rho_{0i}+\rho_{0}-(2n-1)\alpha BU_{c}=0 \\ \vdots & \vdots \\ \text{平衡循环末} & n\rho_{0}-\dfrac{n(n+1)}{2}\alpha BU_{c}=0\end{array}\right\} \tag{10-26}$$

式中:ρ_0 为平衡循环批料的初始反应性。在上式推导中应用了式(10-12)的关系式。根据最后一个方程,可以求出平衡循环反应性 ρ_0 与平衡循环燃耗之间的关系

$$\rho_{0}=\frac{n+1}{2}\alpha BU_{c} \tag{10-27}$$

同时由式(10-26)可以推得[1]

$$\rho_{0i}=\left(\frac{2i+1-n}{2}\right)\alpha BU_{c} \tag{10-28}$$

考虑到式(10-27)有

$$\rho_{0i}=\frac{2i+1-n}{n+1}\rho_{0} \tag{10-29}$$

根据反应性与富集度的关系,便可求出各批料的富集度 $\varepsilon_i(i=1,\cdots,n)$。假定对压水堆燃料组件,其初始反应性与富集度的近似关系可由式(10-23)决定,则由上式有

$$\frac{\varepsilon_{i}-1.0}{\varepsilon-1.0}=\frac{2i+1-n}{n+1}$$

由此得到

$$\varepsilon_{i}=\frac{(2i+1-n)}{n+1}\varepsilon+\frac{2(n-i)}{n+1} \tag{10-30}$$

初始堆芯 n 批料的平均富集度为

$$\bar{\varepsilon}=\frac{1}{n}\sum_{i=1}^{n}\varepsilon_{i}=\left(\frac{2}{n+1}\right)\varepsilon+\frac{n-1}{n+1} \tag{10-31}$$

应该指出,以上讨论是在一些简单近似的条件下进行的,有些条件与实际出入较大,如各批料的功率份额相等,初始循环的循环燃耗和以后平衡循环的相等等。而在实际的电厂运行中,为了提高初始循环燃料的利用率,初始循环的循环长度往往与平衡循环的循环长度有较大的差异,在这种情况下,初始堆芯燃料富集度的确定就变得复杂。另一方面由上述方法求出的初始循环各批料的富集度 $\varepsilon_1,\varepsilon_2,\cdots,\varepsilon_n$,从工程观点看有可能不一定合适(例如可能太小),我们希望初始堆芯各批料之间富集度不要相差太大。因而往往必须对求出的富集度进行调整。

目前,在工程中已开始采用优化方法来确定初始循环的燃料富集度。图 10-4 给出了某压水堆核电厂自初始循环开始各循环的循环燃耗的变化情况。该核电厂初始堆芯 3 批燃料调整后的富集度分别为 2.4% ^{235}U、2.672% ^{235}U 和 3.0% ^{235}U,从第 2 循环开始,换料富集度就采用平衡循环的换料富集度 3.0% ^{235}U。从图 10-4 可以看出,从第 5 循环开始,循环燃耗就已基本接近平衡循环燃耗了。

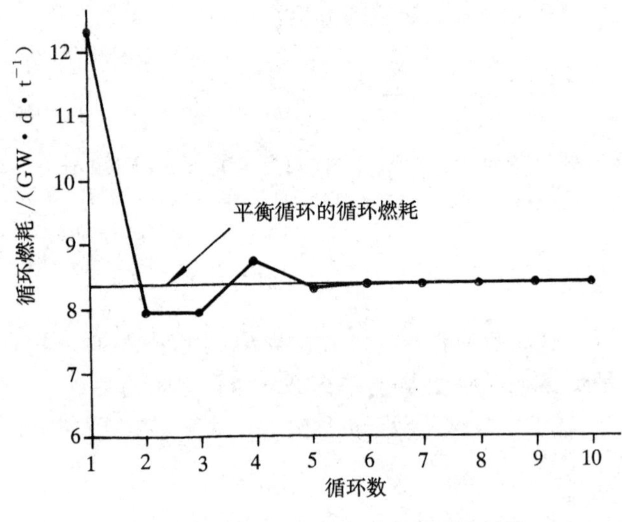

图 10-4 初始循环向平衡循环的过渡

10.3 单循环燃料管理与优化

10.3.1 堆芯换料方案

在分批换料时，新旧燃料应如何布置？这是换料方案应解决的问题。最简单的情况是假设在堆芯中采用均匀的装料方式，即在整个堆芯中采用相同富集度的燃料组件。在这种装料方式下，堆芯中心区域的中子通量密度高，寿期初堆芯的功率峰因子很大，因而限制了反应堆的输出功率。这是均匀装料方式的一大缺点。同时，在堆芯边缘的大部分区域，中子通量密度较低，燃耗速度较慢，卸出的燃料元件的燃耗深度很浅，因而反应堆的平均卸料燃耗深度也很浅，这是均匀装料方式的另一重大缺点。所以，目前动力堆都不采用这种方式进行装/换料。

为了克服均匀装料方式的缺点，通常采用非均匀的分区装料方式，在这种装料方式下，把堆芯在径向分成若干区域，然后在不同区域装载富集度和燃耗深度不同的燃料（见图 10-5）。例如，在某一压水堆中，从中心到边缘分为三区，三区燃料 ^{235}U 的富集度分别为 2.1%、2.6% 和 3.1%。换料时，先把富集度最低（燃耗深度最大）的一批组件卸出堆芯，然后替换上新的燃料组件。新的和旧的（已烧过的）燃料组件的相对布置可有多种方案供选择。现以压水堆为例，讨论下列几种换料方案。

1. 内-外换料方案

在这种换料方案中，芯部自内向外分为三区，新料装在堆芯最内区，烧过一个循环的燃料组件布置在第二区，而在最外区布置烧过两个循环的燃料组件（见图 10-5(a)）。换料时把最外区的燃料组件卸去，然后把中间两区的燃料组件依次分别移到第二区和边缘区，而在中心区装上新的燃料组件。这种分区装料方式可以使燃料燃耗比较均匀，从而，可以获得较高的平均卸料燃耗深度，同时由于新料放在中心区域，所以反应堆的中子泄漏损失较小，反应堆的寿期比较长。它的重大缺点是寿期初中心区域的中子通量密度很高，因而堆芯的功率峰因子较大，

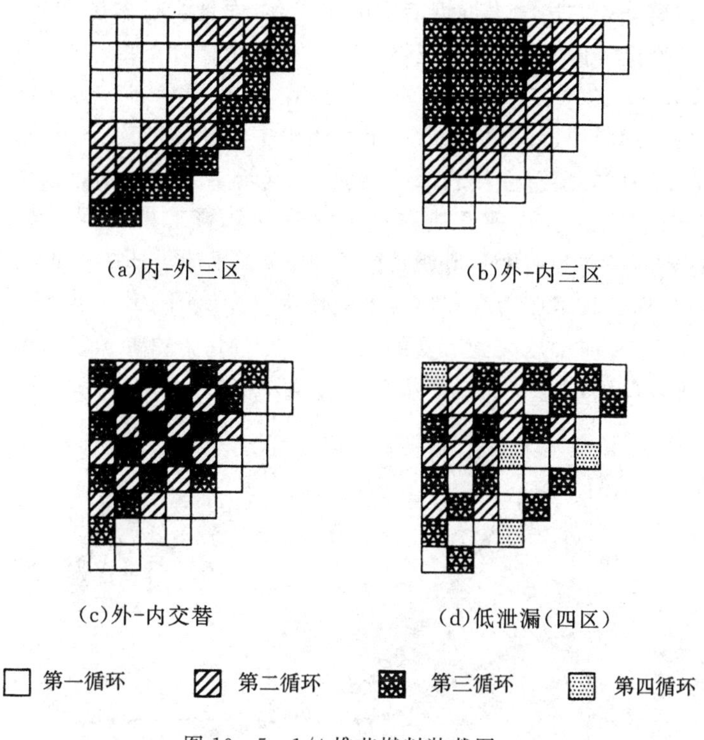

图 10-5　1/4 堆芯燃料装载图

限制了反应堆的功率水平。因此,在动力堆的实际运行中不采用这种装料方式。

2. 外-内换料方案

这种装料方式正好与前面内-外装料方案相反,新的燃料组件装在堆芯的边缘区(见图 10-5(b))。换料时,先把中心区的组件卸出,然后把中心区域以外的组件按批向内倒料。这种装料方案由于新料放在芯部边缘区,而中心则是已经过两个循环运行燃耗比较深的组件,因而可达到展平堆芯中子通量密度分布的目的,从而使功率峰因子下降。它的缺点是由于新料布置在堆芯边缘,因此使得堆芯的泄漏反应性损失较大,从而使堆芯循环长度缩短。

3. 外-内分区交替换料方案

这是压水堆传统的一种装料方式,它是在外-内装料方案基础上发展起来的。新料仍然放在堆芯外区,而堆芯内部则把已在堆内燃烧了一个和两个循环的燃料组件像图 10-5(c)中所示那样分散交替地排列。这样,一方面由于新料装在堆芯最外区,展平了全堆芯的中子通量密度分布,降低了整体功率峰;另一方面,由于堆芯内局部的反应性分布也比较均匀,因而中心区域的中子通量密度分布将像精细的波浪形,降低了局部功率峰因子。此外在换料时,由内区卸下燃耗最深的经过了三个循环的燃料组件,并用最外区已经历了一个循环的组件来填充,然后在最外区装上新的燃料组件。这样每次换料时不必移动堆芯中所有的燃料组件,从而缩短了换料时间,装卸料也比较简单,所以它在 20 世纪 80 年代曾被广泛地采用。

4. 低泄漏换料方案

这是自 20 世纪 70 年代末开始发展起来的一种压水堆的装料方式,目前世界上多数压水堆核电厂均采用了该换料方案。它吸收了前面几种换料方案的优点,在这种换料方案中,新燃料组件多数布置在离开堆芯边缘靠近堆芯区的位置上，而把烧过两个循环以上燃耗深度比较大的组件安置在芯部最外面的边缘区，把烧过一个和两个循环的组件交替地布置在堆芯的中间区（见图 10－5(d)）。这种装料方案的重要优点在于：由于新料布置在堆芯偏内的区域，最外区是燃耗深度较大的辐照过的组件，所以堆芯边缘中子通量密较低，从而减少了中子从堆芯的泄漏，提高了中子利用的经济性和芯部的反应性，延长了堆芯寿期。或者，在保持循环长度和新料组件数不变的情况下，这种低泄漏换料方案的新料富集度可比外-内装料方案减少5%～10%。更重要的是由于快中子泄漏的降低，减少了反应堆压力壳的中子注量，降低了对压力壳的热冲击，从而延长了压力壳和反应堆的使用寿命。图 10－6 给出了在外-内交替和低泄漏两种换料方案下，反应堆压力壳所受的能量高于 1 MeV 的中子辐照情况，从该图的比较可看出低泄漏方案在降低压力壳辐照损伤方面的显著效果。

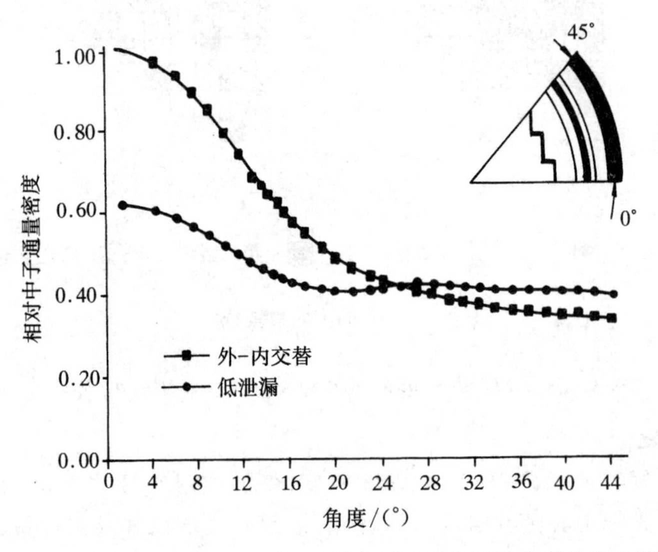

图 10－6　压力壳内 $E>1$ MeV 的中子通量密度随角度的变化情况[3]

但是，低泄漏装料也带来了新的问题。由于新燃料组件被移到堆芯内部，因而使功率峰值较外-内装料方案时增加。为了得到可接受的功率峰值，除了恰当地对燃料组件进行合理布置外，还必须采用一定数量的可燃毒物来抑制功率峰。但是可燃毒物棒的使用却可能带来另一副作用，即在循环寿期末可燃毒物未能全部烧完，尚残留一小部分，这就减少了反应堆的剩余反应性，缩短了堆芯的寿期，带来所谓的可燃毒物反应性惩罚。另一方面，在传统的外-内装料方案中，新燃料组件放最外区，除第一循环外，一般不采用可燃毒物，因而功率峰值将随燃耗的增加而减少（见图 10－7），所以，在换料方案设计时一般只要保证循环寿期初满足功率峰值的约束条件就可以了。但是在低泄漏换料方案中，由于采用了大量的可燃毒物，而可燃毒物随着燃耗深度增加将不断消失，因此功率峰值可能随燃耗的增加而增大，所以在低泄漏换料方案中应检验整个循环寿期内功率峰值的变化，使其满足安全约束条件。低泄漏换料方案的堆芯装-换料方案设计要比通常的换料设计复杂得多，因为除了要确定各种燃料组件在堆芯的布置外，还需要解决可燃毒物的合理分布问题。在低泄漏的换料方案中，由于燃料组件和可燃毒物的布置有多种可能，因此在换料方案设计时需要根据经验对各种可能的方案进行详细比较分析或通过优化来确定。

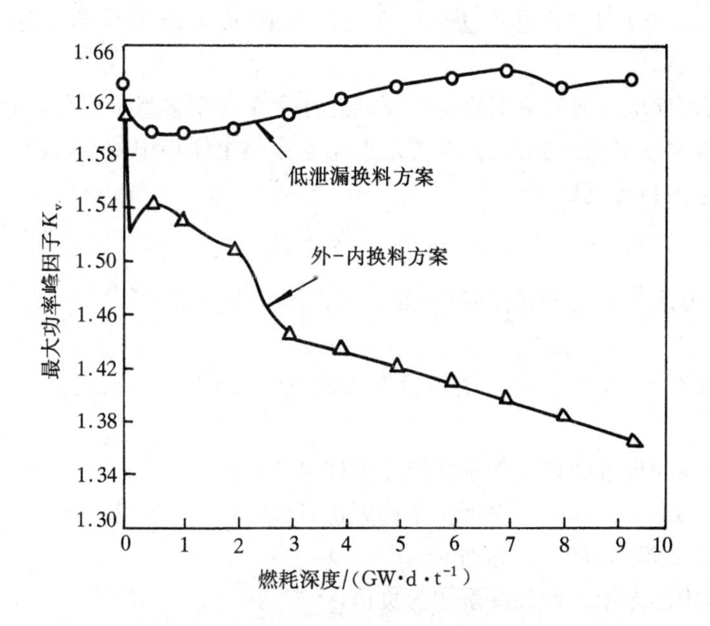

图 10-7　功率峰因子随燃耗的变化[5]

10.3.2　堆芯换料设计优化

堆芯换料设计优化的任务就是要在多循环燃料管理所确定的燃料管理策略下，在确保核电厂安全运行的前提下，寻求堆内燃料组件和可燃毒物的最优空间布置，以使核燃料循环能量成本最小。由于要准确计算循环的能量成本必须进行经济性分析，而这是比较复杂的，因此，在实际的换料设计优化中，人们常选择一些直接和燃料循环成本有关的非费用函数作为优化时的目标函数。常用的有以下几种。

(1)循环末从反应堆卸出的燃料组件的平均卸料燃耗深度 $\boldsymbol{B}_{\mathrm{d}}$ 最大，即

$$\max \boldsymbol{B}_{\mathrm{d}}(\boldsymbol{B}(i,j),\boldsymbol{B}_{\mathrm{a}}(i,j)) \tag{10-32}$$

式中：$\boldsymbol{B}(i,j)$和 $\boldsymbol{B}_{\mathrm{a}}(i,j)$为控制变量，分别表示组件$(i,j)$的燃耗深度和可燃毒物的含量；其中$(i,j)$表示组件在堆芯中的位置。

(2)循环初(BOC)堆芯燃料的装载量与循环期间所产生的能量之比为最小，这等价于：

①对于给定的 BOC 堆芯燃料富集度，使循环长度 T_{c} 最长，或使循环的能量输出最大，即

$$\max T_{\mathrm{c}}(\boldsymbol{B}(i,j),\boldsymbol{B}_{\mathrm{a}}(i,j)) \tag{10-33}$$

②对于给定的循环长度或能量输出，使 BOC 堆芯燃料装载量最小。

(3)对给定的 BOC 燃料富集度和循环长度，使循环末(EOC)堆芯反应性或临界可溶硼浓度 C_{B} 最大，即

$$\max \rho_{\mathrm{EOC}}(\boldsymbol{B}(i,j),\boldsymbol{B}_{\mathrm{a}}(i,j)) \text{ 或 } \max C_{\mathrm{B,EOC}}(\boldsymbol{B}(i,j),\boldsymbol{B}_{\mathrm{a}}(i,j)) \tag{10-34}$$

(4)在许多情况下，从安全角度出发把要求在整个循环期间堆芯的最大功率峰因子 K_V 最小作为目标函数，即

$$\min K_V(t) = \min \frac{P_{\max}(\boldsymbol{r},t)}{\dfrac{1}{V}\int P(\boldsymbol{r},t)\mathrm{d}V} \tag{10-35}$$

式中：分子 $P_{\max}(\boldsymbol{r},t)$ 为 t 时刻堆芯内功率密度的最大值，而分母则是该时刻堆芯的平均功率密度。

在实际中，压水堆堆芯装料方案设计优化问题往往是一个多目标优化问题，例如从经济上要求寿期末可溶硼浓度最大，同时从安全要求上又希望整个循环中功率峰因子最小等，这时可以构造一个更合适的目标函数 $\overline{f}$

$$\max\overline{f} = \max\sum_{i} a_i f_i \tag{10-36}$$

式中：f_i 为第 i 个要求最大化的目标函数，如 $C_{\mathrm{B,EOC}}$；a_i 为加权系数。

约束条件

在换料设计优化中，从工程和安全等角度出发，往往提出一些限制条件。常用的约束条件有：

(1)整个循环期间堆芯的最大功率峰值小于许可值；

(2)燃料组件的最大卸料燃耗深度小于许可值，随着燃料组件设计的改进，燃料组件卸料燃耗的许可值在不断提高，目前已达到 62 GW · d/tU；

(3)在寿期内堆芯的慢化剂温度系数为负值；

(4)停堆深度不低于某一规定值；

(5)新料的富集度小于某一规定值，这往往是燃料供应商提出的约束条件。

研究上述目标函数与反应堆的状态方程不难发现堆芯换料设计优化问题具有如下的特点：

(1)该优化问题是一个与时间有关的动态规划问题；

(2)由于燃料组件位置、可燃毒物的数量等控制变量在可行域内是离散变化的，因而该问题必须用比通常连续变量优化还困难得多的整数规划方法求解；

(3)问题的非线性，例如堆芯的燃耗分布与堆芯功率分布之间存在着密切的互相依赖关系；

(4)目标函数与部分约束条件不能用表达式直接表示。它们的值只能通过求解复杂的反应堆多维中子扩散方程和燃耗方程来获得；

(5)需多次重复地进行堆芯的扩散-燃耗计算。

上述特点使得堆芯换料优化问题变得非常复杂、耗时而且很难处理。

同时由于控制变量数目的增加，使问题的规模变得异常大。例如用整数规划求解堆芯燃料组件优化布置方案时，典型的三区装载压水堆堆芯含 193 个燃料组件，即使在堆芯 1/4 对称布置且无可燃毒物的条件下，也有量级为 10^{43} 个堆芯装载方案，因此，要通过有限量的计算在这么巨大的搜索空间中找出一个全局最优的方案是极其困难甚至是不可能的。正因为如此，在实际工程中就常采用一些近似的方法。

多年来，人们一直对这个问题给予很大的重视并努力寻求解决问题的办法。首先致力于寻找简化和缩小问题规模的办法，例如对问题的线性化，变量之间的脱耦等办法；其次是研究先进快速的堆芯中子学的计算方法，以提高计算可行解的能力和速度；最后研究开发先进和有效的优化技术，以提高搜索的范围、能力和速度，如模拟退火、遗传算法等先进优化方法在堆芯方案设计优化中的应用。

人们最早、最直观的办法便是根据设计和运行的经验采用直接搜索的方法进行换料方案的设计，但由于可行解方案的庞大以及经验的有限，因此往往耗时太大或陷于局部最优，难于找到全局最优的理想方案，后来随着优化技术的进步出现了“专家系统”和“神经网络”等应用，大大提高了搜索的空间和能力，提高了计算效率和精度。

20世纪80年代曾提出了用脱耦方法把燃料组件和可燃毒物布置优化问题分开处理，以减少问题的规模。它们的思想是把优化问题分解成两步处理。第一步先寻找没有可燃毒物的堆芯的最佳装载方案，使得循环末的组件卸料燃耗深度最大，并满足寿期内功率峰限值要求。第二步是以上述求出的功率分布为基础寻求可燃毒物的合理分布（可燃毒物数量和位置）。它们的优点是简化了问题，提高了计算效率。但是由于作了脱耦、线性化等近似，因而在如何保证解的全局最优性等问题方面还须进一步探讨，这使得它们在工程上未能获得广泛的应用。

近年来由于计算机及计算技术的发展，核燃料管理优化计算方法也有了很大发展，除了上面讨论的一些属于确定性的传统优化方法（线性规划、非线性规划、动态规划、直接搜索、专家系统以及人工智能神经网络的应用等）有进一步改进与完善外，一些随机优化方法也在堆芯换料设计优化中得到了应用，这些方法包括：模拟退火方法和遗传算法。初步的研究结果表明它们有很大的应用潜在优势和前景。

参考文献

[1] DRISCOLL M J. The Linear Reactivity Model for Nuclear Fuel Management, American Nuclear Society, La Grange Park, Illinois, USA, 1990.

[2] PARK Y S, KIM J H, LEE Y O, et al. Establishing the Long Term Fuel Management Scheme Using Point Reactivity Model [J]. Journal of Nuclear Science. and Technology, 1994, 31(10): 1001 - 1010.

[3] REMEC, et al. Utilization of Low Leakage Loading Schemes for Pressure Vessel Neutron Exposure Reduction IAEA - TECDOC - 567 [R]. VIENNA: s. n. , 1990.

[4] DOWNAR T J, SESONSKE A. A Light Water Reactor Fuel Cycle Optimization: Theory Versus Practice[M]//UEFFERY L, MARTIN B. Advances in Nuclear Science and Technology. Berlin: Springer, 1988: 71 - 126.

第 11 章

堆芯核设计概述

核反应堆设计主要包括堆芯核设计、热工水力设计、反应堆控制系统设计、屏蔽设计、机械设计、热力学分析、安全分析及经济性分析等，是一项极其复杂的系统工程，需要各专业技术人员的相互配合完成。其中，堆芯核设计是核反应堆设计的基础和起点，为后续设计与分析提供初始的堆芯方案和必要的输入参数。堆芯核设计的过程是对反应堆物理理论和计算方法的综合运用，本章将简要介绍其任务、设计方法和流程。

11.1 堆芯核设计基础

在开展堆芯核设计之前，首先需要确定设计任务和设计准则，以保证反应堆能够在预期的运行工况下安全运行，并在事故工况下保证安全。

通常的核设计任务主要包括[1]：①确定反应堆在额定功率和燃耗寿命下的堆芯参数；②明确燃料装载和换料方式；③提供合理的堆芯功率分布及反应性控制方式；④为反应堆运行瞬态和事故工况留有足够的安全裕度；⑤保持堆内合理的功率密度及加深卸料燃耗深度安全经济运行。

从核设计的角度，常用的设计准则包括[2]以下几点。

(1)堆芯具有负的反应性反馈。对于装载低富集度燃料的压水堆堆芯，燃料温度反馈是负的，需要通过设计使得慢化剂的温度反馈为负值或零，以提高反应堆的固有安全性。

(2)最大反应性的引入率不超过限制。反应堆运行过程中由于控制棒的抽出或硼的稀释引入的反应性必须小于规定值，以避免出现过短的反应堆周期。

(3)反应堆具有足够的停堆裕量。反应堆在一束具有最大反应性的控制棒被卡在堆外的情况下，从任意运行工况停堆到冷态无中毒的停堆裕量应大于 2～3β。

(4)最大燃耗深度限值。最大卸料燃耗深度不超过所选择的燃料组件类型的燃耗深度限值。例如，现有的 UO_2 燃料要求最大卸料燃耗深度不大于 52 000 MW・d/tU。

(5)反应堆运行中不发生功率振荡。反应堆在稳定功率输出时，不应出现功率的空间振荡，若出现则应能被测出并加以抑制或实行保护停堆。

当然，堆芯设计的准则除了包括核设计的准则，还包括热工水力设计准则等多个方面，常用的热工水力设计准则有：燃料芯块中心温度应低于相应燃耗下的熔化温度、燃料元件外表面不允许发生偏离核态沸腾等。

在此基础上，堆芯核设计主要包括三方面的内容：堆芯栅格和装载方案设计、反应性控制方案设计和堆芯燃料管理方案设计[1]。

在堆芯栅格和装载方案设计中，通过燃料富集度、栅格参数选择、组件结构、组件布置、反应性控制方式等设计，提出初始的堆芯参考方案，计算堆芯寿期内剩余反应性的变化、反应堆功率随空间和时间的变化以及功率不均匀系数，确保堆芯设计满足反应堆寿期要求和功率不均匀性的限值。

在反应性控制方案设计中，通过计算反应堆运行过程中的各种反应性效应，包括堆芯各类反应性反馈系数，如燃料温度系数、慢化剂温度系数、反应堆功率亏损、各种裂变产物中毒的效应以及各种控制毒物的价值等，设计合理的反应性控制方案以确保能够在反应堆运行过程中有效地控制和补偿反应性的变化，并确保反应堆具有足够的停堆裕量。

在堆芯燃料管理方案设计中，通过燃耗分析并根据燃耗计算结果，进行燃料管理方案优化和换料安全评价，使得反应堆在满足安全限值的条件下实现更好的经济效益。

反应堆设计首先要确定堆芯的主要参数，这些参数不仅包括反应堆功率输出、反应堆尺寸、燃料类型等宏观参数，还包括初步提出的燃料棒尺寸、燃料棒间距、组件中的燃料棒排列、可燃毒物棒布置等具体参数。本章以装载 UO_2 燃料的压水堆为例，介绍部分主要堆芯参数的确定方法，包括：燃料参数的确定、堆芯几何大小的确定、总的被控反应性的大小以及堆内的燃料管理策略等。

11.2　燃料参数的确定

对于堆型确定的反应堆，其可选择的燃料形式也基本确定。目前，压水堆几乎全部采用 UO_2 燃料（部分堆芯会装载少量的 MOX 燃料），因此，燃料初始参数的选择通常包括燃料富集度的确定、燃料尺寸的选择、包壳材料及厚度以及燃料栅格的水铀比的确定。

燃料富集度决定着反应堆的初始剩余反应性，而反应堆初始剩余反应性的大小与预期的卸料燃耗深度密切相关。在反应堆设计中，通常采用线性反应性模型（见图 10 - 2）。根据这一关系，可以初步给出某个卸料燃耗深度目标下的富集度选择范围。当然，由于初始剩余反应性的设计不仅仅取决于燃料富集度，在后续的核设计中还需要通过详细的物理计算对选择的燃料富集度进行修正，以满足堆芯寿期的要求。目前压水堆燃料富集度一般选取在 2%～5% 之间。

在选择和确定燃料棒直径时，需要综合考虑物理、热工和机械结构等多方面的影响。从物理的角度看，燃料棒越细，空间自屏效应的影响越小，逃脱共振俘获的概率会减小，同样富集度下燃料的初始剩余反应性会越小。另外，^{238}U 对中子的共振吸收增加会使得转换比增加。从热工的角度看，在满足燃料表面热流密度要求的条件下，更细的燃料棒意味着线功率密度的减小，从而增大了热工裕量，有利于反应堆安全。而燃料棒变细带来的燃料平均温度降低也减小了温度效应导致的反应性损失，补偿一部分由于共振吸收增大导致的反应性减小。近代压水堆堆芯较多考虑堆芯热工安全裕度，设计中趋向于采用较细的燃料棒径，在燃料组件中采用 17×17 排列，组件中燃料棒外径一般选择在 9～10 mm。

燃料棒由轴向布置的燃料芯块组成，燃料芯块装在金属制成的管状包壳中。燃料棒的包壳材料必须满足堆芯高温、高压、腐蚀、辐照等苛刻条件的要求。目前常见的包壳材料主要有锆合金和不锈钢。二者相比，不锈钢具有较大的热中子吸收截面，尤其是在压水堆中，其中子学性能较差，目前的压水堆主要采用锆合金的包壳，如 Zr-4 合金。包壳的厚度主要考虑结构强度的要求。随着反应堆的运行，裂变气体会显著增大包壳内的压力，因此，包壳厚度必须满足在最大卸料燃耗深度下结构的完整性，一般选择 0.5～0.6 mm。近年来，一些新的包壳材料被提出并广泛研究，如 SiC、Fe-Cr-Al 合金等。

燃料栅格的水铀比是燃料参数选择中至关重要的参数。由第 6 章的介绍可知,压水堆实现负的慢化剂温度系数主要取决于水铀比的设计。压水堆设计应选择欠慢化的燃料栅格参数。目前,压水堆燃料组件内栅格的水铀比一般设计为 1.5～2.0 左右。

11.3 堆芯几何尺寸的确定

在确定了燃料棒参数以后,需要确定堆芯几何尺寸,具体包括堆芯体积、高度和堆芯内燃料组件的数量。堆芯几何尺寸的确定需要综合考虑堆芯功率需求、热量交换以及功率不均匀系数等因素。通常的做法是在给定堆芯额定功率的基础上,通过线功率密度的限值确定堆芯燃料棒的需求量,并进而给出初始的堆芯高度和等效直径以及燃料的总装载量。

确定堆芯尺寸需要确定堆芯的最大线功率密度限值。反应堆设计要求在各种运行工况下燃料中心温度不超过燃料的熔化温度。燃料棒内温差与线功率密度的关系可以表示为

$$q_{\max} = 4\pi k_f (T_0 - T_s) \tag{11-1}$$

式中:$q_{\max}$为燃料棒的最大线功率密度;T_0、T_s 为燃料棒中心温度和表面温度;k_f 为燃料芯块热导率。

考虑燃料熔化的极端情况,燃料中心温度取 2 800 ℃,表面温度取 350 ℃,热导率取 0.025 W/(cm · K),由此确定的最大线功率密度约为 660 W/cm。但是在实际的堆芯设计中,考虑基准事故工况,允许的最大线功率密度必须小于该限值[2]。

堆芯的尺寸需要由堆芯平均线功率密度确定,平均线功率密度与最大线功率密度的关系为

$$\bar{q} = q_{\max}/F_Q \tag{11-2}$$

式中:F_Q 为堆芯功率不均匀系数,也称**热点因子**。对压水堆堆芯,功率不均匀系数为径向功率不均匀系数 F_{xy} 与轴向功率不均匀系数 F_z 的乘积。目前的压水堆中通过组件分区布置、可燃毒物装载等各种功率展平措施,使得堆芯径向功率的不均匀性大大降低,一般径向的不均匀系数略大于 1,全堆的不均匀系数在 2～2.5 之间。值得注意的是,由于燃料制造等各个环节不可避免地引入误差,一般不仅需要考虑核热点因子,即这里所说的 F_Q,还要考虑工程热点因子。核热点因子与工程热点因子的乘积才为最终使用的 F_Q,在设计时可取 2.5 左右。

堆芯平均线功率密度与堆芯活性区总长的乘积即为**堆芯热功率**,若给定堆芯活性区的高度,则可以推出所需的燃料棒的总数。这里需要注意的是,每次裂变产生的能量并非全部留在燃料内,裂变产生的各种射线会将能量传递给各种堆内构件等结构材料。因此,在计算功率时一般考虑燃料释放的功率占堆芯总功率的一定份额,这一份额与具体堆型有关,对压水堆一般都在 95%以上。堆芯内燃料棒的总数 N 可以由下式确定

$$N = \frac{F_f P F_Q}{q_{\max} H} \tag{11-3}$$

式中:F_f 为堆芯燃料功率占总功率的份额;P 为反应堆功率;H 为堆芯活性区高度。

由于燃料参数已经确定,因此由平均线功率密度同样可以获得堆芯的等效直径 D_{eq},为

$$D_{eq} = \sqrt{\frac{4NA}{\pi}} \tag{11-4}$$

式中:A 为每个燃料栅元的截面积。

实际上，由此得到的等效直径略小于堆芯应有的等效直径，这是由于在计算中未考虑燃料以外的栅元，如吸收体、中子通量测量通道等占的面积。而结合式(11－3)、式(11－4)可见，获得堆芯尺寸需要给出堆芯活性区的高度。通常在设计中给出的并非堆芯高度而是堆芯的高径比，即高度与堆芯等效直径的比值。通常，考虑到中子泄漏、制造成本和堆内冷却剂压降等方面的影响，压水堆的高径比取 0.9～1.5 左右。

11.4　堆芯反应性控制设计

正如本书第 8 章所述，反应性控制是反应堆运行中关键的环节，在初始堆芯方案提出时就需要对反应堆反应性的控制方案进行必要的设计。反应堆被控的反应性包括堆芯的剩余反应性和停堆裕量，对压水堆来说主要依靠控制棒、可燃毒物和硼酸等进行综合的控制。由于不同控制方式的特点和适用的条件各不相同，对几种控制方式各自的可控反应性也需要进行适当的分配，从而给出初步的控制方案，为后续详细的反应性控制设计计算提供参数。

随着反应堆的运行，燃料的燃耗和裂变产物的积累导致剩余反应性不断减小，功率的提升也会导致剩余反应性的损失。为了补偿这些损失，需要设计足够的反应性控制的量。由于控制棒插入极限等的限制，压水堆中的主要反应性补偿通常由化学补偿的方式实现，为了避免硼浓度过大导致的正的慢化剂温度系数，反应堆中会限制最大的硼浓度并装载一定的可燃毒物对剩余反应性进行补偿。

为了保证停堆后反应堆不会重返临界，反应堆运行时要求在任意运行工况下都具有足够的停堆裕量。停堆裕量也是运行时间和温度的函数。例如，对于“冷”的、“清洁”的堆芯，即处于室温下且没有燃耗和裂变产物积累的堆芯，其停堆裕量与在功率下运行一段时间以后的堆芯很不同。典型的停堆裕量选取的标准是：即使一束价值最大的控制棒组件被卡在安全抽出的位置时(即设计准则之一的卡棒准则)，在冷态无中毒工况下，停堆裕量仍应大于 1%。停堆裕量不仅表示了停堆状态下的堆芯次临界特性，也可以表示事故停堆或紧急停堆时反应堆功率水平下降的速率。对停堆裕量的实现通常依靠控制棒的作用，控制棒快速灵活的特点决定在紧急状态下可以迅速向堆芯引入大的负反应性。图11－1给出了一个典型压水堆中总的被控反应性的量和不同控制方式的分配情况[4]。

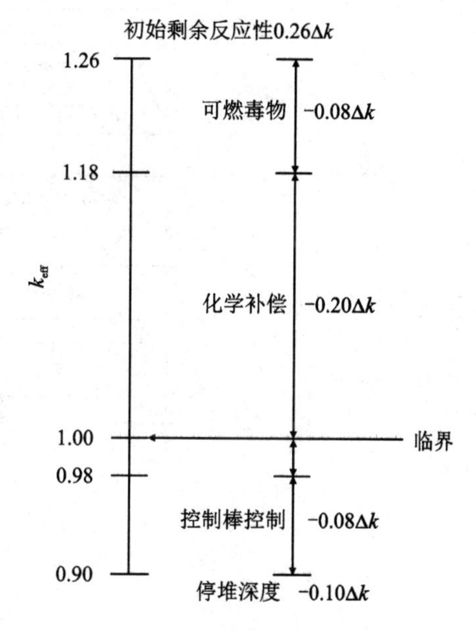

图 11－1　压水堆反应性控制的量

11.5　堆芯核设计计算

堆芯核设计计算是对堆芯的主要物理性能参数进行计算，判断其是否满足设计目标和设计准则，并以此为依据进行方案的调整和优化。堆芯核设计计算的主要内容包括：堆芯燃耗和燃料管理计算、功率分布计算、关键安全参数计算和动力学参数计算等。

11.5.1　堆芯燃料管理计算

本书 6.2 节中，我们介绍了栅格均匀化计算的基本思路。堆芯燃料管理计算，是在栅元和组件均匀化的基础上，利用所获得的少群均匀化群常数，进行全堆芯的三维扩散计算，获得堆芯在各类典型运行工况下的反应性(或者有效增殖系数)以及三维中子通量密度(或者功率)分布，并以此为基础进行相应的堆芯热工水力计算和燃耗计算，通过迭代和反复计算，获得整个循环寿期内的功率分布及功率峰因子。计算流程如图 11－2 所示。此外，通常还需要获得安全分析所必需的关键安全参数，包括硼微分价值、慢化剂温度系数、燃料温度系数、功率系数、停堆裕量等。

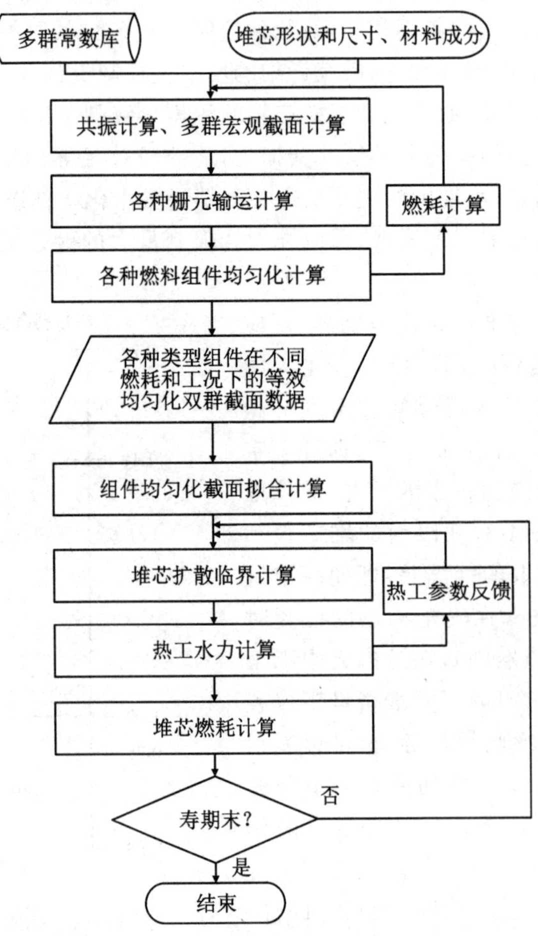

图 11－2　堆芯燃料管理计算内容及流程

11.5.2　堆芯功率分布计算

堆芯功率分布直接关系到堆芯燃料棒的烧毁和熔化安全，堆芯核设计要求功率分布在 95%置信度下，保证功率分布满足以下准则。

(1)在Ⅰ类工况(正常运行工况)下,燃料最大线功率密度不超过基准事故安全准则确定的限值;Ⅱ类工况(非正常瞬态工况)不超过燃料熔化限值;Ⅰ、Ⅱ类工况燃料表面不出现偏离核态沸腾(DNB)现象。

(2)在异常工况下,包括最大超功率情况,线功率密度峰值不应导致燃料熔化。

(3)燃料管理中的功率分布应使燃料棒功率值和燃耗值与燃料棒的机械结构完整性分析中的假定值一致。

(4)功率分布下的燃料棒功率不应超过线功率密度峰值限制,并应考虑1%的测量误差。

堆芯功率分布计算的主要目的是确定Ⅰ类工况的运行限值和Ⅱ类工况的保护定值。为了获得以上限值,必须对堆芯径向和轴向功率分布进行计算。

在执行堆芯燃耗计算的过程中,可以同时获得堆芯不同燃耗下的三维功率分布。目前的堆芯物理计算程序多采用节块法进行堆芯三维扩散计算,因此堆芯三维的功率分布以节块功率的形式给出。通常将一个组件在径向上划分为 4 个节块、轴向上分为十几到二十几个节块,如果需要,还可以通过重构的方法获得每根燃料棒上的功率分布。利用计算得到的三维功率分布,就可以计算出堆芯的径向和轴向功率峰因子,分别由式(11-5)和式(11-6)给出,为

$$F_{xy}=\frac{\frac{1}{H}\int_0^H P(x_0,y_0,z)\mathrm{d}z}{\frac{1}{V}\int_V P(x,y,z)\mathrm{d}V} \tag{11-5}$$

$$F_z=\frac{P(x_0,y_0,z_0)}{\frac{1}{H}\int_0^H P(x_0,y_0,z)\mathrm{d}z} \tag{11-6}$$

式中:$P(x_0,y_0,z)$为堆芯热通道的功率密度分布;$P(x_0,y_0,z_0)$为堆芯热通道内最大(节块)功率密度。

堆芯的功率分布在反应堆运行过程中会随着燃耗、控制棒的移动等堆芯状态的改变而发生不断的变化,因此需要计算堆芯各种典型状态下的功率峰因子以评价堆芯在各种运行工况下的功率分布。

图 11-3～图 11-6 给出了典型百万千瓦级堆芯几种工况下 1/4 堆芯平面上的归一化径向功率分布。

由于慢化剂密度差异及控制棒插入等影响,堆芯轴向功率分布并非上下对称,通常寿期初功率峰在堆芯下部而寿期末会发生一定的变化。图 11-7～图 11-9 给出了典型百万千瓦级压水堆堆芯寿期初、寿期中和寿期末的轴向功率分布。

在评价堆芯轴向功率分布时,更多的时候还需要关注堆芯上下部功率的差别。轴向功率偏差和轴向功率偏移就是描述堆芯轴向功率分布的运行物理量,分别由式(11-7)、式(11-8)给出。

$$\Delta I=P_\mathrm{T}-P_\mathrm{B} \tag{11-7}$$

$$AO=\frac{P_\mathrm{T}-P_\mathrm{B}}{P_\mathrm{T}+P_\mathrm{B}} \tag{11-8}$$

式中:P_T、P_B 为堆芯上半部、下半部的相对功率。

堆芯的功率不均匀系数,即通常所说的热点因子为径向和轴向功率峰因子的乘积。但实际上,这里的结果只考虑了理论上的计算值。在反应堆实际设计中,还需要考虑径向氙振荡的

0.867	0.895	0.798	0.642				
0.904	1.048	0.873	1.003	0.973	0.701		
1.038	0.958	1.024	0.958	1.007	0.968	0.701	
1.034	1.159	1.015	1.101	1.257	1.007	0.973	
1.215	1.084	1.204	1.053	1.101	0.958	1.003	0.642
1.077	1.220	1.095	1.204	1.015	1.024	0.873	0.798
1.114	1.055	1.220	1.084	1.159	0.958	1.048	0.895
1.007	1.114	1.077	1.215	1.034	1.038	0.904	0.867

图 11-3　径向功率分布(寿期初、热态满功率、控制棒全提、平衡 Xe 中毒)

0.840	0.854	0.781	0.628				
0.923	1.107	0.892	1.024	0.929	0.670		
1.108	0.985	1.098	0.980	1.067	1.008	0.670	
1.017	1.160	1.016	1.156	1.214	1.067	0.929	
1.174	1.031	1.178	1.037	1.156	0.980	1.024	0.628
1.026	1.175	1.034	1.178	1.016	1.098	0.892	0.781
1.139	1.020	1.175	1.031	1.160	0.985	1.107	0.854
1.008	1.139	1.026	1.174	1.017	1.108	0.923	0.840

图 11-4　径向功率分布(寿期初、热态满功率、主调节棒插入、平衡 Xe 中毒)

影响、各种工程原因导致的不确定性、燃料密实化的影响等,因此,最终堆芯的功率峰因子通常表示为

$$F_{\mathrm{Q}}^{\mathrm{T}} = \max[F_{xy}(z)P(z)F_{\mathrm{Xe}}S(z)F_{\mathrm{Q}}^{\mathrm{E}}] \tag{11-9}$$

式中:$P(z)$为堆芯轴向功率分布,即 z 高度节块的相对功率;F_{Xe} 为径向氙振荡因子,一般取 1.03;$S(z)$为燃料密实化因子,对Ⅰ类工况取 1.0,Ⅱ类工况大于 1.0;$F_{\mathrm{Q}}^{\mathrm{E}}$ 为总的不确定性,通常也称作工程热点因子。

对传统的压水堆,通常认为寿期初的功率峰因子最大,随着燃耗的进行功率峰会逐渐减

0.877	0.880	0.825	0.666				
0.957	1.170	0.929	1.071	0.938	0.687		
1.134	0.996	1.127	0.990	1.097	1.055	0.687	
0.988	1.130	0.994	1.147	1.172	1.097	0.938	
1.114	0.977	1.123	0.999	1.147	0.990	1.071	0.666
0.969	1.107	0.974	1.123	0.994	1.127	0.929	0.825
1.099	0.967	1.107	0.977	1.130	0.996	1.170	0.880
0.967	1.099	0.969	1.114	0.988	1.134	0.957	0.877

图 11-5 径向功率分布(寿期中、热态满功率、控制棒全提、平衡 Xe 中毒)

0.999	1.019	0.877	0.668				
1.043	1.183	0.942	0.985	0.865	0.596		
1.188	1.077	1.068	0.855	0.747	0.761	0.596	
1.173	1.285	1.047	0.904	0.508	0.747	0.865	
1.349	1.193	1.263	0.990	0.904	0.855	0.985	0.668
1.145	1.303	1.176	1.263	1.047	1.068	0.942	0.877
1.000	1.043	1.303	1.193	1.285	1.077	1.183	1.019
0.467	1.000	1.145	1.349	1.173	1.188	1.043	0.999

图 11-6 径向功率分布(寿期末、热态满功率、控制棒全提、平衡 Xe 中毒)

小。但是,随着反应堆越来越多采用可燃毒物补偿剩余反应性,堆芯的功率峰会出现随着燃耗加深而增大的现象,因此,对功率峰的峰值出现的时间判断会更加复杂,尤其需要关注可燃毒物释放反应性最大时的情况。

堆芯径向功率分布因为主要取决于堆芯装载而比较容易确定,但堆芯的轴向功率分布受诸多因素影响,分析轴向功率分布非常复杂。因此,在进行功率模拟时应选择足够数量具有代表性的、包络的堆芯轴向功率分布。通过升降功率过程中氙瞬态的模拟构造出足够多的一类工况不同功率水平下的堆芯轴向功率分布,再根据 LOCA 事故准则和临界热流密度准则确定

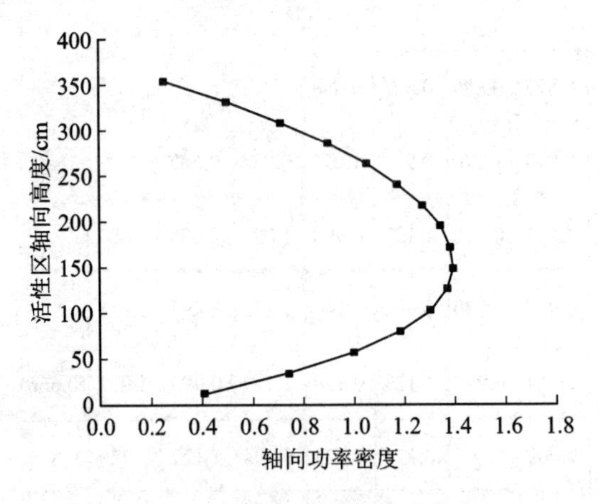

图 11-7　寿期初轴向功率分布

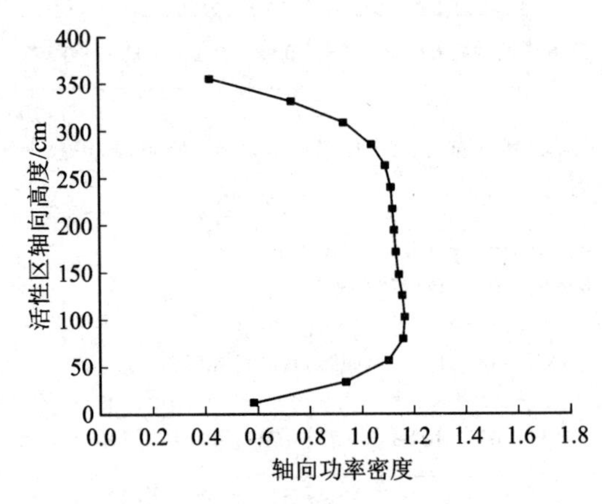

图 11-8　寿期中轴向功率分布

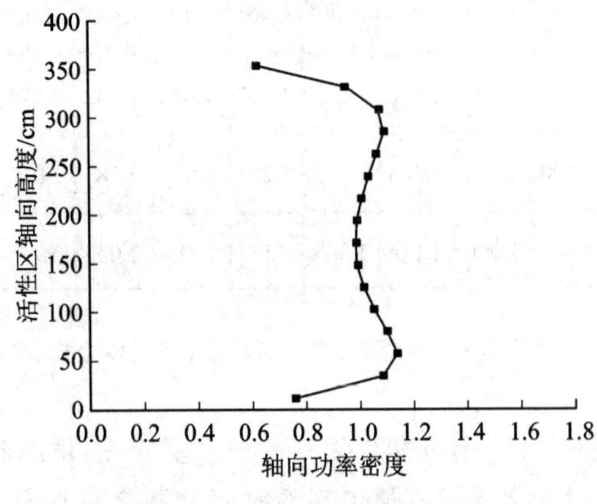

图 11-9　寿期末轴向功率分布

一类工况的梯形限制区，称为运行梯形图，如图 11-10 所示。以以上构造的各种轴向功率分布作为初始点，结合二类工况下各种异常运行工况（如负荷过度增加、控制棒失控抽出以及硼稀释等事故）构造二类工况下的各种轴向功率分布，再根据燃料不熔化准则确定二类工况的梯形限制区，称为保护梯形图，如图 11-11 所示。

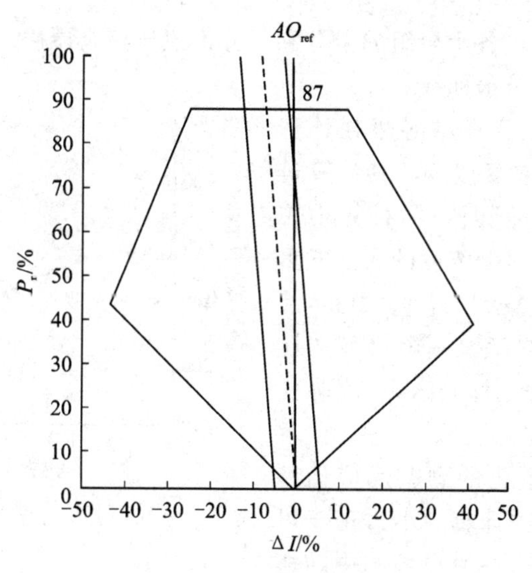

图 11－10　基负荷模式运行图

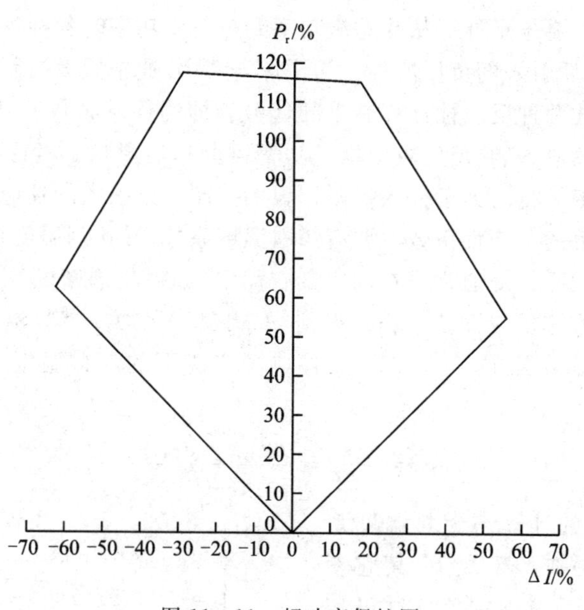

图 11－11　超功率保护图

11.5.3　堆芯关键安全参数计算

堆芯关键安全参数主要包括控制棒价值、临界硼浓度和停堆裕量。

控制棒价值的计算包括控制棒组价值的计算、卡棒(弹棒)价值的计算以及控制棒组微分、积分曲线的绘制。控制棒组价值的计算是在给定条件下,如寿期的不同阶段分别计算一组控制棒全提和全插两种情况下的堆芯反应性,两者之差即为控制棒组价值。在计算中,考虑不确定性的影响,通常要对计算得到的价值进行保守的估计,如取计算值的 90%。卡棒或弹棒价值计算需要找到堆芯中控制棒价值最大的棒组,而该棒组通常并不位于堆芯中心。这些计算可以在二维堆芯上进行。控制棒组微分和积分价值曲线则必须进行堆芯的三维计算,在计算中一般考虑寿期初和寿期末各个棒组的微分和积分价值随控制棒插入深度的变化以及除卡棒外所有棒组落下时的积分价值曲线。

临界硼浓度的计算主要在堆芯燃耗计算中实现,通常称作临界硼浓度搜索。其计算过程为:首先给定一个初始的硼浓度,计算堆芯 k_{eff}。若 k_{eff} 不等于 1,则调整硼浓度的大小并重新计算 k_{eff},经过若干次调整到 $k_{\mathrm{eff}}=1$ 为止,此时的硼浓度即为临界硼浓度。一个典型的压水堆堆芯临界硼浓度曲线(通常称为"硼降曲线")如图 11-12 所示。

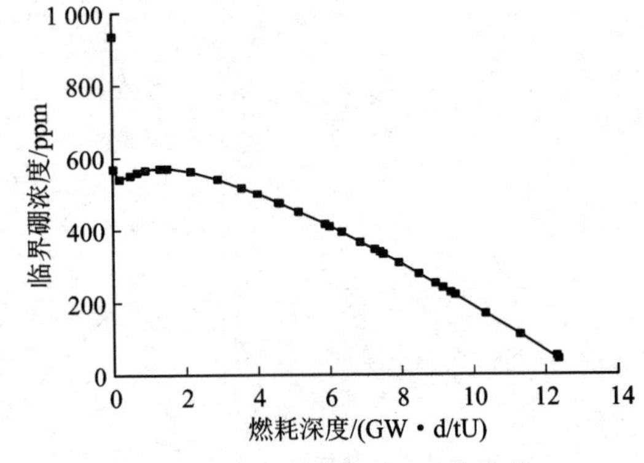

图 11-12 堆芯临界硼浓度曲线

可燃毒物作为一种重要的剩余反应性补偿手段,也需要进行相应的计算。不过由于可燃毒物本身的特点,其计算一般在堆芯中随燃耗计算一起进行。

停堆裕量的计算需要分别计算从热态满功率到热态零功率时各种反馈引入堆芯的正反应性,以及控制棒组插入后引入的负反应性。为了保守考虑,通常假设控制棒价值最大的一束棒被卡在堆芯顶部。上述两种反应性计算结果的代数和即为停堆裕量。其中,正反应性的引入主要考虑慢化剂温度效应、燃料温度效应以及功率再分布的影响。考虑控制棒插入的影响时需要考虑反应堆满功率运行时处于插入极限位置的控制棒已引入的反应性。

压水堆中需要计算的反应性系数主要有燃料温度系数、慢化剂温度系数和功率系数等。

燃料温度系数的实际计算通常是在固定其它因素(如慢化剂密度等)不变的条件下,由两次不同燃料温度下的堆芯反应性结果相减得到,如式(11-10)。燃料温度系数随燃料温度及反应堆燃耗会发生变化,因此,需要计算几种典型工况下的燃料温度系数,如寿期初、寿期末等。

$$\alpha_{\mathrm{F}}=\frac{\Delta\rho}{2\Delta T}=\frac{\rho_{T+\Delta T}-\rho_{T-\Delta T}}{2\Delta T} \tag{11-10}$$

慢化剂温度系数的计算与燃料温度系数相似,也需要在各种典型工况下、其它参数不变的条件下计算反应性的差。这里需要注意的是慢化剂温度的变化最终体现为慢化剂密度的变化,需要获得不同温度下慢化剂密度的值,一般 ΔT 取 5 ℃。慢化剂温度系数受硼浓度的影响很大,因此在计算温度系数时一定不能忽视硼浓度的影响。

功率系数是反应堆中各种因素的综合效应,定义为堆芯功率每变化额定功率的 1% 由慢化剂温度和燃料温度效应共同引起的反应性变化。图 11-13 给出了不同硼浓度下功率系数随功率的变化示意图。

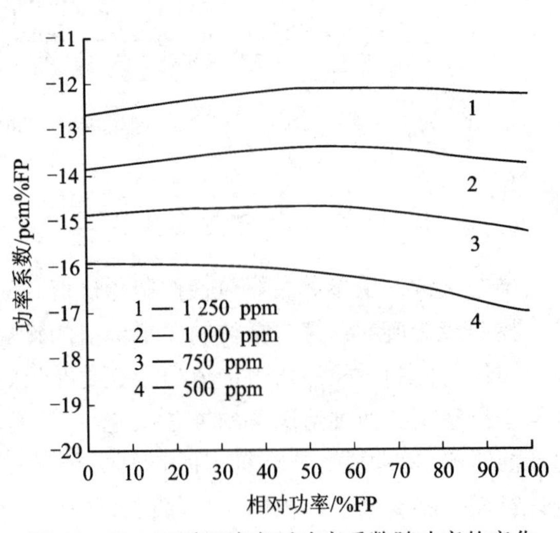

图 11-13 不同硼浓度下功率系数随功率的变化

11.5.4　堆芯动力学参数计算

堆芯动力学参数计算包括缓发中子份额的计算和瞬发中子寿命的计算。

由于缓发中子的能量比裂变直接产生的中子低，从中子泄漏和引发快中子裂变等方面的综合考虑下来，对目前的核电厂压水堆，其中子价值略低。因此，反应堆瞬态计算中使用的缓发中子份额为有效缓发中子份额。在计算中，通常需要首先获得各组缓发中子的价值因子，继而计算有效缓发中子份额，如

$$\beta_{\mathrm{eff},i} = I_i \beta_i \tag{11-11}$$

式中：I_i 为第 i 组缓发中子的价值。总的有效缓发中子份额为各组有效缓发中子份额的和。

瞬发中子寿命的定义为

$$l = \frac{1}{v} \frac{1}{\Sigma_{\mathrm{a}} + DB^2} \tag{11-12}$$

式中：v 为中子的平均速度。对于多群计算则需要计算每个能群中子的平均速度，相应地，式(11-12)也需要修正为多群形式的表达式。

参考文献

[1]　郑明光，杜圣华. 压水堆核电站工程设计[M]. 上海：上海科学技术出版社，2013.

[2]　曹栋兴，等. 核反应堆设计原理[M]. 北京：原子能出版社，1992.

附　录

附录 1　国际单位制(SI)

国际单位制(SI)[①]的单位包括 SI 单位以及 SI 单位的倍数单位，其中 SI 单位又由基本单位和导出单位构成，导出单位是基本单位以代数形式表示的单位。下面介绍核工程中使用的一些单位，如附表 1、附表 2 所示。

附表 1　SI 基本单位(部分)

量的名称	单位名称	单位符号
长度	米	m
质量	千克(公斤)	kg
时间	秒	s
电流	安[培]	A
热力学温度	开[尔文]	K
物质的量	摩[尔]	mol

附表 2　SI 导出单位(部分)

量的名称	单位名称	单位符号	用 SI 基本单位和 SI 导出单位表示
[平面]角	弧度	rad	1 rad=1 m/m=1
立体角	球面度	sr	1 sr=1 m^2/m^2=1
频率	赫[兹]	Hz	1 Hz=1 s^{-1}
力	牛[顿]	N	1 N=1 kg·m/s^2
压力、压强、应力	帕[斯卡]	Pa	1 Pa=1 N/m^2
能[量]、功、热量	焦[耳]	J	1 J=1 N·m
功率、辐[射能]通量	瓦[特]	W	1 W=1 J/s
电荷[量]	库[仑]	C	1 C=1 A·s
电压、电动势、电位(电势)	伏[特]	V	1 V=1 W/A
摄氏温度	摄氏度	℃	1℃=1 K
[放射性]活度	贝可[勒尔]	Bq	1 Bq=1 s^{-1}
吸收剂量、比授[予]能、比释动能	戈[瑞]	Gy	1 Gy=1 J/kg
剂量当量	希[沃特]	Sv	1 Sv=1 J/kg

附表 3 给出了 SI 词头的名称、简称及符号(词头的简称为词头的中文符号)。词头用于构成倍数单位，但不得单独使用。

---

① 进一步的资料可参阅“中华人民共和国国家标准 GB3100—1993 国际单位制及其应用”。

附表 3 SI 词头

因数	词头名称		符号
	英文	中文	
10^{24}	yotta	尧[它]	Y
10^{21}	zetta	泽[它]	Z
10^{18}	exa	艾[可萨]	E
10^{15}	peta	拍[它]	P
10^{12}	tera	太[拉]	T
10^{9}	giga	吉[咖]	G
10^{6}	mega	兆	M
10^{3}	kilo	千	k
10^{2}	hecto	百	h
10^{1}	deca	十	da
10^{-1}	deci	分	d
10^{-2}	centi	厘	c
10^{-3}	milli	毫	m
10^{-6}	micro	微	μ
10^{-9}	nano	纳[诺]	n
10^{-12}	pico	皮[可]	p
10^{-15}	femto	飞[母托]	f
10^{-18}	atto	阿[托]	a
10^{-21}	zepto	仄[普托]	z
10^{-24}	yocto	幺[科托]	y

附表 4 可与国际单位制单位并用的我国法定计量单位(部分)

量的名称	单位名称	单位符号	与 SI 单位的关系
时间	分	min	1 min=60 s
	[小]时	h	1 h=60 min=3 600 s
	日(天)	d	1 d=24 h=86 400 s
质量	吨	t	1 t=10^{3} kg
	原子质量单位	u	1 u≈1.660 540 2×10^{-27} kg
体积	升	L(l)	1 L=1 dm^{3}=10^{-3} m^{3}
能	电子伏	eV	1 eV≈1.602 177×10^{-19} J

附表 5 个别科学技术领域允许使用的非法定计量单位

量的名称	单位名称	单位符号	与 SI 单位的关系
截面	靶恩	b	1 b=10^{-28} m^{2}
[放射性]活度	居里	Ci	1 Ci=3.7×10^{10} Bq
照射量	伦琴	R	1 R=2.58×10^{-4} C/kg
吸收剂量	拉德	rad	1 rad=10^{-2} Gy
剂量当量	雷姆	rem	1 rem=10^{-2} Sv

附录2　基本常数

标准自由落体加速度	$g_n = 9.806\ 65\ m \cdot s^{-2}$
阿伏加德罗常数	$N_A = (6.022\ 136\ 7 \pm 0.000\ 000\ 36) \times 10^{23}\ mol^{-1}$
玻耳兹曼常数	$k = (1.380\ 658 \pm 0.000\ 012) \times 10^{-23}\ J \cdot K^{-1}$
原子质量常量	$m_u = (1.660\ 540\ 2 \pm 0.000\ 001\ 0) \times 10^{-27}\ kg = 1\ u$
中子静止质量	$m_e = (9.109\ 389\ 7 \pm 0.000\ 005\ 4) \times 10^{-31}\ kg$
元电荷	$e = (1.602\ 177\ 33 \pm 0.000\ 000\ 49) \times 10^{-19}\ C$
摩尔气体常数	$R = (8.314\ 510 \pm 0.000\ 070)\ J \cdot mol^{-1} \cdot K^{-1}$
中子静止质量	$m_n = (1.674\ 928\ 6 \pm 0.000\ 001\ 0) \times 10^{-27}\ kg$ $= 1.008\ 664\ 904\ u$
普朗克常量	$h = (6.626\ 075\ 5 \pm 0.000\ 004\ 0) \times 10^{-34}\ J \cdot s$
质子静止质量	$m_p = (1.672\ 623\ 1 \pm 0.000\ 001\ 0) \times 10^{-27}\ kg$ $= 1.007\ 276\ 470\ u$
真空中光速	$c = 2.997\ 924\ 58 \times 10^{8}\ m \cdot s^{-1}$

附录 3 元素与一些分子的截面和核参数

（表中截面是中子能量为 0.025 3 eV，即速度为 2 200 m/s 时的数值）

原子序数	符号	相对原子质量或相对分子质量	密度/(10^3 kg·m^{-3})	单位体积内的原子核数/10^{28} m^{-3}	$1-\bar{\mu}_0$	ξ	微观截面/10^{-28} m^2			宏观截面/10^2 m^{-1}		
							σ_a	σ_s	σ_t	Σ_a	Σ_s	Σ_t
1	H	1.008	8.9*	0.005 3	0.338 6	1.000	0.332	38	38	1.7*	0.002	0.002
	H_2O	18.015	1.000	3.34+	0.676	0.948	0.664	103	103	0.022	3.45	3.45
	D_2O	20.028	1.105	3.32+	0.884	0.570	0.001 3	13.6	13.6	3.3*	0.449	0.449
2	He	4.003	17.8*	0.002 6	0.833 4	0.425	<0.05	0.76	0.81	0.02*	2.1*	2.1*
3	Li	6.939	0.534	4.6	0.904 7	0.268	70.7	1.4	72.1	3.29	0.065	3.35
4	Be	9.012	1.848	12.36	0.925 9	0.209	0.009 2	6.14	6.149	124*	0.865	0.865
	BeO	25.02	3.025	0.072 8+	0.939	0.173	0.010	6.8	6.8	73*	0.501	0.501
5	B	10.811	2.35	12.81	0.939 4	0.171	759	3.6	769.2	103	0.346	104
6	C	12.011	~1.6	8.03	0.944 4	0.158	0.003 4	4.75	4.75	32*	0.385	0.385
7	N	14.007	0.001 3	0.005 3	0.952 4	0.136	1.85	10.6	12.45	9.9*	50*	60*
8	O	15.999	0.001 4	0.005 3	0.958 3	0.120	27*	3.76	3.76	0.000	21*	21*
9	F	18.998	0.001 7	0.005 3	0.964 9	0.102	0.009 5	4.0	4.01	0.01*	20*	20*
10	Ne	20.183	0.000 9	0.002 6	0.966 7	0.096 8	0.038	2.42	2.46	7.3*	6.2*	13.5*
11	Na	23.000	0.97	2.54	0.971 0	0.084 5	0.530	3.2	3.73	0.013	0.102	0.115
12	Mg	24.312	1.74	4.31	0.972 2	0.081 1	0.063	3.42	3.48	0.003	0.155	0.158

续附录 3

原子序数	符号	相对原子质量或相对分子质量	密度/(10^3 kg·m^{-3})	单位体积内的原子核数/10^{28} m^{-3}	$1-\bar{\mu}_0$	ξ	微观截面/10^{-28} m^2			宏观截面/10^2 m^{-1}		
							σ_a	σ_s	σ_t	Σ_a	Σ_s	Σ_t
13	Al	26.982	2.699	6.02	0.975 4	0.072 3	0.230	1.49	1.72	0.015	0.084	0.099
14	Si	28.086	2.33	5.00	0.976 2	0.069 8	0.16	2.2	2.36	0.008	0.089	0.097
15	P	30.974	1.82	3.54	0.978 5	0.063 2	0.180	~5	5.20	0.007	0.177	0.184
16	S	32.064	2.07	3.89	0.979 2	0.061 2	0.52	0.98	1.50	0.020	0.043	0.063
17	Cl	35.453	0.003 2	0.005 3	0.981 0	0.056 1	33.2	~16	49.2	0.002	80*	0.003
18	Ar	39.948	0.001 8	0.002 6	0.983 3	0.049 2	0.678	0.64	1.32	1.7*	3.9	5.6*
19	K	39.102	0.862	1.32	0.982 9	0.050 4	2.10	1.5	3.60	0.028	0.020	0.048
20	Ca	40.08	1.55	2.33	0.983 3	0.049 2	0.43	~3	3.43	0.010	0.070	0.080
21	Sc	44.956	2.5	3.35	0.985 2	0.043 8	26.5	24	50.5	0.804	0.804	1.61
22	Ti	47.90	4.51	5.67	0.986 1	0.041 1	6.1	4.0	10.1	0.328	0.226	0.555
23	V	50.942	6.11	7.21	0.986 9	0.038 7	5.04	4.9	9.94	0.352	0.352	0.704
24	Cr	51.996	7.19	8.33	0.987 2	0.038 5	3.1	3.8	6.9	0.255	0.247	0.501
25	Mn	54.938	7.43	8.15	0.987 8	0.035 9	13.3	2.1	15.4	1.04	0.181	1.22
26	Fe	55.847	7.87	8.49	0.988 1	0.035 3	2.55	10.9	13.45	0.222	0.933	1.15
27	Co	58.933	8.9	8.99	0.988 7	0.033 5	37.2	6.7	43.9	3.46	0.637	4.10
28	Ni	58.71	8.90	9.13	0.988 7	0.033 5	4.43	17.3	22.73	0.420	1.60	2.02
29	Cu	63.54	8.96	8.49	0.989 6	0.030 9	3.79	7.9	11.69	0.032 6	0.611	0.937
30	Zn	65.37	7.13	6.57	0.989 7	0.030 4	1.10	4.2	5.30	0.072	0.237	0.309

续附录 3

原子序数	符号	相对原子质量或相对分子质量	密度/(10^3 kg·m^{-3})	单位体积内的原子核数/10^{28} m^{-3}	$1-\bar{\mu}_0$	ξ	微观截面/10^{-28} m^2			宏观截面/10^2 m^{-1}		
							σ_a	σ_s	σ_t	Σ_a	Σ_s	Σ_t
31	Ga	69.72	5.91	5.11	0.992 5	0.028 3	2.9	6.5	9.40	0.143	0.204	0.347
32	Ge	72.59	5.36	4.45	0.990 9	0.027 1	2.3	7.5	9.8	0.109	0.134	0.243
33	As	74.922	5.73	4.61	0.991 1	0.026 4	4.3	7	11.3	0.198	0.277	0.475
34	Se	78.96	4.8	3.67	0.991 6	0.025 1	11.7	9.7	21.4	0.450	0.403	0.853
35	Br	79.909	3.12	2.35	0.991 7	0.024 7	6.8	6.1	12.9	0.157	0.141	0.298
36	Kr	83.80	0.003 7	0.002 6	0.992 1	0.023 6	25	7.5	32.5	81*	19*	99*
37	Rb	85.47	1.53	1.08	0.992 2	0.023 3	0.37	6.2	6.57	0.008	0.130	0.138
38	Sr	87.62	2.54	1.75	0.992 5	0.022 6	1.21	10	11.2	0.021	0.175	0.195
39	Y	88.905	5.51	3.73	0.992 5	0.022 3	1.28	7.6	8.88	0.049	0.112	0.160
40	Zr	91.22	6.51	4.29	0.992 7	0.021 8	0.185	6.4	6.59	0.008	0.338	0.347
41	Nb	92.906	8.57	5.56	0.992 8	0.021 4	1.15	~5	6.15	0.063	0.273	0.336
42	Mo	95.94	10.2	6.40	0.993 1	0.020 7	2.65	5.8	8.45	0.173	0.448	0.621
43	Tc	99	11.5	~7.0	0.993 2	0.020 3	19	—	—	—	—	—
44	Ru	101.07	12.2	7.27	0.993 4	0.019 7	2.56	~6	8.56	0.186	0.436	0.622
45	Rh	102.905	12.41	7.26	0.993 5	0.019 3	150	~5	155	10.9	0.366	11.3
46	Pd	106.4	12.02	6.79	0.993 7	0.018 7	6.9	5.0	11.9	0.551	0.248	0.799
47	Ag	107.87	10.50	5.86	0.993 8	0.018 4	63.6	~6	69.6	3.69	0.352	4.04
48	Cd	112.40	8.65	4.64	0.994 0	0.017 8	2 450	5.6	2 456	114	0.325	114

续附录 3

原子序数	符号	相对原子质量或相对分子质量	密度/(10^3 kg·m^{-3})	单位体积内的原子核数/10^{28} m^{-3}	$1-\bar{\mu}_0$	ξ	微观截面/10^{-28} m^2			宏观截面/10^2 m^{-1}		
							σ_a	σ_s	σ_t	Σ_a	Σ_s	Σ_t
49	In	114.82	7.31	3.83	0.994 2	0.017 3	194	~2	196	7.30	0.084	7.37
50	Sn	118.69	~7.0	3.4	0.994 4	0.016 7	0.63	~4	4.6	0.021	0.132	0.152
51	Sb	121.75	6.691	3.31	0.994 5	0.016 3	5.4	4.2	9.6	0.189	0.142	0.331
52	Te	127.60	6.24	2.95	0.994 8	0.015 5	4.7	~5	9.7	0.139	0.148	0.286
53	I	126.904	4.93	2.34	0.994 8	0.015 7	6.2	~4	10.2	0.164	0.084	0.248
54	Xe	131.30	0.005 9	0.002 7	0.994 9	0.015 2	24.5	4.30	28.8	95*	12*	0.001
55	Cs	132.905	1.873	0.85	0.995 0	0.015 0	29	~20	49	0.238	0.170	0.408
56	Ba	137.34	3.5	1.54	0.995 1	0.014 5	1.2	~8	9.2	0.018	0.123	0.142
57	La	138.91	6.19	2.68	0.995 2	0.014 3	9.0	9.3	18.3	0.239	0.403	0.642
58	Ce	140.12	6.78	2.91	0.995 2	0.014 2	0.63	4.7	5.33	0.021	0.263	0.283
59	Pr	140.91	6.78	2.90	0.995 3	0.014 1	11.5	3.3	14.8	0.328	0.116	0.444
60	Nd	144.24	6.95	2.90	0.995 4	0.013 8	50.5	16	66.5	1.33	0.464	1.79
61	Pm	~145.00	—	—	0.995 4	0.013 7	~60	—	—	—	—	—
62	Sm	150.35	7.52	3.01	0.995 6	0.013 3	5 800	~5	5 805	173	0.155	173
	Sm_2O_3	348.70	7.43	0.012 8+	0.974	0.076	16 500	22.6	16 523	211	0.289	211
63	Eu	151.96	5.22	2.07	0.995 6	0.013 1	4 600	8.0	4 608	89.0	0.166	89.2
	Eu_2O_3	352.00	7.42	0.012 7+	0.978	0.063	8 740	30.2	8 770	111	0.383	111
64	Gd	157.25	7.95	3.05	0.995 8	0.012 7	49 000	—	—	1 403	—	—

续附录 3

原子序数	符号	相对原子质量或相对分子质量	密度/(10^3 kg · m^{-3})	单位体积内的原子核数/10^{28} m^{-3}	$1-\bar{\mu}_0$	ξ	微观截面/10^{-28} m^2			宏观截面/10^2 m^{-1}		
							σ_a	σ_s	σ_t	Σ_a	Σ_s	Σ_t
65	Tb	158.93	8.33	3.16	0.995 8	0.012 5	25.5	20	45.5	1.45	—	—
66	Dy	162.50	8.55	3.17	0.995 9	0.012 2	930	100	1 030	30.1	3.17	33.3
	Dy_2O_3	372.92	7.81	0.126+	0.993	0.019	2 200	214	2 414	27.7	2.7	30.4
67	Ho	164.93	8.76	3.20	0.996 0	0.012 1	66.5	9.4	75.9	2.08	—	—
68	Er	167.26	9.16	3.20	0.996 0	0.011 9	162	11.0	173	5.71	0.495	6.20
69	Tm	168.93	9.35	3.31	0.996 1	0.011 8	103	12	115	4.23	0.233	4.46
70	Yb	173.04	7.01	2.44	0.996 1	0.011 5	36.6	25	61.6	0.903	0.293	1.20
71	Lu	174.97	9.74	3.35	0.996 2	0.011 4	77	8	85	3.75	—	—
72	Hf	178.49	13.31	4.49	0.996 3	0.011 2	102	8	110	4.71	0.035 9	5.07
73	Ta	180.95	16.6	5.53	0.996 3	0.011 0	21	6.2	27.2	1.16	0.277	1.44
74	W	183.85	19.3	6.32	0.996 4	0.010 8	18.5	~5	23.5	1.21	0.316	1.53
75	Re	186.2	21.02	6.80	0.996 4	0.010 7	88	11.3	99.3	5.71	0.930	6.64
76	Os	190.2	22.57	7.15	0.996 5	0.010 5	15.3	~11	26.3	1.09	0.783	1.87
77	Ir	192.2	22.42	7.03	0.996 5	0.010 4	426	14	440	30.9	—	—
78	Pt	195.09	21.45	6.62	0.996 6	0.010 2	10	11.2	21.2	0.581	0.660	1.24
79	Au	197.00	19.32	5.91	0.996 6	0.010 1	98.8	~9.3	108.1	5.79	0.550	6.34
80	Hg	200.59	13.55	4.07	0.996 7	0.009 9	375	~20	395	15.5	0.814	16.3
81	Tl	204.37	11.85	3.49	0.996 7	0.009 8	3.4	9.7	13.1	0.119	0.489	0.607

续附录 3

原子序数	符号	相对原子质量或相对分子质量	密度/(10^3 kg·m^{-3})	单位体积内的原子核数/10^{28} m^{-3}	$1-\bar{\mu}_0$	ξ	微观截面/10^{-28} m^2			宏观截面/10^2 m^{-1}		
							σ_a	σ_s	σ_t	Σ_a	Σ_s	Σ_t
82	Pb	207.19	11.35	3.30	0.996 8	0.009 6	0.17	11.4	11.57	0.006	0.363	0.369
83	Bi	208.98	9.75	2.81	0.996 8	0.009 5	0.033	~9	9	0.001	0.253	0.256
84	Po	210.05	9.32	2.67	0.996 8	0.009 5	—	—	—	—	—	—
85	At	~211	—	—	0.996 8	0.009 4	—	—	—	—	—	—
86	Rn	~222	0.009 7	0.002 6	0.997 0	0.009 0	~0.7	—	—	—	—	—
87	Fr	~223	—	—	0.998 0	0.008 9	—	—	—	—	—	—
88	Ra	226.03	~5	1.33	0.997 1	0.008 8	11.5	—	—	0.266	—	—
89	Ac	227	10.1	2.68	0.997 1	0.008 8	515	—	—	—	—	
90	Th	232.04	11.72	3.04	0.997 1	0.008 6	7.4	12.7	20.1	0.222	0.369	0.592
91	Pa	231.04	15.37	4.01	0.997 1	0.008 6	210	—	—	8.04	—	—
92	U	238.03	19.05	4.82	0.997 2	0.008 4	7.53	8.9	16.43	0.367	0.397	0.765
	UO_2	270.03	10.96	2.44^{+}	0.988 7	0.036	7.53	~18	25.53	0.169	0.372	0.542
93	Np	237.05	20.25	5.0	0.997 2	0.008 4	169	—	—	—	—	—
94	Pu	239.13	19.84	5.0	0.997 2	0.008 3	1 011	7.7	1 018.7	51.1	0.478	51.6
95	Am	242.0	—	—	0.997 3	0.008 2	8.000	—	—	—	—	—

注:(1) * 表示已乘 10^5。

(2) + 表示分子/m^3。

附录 4 非 $1/v$ 因子

T/K	Cd	In	^{135}Xe	^{149}Sm	^{233}U		^{235}U		^{238}U	^{239}Pu	
	g_a	g_a	g_a	g_a	g_a	g_f	g_a	g_f	g_a	g_a	g_f
293	1.320 3	1.019 2	1.158 1	1.617 0	0.998 3	1.000 3	0.978 0	0.975 9	1.001 7	1.072 3	1.048 7
373	1.599 0	1.035 0	1.210 3	1.887 4	0.997 2	1.001 1	0.961 0	0.958 1	1.003 1	1.161 1	1.115 0
473	1.963 1	1.055 8	1.236 0	2.090 3	0.997 3	1.002 5	0.945 7	0.941 1	1.004 9	1.338 8	1.252 8
673	2.558 9	1.101 1	1.186 4	2.185 4	1.001 0	1.006 8	0.929 4	0.920 8	1.008 5	1.890 5	1.690 4
873	2.903 1	1.152 2	1.091 4	2.085 2	1.007 2	1.012 8	0.922 9	0.910 8	1.012 2	2.532 1	2.203 7
1 073	3.045 5	1.212 3	0.988 7	1.924 6	1.014 6	1.020 1	0.918 2	0.903 6	1.015 9	3.100 6	2.659 5
2 273	3.059 9	1.291 5	0.885 8	1.756 8	1.022 6	1.028 4	0.911 8	0.895 6	1.019 8	3.535 3	3.007 9

附录 5　δ 函数

δ 函数定义如下：

$$\delta(x) = 0,\ x \neq 0 \tag{A-1}$$

$$\int_a^b \delta(x)\mathrm{d}x = \begin{cases} 1, & \text{当 } a < 0 < b \\ 0, & \text{其它区域} \end{cases} \tag{A-2}$$

如果函数 $f(x)$ 在 $x=0$ 处不是奇异的，则定义

$$\int_a^b f(x)\delta(x)\mathrm{d}x = f(0) \tag{A-3}$$

如果函数 $f(x)$ 在 $x=0$ 处是奇异的，则积分不存在。

通过变量代换可证明：

$$\delta(x - x') = 0,\ x \neq x' \tag{A-4}$$

$$\int_a^b \delta(x - x')\mathrm{d}x = \begin{cases} 1, & \text{当 } a < x' < b \\ 0, & \text{其它区域} \end{cases} \tag{A-5}$$

$$\int_a^b f(x)\delta(x - x')\mathrm{d}x = \begin{cases} f(x'), & \text{当 } a < x' < b \\ 0, & \text{其它区域} \end{cases} \tag{A-6}$$

δ 函数的 n 阶导数定义为

$$\int_{-\infty}^{+\infty} \delta^{(n)}(x - a)f(x)\mathrm{d}x = (-1)^n \left.\frac{\mathrm{d}^n}{\mathrm{d}x^n}f\right|_{x=a} \tag{A-7}$$

附录 6　$\mathrm{E}_n(x)$ 函数

$\mathrm{E}_n(x)$ 函数是指数积分函数的推广，它定义为

$$\mathrm{E}_n(x) = \int_1^{\infty} \mathrm{e}^{-xu}u^{-n}\mathrm{d}u \tag{A-8}$$

式中：n 为正整数。

上式亦可写成

$$\mathrm{E}_n(x) = \int_0^1 \mathrm{e}^{-x/\mu}\mu^{n-2}\mathrm{d}\mu = x^{n-1}\int_x^{\infty} \mathrm{e}^{-u}u^{-n}\mathrm{d}u \tag{A-9}$$

当 $n=0$ 时，积分可积出，结果为

$$\mathrm{E}_0(x) = \frac{\mathrm{e}^{-x}}{x} \tag{A-10}$$

当 $n=1$ 时

$$\mathrm{E}_1(x) = \int_x^{\infty} \frac{\mathrm{e}^{-u}}{u}\mathrm{d}u = -\mathrm{E}_i(-x) \tag{A-11}$$

$\mathrm{E}_n(x)$ 满足下列关系：

$$\mathrm{E}_n(x) = \int_x^{\infty} \mathrm{E}_{n-1}(x')\mathrm{d}x' \tag{A-12}$$

$$\frac{\mathrm{d}\mathrm{E}_n(x)}{\mathrm{d}x} = -\mathrm{E}_{n-1}(x) \tag{A-13}$$

$$\mathrm{E}_n(x)=\frac{1}{n-1}[\mathrm{e}^{-x}-x\mathrm{E}_{n-1}(x)],n>1 \tag{A-14}$$

由此可见，所有 $\mathrm{E}_n(x)$函数均可从 $\mathrm{E}_1(x)$求得。

附录 7　误差函数 erf(x)

误差函数 erf(x)定义为

$$\mathrm{erf}(x)=\frac{2}{\sqrt{\pi}}\int_0^x \mathrm{e}^{-u^2}\mathrm{d}u \tag{A-15}$$

当 x 从 0 增至$+\infty$时，则 erf(x)从 0 单调递增至 1。它可以用级数表示：

$$\mathrm{erf}(x)=\frac{2}{\sqrt{\pi}}\left(x-\frac{x^3}{3\times 1!}+\frac{x^5}{5\times 2!}-\frac{x^7}{7\times 3!}+\cdots\right) \tag{A-16}$$

对于大的 x 值

$$\mathrm{erf}(x)\approx 1-\frac{\mathrm{e}^{-x^2}}{x\sqrt{\pi}}\left(1-\frac{1}{2x^2}+\frac{1\times 3}{(2x^2)^2}-\frac{1\times 3\times 5}{(2x^2)^3}+\cdots\right) \tag{A-17}$$

附录 8　贝塞尔函数

1. 贝塞尔函数

贝塞尔方程为

$$x^2 f''+xf'+(x^2-n^2)f=0 \tag{A-18}$$

若 n 为整数或零，它的两个解为

$$f(x)=\begin{cases}\mathrm{J}_n(x)\\ \mathrm{Y}_n(x)\end{cases} \tag{A-19}$$

$$\mathrm{J}_n(x)=\sum_{k=0}^{\infty}\frac{(-1)^k}{\Gamma(k+1)\Gamma(k+n+1)}\left(\frac{x}{2}\right)^{n+2k} \tag{A-20}$$

$$\mathrm{Y}_n(x)=\frac{\mathrm{J}_n(x)\cos(n\pi)-\mathrm{J}_n(x)}{\sin(n\pi)} \tag{A-21}$$

函数 $\mathrm{J}_n(x)$和 $\mathrm{Y}_n(x)$分别称为第一类和第二类贝塞尔函数。$\mathrm{J}_0(x)$和 $\mathrm{Y}_0(x)$如图 4-3 所示。

2. 修正贝塞尔函数

修正贝塞尔方程为

$$x^2 f''+xf'-(x^2+n^2)f=0 \tag{A-22}$$

若 n 为整数或零，它的两个解为

$$f(x)=\begin{cases}\mathrm{I}_n(x)\\ \mathrm{K}_n(x)\end{cases} \tag{A-23}$$

其中

$$\mathrm{I}_n(x)=i^{-n}\mathrm{J}_n(ix)=i^n\mathrm{J}_n(-ix) \tag{A-24}$$

$$\mathrm{K}_n(x)=\frac{\pi}{2}i^{n+1}[\mathrm{J}_n(ix)+i\mathrm{Y}_n(ix)] \tag{A-25}$$

函数 $\mathrm{I}_n(x)$ 和 $\mathrm{K}_n(x)$ 分别称为第一类和第二类修正贝塞尔函数。$\mathrm{I}_0(x)$ 和 $\mathrm{K}_0(x)$ 如图 4－3 所示。

3. 递推关系式及微分、积分关系式

$$x\mathrm{J}'_n = n\mathrm{J}_n - x\mathrm{J}_{n+1} = -n\mathrm{J}_n + x\mathrm{J}_{n-1} \tag{A-26}$$

$$2n\mathrm{J}_n = x\mathrm{J}_{n-1} + x\mathrm{J}_{n+1} \tag{A-27}$$

$$x\mathrm{I}'_n = n\mathrm{I}_n + x\mathrm{I}_{n+1} = -n\mathrm{I}_n + x\mathrm{I}_{n-1} \tag{A-28}$$

$$x\mathrm{K}'_n = n\mathrm{K}_n - x\mathrm{K}_{n+1} = -n\mathrm{K}_n - x\mathrm{K}_{n-1} \tag{A-29}$$

$$\begin{aligned} &\mathrm{J}'_0 = -\mathrm{J}_1, \mathrm{Y}'_0 = -\mathrm{Y}_1 \\ &\mathrm{I}'_0 = \mathrm{I}_1, \mathrm{K}'_0 = -\mathrm{K}_1 \end{aligned} \tag{A-30}$$

$$\int x^n \mathrm{J}_{n-1}(x)\mathrm{d}x = x^n \mathrm{J}_n \tag{A-31}$$

$$\int x^n \mathrm{Y}_{n-1}(x)\mathrm{d}x = x^n \mathrm{Y}_n \tag{A-32}$$

$$\int x^n \mathrm{I}_{n-1}(x)\mathrm{d}x = x^n \mathrm{I}_n \tag{A-33}$$

$$\int x^n \mathrm{K}_{n-1}(x)\mathrm{d}x = -x^n \mathrm{K}_n \tag{A-34}$$

4. 近似表达式

对于小的 x 值

$$\mathrm{J}_0(x) = 1 - \frac{x^2}{4} + \frac{x^4}{64} - \frac{x^6}{2\,304} + \cdots \tag{A-35}$$

$$\mathrm{J}_1(x) = \frac{x}{2} - \frac{x^3}{16} + \frac{x^6}{384} + \cdots \tag{A-36}$$

$$\mathrm{Y}_0(x) = \frac{2}{\pi}\left[\left(\gamma + \ln\frac{x}{2}\right)\mathrm{J}_0(x) + \frac{x^2}{4} + \cdots\right] \quad \gamma = 0.577\,216 \tag{A-37}$$

$$\mathrm{Y}_1(x) = \frac{2}{\pi}\left[\left(\gamma + \ln\frac{x}{2}\right)\mathrm{J}_1(x) - \frac{1}{x} - \frac{x}{4} + \cdots\right] \tag{A-38}$$

$$\mathrm{I}_0(x) = 1 + \frac{x^2}{4} + \frac{x^4}{64} + \frac{x^6}{2\,304} + \cdots \tag{A-39}$$

$$\mathrm{I}_1(x) = \frac{x}{2} + \frac{x^2}{16} + \frac{x^5}{384} + \cdots \tag{A-40}$$

$$\mathrm{K}_0(x) = -\left(\gamma + \ln\frac{x}{2}\right)\mathrm{I}_0(x) + \frac{x^2}{4} + \frac{3x^4}{128} + \cdots \tag{A-41}$$

$$\mathrm{K}_1(x) = \left(\gamma + \ln\frac{x}{2}\right)\mathrm{I}_1(x) + \frac{1}{x} - \frac{x}{4} - \frac{5x^3}{64} + \cdots \tag{A-42}$$

对于大的 x 值

$$\mathrm{I}_0(x) = \frac{\mathrm{e}^x}{\sqrt{2\pi x}}\left(1 + \frac{1}{8x} + \cdots\right) \tag{A-43}$$

$$\mathrm{I}_1(x) = \frac{\mathrm{e}^x}{\sqrt{2\pi x}}\left(1 - \frac{3}{8x} + \cdots\right) \tag{A-44}$$

$$\mathrm{K}_0(x) = \sqrt{\frac{\pi}{2x}}\mathrm{e}^{-x}\left(1 - \frac{1}{8x} + \cdots\right) \tag{A-45}$$

$$K_1(x)=\sqrt{\frac{\pi}{2x}}e^{-x}\left(1+\frac{3}{8x}+\cdots\right) \tag{A-46}$$

$$\frac{I_1(x)}{I_0(x)}\approx 1-\frac{1}{2x}-\frac{1}{8x^2} \tag{A-47}$$

$$\frac{K_1(x)}{K_0(x)}\approx 1+\frac{1}{2x}-\frac{1}{8x^2} \tag{A-48}$$

*索引

B

C

D

---

* 本索引按被索引关键词的拼音字母顺序排列,按索引词所在的章节索引。

F

G

H

J

K

L

M

N

P

Q

R

S

T

W

X

Y

Z